计 算 机 科 学 丛 书

实时嵌入式系统软件设计

[美] 哈桑·戈玛（Hassan Gomaa） 著

郭文海 林金龙 译

Real-Time Software Design for Embedded Systems

机械工业出版社
China Machine Press

图书在版编目（CIP）数据

实时嵌入式系统软件设计 /（美）哈桑·戈玛（Hassan Gomaa）著；郭文海，林金龙译 .
—北京：机械工业出版社，2019.1
（计算机科学丛书）
书名原文：Real-Time Software Design for Embedded Systems

ISBN 978-7-111-61530-9

I. 实… II. ①哈… ②郭… ③林… III. 微型计算机 – 软件设计 IV. TP360.21

中国版本图书馆 CIP 数据核字（2018）第 277361 号

本书专注嵌入式系统实时软件设计。讨论了如何从系统工程的视角来解决系统级的问题，包括硬件和软件方面的问题。书中全面介绍了面向对象的实时嵌入式系统软件设计的基本概念，包括并发任务、类和继承、分布式组件技术、软件体系结构、有限状态机，以及基于实时调度的实时软件性能分析；详细描述了用于实时嵌入式软件的并发面向对象的分析和设计方法；介绍了实时软件设计重要的概念，包括并发性、对象、组件、服务、体系结构设计模式、软件生产线和实时调度；用五个详细的案例说明实时嵌入式软件系统的不同特性；在附录中为详细任务设计提供了体系结构设计模式和伪代码模板。

本书非常适合作为计算机科学、软件工程等相关专业高年级本科生和研究生的教材，也可以作为具有一定工作经验的嵌入式领域软件或系统工程师的参考书。

出版发行：机械工业出版社（北京市西城区百万庄大街 22 号　邮政编码：100037）

责任编辑：冯秀泳	责任校对：殷 虹
印　　刷：北京市荣盛彩色印刷有限公司	版　　次：2019 年 1 月第 1 版第 1 次印刷
开　　本：185mm×260mm 1/16	印　　张：29
书　　号：ISBN 978-7-111-61530-9	定　　价：129.00 元

凡购本书，如有缺页、倒页、脱页，由本社发行部调换

客服热线：（010）88378991 88361066　　　　　投稿热线：（010）88379604
购书热线：（010）68326294 88379649 68995259　　读者信箱：hzjsj@hzbook.com

版权所有·侵权必究
封底无防伪标均为盗版
本书法律顾问：北京大成律师事务所　韩光 / 邹晓东

文艺复兴以来，源远流长的科学精神和逐步形成的学术规范，使西方国家在自然科学的各个领域取得了垄断性的优势；也正是这样的优势，使美国在信息技术发展的六十多年间名家辈出、独领风骚。在商业化的进程中，美国的产业界与教育界越来越紧密地结合，计算机学科中的许多泰山北斗同时身处科研和教学的最前线，由此而产生的经典科学著作，不仅擘画了研究的范畴，还揭示了学术的源变，既遵循学术规范，又自有学者个性，其价值并不会因年月的流逝而减退。

近年，在全球信息化大潮的推动下，我国的计算机产业发展迅猛，对专业人才的需求日益迫切。这对计算机教育界和出版界都既是机遇，也是挑战；而专业教材的建设在教育战略上显得举足轻重。在我国信息技术发展时间较短的现状下，美国等发达国家在其计算机科学发展的几十年间积淀和发展的经典教材仍有许多值得借鉴之处。因此，引进一批国外优秀计算机教材将对我国计算机教育事业的发展起到积极的推动作用，也是与世界接轨、建设真正的世界一流大学的必由之路。

机械工业出版社华章公司较早意识到"出版要为教育服务"。自1998年开始，我们就将工作重点放在了遴选、移译国外优秀教材上。经过多年的不懈努力，我们与Pearson、McGraw-Hill、Elsevier、MIT、John Wiley & Sons、Cengage等世界著名出版公司建立了良好的合作关系，从它们现有的数百种教材中甄选出Andrew S. Tanenbaum、Bjarne Stroustrup、Brian W. Kernighan、Dennis Ritchie、Jim Gray、Afred V. Aho、John E. Hopcroft、Jeffrey D. Ullman、Abraham Silberschatz、William Stallings、Donald E. Knuth、John L. Hennessy、Larry L. Peterson等大师名家的一批经典作品，以"计算机科学丛书"为总称出版，供读者学习、研究及珍藏。大理石纹理的封面，也正体现了这套丛书的品位和格调。

"计算机科学丛书"的出版工作得到了国内外学者的鼎力相助，国内的专家不仅提供了中肯的选题指导，还不辞劳苦地担任了翻译和审校的工作；而原书的作者也相当关注其作品在中国的传播，有的还专门为其书的中译本作序。迄今，"计算机科学丛书"已经出版了近两百个品种，这些书籍在读者中树立了良好的口碑，并被许多高校采用为正式教材和参考书籍。其影印版"经典原版书库"作为姊妹篇也被越来越多实施双语教学的学校所采用。

权威的作者、经典的教材、一流的译者、严格的审校、精细的编辑，这些因素使我们的图书有了质量的保证。随着计算机科学与技术专业学科建设的不断完善和教材改革的逐渐深化，教育界对国外计算机教材的需求和应用都将步入一个新的阶段，我们的目标是尽善尽美，而反馈的意见正是我们达到这一终极目标的重要帮助。华章公司欢迎老师和读者对我们的工作提出建议或给予指正，我们的联系方法如下：

华章网站：www.hzbook.com

电子邮件：hzjsj@hzbook.com

联系电话：（010）88379604

联系地址：北京市西城区百万庄南街1号

邮政编码：100037

华章教育

华章科技图书出版中心

人工智能和物联网技术的应用越来越广泛，已成为信息产业发展的重要方向。嵌入式系统是这些前沿领域的基石，扮演着不可或缺的角色。嵌入式系统具有系统资源受限、能耗要求低、实时性要求严格和可靠性要求高等特点，因而大大增加了开发难度。目前市面上软件工程及软件设计方面的书籍较多，而特别针对嵌入式系统软件设计的书籍则不多见。

2017年盛夏，从机械工业出版社朱捷先生手中看到Hassan Gomaa这本书的英文版时，我们非常兴奋，并被这本书的系统性和实践性等特点所吸引。于是，我们欣然承担了这本书的翻译工作，希望能够借此机会为我国嵌入式系统软件产业和人才培养做一点贡献。经过努力，我们欣喜地看到这本书的中文版终于可以和读者见面了。

国内软件工程界对Hassan Gomaa并不陌生，他是著名的美国乔治梅森大学（George Mason University）计算机科学系的教授，在软件工程领域拥有30多年的学术界和工业界经验，发表了多篇被广泛引用的软件设计专题论文。他所编著的《软件建模与设计：UML、用例、模式和软件体系结构》（ISBN: 978-7-111-46759-5）于2014年由机械工业出版社出版，获得广泛好评（2018年5月当当网上的读者好评率为98.7%），读者评论认为"对软件建模讲得较为透彻，理论性很强，且通俗易懂"。

我们认为这本书非常有价值，与许多侧重开发工具和语言的嵌入式系统软件方面的书籍不同。本书延续了Hassan Gomaa一贯的写作风格，通过实例讲解理论和方法，内容编排易于阅读，使复杂问题变得浅显易懂。本书着眼于嵌入式系统实时软件综合性设计方法和设计决策，包括面向对象设计（OOD）、基于组件开发实时嵌入式软件体系结构和详细设计等。本书讨论了嵌入式软件设计中非常有实际意义的，同时具有广泛应用场景的思想、技术和工程方法，适合作为嵌入式软件相关专业高年级本科生和研究生教材，也适合作为嵌入式软件开发人员，特别是嵌入式软件架构师的参考书。我们相信，读者会从本书受益良多。

程序设计是计算机专业领域中的核心工作，架构是程序质量的基础。许多程序开发学习者过去偏重于编程工具和语言，而忽视了系统设计方法。如果能通过本书使更多相关人员关注和重视嵌入式软件系统设计，我们将感到十分欣慰。

在本书翻译过程中，得到了曾任诺基亚网络事业部4G系统架构仿真组经理的白小湃的帮助，她从实践者的角度为本书的部分内容翻译提供了宝贵的建议。北京大学软件与微电子学院的冯泽邦、周子豪、王沛峰、蔡迪雅、闫妍、李鑫、何仁天和张岩对本书部分内容进行了校对。在此，向他们表示衷心的感谢。

非常感谢机械工业出版社的编辑人员，他们的见识和勤奋使这本好书有可能较早地与读者见面。由于本书覆盖面广，翻译难度比较大，译文中难免出现一些疏漏，我们真诚地希望同行和朋友们不吝赐教。

概述

本书介绍了一种支持并发、面向对象和基于组件的综合性设计方法，该方法用于分布式嵌入式系统以及信息物理系统（CPS）中信息组件的实时软件设计。

本书首先讨论实时嵌入式系统的特性并阐述系统设计中的一些重要概念。接下来详细描述面向对象和基于组件的实时嵌入式软件体系结构与详细设计的方法。通过对一系列实时嵌入式系统案例的详细研究，进一步阐明了设计方法和设计决策的影响。本书中所有例子和案例研究均使用 UML、SysML 和 MARTE 可视化建模语言与表示法进行编写。

本书面向专业领域和学术领域，特别是研究生阶段的人员。尽管书中给出了简要介绍，这里还是假设读者已具备 UML 和面向对象方面的基础知识。

本书内容

市场上已有各种参考书介绍面向对象分析、设计概念和方法。然而，实时嵌入式系统有其特殊性，这些参考书缺少对此的深入详细的描述。也有一些书籍描述了实时系统的一般原理或提供了相关方法综述。本书关注的焦点是嵌入式系统实时软件设计，描述了从系统工程的视角来解决系统级问题的方法，系统问题包括硬件和软件方面的问题。

本书全面介绍了面向对象和基于组件的概念，用于复杂的、实时的和嵌入式的软件分析和设计。本书的特点有：

1. 描述了面向对象的实时嵌入式系统软件设计的基本概念。包括并发任务，面向对象的信息隐藏、类和继承，分布式组件技术，软件体系结构，有限状态机，以及采用实时调度的实时软件设计性能分析。

2. 详细地描述了用于实时嵌入式软件的并发面向对象的分析和设计方法，这适用于大型复杂的工业软件开发。

3. 介绍了实时软件设计和系统集成几个重要的设计概念，包括并发性、对象、组件、服务、体系结构设计模式、软件生产线和实时调度。

4. 介绍了几个详细的案例研究，用以说明实时嵌入式软件系统的不同特性，逐步给出了从实时系统需求分析到详细软件设计的细节描述。所有案例研究采用 SysML、UML 2 和 MARTE 可视化建模语言与表示法进行编写。

5. 在附录中为详细任务设计提供了体系结构设计模式和伪代码模板，包括词汇表和参考文献以及工业和学术领域相关课程讲授方面的考虑。

本书读者

本书面向专业领域和学术领域读者。专业领域读者包括系统工程师、软件工程师、计算机工程师、分析师、架构师、设计师、程序员、项目负责人、技术经理以及质量保证专家，他们会参与来自工业和政府的大规模实时嵌入式软件系统的设计与开发。学术领域读者包括计算机科学、软件工程、系统工程和计算机工程方面的高年级本科生与研究生，以及这些领域中的研究人员。

本书阅读方式

本书可以采用不同的阅读方式。可以按照所给出的顺序进行阅读,其中第 1～3 章给出了介绍性的概念,第 4 章给出了 COMET/RTE 嵌入式系统实时软件设计方法概述,第 5～18 章给出了实时软件设计较深入的内容,第 19～23 章给出了详细的案例研究。

部分读者可能希望跳过一些章节,这取决于他们对所讨论的主题的熟悉程度。第 1～3 章是介绍性的,有经验的读者可以跳过。熟悉软件设计概念的读者可以跳过第 3 章。对实时软件设计特别感兴趣的读者,可以直接从第 4 章开始阅读。不熟悉 UML、SysML 或 MARTE 的读者可以阅读第 2 章以及第 4～18 章。

有经验的软件设计师也可以使用本书作为参考书,随着项目进入各特定阶段,如需求、分析和设计过程,可以参阅相关章节。每一章都是相对独立的,例如,人们可随时参考第 5 章来讨论使用 SysML 和 UML 进行结构化建模,用例描述可参考第 6 章,状态机描述可参考第 7 章。第 10 章可以作为实时软件体系结构概述方面的参考。第 11 章和附录 B 作为软件体系结构模式方面的参考。第 12 章作为基于组件的软件体系结构方面的参考。第 13 章作为通过 MARTE 进行并发实时任务设计方面的参考。第 15 章可以作为软件产品线设计方面的参考内容。第 16 章可以作为系统和软件质量属性方面的参考。第 17 章和第 18 章作为实时软件设计性能分析方面的参考。可以通过阅读第 19～23 章的案例研究来更好地理解如何使用 COMET/RTE 方法,每一个案例研究都解释了在需求、分析和设计各阶段所做出的决策。

本书组织结构

第一部分　概述

第 1 章"引言"　本章概述了实时嵌入式系统和应用,描述了集中式和分布式实时嵌入式系统的主要功能,概述了信息物理系统(CPS)的新兴领域,其中实时软件是其关键组件。本章接下来介绍了书中用到的 COMET/RTE 和实时嵌入式系统设计方法。

第 2 章" UML、SysML 和 MARTE 概述"　本章描述了 UML、SysML 和 MARTE 可视化建模语言与表示法的主要特性,这特别适合于使用 COMET/RTE 方法进行实时设计。本章目的不是完整地介绍 UML、SysML 和 MARTE,因为已有其他书籍详细论述了这方面的主题。这里只对每个主题提供一个简要的概述,特别是那些 COMET/RTE 使用的部分。

第 3 章"实时软件设计和体系结构概念"　本章描述了并发面向对象实时嵌入式系统软件设计中的关键概念以及开发系统体系结构方面的重要概念,引入了并发处理概念,描述了并发任务之间通信和同步的问题,从应用于实时设计视角讨论了一些通用的设计概念,包括面向对象设计中的信息隐藏和继承概念、软件体系结构和软件组件概念。本章还简要讨论了与实时软件设计相关的技术问题,包括实时操作系统和任务调度。

第二部分　实时软件设计方法

第 4 章"实时嵌入式系统软件设计方法概述"　本章概述了实时嵌入式系统软件设计方法,该方法称为 COMET/RTE(Concurrent Object Modeling and Architectural Design Method for Real-Time Embedded systems），它使用了 SysML、UML 以及 MARTE 可视化建模语言和表示法。本章还描述了 COMET/RTE 的迭代系统和软件生命周期以及与其他生命周期的对比，然后描述了使用 COMET/RTE 的主要步骤。

　　第5章"SysML 和 UML 实时嵌入式系统结构化建模" 本章描述了如何使用 SysML 和 UML 将结构化建模作为一种综合方法用于包含软硬件组件的嵌入式系统的系统和软件建模，还描述了问题域的结构化建模、硬件/软件系统环境下的结构化建模、硬件/软件边界建模、软件系统环境下的结构化建模、硬件/软件接口定义以及系统部署建模。

　　第6章"实时嵌入式系统用例建模" 本章描述了如何将用例建模从系统工程和软件工程视角应用于实时嵌入式系统。在概述了用例的基本原理后，重点放在获取实时和嵌入式系统的功能和非功能需求方面。本章还解释了系统用例/角色和软件用例/角色之间的区别。

　　第7章"实时嵌入式系统状态机" 本章描述了状态机建模概念，这对反应式（reactive）实时系统尤其重要。这一章涵盖了事件、状态、条件、动作和活动、进入和退出动作、组合状态以及具有顺序和正交子状态的层次状态机，还解决了开发协作状态机、状态机继承以及从用例导出状态机过程中的问题。

　　第8章"为实时嵌入式软件构造对象和类" 本章描述了软件类和对象的识别与分类，重点描述了类在实时软件中所起的作用，包括边界、控制和实体类。本章还描述了每个对象分类对应的行为模式。

　　第9章"实时嵌入式软件动态交互建模" 本章描述了动态交互建模概念，为每个用例开发了交互图，包括主场景和可选场景。讨论了依赖于状态的实时嵌入式系统，介绍了依赖于状态的对象交互的动态交互建模。本章还描述了状态机和交互图是如何相互关联的，以及如何使它们相互保持一致。

　　第10章"实时嵌入式系统软件体系结构" 本章介绍了分布式实时嵌入式系统软件体系结构概念，描述了软件体系结构设计（Software Architectural Design）中的问题，阐述了开发软件体系结构多视图模型的益处。本章还介绍了软件组件和基于组件的软件体系结构，仔细地说明了从需求分析到体系结构设计的转变过程，并描述了子系统设计中的关注点分离和子系统构造标准，最后讨论了子系统消息通信接口的设计。

　　第11章"实时嵌入式系统软件体系结构模式" 本章描述了体系结构设计模式在开发实时软件体系结构中的作用，概述了软件体系结构模式，包括总体结构和通信模式。本章还描述了实时系统的体系结构模式，包括分层模式、实时控制模式、客户/服务模式、代理模式和基于事件的订阅/通知模式。

　　第12章"基于组件的实时嵌入式系统软件体系结构" 本章描述了如何将分布式实时体系结构设计成基于组件的软件体系结构，该结构可以部署到分布式环境中的多个节点上；描述了组件设计问题，包括复合和简单组件、具有供给和需求接口的组件接口设计、端口和连接器；还描述了服务组件和分布式软件连接器的设计，说明了组件配置和部署问题。

　　第13章"并发实时软件任务设计" 本章描述了使用 MARTE 实时建模表示法进行并发任务设计；描述了并发任务构造，包括事件驱动的任务、周期任务和需求驱动的任务；还描述了对象的任务聚簇；描述了任务接口的设计，包括同步和异步消息通信、事件同步以及通过被动对象通信；描述了不同类型的消息通信对软件体系结构并发行为的影响。

　　第14章"实时软件详细设计" 本章描述了并发任务的详细设计，描述了嵌套被动类组合任务的设计，通过互斥、多读者/作者和监视器描述了访问被动类的任务同步，介绍了用于任务间通信的连接器的设计，简要介绍了作为 Java 线程的并发任务的实现。

第 15 章 "实时软件产品线体系结构设计" 本章描述了实时软件产品线的特点，解释了功能建模以及建模共性和差异性方面的重要概念，解释了如何在用例、静态和动态模型以及软件体系结构中建模差异性。本章接着描述了在软件产品线体系结构中建模共性和可变组件，介绍了产品线工件的软件应用工程。

第三部分 实时软件设计分析

第 16 章 "实时嵌入式系统的系统和软件质量属性" 本章描述了系统和软件的质量属性以及如何将它们用于评估实时嵌入式系统和软件体系结构的质量。系统质量属性包括可伸缩性（scalability）、性能（performance）、可用性（availability）、安全性（safety）和信息安全（security）。软件质量属性包括可维护性（maintainability）、可修改性（modifiability）、可测试性（testability）、可跟踪性（traceability）和可重用性（reusability）。本章还讨论了 COMET/RTE 实时设计方法是如何支持系统和软件质量属性的。

第 17 章 "实时软件设计的性能分析" 本章介绍了分析实时嵌入式软件设计性能的方法；描述了分析设计性能的两种方法——实时调度理论和事件序列分析，并将它们结合起来分析并发多任务设计；描述了最新的实时调度算法，包括截止期限单调调度、动态优先级调度和多处理器调度；还描述了包括多核、多处理器系统性能的实际分析方法，讨论了性能参数的估计和测量。

第 18 章 "性能分析应用于实时软件设计" 本章将第 17 章中描述的实时性能分析概念和理论应用到轻轨控制系统的实时设计中，用实时调度理论和事件序列分析两种方法分析并发多任务设计性能，并对单处理器和多处理器系统设计性能进行了分析和比较。

第四部分 实时嵌入式系统软件设计案例研究

第 19 章 "微波炉控制系统案例研究" 本章描述了如何将 COMET/RTE 设计方法应用到一个消费类产品——微波炉控制系统（Microwave Oven Control System）的嵌入式实时软件设计中。

第 20 章 "铁路道口控制系统案例研究" 本章描述了如何将 COMET/RTE 设计方法应用于严苛安全性要求的铁路道口控制系统的嵌入式实时软件设计中。

第 21 章 "轻轨控制系统案例研究" 本章描述了如何将 COMET/RTE 设计方法应用于嵌入式轻轨控制系统的设计中，在该系统中，无人驾驶列车的自动控制必须安全、实时地完成。

第 22 章 "泵控制系统案例研究" 本章描述了一种简明的案例研究，即如何将 COMET/RTE 设计方法应用于泵控制系统的嵌入式实时软件设计中。

第 23 章 "高速公路收费控制系统案例研究" 本章描述了一种简明的案例研究，即如何将 COMET/RTE 设计方法应用于高速公路收费控制系统的分布式嵌入式实时软件设计中。

附录 A "本书中使用的约定" 描述了命名需求、分析和设计工件的约定，描述了交互图上的消息序列编号的约定。

附录 B "软件体系结构模式目录" 使用标准设计模式模板描述了每种体系结构和通信模式。

附录 C "并发任务伪码模板" 提供了几种不同类型的并发任务伪码。

附录 D "教学考虑" 给出了学术类（研究生和高年级本科生）课程教学大纲和工业类课程教学大纲。

由衷地感谢提供了建设性意见的早期手稿审阅人。Hakan Aydin 非常仔细地评审了第 17 章的性能分析，并给予了一些有价值和深入见解的评述。Kevin Mills 和 Rob Pettit 针对几章内容提供了非常全面和建设性的评审。匿名评审者们提供了许多有价值的评述。非常感谢在乔治梅森大学选修我的软件建模和设计、实时软件分析和设计以及可重用软件体系结构课程的学生们，感谢他们的热情、奉献和有价值的反馈。多谢 Aparna Keshavamurthy、Ehsan Kouroshfar、Carolyn Koerner、Nan Li 和 Upsorn Praphamontripong 在绘图方面的辛勤工作和专注。我也非常感谢剑桥大学出版社的编辑和制作人员，包括 Lauren Cowles 以及在 Aptara 的制作人员。

感谢软件工程学院提供了实时调度的材料，这是第 17 章中一些内容的基础。我也由衷地感谢 Pearson Education，Inc. 允许我使用我早期教材《Designing Concurrent, Distributed, and RealTime Applications with UML》（© 2000 Hassan Gomaa，经 Pearson Education，Inc. 许可复制）和《Designing Software Product Lines with UML》（© 2005 Hassan Gomaa，经 Pearson Education，Inc. 许可复制）中的素材。

最后，我要感谢我的妻子 Gill，感谢她的鼓励、理解和支持。

目 录

Real-Time Software Design for Embedded Systems

概　　述

引　言

本书描述了如何设计嵌入式系统实时软件。本章概述了实时嵌入式系统和应用，并描述了实时嵌入式系统的主要功能，包括集中式和分布式系统；还概述了信息物理系统的新兴领域，其中实时软件是其关键组件；最后描述和应用了嵌入式系统的实时软件设计方法 COMET/RTE，该方法使用了统一建模语言（Unified Modeling Language，UML）、系统建模语言（Systems Modeling Language，SysML）和实时嵌入式系统的建模和分析（Modeling and Analysis of Real-Time Embedded Systems，MARTE）等可视化建模语言和表示法。

1.1　挑战

在 21 世纪，越来越多的商业、工业、军事、医疗和消费产品加入实时嵌入式软件密集型系统行列，这些系统要么是软件控制的，要么有关键的软件组件。这类系统范围从微波炉到 Blu-ray™ 录像机，从无人驾驶列车到无人驾驶汽车以及到飞机自动驾驶仪，从探索深海的潜水艇到探索太空的飞行器，从流水线控制系统到工厂监测和控制系统，从机器人控制器到电梯控制器，从城市交通控制到空中交通控制，从"智能"传感器到"智能"手机，从"智能"网络到"智能"电网，数量不停增长的移动和多用途系统——这个清单还在继续增加。这些系统是并行、实时和嵌入式的，它们中的许多都是分布式的。实时软件是这类系统的关键组件。

1.2　实时嵌入式系统和应用软件

实时嵌入式系统是一个实时的计算机系统（硬件和软件），它是一个更大的系统（称为实时系统或信息物理系统）的一部分，后者通常具有机械或电子部件，例如飞机或汽车。一个实时嵌入式系统通过传感器和执行器连接到外部环境，如图 1-1 所示。一个实时嵌入式系统的例子是机器人控制器，它是由一个或多个机械臂组成的机器人系统的组成部分，伺服机械控制轴运动，有多个传感器为系统提供来自外部设备的输入，以及由多个执行器来控制外部设备。

实时系统是具有时间约束条件的计算机系统。术语实时系统通常是针对整个系统而言的，包括实时应用软件、实时操作系统和实时 I/O 子系统。具有特殊用途的设备驱动程序与各种传感器和执行器连接。虽然本书的重点是设计实时软件，但为了开发出高质量的实时软件，有必要考虑完整的实时系统，因为许多软件质量属性，例如性能、可用性、安全性和可扩展性严重依赖于整个软硬件系统。

实时系统往往是复杂的，因为它们必须处理多个独立的输入事件序列和产生多个输出。通常情况下，输入事件的顺序是不可预测的。尽管输入事件的到达率和序列可能会随着时间的不同而变化，但实时系统必须能够以可预测的方式在系统需求指定的时间限制内对这些事件做出响应。

实时系统通常分为硬实时系统和软实时系统。硬实时系统，例如无人驾驶汽车或列车，具有严格的截止期限，例如，为了防止灾难性的系统失败，"能够在一个障碍物前面紧急停下"这个需求就必须永远得到满足。系统故障可能导致灾难性后果的硬实时系统也被称为严苛安全性要求系统（Kopetz 2011）。软实时系统，例如交互式网络系统，这种实时系统偶尔不满足截止期限，例如延迟响应应用户的输入，这虽然被认为是不合意的，但不会造成灾难性 4 后果。

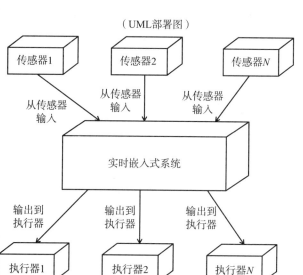

图 1-1　实时嵌入式系统

可以将实时嵌入式系统设计成为一个分层的系统体系结构，如图 1-2 所示，其中包含了实时嵌入式应用、实时操作系统（可能包含具有特殊用途的设备驱动）和计算机硬件。

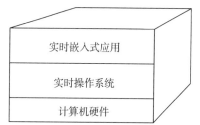

图 1-2　实时嵌入式系统的分层体系结构

1.3　实时嵌入式系统的特征

实时嵌入式系统（包括集中式的和分布式的）有一些区别于其他软件系统的特征：

1. **与外部环境的交互**。实时嵌入式系统与外部环境的交互在很大程度上是无人干预的。例如，实时系统可以控制机器或制造过程，也可能监控化学过程和报告警报条件。

2. **传感器和执行器**。与外部环境的交互需要传感器来接收来自外部环境的数据，通过执行器输出数据到外部环境并控制外部环境（见图 1-1）。

传感器是一个设备，用来探测事件或者物理特性（例如温度）或实体（例如开关）的变化，并将测量的数据（例如温度值）或事件（例如打开开关）转化为电或光信号。例如，热电偶传感器把温度的测量值转换为一个模拟电压。然后一个模拟 – 数字转换器把模拟电压转换为一个实时计算机系统的数字输入（Kopetz 2011；Lee and Seshia 2015）。

执行器则提供使实时计算机系统能够控制外部设备或机械装置的方法。许多执行器会组建成一些设备将电能转换为某种运动形式，例如，打开、关闭一扇门，或者打开、关闭一盏灯。

3. **测量时间**。实时系统会模拟从过去到现在再到未来的历程。一个**事件**在瞬间发生（从

5 概念上讲，经历时间为零）。**持续时间**是指两个事件间的时间间隔，一个是起始事件，另一个是终止事件。**周期**是指具有相同持续时间重复发生间隔的度量。

在实时系统中，存在不同的时间单位。**执行时间**是指在 CPU 上执行给定任务所花费的 CPU 时间。**经历时间**是指任务从开始执行到结束所经历的时间，这包括任务执行时间加上**阻塞时间**，即任务不占用 CPU 的等待时间，包括等候 I/O 操作结束的时间、等候消息或响应到达的时间、等待分配 CPU 的时间以及等待进入临界段的时间。**物理时间**（或实际时间）是指一个实时指令被执行完毕所需要的总的时间，例如，使一列列车停下来包括软件任务所花费的时间，以及实际操作中刹车和逐渐停止列车所需要的时间，后者比前者要长得多。

4. **时间约束条件**。实时系统具有时间约束条件，它们必须在给定的时间范围内处理完事件。在交互系统中，系统响应延迟可能会造成人们的不方便，而实时系统的延迟可能是灾难性的。例如，在一个交通控制系统中，不及时响应可能导致半空中两个飞行器碰撞。所需的响应时间因系统而异，变化范围从某些情况下的毫秒级到另一些情况下的秒级甚至是分钟级。

5. **实时控制**。一个实时嵌入式系统通常包括实时控制。也就是说，实时系统是在没有人为干预的情况下，基于输入数据和当前状态做出控制决策。一列无人驾驶列车必须能够自动控制列车的运动，包括列车从静止起动、逐渐加速和减速、在一个固定速度上巡航运行、遇到障碍物时减速停止，以及在行驶路线上的各车站停靠。

在一些实时嵌入式系统中，控制功能可以看作是一个过程控制问题（Kopetz 2011），如图 1-3 所示。例如，在一个自动控制无人驾驶列车中所考虑的速度控制算法问题。速度控制算法确定一个设置点，也就是目标巡航速度，以及一个控制变量，也就是目前列车的速度。

6 速度控制算法比较设置点和控制变量，通过增加或减少当前速度使列车速度调整到以巡航速度加减一个小的 δ 值的速度范围内。将正向或负向的速度调整转换为电压输入到电动马达，以增加或减小列车速度。列车速度传感器测量当前的列车速度——控制变量——并且把测量的速度定期地发送给软件。

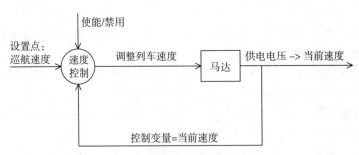

图 1-3 自动控制列车中的速度控制算法

注：该图不遵从 UML 表示法

6. **反应式系统**。许多实时系统属于反应式系统（Harel and Politi 1998）。它们是事件驱动的，必须响应外部激励。在一个反应式系统中，通常系统对输入激励的响应是状态相关的，也就是说，系统响应不仅仅依赖于激励本身，还依赖于在这之前系统发生了什么，这构成了系统的当前状态。

7. **并发性**。并发任务设计是实时嵌入式系统设计的有效解决方案，因为它反映了实时问题域中存在的自然并行性，也就是说，在实际问题中通常会有多个事件并行发生。例如在空中交通控制系统中，系统监控几个飞行器，因此会有很多活动同时发生。天气条件的变化会导致意想不到的负载和不可预知的系统行为模式。设计中强调并发任务使得设计更清晰和更容易理解，因为和顺序编程相比，它更真实地描述了问题域。在多处理系统中，例如多核系统，并发任务可以利用多个 CPU，因为任何给定的任务都可以在其他 CPU 上与其他任务并行地执行。

1.4　分布式实时嵌入式系统

许多实时系统同时也是分布式的。分布式实时嵌入式系统运行于包含多个节点的环境中，这些节点可能是本地的，也可能是地理上分开的。图 1-4 所展示的例子中，每个节点包含一个实时嵌入式子系统。本地分离的节点彼此通过局域网相连，而地理上分离的节点彼此通过广域网相连。

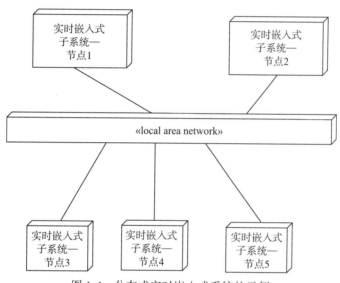

图 1-4　分布式实时嵌入式系统的示例

分布式实时嵌入式系统具有以下优点：

分布式控制。控制分布在几个互联的节点上，这些节点可以被配置成分层的或者同层点对点的结构。

改进的可用性。当某些节点暂时不可用时，通过降低配置保持运行。这样设计的系统的优点是不存在单点故障。

灵活的配置。对给定的系统，可以通过选择适当数量的节点以不同的方式灵活配置，从而适应具体的系统实例。

本地化的控制和管理。在自身节点上运行的分布式子系统可以设计成自治的，因此它可以在很大程度上独立于其他节点上的其他子系统而执行。

增强的系统扩展。当系统超负荷运行时，可以通过增加更多的节点来扩展系统。

负载平衡。在有些系统中，整个系统的负荷可以在几个节点之间共享，可以动态地随着负荷的变化而调节。

图 1-5 展示了分布式实时嵌入式系统分层体系结构的例子，系统中分布的节点通过局域

网互联。每个节点分为若干层，分别为实时嵌入式应用软件、中间件、实时操作系统和通信软件，最底层是计算机和网络硬件。和图 1-2 相比，这里多了额外的中间件和通信软件层以及在硬件层多出额外的网络硬件。通信软件允许分布节点间通过网络协议如 IP 进行通信。中间件是位于操作系统和通信软件之上的软件层，它为之上的分布式应用程序运行提供统一的平台（Bacon 2003），例如，在运行于不同节点的应用之间提供消息通信。分布式操作系统通常将中间件集成到操作系统中。

8

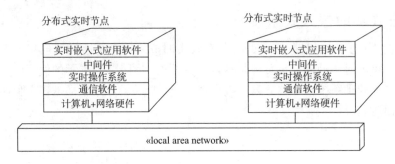

图 1-5 分布式实时嵌入式系统分层体系结构示例

物联网

物联网（IoT）是一个将物理世界中的物品连接到互联网的概念。这是通过远程传感器和执行器连接到互联网来实现的，其目的是通过互联网提供对传感器数据的远程访问和对物理设备的远程控制（Kopetz 2011）。RFID 是一种用于将实物（也称为智能对象）连接到互联网的技术。将低成本 RFID 电子标签附加到一个产品上，使该产品成为可以在互联网上被唯一标识的智能对象。物联网提供了一种集成实时嵌入式系统到互联网的方法。

1.5 信息物理系统

国家科学基金会的一份愿景宣言将**信息物理系统**（CPS）描述为"具有内置传感器、处理器和执行器的智能联网系统，其被设计为能够感知物理世界并与物理世界互动，并在严苛安全性要求的应用中支持实时性并保证性能。在 CPS 系统中，系统的'信息'和'物理'元素的联合行为是非常关键的——计算、控制、感知和网络化可以被深层次地集成到每个组件中，组件和系统的动作必须是安全的和可互操作的"（Lee and Seshia 2015）。

信息物理系统的设计会考虑嵌入式信息系统和物理过程的设计与集成。此外，用于监控物理过程的信息系统的实时软件设计在信息物理系统设计中是至关重要的。

1.3 节中描述的自动无人驾驶列车是集成了嵌入式系统和信息物理系统的例子。在列车 CPS 的设计中，除了由计算机硬件、实时软件和网络组成的嵌入式信息系统的设计外，还需要考虑诸如电动马达、制动系统、速度控制系统和传输等物理系统的设计。为了控制物理过程，例如电动马达和制动系统，需要设计计算算法。算法设计者需要具备物理系统设计与操作相关的丰富知识。

9

1.6 嵌入式系统实时软件设计方法需求

嵌入式系统的实时软件设计方法要能够满足实时嵌入式系统的以下特点：
- **结构化建模**。建模对象包括问题域建模、整个（硬件和软件）系统的边界、硬件和软件组件之间的接口以及软件系统的边界。

- **动态（行为）建模**。在需求、分析和设计层面，为系统和软件工件之间的交互序列建模。
- **状态机**。响应由输入和系统当前状态确定的外部事件。
- **并发性**。通过为并行执行的活动建模，处理多个输入序列和不可预测的负荷情况。
- **基于组件的软件体系结构**。提供包含面向对象组件和连接器的体系结构，这样，组件就可以部署到分布式环境中的不同节点上。
- **实时设计性能分析**。在实现之前分析实时系统的性能，这样可以更早地确定系统是否满足性能指标。

这些需求问题都会通过本书中描述的嵌入式系统的 COMET/RTE 实时软件设计方法来解决。在第 4 章中描述了如何通过 COMET/RTE 来满足这些需求。下面给出了对 COMET/RTE 的概述。

1.7　COMET/RTE：用于嵌入式系统的实时软件设计方法

本书描述了一个软件建模与体系结构设计方法，称为 COMET/RTE（Concurrent Object Modeling and Architectural Design Method for Real-Time Embedded Systems），它经过了裁剪以满足实时嵌入式系统的需求。COMET/RTE 是一个迭代式用例驱动和面向对象的方法，用来解决系统和软件开发生命周期各阶段中需求、分析和设计建模问题。

结构化建模用来从系统工程视角分析问题域，确定总体硬件 / 软件的静态结构，继而确定硬件和软件之间的边界。需求建模用于确定系统的功能性和非功能性需求。在用例建模中，功能性需求通过角色和用例加以描述。在实时嵌入式系统分析建模中，强调动态建模。通过结构化用例来描述参与用例的对象及对象之间的相互作用。系统中状态相关的部分通过状态机来分析。在设计建模中，开发了软件体系结构，用来解决分布、并发性和面向对象问题。并发组件使用面向对象和并发性概念的混合，以支持分布式配置中的若干节点之间的组件分布。

10

1.8　可视化建模语言：UML、SysML 和 MARTE

统一建模语言（UML）是描述软件需求与设计的标准化和可视化的建模语言和表示法。然而，为了有效地应用 UML 表示法，需要使用面向对象的分析与设计方法。虽然 UML 对大多数软件应用建模是足够的，但对实时嵌入式系统建模，仍需要补充内容。系统建模语言（SysML）就是用来从系统工程视角为整个软硬件系统进行建模的。MARTE 为实时系统建模提供 UML 扩展。

现代面向对象分析和设计方法是基于模型的，它采用了用例建模、静态建模、状态机建模和对象交互建模的组合。几乎所有当今面向对象的方法（例如，在（Gomaa 2011）中描述的 COMET）都使用 UML 表示法描述软件需求、分析和设计模型（Booch et al. 2005；Fowler 2004；Rumbaugh et al. 2005）。本书描述了如何混合使用 UML、SysML 和 MARTE 建模语言与表示法来用 COMET/RTE 设计实时嵌入式系统。

1.9　小结

本章描述了实时嵌入式系统和应用的特征，概述了用于实时嵌入式系统的 COMET/RTE

设计方法以及它在可视化建模语言和表示法方面的应用。第 2 章给出了 UML、SysML 和 MARTE 建模语言和表示法概述，特别是 COMET/RTE 所使用的部分。第 3 章描述了基础设计概念，这是实时嵌入式系统并发面向对象设计的基础，它描述了面向对象概念、并发任务概念（包括任务通信和同步）以及操作系统对并发任务的支持。第 4 章概述了 COMET/RTE 设计方法以及实时嵌入式系统的系统和软件生命周期。第 5～18 章描述该方法的详细情况，第 19～23 章描述了应用 COMET/RTE 来设计实时嵌入式系统的几个案例研究。

　　一本关于实时系统的综合参考书是（Kopetz 2011）。其他有帮助的实时系统参考书有（Burns and Wellings 2009）、（Laplante 2011）、（Lee and Seshia2015）以及（Li and Yao 2003）。

UML、SysML 和 MARTE 概述

COMET/RTE 方法使用的表示法是统一建模语言（UML），以及系统建模语言（SysML）和实时嵌入式系统建模与分析（MARTE）。本章简要概述这三个相关的可视化建模表示法。

对象管理组（OMG）以标准化的方式维护 UML 和 SysML。UML 表示法自 1997 年成为标准以来一直在演进。标准方面的主要修订是 2003 年在 UML 2.0 中引入的，从那以后只发生过一些微小的改变，最新版本是 UML 2.4。在 UML 2 之前的版本称为 UML 1.x，当前的版本一般称为 UML 2。SysML 基于 UML 2，采用了 UML 2 的一部分并延伸到其他一些系统建模领域。MARTE 是用于实时嵌入式系统的较新的 UML 扩展集。这里介绍的每一种表示法都非常全面，有益于实时系统建模者从这些表示法提供的大量的图与模板中仔细筛选。

UML 表示法在过去几年里得到了充分的发展，支持很多图。SysML 和 MARTE 进一步延伸了建模表示法。本书采纳的方法只是 UML 和 SysML 表示法的一部分，它们在实时嵌入式系统设计中具有独特的好处；而使用一部分 MARTE 可以最有效地与 UML 和 SysML 混合以用于系统的设计。本章描述了特别适合使用 COMET/RTE 方法进行实时设计的 UML、SysML 和 MARTE 表示法的主要特征。本章目的不是完整地介绍 UML、SysML 和 MARTE，因为几本参考书中详细地描述了这些主题，这里只是提供了对每个主题的简要概述。本书使用的每个图的主要特征都给出了简要说明，但略去了较少使用的特征。

2.1 使用 SysML 和 UML 的模型驱动体系结构

从 OMG 的视角来看，"建模是编程之前的软件应用设计"（OMG 2015）。OMG 倡导模型驱动的体系结构方法，在实现之前先开发软件体系结构的 UML 模型。根据 OMG 的说法，UML 是不依赖于方法的（methodology-independent）。UML 是一种表示法，用于描述通过所选方法完成的面向对象分析和设计的结果。

SysML 能够用来为整个硬件/软件嵌入式系统建模，帮助设计硬件/软件接口，继而 UML 能够更详细地为软件系统建模。MARTE 是 UML 的一个扩展集，是 UML 的实时性扩展，用来支持实时嵌入式系统相关的概念（Selic and Gerard 2014）。

UML 模型可以是一个平台无关的模型（PIM）或者是一个针对特定平台的模型（PSM）。PIM 在应用到一个特定的平台前，是精确的软件体系结构模型。首先开发 PIM 是特别有用的，因为同一个 PIM 可以映射到不同的平台，例如 .NET、J2EE、Web Services 或者 RTE 平台。一个典型的实时嵌入式平台可能包含一个或多个由高速系统总线或局域网连接的处理器，通过接口与几个传感器和执行器相连。

本书的方法是使用模型驱动的体系结构概念开发基于组件的软件体系结构，这被表述为 UML PIM。PIM 接下来被映射到一个针对特定配置的 PSM，其性能如第 17 章所述，可以使用实时调度来分析。

12

2.1.1　UML 图

本书使用的用于开发实时嵌入式系统的 UML 图如下所示：

- **用例图**，在 2.2 节中简要描述
- **类图**，在 2.4 节中简要描述。
- **序列图**，在 2.5.1 节中简要描述。
- **通信图**，在 UML 1.x 中称为协作图，在 2.5.2 节中简要描述。序列图和通信图，如 2.8 节简要介绍的，也可以被用来建模并发系统。
- **状态机图**（也称为状态图），在 2.6 节中简要描述。
- **组合结构图**，在 2.10 节中简要描述，用来为 UML PIM 中的分布式组件建模。
- **包图**，在 2.7 节中简要描述。
- **部署图**，在 2.9 节中简要描述。
- **时序图**，是带有标注时间的序列图，在 2.14 节中简要描述。

COMET/RTE 方法如何使用这些 UML 图将会在第 5～18 章中以及第 19～23 章的案例分析中描述。

13

2.2　用例图

用例定义了一个或多个角色（actor）和系统之间的交互序列。角色是在系统之外的，在用例图中用简笔人表示。系统被描述为一个盒子。一个用例被描绘成盒子内的一个椭圆。角色与所参与的用例通过通信关系连接。用例之间的关系通过 include（包括）和 extend（扩展）关系连接。表示法如图 2-1 所示。

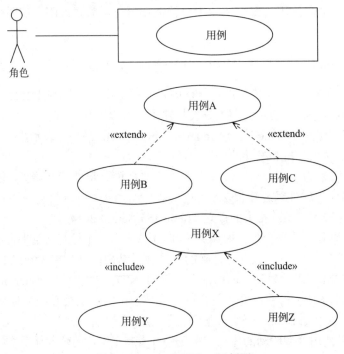

图 2-1　UML 表示法：用例图

2.3 类和对象

类（class）和对象（object）在 UML 表示法中用框表示，如图 2-2 所示。类框总是包含类名。作为可选项，类的属性（attribute）和操作（operation）也可能在框中描述。但三者都存在时，框的最上一格是类名，中间一格是类的属性，最下一格是类的操作。

图 2-2 对象和类的 UML 表示法

为了区分类（类型）和对象（类型的一个实例），对象的名称会显示下划线。对象可以通过对象的名称加冒号加类名来完整地描述，例如，anObject:Class。可以选择省略冒号和类名，只保留对象的名称，例如，anObject。另一种选择是忽略对象名称，只保留冒号和类的名称，如 :Class。类和对象的描述会出现在各种 UML 图中，如 2.4 节所述。

14

2.4 类图

在**类图**中，用框表示类，类之间静态的（即永久的）关系由连接框的线段表示。支持以下三种主要的类关系：关联关系，整体和部分的关系和一般化 / 特殊化关系，如图 2-3 所示。第四种关系，即依赖关系，经常被用来说明包是如何联系到一起的，如 2.7 节所述。

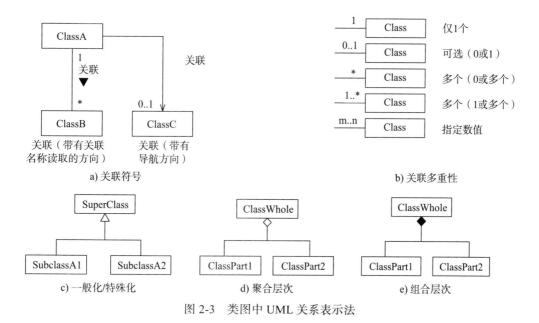

图 2-3 类图中 UML 关系表示法

2.4.1 关联

关联（association）是两个和多个类之间静态的、结构化的关系。两个类之间的关联，称为二元关联，描述为一条直线连接两个类框，如图 2-3a 所示，一条直线连接了 ClassA 和 ClassB。关联包含名称和可选的用以说明阅读关联名称的方向的黑色三角箭头。连接类的关联线的每一端标注关联多重性，表示了一个类有多少个实例与另一个类的一个实例进行关联。有时，也可能用一个普通箭头来表示所指的方向，如图 2-3a 中从 ClassA 到 ClassC 的关联所示。

关联的多重性指定了一个类的多少个实例与另一个类的一个实例相关联（图 2-3b）。关联的多重性可以是恰好 1 个（1）、可选个（0 . . 1）、0 个或多个（*）、1 个或多个（1 . .*），或指定的数值（*m . . n*），*m* 和 *n* 是具体的数值。关联将在第 5 章中通过一些例子给予更详细的描述。

2.4.2 聚合和组合层次结构

聚合（aggregation）和组合（composition）层次结构是**整体 / 部分**的关系。和聚合关系（表示为空心的钻石符号）相比，组合关系（表示为黑色实心钻石符号）是整体 / 部分关系中比较强的关系。钻石符号触及聚合或组合（ClassWhole）类框（见图 2-3d 和图 2-3e）。第 5 章将通过例子给出详细描述。

2.4.3 一般化 / 特殊化层次结构

一般化 / 特殊化层次结构是一种**继承**关系。一般化用带有箭头的连线连接子类（subclass）和父类（superclass），箭头指向父类类框（见图 2-3c）。

2.4.4 可见性

可见性是指一个类的元素是否从该类外部可见，如图 2-4 所示。在类图上展示可见性是可选的。**公共可见性**（public visibility）用符＋表示，其含义为该元素从类外部看是可见的。**私有可见性**（private visibility）用符号－表示，其含义为该元素只能是在定义它的类中可见，在其他类中是不可见的。**受保护的可见性**（protected visibility）用符号 # 表示，其含义为该元素在定义它的类及其子类中都可见。

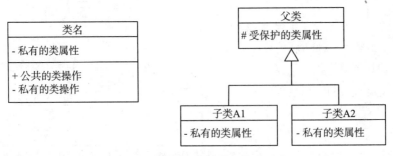

图 2-4 类图中 UML 可见性表示法

2.5 交互图

UML 有两种交互图：序列图和通信图，用以描述对象间如何交互。在交互图中，对象在矩形框中描述。然而，**对象名称是没有下划线的**。这些图的主要特征在 2.5.1 节和 2.5.2 节中描述。序列图和通信图展示了相似但不必相同的信息，而且以不同的方式进行描述。

2.5.1 序列图

序列图描述了合作对象之间动态交互在时间轴上的序列，如图 2-5 所示。**序列图**是二维图，图中参与交互的对象显示在水平方向，垂直方向代表时间，交互信息序列从上到下沿时间线展示。从对象框出发的虚线代表着生命线。作为可选项，每一条生命线可以有一个激活条表示何时对象开始执行，在图中用双实线表示。 [17]

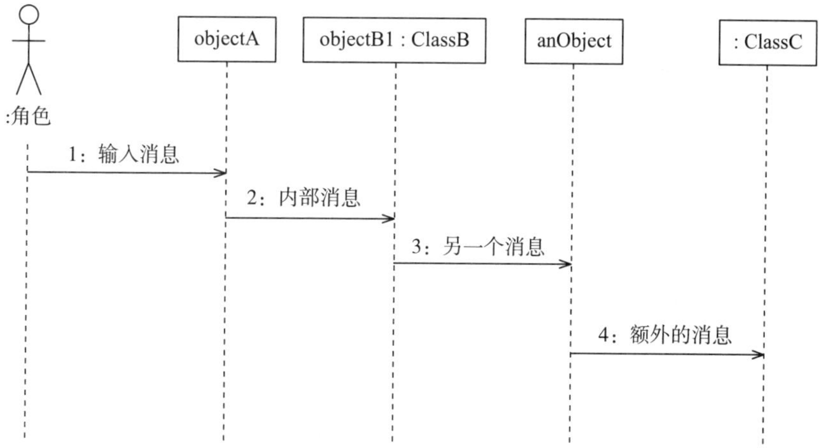

图 2-5 UML 序列图表示法

角色通常会放在图的最左边。加标注的水平箭头代表所交换的信息。只有箭头开始的源对象和指向的目标对象是相关的，消息从源对象发送到目标对象。时间从上到下逐渐增加。UML 中，消息之间的间距在语义上没有不同。

因为序列图中展示的是从上到下消息的次序，给消息编号是没有必要的。然而，在图 2-5 中，序列图上的消息的确给出了编号，这是用来显示它们与下一节中描述的通信图上的消息的对应关系。

除了描述特定的场景外，序列图可以通过加入循环和分支序列在同一图中描述多个场景，如第 9 章所述。

2.5.2 通信图

描述对象之间交互的另一种方式是在**通信图**中显示它们，通信图显示了参与交互的对象及对象之间传递的消息序列。对象显示为框，连接框的线表示对象之间的相互连接。带有标注的箭头表明了消息名称和对象之间消息传递的方向。在对象之间传递的消息序列注明了序号。图 2-6 中显示了通信图表示法。如图 2-6 中的消息 3 所示的重复性由星号（*）表示，这意味着一个消息可以多次发送。有条件的消息意味着只有在方括号中显示的条件为真时才发送消息。

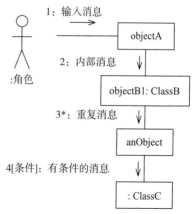

图 2-6 UML 通信图表示法 [18]

2.6 状态机图

在 UML 表示法中，将状态转换图称为**状态机图**或状态图。在本书中，一般会使用较短的术语**状态机**。在 UML 表示法中，状态由圆角框表示，转换由连接圆角框的弧线（arc）表示，如图 2-7 所示。状态机的初始状态由从一个黑色小圆圈发出的弧线表示。作为可选项，最终状态可以由一个大圆圈嵌套一个黑色小圆圈表示，有时称为靶心。状态机可以按层次分解成子状态。

弧线代表状态转换，标记为事件 /[条件]/ 动作（Event [Condition]/Action）。**事件**导致状态转换。当事件发生引起状态转换时，可选的布尔**条件**必须为真。可选的**动作**因状态转换而得到执行。状态有以下几个可选项：

- **进入动作**（entry action），进入状态时执行；
- **活动**（activity），状态持续期间执行；
- **退出动作**（exit action），退出状态时执行。

图 2-7 描述了一个组合状态 A 分解为顺序的子状态 A1 和 A2 的情况。在这种情况下，状态机在一个时刻只能处于一个状态，也就是如该图所示情况，先进入子状态 A1，然后进入子状态 A2。图 2-8 描述了一个组合状态 B 分解为正交区域 BC 和 BD。在这种情况下，状态机可以同时处于正交区域 BC 和 BD。每一个正交区域可以进一步分解为有顺序的子状态。这样，最初进入组合状态 B 时，便同时进入了子状态 B1 和 B3。

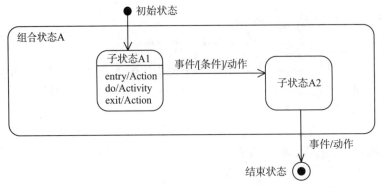

图 2-7 UML 状态机表示法：由顺序子状态构成的组合状态

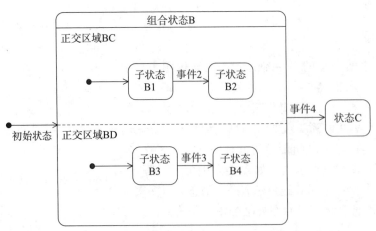

图 2-8 UML 状态机表示法：由正交区域构成的组合状态

2.7　包图

在 UML 中，**包**（package）是模型元素的组合。例如，一个包代表一个系统或子系统。包图是用于模型化包及包之间关系的结构图，如图 2-9 所示。包由文件夹图标表示：一个大矩形附带一个角上的小矩形。包也可以嵌套在其他包中。包之间可能的关系是依赖（如图 2-9）和一般化 / 特殊化的关系。包可用于包含类、对象或用例。

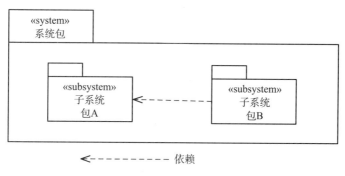

图 2-9　UML 包表示法

2.8　并发序列图和通信图

主动对象（active object），也称为并发对象、进程、线程或任务，有自己的控制线程并与其他对象并发地执行。相比之下，**被动对象**（passive object）没有控制线程，只有其他对象（主动的或被动的）有唤醒它的操作的时候才开始执行。

在 UML 中，主动对象由并发交互图即**并发序列图**或**并发通信图**描述。在并发序列图或通信图中，主动对象由里面加上左右两侧垂直方向上的平行线的矩形框表述，被动对象由常规的矩形框表述。图 2-10 给出了一个例子，描述了主动和被动对象的表示法。在该表示法中，也展示了一个对象的多个实例，这用于同一个类有多个对象实例的场合。多重性指示（例如，1..*）位于矩形框的右上角，如果多重性为 1，则可以省略。 20

图 2-10　UML 主动与被动对象表示法

2.8.1　并发通信图中的消息通信

并发通信图中任务之间的消息接口可以是**异步的**或者**同步的**。对于同步消息通信，有两种可能性：（1）有应答的同步消息通信；（2）没有应答的同步消息通信。

消息通信的 UML 表示法总结如图 2-11 所示。异步消息描述为箭头，而同步消息描述为黑色箭头。将消息的内容描绘成消息的输入参数列表，如图 2-11a 和 b 所示。

对同步消息的应答可以描绘为原始消息的输出参数列表（out argument list），如图 2-11c 选项 1 所示。另一个选择是，应答可以描述为虚线箭头。如图 2-11c 选项 2 所示。

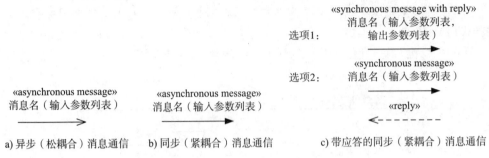

图 2-11 UML 消息表示法

21
~
22

图 2-12 和图 2-13 分别描绘了交互图的并发版本，即并发序列图和并发通信图。每个图描述了主动对象和它们之间通信的各种消息。在这两个图中，objectA 从外部传感器接收输入事件后发送异步消息（消息 #2）到 objectB，objectB 接下来发送同步消息（消息 #3 没有应答）给 objectC，objectC 接下来发送同步消息（#4）给 objectD，然后 objectD 响应应答（#5）。

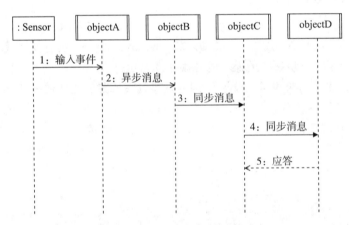

图 2-12 UML 并发序列图表示法

2.9 部署图

部署图以物理节点和节点之间物理连接的形式显示系统的物理配置，例如网络连接。节点显示为立方体，连接显示为连接节点的一条直线。部署图本质上是专注于系统节点的类图（Booch et el. 2005）。

本书中，一个节点通常代表一个具有可选约束（参见 2.10.3 节）的计算机节点，约束条件描述了该节点上会有多少个实例。物理连接用构造型（参见 2.10.1 节）来表示连接类型，比如«local area network»（«局域网»）和«wide area network»（«广域网»）。图 2-14 显示了部署图的两个例子，在第一个示例中，节点通

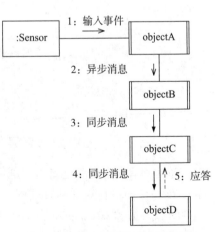

图 2-13 UML 并发通信图表示法

过广域网（WAN）连接，在第二个示例中，节点通过局域网（LAN）连接。第一个示例中的 ATM 客户端节点（每个 ATM 有一个节点）连接到一个只有一个节点的银行服务器。作为可选项，驻留在节点中的对象可以在节点立方体中加以描述。在第二个示例中，网络表示为节点立方体。当两个以上的计算机节点在网络中连接到一起的时候也采用了这样一种表示法。

23

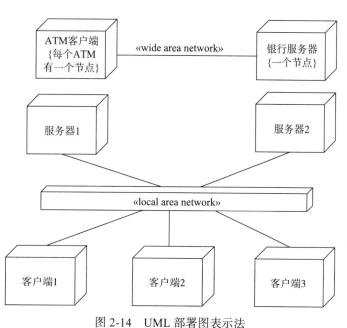

图 2-14　UML 部署图表示法

2.10　组合结构图

　　组合结构图用来描述基于组件的软件体系结构，其中包括组件及组件间的接口。**接口**指定了类、服务或者组件外部可见的操作，而这并不涉及操作的内部结构（实现）。因为同一接口可以有不同的实现方式，所以接口可独立于实现它的组件去单独建模。

　　接口可以在实现它的类或组件中以不同的名字描述。为了使 UML 图更清晰，接口的名字以大写字母 I 开始。有两种方法描述接口：简单型和扩展型。对简单型的情况，接口用小圆圈表示，接口名字位于该小圆圈旁边。提供该接口的类或组件与此小圆圈相连，如图 2-15a 所示。

　　对于扩展型的情况，接口在一个矩形框中描述，如图 2-15b 所示，在第一格中用构造型 «interface» 以及接口的名字来表示。对接口的操作放在第三个格子里来说明。第二个格子留空（注：在其他文本描述中，第二个格子有时候被省略了）。接口的一个例子是 IBasicAlarmService，它提供了两种操作，一个是读取报警数据，另一个是发布新的报警。

　　实现接口的组件称为 BasicAlarmService。在 UML 中，实现关系在图 2-15c 中描述（虚线加三角箭头）。需求接口由一个小半圆符号来描述，在旁边标有接口的名字。需求接口的类或组件连接到半圆符号，如图 2-15d 所示。为了展示一个需求接口的组件使用供给接口的组件的情况，需求接口的半圆（有时称为套接字）围绕着供给接口的圆圈（有时也称为球），如图 2-15e 所示。

24

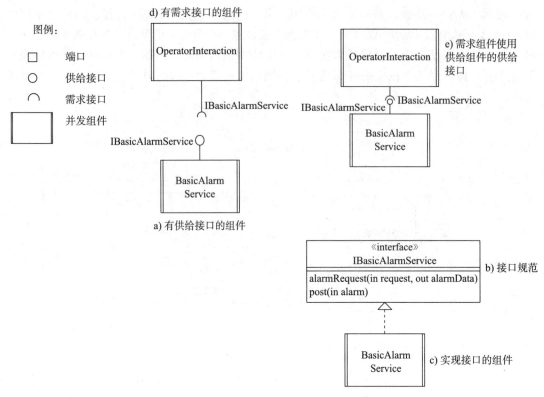

图 2-15　UML 组件与接口表示法

2.11　UML 扩展机制和扩展集

UML 提供了三种机制来扩展语言，它们是构造型、标记值和约束。

这些扩展机制也用来创建 UML 扩展集（profile）。Rumbaugh 把 UML **扩展集**定义为"可用于特定领域或目的的一致的扩展集合"（Rumbaugh et al. 2005）。对实时嵌入式系统，两个相关的 UML 扩展集是 SysML 和 MARTE。SysML 涉及系统建模的概念，这对于嵌入式系统来说很重要，因为嵌入式系统建模需要考虑硬件组件和软件组件间的接口问题。MARTE 是有特定意义的，因为它涉及实时性概念。SysML 将进一步在 2.12 节中描述，而 MARTE 将在 2.13 节中介绍。

2.11.1　构造型

构造型定义了一个新的结构化模块，它来源于现有的 UML 建模元素，但经过裁剪后用于建模者的问题（Booch et al. 2005）。本书广泛采用了构造型。UML 定义了几种标准的构造型，除此之外，建模者还可以定义新的构造型。本章包括了几个构造型的例子，包括标准的和专用于 COMET 类型的构造型。构造型由书名号（«»）表示。

在图 2-1 中，用例之间两种特定的依赖关系通过构造型表示法描述：«include» 和 «extend»。图 2-9 显示了用构造型 «system» 和 «subsystem» 区分两种不同的包。图 2-11 使用构造型来区分不同类型的消息。在 UML 中，一个建模元素也可以由多个构造型描述。因此，不同的、可能正交的建模元素的特征可以由不同的构造型描述。

　　UML 构造型表示法允许建模者为一个特殊问题裁剪 UML 模型元素。在 UML 中，构造型通常用书名号封装在建模元素（例如类或者对象）中，如图 2-16a 所示，其中将类传感器输入（SensorInput）描述为 «boundary» 类用以与电梯控制（ElevatorControl）区分，将电梯控制描述为 «control» 类。然而，UML 也允许将构造型描述为符号。其中最有代表性的用法之一是由 Jacobson（1992）引入的，并用于统一软件开发过程（USDP）（Jacobson et al. 1999）。构造型用于表示 «entity» 类、«boundary» 类和 «control» 类。图 2-16b 用 USDP 构造型符号描述了过程规划（ProcessPlan）«entity» 类、电梯控制 «control» 类和传感器输入 «boundary» 类。

25 ~ 26

a) 展示构造型的标准UML表示法　　　　b) 统一软件开发过程采用的另一种构造型表示法

图 2-16　UML 构造型表示法

2.11.2　标记值

　　标记值扩展了 UML 结构化模块的属性（Booch et al. 2005），从而增添了新的信息。标记值放在形如 {tag = value} 的括号中，用逗号将不同的标记值分开，例如一个类可以具有标记值 {version = 1.0, author = Gill}，如图 2-17 所示。

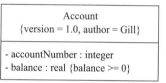

图 2-17　UML 标记值和约束表示法

2.11.3　约束

　　约束规定了一个必须为真的条件。在 UML 中，约束是 UML 元素在语义上的延伸，目的是允许增加新规则或改变现有规则（Booch et al. 2005）。例如，对于图 2-17 描述的 Account 类来说，对属性 balance 的约束是余额永远不能为负，描述为 {balance>=0}。为表达约束，UML 提供了对象约束语言（Object Constraint Language）（Warmer and Kleppe 1999）。

2.12　SysML

　　SysML 是一种为系统需求和设计进行建模的通用可视化建模语言，它已经被 OMG 批准为标准。如同 UML，SysML 是不依赖于方法的，它是基于 UML 2 的子集，扩展了系统建模。

27

　　SysML 原封不动地从 UML 2 中采纳了下面的图，这些图在本书中使用：
- **用例图**，在 2.2 节中简述。
- **状态机图**，在 2.6 节中简述。
- **序列图**，在 2.5.1 节中简述。
- **包图**，在 2.7 节中简述。

　　SysML 也引入了 UML 2 的改进版本的图。在这些图中，本书采用了下面的图：
- **模块定义图**，这是从类图改进而来的，将在下一节中给出简要的描述。

2.12.1 模块定义图

SysML 采用模块定义图，以模块（block）的形式描述系统，这里的模块包括硬件、软件或由人组成的结构元素。SysML 模块是基于 UML 类及其扩展功能的静态结构元素（Friedenthal et al. 2015）。模块表示法和类表示法是兼容的，这意味着具有构造型 «block» 的 UML 类图可被用作 SysML 模块定义图。

因此，模块定义图与具有构造型 «block» 的类图是等价的。这允许模块定义图能够像类一样表示和描述同一个建模关系，尤其是关联关系、整体 / 部分（组合或聚合）关系和一般化 / 特殊化关系。因此，用组合关系来描述实际嵌入式系统是如何由模块组成的。模块定义图建模表示法在图 2-18 中给出，这本质上与图 2-3 使用的表示法相同，除了类的构造型表示为模块这一点不同。

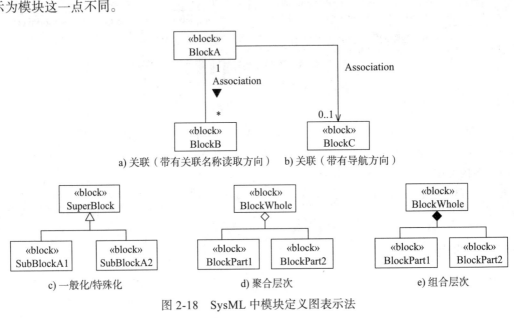

图 2-18　SysML 中模块定义图表示法

2.13　MARTE 扩展集

MARTE 是专为实时嵌入式系统开发的 UML 扩展集。它提供了几种构造型用于这一类系统的建模元素。图 2-19 中的例子描述了用于硬件设备的构造型 «hwDevice»，将定时器设备称为定时器资源 «timerResource»，软件任务称为软件可调度资源 «swSchedulable-Resource»。

MARTE 也允许表述时间刻度，例如一个定时器资源可以通过指定 period = (100, ms) 来描述 100 毫秒的周期。«timerResource» 有一个属性称为周期性（Periodic），如果周期性为真则意味着定时器就会再次起作用。可以将周期性软件任务表述为如图 2-19 所示的 «timerResource» 和 «swSchedulableResource»。更多 MARTE 构造型在第 13 章中描述，该章还提供一些实时嵌

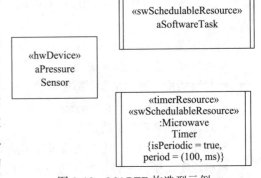

图 2-19　MARTE 构造型示例

入式系统并发设计方面的例子。

2.14　时序图

时序图是带有时间注释的序列图，它描述了并发任务集合在时间顺序上的执行序列。时间被明确地标注在页面的左边，从页的顶部到底部等间隔地增加。生命线描述了任务从开始到结束的活动，阴影部分代表任务何时执行以及执行多长时间。根据是有一个还是多个 CPU 的配置，时序图可以明确地展示多个 CPU 中任务的并行执行。如果只有一个 CPU，如图 2-20 所示，在任一时刻只有一个任务在执行。如果采用 MARTE，时序图上的任务标注为 MARTE 构造型 «swSchedulableResource»。例如在图 2-20 中，任务 t_1 执行了 20 毫秒。

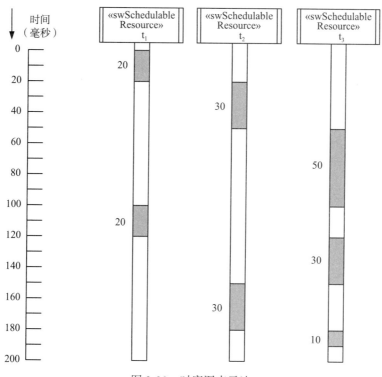

图 2-20　时序图表示法

2.15　UML、SysML 和 MARTE 的工具支持

因为 UML、SysML 和 MARTE 是由 OMG 维护的标准化和可视化建模语言，所以有很多支持这些表示法的工具。在众多可用的 UML 工具中，有些是私有的，有些是开源的。从原理上讲，任何支持 UML 2 的工具都可用于 COMET/RTE 设计。这些工具在功能方面、易用性方面和价格方面差异很大。有了构造型，设计者可以通过分配构造型来描述 SysML 和 MARTE 概念，例如指定一个 UML 类作为 SysML «block» 或 MARTE «swSchedulableResource»。对于实时设计，最有效的工具应该是那些能够为设计者动态执行模型提供执行或仿真框架的工具。这能够使设计者通过迭代检测和纠正设计缺陷来验证设计，从而在实现和部署设计方案之前对方案更有自信心。

2.16　小结

本章简要描述了 UML、SysML 和 MARTE 表示法的主要特征，以及本书中使用这些表示法的图的主要功能。

如想进一步了解 UML，（Fowler 2004）和（Ambler 2005）提供了介绍资料。更详细的信息可以参阅（Booch et al. 2005）和（Eriksson et al. 2004）。一本关于 UML 全面而详细的参考书是（Rumbaugh et al. 2005）。如果想进一步了解 SysML，（Friedenthal et al. 2015）提供了丰富的内容。如想进一步了解 MARTE，（Selic and Gerard 2014）对 MARTE 给出了非常清晰的解释。

29
~
31

实时软件设计和体系结构概念

本章描述了并发面向对象实时嵌入式系统软件设计中的关键概念，以及开发系统体系结构方面的重要概念。首先介绍了面向对象的概念，描述了对象和类，讨论了信息隐藏在面向对象设计中的作用以及介绍了继承的概念。接下来介绍了并发处理的概念，描述了并发任务之间的通信和同步问题。这些设计概念是设计实时嵌入式系统软件体系结构的基础：包括系统的整体结构、分解的组件以及组件之间的接口。

3.1 节给出了面向对象概念的概述。3.2 节描述了信息隐藏以及如何在软件设计中使用信息隐藏。3.3 节描述了继承和一般化 / 特殊化之间的关系。3.4 节描述了主动和被动对象，而 3.5 节给出了并行处理的概述。3.6 节描述了并发任务之间的协作，包括互斥、任务同步和生产者 / 消费者问题。3.7 节描述了如何应用信息隐藏来访问同步。3.8 节给出了运行时支持并发处理方面的概述，而 3.9 节描述了任务调度。最后，3.10 节概述了软件体系结构以及组件和连接器的概念。

3.1 面向对象概念

对象是真实世界中的物理或概念实体，它是对真实世界的认知，因此构成了通过软件解决问题的基础。真实世界的对象有其物理性质（它们可以被看到或触到），例如门、电动马达或灯泡。概念性的对象是更抽象的概念，例如账户或事务。

从设计角度来看，对象包括数据和对数据的操作程序。操作程序通常称为操作或方法。一些方法，包括 UML 表示法，将操作看作是由对象实现的功能规范和功能实现的方法（Rumbaugh，Booch and Jacobson 2005）。在本书中，如同 Gamma et. al.（1995）、Meyer（2000）和其他人所做的那样，我们将使用术语**操作**代指规范和实现。

操作特征包括操作的名称、操作的参数和操作的返回值。对象的**接口**是它所提供的操作集合，这由操作特征指定。

类是对象的类型。例如，列车类代表所有类型的列车。对象是类的实例。单个对象，也就是类的实例，在执行时被实例化，例如，特定的温度传感器或一列特定的列车。

图 3-1 描述了一个称为 SensorData（传感器数据）的类，和两个称为 temperatureSensor-Data:SensorData 和 pressureSensorData: SensorData 的对象，它们是类 SensorData 的实例。对象 humiditySensorData:SensorData 和 :SensorData 也是类 SensorData 的实例。

属性是类的对象所持有的数据的数值。每个对象都有特定的属性值。图 3-2 显示了类与属性。类 SensorData 有五个属性，即 sensorName、sensorValue、upperLimit、

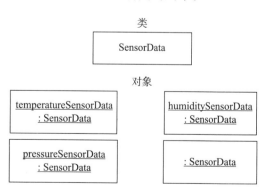

图 3-1　类和对象示例

lowerLimit 和 alarmStatus。图中显示了类 SensorData 的两个对象，即 temperatureSensorData1 和 temperatureSensorData2。每个对象都有特定的属性值。例如，第一个对象的 sensorValue 是 12.57，而第二个对象的 sensorValue 是 24.83。第一个对象的 alarmStatus 是 Normal，而第二个对象的 alarmStatus 是 High。

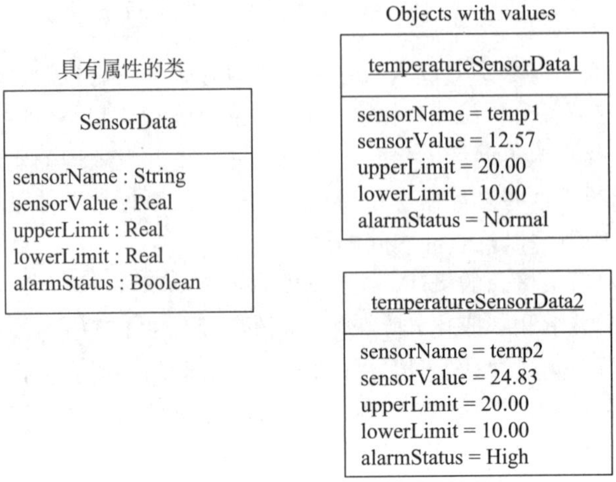

具有属性的类

SensorData

sensorName : String
sensorValue : Real
upperLimit : Real
lowerLimit : Real
alarmStatus : Boolean

Objects with values

temperatureSensorData1

sensorName = temp1
sensorValue = 12.57
upperLimit = 20.00
lowerLimit = 10.00
alarmStatus = Normal

temperatureSensorData2

sensorName = temp2
sensorValue = 24.83
upperLimit = 20.00
lowerLimit = 10.00
alarmStatus = High

图 3-2 具有属性的类示例

操作是对象完成的功能规范。对象可以有一个或多个操作。操作设置、获取或修改由该对象维护的一个或多个属性的值。操作可能有输入输出参数。例如，类 AnalogSensorRepository 有 readAnalogSensor 和 updateAnalogSensor 操作（图 3-3）。

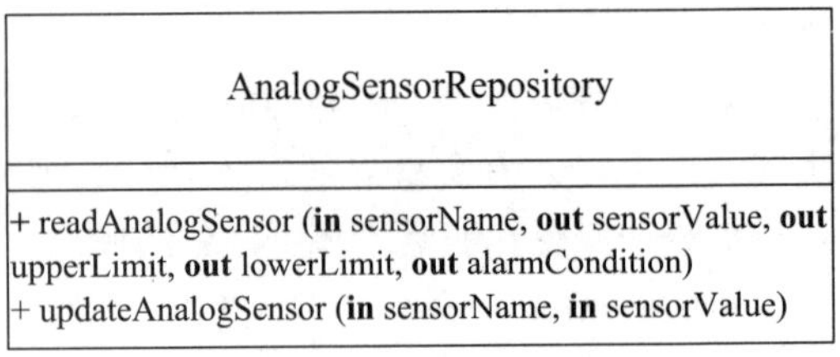

AnalogSensorRepository

+ readAnalogSensor (**in** sensorName, **out** sensorValue, **out** upperLimit, **out** lowerLimit, **out** alarmCondition)
+ updateAnalogSensor (**in** sensorName, **in** sensorValue)

图 3-3 带有操作的类示例

3.2 信息隐藏

信息隐藏是与所有软件系统设计相关的基本的软件设计概念。早期的系统是经常容易出错的，很难修改，因为它们广泛使用全局数据。Parnas（1972，1979）指出，通过使用信息隐藏，软件系统可以被设计为非常容易修改，大大减少或理想情况下消除全局数据。Parnas 提倡把信息隐藏作为标准，用以将软件系统分解成模块。

3.2.1 面向对象设计中的信息隐藏

信息隐藏是面向对象设计中的基础概念。信息隐藏被用来设计类，特别对于需要决定哪些信息应该可见和哪些信息应该隐藏的场合。在类中，不想被别的类看见的内容将被隐藏。因此，如果类内部的一些内容发生改变，它只影响所在类。术语**封装**也被用来描述类或对象中的信息隐藏。

有了信息隐藏，可能改变的信息被封装（即隐藏）在类中。外部的信息访问只能间接地通过调用操作来访问程序或函数，它们也是类的一部分。只有这些操作可以直接访问类的信息。因此，隐藏的信息和其访问操作绑定在一起形成**信息隐藏类**。操作规范（即，名字和操作参数）被称为类的**接口**。类的接口也称为类的抽象接口、虚拟接口或外部接口。接口代表类的可见部分，也就是可展现给其他类的部分。

在下一节中将给出软件设计中使用信息隐藏的两个例子。第一个例子是信息隐藏应用于内部数据结构设计，第二个例子是信息隐藏应用于 I/O 设备接口设计。

3.2.2　信息隐藏应用于内部数据结构

在应用软件开发中，一个潜在的问题是被几个对象访问的重要的数据结构可能需要改变。如果没有信息隐藏，任何数据结构的改变可能引起所有访问该数据结构的对象的改变。信息隐藏能够用来隐藏数据结构、内部联系和数据结构操作细节有关的设计决策。信息隐藏的方法就是封装对象的数据结构。该数据结构只能被对象提供的操作来访问。

其他对象可以间接地通过对象提供的操作访问被封装的数据结构。因此，如果数据结构发生变化，唯一影响的对象是包含该数据结构的对象。对象支持的外部接口不发生改变。因此，间接访问该数据结构的对象不会受到该变化的影响。这种形式的信息隐藏被称为**数据抽象**。

数据抽象的一个例子是图 3-3 所示的 AnalogSensorRepository（模拟传感器仓储）类。仓储是否由链表、数组或其他数据结构来实现，会被隐藏在类的内部，在接口上不可见。如果想改变该数据结构，例如把数组换成链表，其改变仅仅影响完成这个改变的类，对于与该类有依赖关系的其他类不可见，因此不会受到影响。

3.2.3　信息隐藏应用于 I/O 设备接口设计

信息隐藏能被用来隐藏特定 I/O 设备接口设计决策。解决方法是为设备提供虚拟的接口来隐藏特定设备相关的细节。如果设计者决定用另外一个具有相同功能的设备来替换该设备，需要改变对象内部的设计。尤其对象操作的内部需要改变，因为它们必须处理与真实设备的接口操作的精确细节。然而，虚拟接口不需要改变，虚拟接口由操作规范表示，如图 3-4 所示；因此，使用设备接口的对象将不需要改变。

图 3-4　信息隐藏应用于 I/O 设备接口

作为信息隐藏应用于 I/O 设备接口设计的例子，考虑用于汽车显示平均速度和燃料消耗的输出显示。可以设计一个虚拟设备，来隐藏如何格式化数据以及如何与里程显示界面进行交互。

支持的操作是：

displayAverageSpeed (**in** speed)
displayAverageMPG (**in** fuelConsumption)

如何定位数据到屏幕，使用的特殊控制字符，以及其他具体设备相关的信息，被隐藏，对于对象的使用者来说是不可见的。如果我们用另外一个具有相同功能的不同的设备替换该设备，内部操作需要改变，但虚拟接口是不变的。因此，该对象的使用者不受设备更改的影响。

3.3　继承

继承在分析和设计中是一种有用的抽象机制。继承自然地为那些在某些方面而不是所有方面相似的对象建模，因此，这些对象间有些共同的特征而各自又有区别于其他对象的特

34
～
35

征。继承是分类机制，已被广泛应用于其他领域。一个例子是动物王国的分类，其中动物被分类为哺乳动物、鱼类、爬行动物等等。猫和狗有一些共同的特征，那就是它们都具备哺乳类动物的特征。然而，它们也有独特的性质：一只狗会吠，而猫会喵喵叫。

继承是类之间共享和重用代码的机制。子类从父类中继承特征（封装的数据和操作），使自己适应父类的结构（即，封装的数据）和行为（即，操作）。父类被称为**超类**或**基类**。**子类**也被称为派生类。通过适配父类来形成子类被称为特殊化。子类可以进一步特殊化，形成类的层级，这被称为**一般化 / 特殊化**层级。

类继承是一种通过重用父类中指定的功能来扩展应用功能的机制。因此，可以基于现有类通过渐进递增定义一个新类。子类可以调整封装的数据（称为实例变量）和它的父类的操作。它通过添加新的实例变量来适应封装的数据。它通过添加新的操作或重新定义现有操作来适应操作。子类也有可能抑制父类的操作，但不建议这样做，因为子类不再共享父类的接口。

一个实时嵌入式系统中继承的例子是为储存工厂传感器的现有数据设计的传感器仓储，如图 3-5 所示。将 SensorData 类设计为父类，它特殊化为两子类：BooleanSensorData 和 AnalogSensorData。

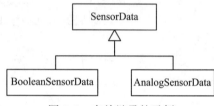

图 3-5　有关继承的示例

3.4　主动和被动对象

到目前为止，本章已描述了被动类和被动对象的特性。事实上，类或对象可以被设计为主动的或者被动的。主动对象是自主型的对象，它会独立于其他主动对象而执行。

主动对象也被称作为并发对象、并发任务或者线程。**并发对象**（**主动对象**）有它自己的控制线程，能够发起动作来影响其他对象。**被动对象**是被动类的实例，没有自己的控制线程。被动对象的操作由并发对象来调用。被动对象可以调用其他被动对象的操作。被动对象的操作一旦被并发对象调用，将在并发对象控制线程中执行。在**并发应用**中，典型情况下会有几个并发对象，每一个并发对象都有自己的控制线程。

3.5　并发处理

并发任务代表了并发程序中一个顺序程序或一个顺序组件的执行。每个任务处理执行过程中的一个线程。因此，任务内不再允许并发。然而，整个系统的并发性是通过多个任务并行执行实现的。任务的执行经常是异步的（即，以不同的速度执行），在相当长的时间段内，任务之间是相互独立的。任务之间不时地需要互相通信和同步。UML 并发任务表示法如 2.8 节所示。

有关并行任务方面的研究内容，自 Dijkstra 开创性的工作（1968）以来，得到了快速增长。早期著名的贡献来自 Hoare（1974）的工作，Hoare 发展了将信息隐藏用于任务同步的监控概念。为并发任务通信与同步开发出了几种算法，例如，多读者与作者算法，哲学家就餐算法和预防死锁的银行家算法。因为并行处理是非常基础性的概念，在许多参考书中都有描述。下面列举了一些在并发性方面优秀的参考资料：操作系统方面的书籍，如（Silberschatz et. al. 2013）、（Tanenbaum 2014）；（Bacon 2003）在集中式和分布式并发系统方面的描述；（Magee and Kramer 2006）在 Java 并行编程方面的描述。

3.5.1 并发任务设计的优点

在实时软件设计中，采用并发任务设计有很多优点：

1.并发任务设计在实际应用设计中是自然的模型，因为它反映了问题域中自然的并行性，即，经常会有几个事件同时发生。

2.将系统分解成一系列任务可以做到将任务做什么以及何时开始做分开完成。这通常会使得系统更容易理解、管理和开发。

3.将系统分解为并行任务可以降低系统整体的执行时间。在单处理器平台中，并发任务设计可以通过将 I/O 任务与其他计算任务并行操作来改善系统的性能。采用多处理器平台，例如多核系统，性能的改善可以通过在每一个处理器上真正并行地运行任务来完成。

4.将系统分解为并发任务可以使任务调度更加灵活，这可为具有硬实时要求的时间紧迫型的任务分配更高的优先级。

5.在设计的早期阶段确定并发任务可以更早地进行系统性能分析。许多工具和技术（例如实时调度）在分析中都把并发任务作为基本的组件。

3.5.2 重量级和轻量级进程

术语进程在操作系统中被用作 CPU 和内存资源分配的基本单元。传统操作系统中的进程是单线程的，不存在内部的并发性。当代操作系统中有些允许进程包含多个**线程**，从而在进程内具有并发性，这样的进程称为**重量级进程**。重量级进程有自己的内存空间。线程也称为**轻量级进程**，它与重量级进程共享内存空间。因此，重量级进程中的多线程都能访问进程的内存空间，然而，必须有相应的同步处理。

术语"重量级"和"轻量级"是指上下文切换的开销而言的。当操作系统从一个重量级进程切换到另一个进程时，上下文切换开销相对比较高，这需要同时分配 CPU 和进行内存切换。对轻量级进程来说，上下文切换开销相对比较低，因为只包含 CPU 分配。

进程的描述用语在不同操作系统间差异很大，最为常用的是把重量级进程称为进程（或任务），把轻量级进程称为线程。例如，JAVA 虚拟机通常运行为支持多线程控制的操作系统进程（Magee and Kramer 2006）。然而，有些操作系统并不认为重量级进程实际包含内部线程，而仅仅通过调度为进程分配 CPU 资源，这样一来，进程本身必须去实现其内部的线程调度。

Bacon 使用术语**进程**指一个动态实体，该实体运行在处理器上，有它自己的控制线程，而不管它是一个单线程的重量级进程还是重量级进程中的一个线程（Bacon 2003）。本书用术语**任务**来特指这样的动态实体。任务对应一个重量级进程中的一个线程（即，进程内部的运行任务），或者对应一个单线程的重量级进程。许多任务交互方面的问题都来自于这些线程是在同一个重量级进程还是在不同的重量级进程。任务调度和上下文切换将在 3.9 节中描述。

3.6 并发任务之间的合作

在并发系统设计中，有几个问题需要考虑，而这些问题在顺序单任务系统设计中是不存在的。在大多数并发应用开发中，为实现应用所需要的服务，并发任务间必须相互协作。在任务相互协作的过程中，下面三个问题经常遇到：

1. **互斥型问题**。当任务需要对资源进行独占访问时，比如共享数据或物理设备，就会出现这种情况。此问题的变种，在某些情况下，互斥限制可以被放宽，这就是多读者和作者问题，如第 12 章和第 14 章所述。

2. **任务同步问题**。两个任务之间需要同步操作。任务同步包括任务等待事件的发生，而另外一个任务会通过信号告知事件的发生。

3. **生产者/消费者问题**。这发生在任务之间需要相互通信时，也就是从一个任务传送数据给另外一个任务的场合。任务之间的通信经常被称为进程间通信（IPC）。

[39]

这些问题及解决方法将在下面描述。

3.6.1　互斥性问题

互斥发生于共享资源在任一时刻只能有一个任务访问的场合。在并发系统中，可能有多个任务同时访问同一资源。考虑下列场景：

1. 如果允许两个或多个任务同时向打印机写数据，来自不同任务的输出将会随机地交织在一起，打印出来的报告将混乱不堪。

2. 如果允许两个或更多个任务同时向数据库写数据，不一致的和/或不正确的数据将被写入数据库。

解决这个问题，必须提供同步机制来保证并发任务对临界资源的访问互斥。一个任务必须首先获得资源，也就是说，该任务首先获得访问该资源的许可，然后使用该资源，最后释放该资源。任务 A 释放资源的时候，任务 B 随后可能获得该资源。如果资源被任务 A 占用，这时任务 B 想要获得该资源，则必须等待，直到任务 A 释放该资源。

互斥问题经典解决方案是由 Dijkstra（1968）首先提出的，方案中使用了二值信号量。二值信号量是布尔型变量，访问该变量采用两个原子操作：acquire（semaphore）——**获取（信号量）** 和 release（semaphore）——**释放（信号量）**。Dijkstra 最初称 acquire 为 P 操作，release 为 V 操作。

当任务打算获取资源时，它会执行不可分割的或原子性的获取（信号量）操作。信号量初始值设为 1，其含义是资源可用。执行获取操作的结果是信号量值从 1 减到 0，任务获得资源。如果任务 A 执行获取操作时信号量为 0，意味着另一个任务比如说任务 B 已经占据该资源。在这种情况下，任务 A 被挂起直到任务 B 通过执行释放（信号量）操作释放该资源，然后任务 A 获得资源。需要注意的是，执行获取操作的任务被挂起仅仅是因为资源被另一个任务获取。任务访问互斥资源的代码段被称为**临界段**或**临界区**。

3.6.2　互斥性的例子

一个互斥性的例子是共享传感器数据库，它包含了几个传感器的当前值。为了处理或者显示传感器的数值，一些任务会从数据库中读取数据，而另外一些任务会轮询外部环境并用传感器的最新数值更新数据库。在这个传感器数据库的例子中，为保证互斥性操作，使用了传感器数据库信号量（sensorDataRepositorySemaphore）。每个任务在开始访问数据库之前必须执行获取操作，完成访问该数据库后执行释放操作。获取传感器数据库信号量进入临界段以及释放信号量的伪代码如下所示：

[40]

```
acquire (sensorDataRepositorySemaphore)
Access sensor data repository[this is the critical section.]
release (sensorDataRepositorySemaphore)
```

该方案假设传感器的初始值在被读出前先被存储起来。

在某些并发应用开发中，互斥性访问共享资源也许太过严格。因此，在刚刚描述的传感器数据库的例子中，对写操作的任务来说，互斥性访问共享资源是必需的。然而，如果没有写操作任务同时向数据存储仓库中写入数据，可以允许多于一个的读任务同时从数据存储仓库中读取数据。这被称为多读者和作者问题（Bacon 2003；Silberschatz et. al. 2013；Tanenbaum 2014）。该问题也可以用信号量解决，这会进一步在第 14 章中描述。

3.6.3　任务同步问题

事件同步用于两个任务间没有数据通信但需要同步的场合。发送事件的源任务用信号发出一个事件，接收事件的目的任务被挂起等待事件的到来。在 UML 中，这两个任务被描述为主动对象，一个异步事件从发送任务送往接收任务，如图 3-6 所示。

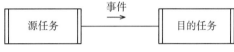

图 3-6　任务通过事件信号同步

任务同步也可以通过消息通信实现，如下节所述。

3.6.4　生产者 / 消费者问题

在并发系统中，一个常见的问题是关于生产者任务和消费者任务的同步问题。生产者任务提供信息，然后消费者任务接收该信息。为完成这一过程，数据需要从生产者传送到消费者手里。在基于过程的编程中，调用程序会传输数据给被调用程序。然而，程序控制权会在同一时刻与数据一起从调用程序传往被调用程序。

在并发系统中，每个任务有它自己的控制线程，任务以异步的方式执行。因此，任务间准备交换数据时，任务操作需保持同步。因此，在消费者能够消费数据之前，生产者必须首先生产出数据来。假如消费者准备接收数据，但生产者还没有生产出数据，这时消费者必须等待生产者生产出数据。如果生产者在消费者准备接收数据之前就已经生产出数据，这时要么必须对生产者进行暂停，要么对数据进行缓冲，由此决定生产者下一步的行为。

该问题的通用解决方案是在生产者任务和消费者任务之间采用消息通信。任务间的消息通信有两个目的：

1. 从生产者（发起地）任务到消费者（目的地）任务传送数据。

2. 生产者和消费者之间同步。如果没有可用的消息，消费者必须等待来自生产者的消息。在有些情况下，生产者要等待来自消费者的应答。

任务之间的消息通信可以是同步的，也可以是异步的。任务可能位于同一节点或在分布式应用中分布在不同节点。

对于异步消息通信的情况，生产者给消费者发送完消息后，生产者不会等待来自消费者的应答而会继续执行，如图 3-7 UML 所示。对于需要应答的同步消息通信，生产者给消费者发送完消息后，将立即处于等待应答的状态，如图 3-8 中的 UML 所示。在第 11 章中将详细描述消息通信模式方面的内容，包括同步和异步消息通信。

图 3-7　并发任务间异步消息通信　　　　图 3-8　并发任务间带有应答的同步消息通信

3.7　信息隐藏应用于访问同步

如前所述的互斥性问题的解决方法是容易出问题的。任何访问共享数据的任务都有可能出现编程错误，这就可能导致在执行期间出现严重的同步错误。例如，考虑 3.6.2 节中描述的互斥性问题，假如获取操作和释放操作时，因错误发生相反的操作，伪代码将变为：

release (sensorDataRepositorySemaphore)
Access sensor data repository [*should be critical section*]
acquire (sensorDataRepositorySemaphore)

这个错误所导致的结果是任务在没有获得信号量的情况下进入到临界段。因此，有可能使两个任务同时在临界段中执行，从而违反了互斥原则。相反，下面的编码错误也可能发生：

acquire (sensorDataRepositorySemaphore)
Access sensor data repository [*should be critical section*]
acquire (sensorDataRepositorySemaphore)

在这种情况下，任务在第一次进入到临界段后，没能离开此临界段，接下来试图重新获得该任务已经占据的信号量。随后的问题是这会阻止其他任务进入该临界段，相关任务不能够继续运行，从而导致**死锁**发生。

在这些例子中，同步是一个全局问题，即每一个相关的任务都被牵涉到，使得这样的解决方案容易出错。采用信息隐藏，全局同步问题可以转化为局部同步问题，这样的解决方案更少出错。使用这种方法，只有信息隐藏对象需要关注同步问题，如第 11 章和第 14 章所述。隐藏了同步并发访问数据细节的信息隐藏对象也被称为监视器（moniter）（Hoare 1974），如第 14 章所述。

3.8　实时并发处理的运行时支持

并发处理的运行时支持可以由如下提供：

- **操作系统内核**。操作系统内核具有并发处理服务的功能。在有些当代操作系统中，微内核提供了支持并发处理的最小功能集，而大部分其他服务由系统级任务完成。
- **运行时支持系统**。为并行计算提供运行时支持。
- **线程包**。线程包为管理重量级进程中的线程（轻量级进程）提供服务。

在顺序编程语言中，例如 C、C++、Pascal 和 Fortran，不提供对并发任务的支持。为了用顺序编程语言开发并发多任务应用，需要使用内核线程包。

并发编程语言，例如 Ada 和 Java，支持结构化任务通信与同步。在这种情况下，编程语言的运行时系统提供任务间通信与同步服务的内在机制。

3.8.1　操作系统服务

下面是操作系统内核提供的一些典型的服务：

- **任务调度**——采用调度算法，为任务分配 CPU。
- **使用消息的任务通信**。
- **使用信号量的互斥操作**。
- **使用信号的事件同步**。作为可选方案，消息也可用来实现同步的目的。
- **中断处理和基本 I/O 服务**。
- **内存管理**。内存管理负责每个任务的虚拟内存到物理内存的映射。

具有支持并发处理内核而被广泛使用的操作系统的例子是 Unix、Linux 和 Windows 的若干版本。

采用操作系统内核，消息通信中的发送消息（send message）和接收消息（receive message）操作、事件同步中的等待（wait）和发信号（signal）操作是内核的直接调用。互斥操作访问临界段，通过等待和发信号信号量操作来完成，这也是由内核提供的。

3.8.2　实时操作系统

许多用于并发系统的操作系统技术也是实时系统所需要的。大部分实时操作系统支持如前所述的内核或微内核。然而，实时系统有其特殊的需要，这和应具有可预测的行为相关。考虑实时操作系统的需求比花时间去广泛调查有哪些现有实时操作系统更有价值，因为操作系统清单会定期地更改。基于此，实时操作系统必须：

- 支持多任务。
- 支持基于优先级的可抢占多任务调度。这意味着每个任务需要有它自己的优先级。任务调度算法为最高优先级的就绪任务分配 CPU，例如该任务在收到等待的消息之后变为就绪。
- 提供任务同步和通信机制。
- 为任务提供内存锁定功能。在硬实时系统中，通常所有的并发任务都是驻留在内存中的，这是为了消除页交换开销带来的响应时间的不确定和变化。内存锁定功能允许所有具有硬截止期限的时间紧迫任务锁定在主内存中，以免它们被交换出去。
- 提供优先级继承机制，如第 17 章所述。当一个任务，比如说任务 A 进入临界段后，它的优先级必须被暂时地提升到所有可能进入该临界段的任务中的最高优先级。不然的话，任务 A 有可能被一个更高优先级的任务抢占，但因为任务 A 占据着资源，该更高优先级的任务不能进入该临界段，因此将被无限期阻塞。
- 提供可预测的行为（例如，针对任务上下文切换，任务同步和中断处理）。因此，在所有可预测的系统负荷下，将给出最大的响应时间。

3.9　任务调度

在单处理器和多处理器系统中，操作系统内核必须能够为单处理器或多处理器提供并发任务调度。内核维护准备在 CPU 上运行的任务的就绪表。已经设计了各式各样的调度算法，为任务分配 CPU 提供可选调度策略，例如轮询调度和基于优先级的可抢占调度。

3.9.1　任务调度算法

轮询调度算法的目标是提供公平的资源分配。任务在基于 FIFO 的队列中排队。处在就绪队列顶端的任务被分配 CPU，并给予固定的时间单位称为"时间片"。假如时间片在任务被阻塞（例如，等待 I/O 或消息）之前到期，该任务将被内核挂起并放在就绪表中的末端。CPU 这时会分配给就绪表顶端的任务。在多处理器系统中，处于执行状态的任务数量等于处理器的个数。

　　然而，在实时系统中，轮询调度不是令人满意的算法。资源分配是否公平不是主要的问题，任务将根据执行期间操作的重要程度被分配以优先级。这样一来，时间紧迫的任务将在截止期限之前确信得到执行。对实时系统来说，更令人满意的调度算法是基于优先级的可抢占调度。每个任务被设定一个优先级，就绪表以优先级排序。具有最高优先级的任务获得 CPU 执行权。一个任务将一直执行直到被阻塞或被另一个更高优先级的任务（刚刚从阻塞状态恢复）抢占。具有相同优先级的任务基于 FIFO 分配 CPU。应该注意到，基于优先级抢占调度不使用时间片。

3.9.2　任务状态

　　考虑任务从创建到结束的各种状态，如图 3-9 的状态机所示。这些状态由多任务内核维护，内核使用基于优先级的可抢占调度算法。

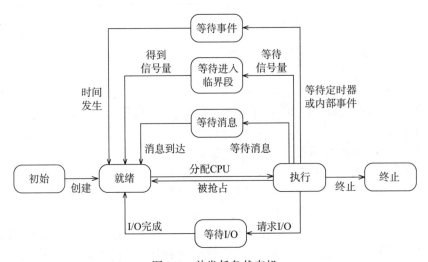

图 3-9　并发任务状态机

　　当任务刚被创建时，它会被设为就绪态，然后在就绪表中等候。当它到达就绪表的顶端的时候，会被分配 CPU 执行权，然后任务转为执行态。之后该任务可能被另外一个任务抢占，从而重新进入到就绪态，然后内核会把该任务放到就绪表中基于优先级所确定的位置。

　　任务处于执行态时有可能阻塞，然后进入到对应的阻塞态。一个任务会因等待事件而阻塞，这包括等待 I/O 事件，等待来自另外一个任务的消息，等待一个定时器事件或者另外一个任务通过信号触发的事件，再或者等待进入临界段。当等待消除时，被阻塞的任务会重新进入就绪态。换句话说，等待消除可理解为，已完成 I/O 操作，等待的消息到达，等待的事件发生，或者任务得到进入临界段的许可。

3.9.3　任务上下文切换

　　当一个任务因阻塞或者被抢占而挂起的时候，它当前的上下文或处理器状态必须被保存起来。需保存的数据包括硬件寄存器的内容，任务的程序计数器 PC 的数值（它指向下一条将被执行的指令）以及其他相关的信息。当一个任务被分配以 CPU 执行权时，需恢复其上下文信息，以便重新执行。整个过程被称为上下文切换。

在共享内存多处理器环境中，内核通常运行在每个处理器上。每个处理器都从就绪表的顶端选择要执行的任务来执行。就绪表的互斥访问通过硬件信号量实现，这通常是通过测试并置位锁（Test and Set Lock）指令来实现的。这样，同一个任务能够在不同的处理器上在不同的时间执行。在有些多处理器环境中，包含多线程的进程中的线程能够并发地在不同处理器上执行。有关任务调度的更多信息可参考一些操作系统书籍，例如，（Silberschatz et. al. 2013）和（Tanenbaum 2014）。

46

3.10　软件体系结构和组件

软件体系结构（Shaw and Garlan 1996；Bass，Clements and Kazman 2013；Taylor et al. 2009）根据组件和组件间的相互联系，将整个系统体系结构与每一个组件的内部细节分离开来。

软件体系结构可以从不同的层面来描述。在较高层面，它能够描述软件系统到子系统的分解过程。在较低层面，它能够描述子系统到模块或组件的分解过程。在每种情况下，描述的重点是子系统/组件的外部视图，也就是它的供给接口和需求接口以及与其他子系统/组件的相互连接。

在开发软件体系结构的时候，应该考虑到系统的软件质量属性。这些属性关系到软件体系结构如何满足重要的非功能需求，例如性能、信息安全和可维护性，这些将在第 16 章中描述。

软件体系结构可以从不同的视角去描述，如第 4 章中讨论的那样。重要的是能够保证该体系结构实现软件需求，包括功能性的（软件必须做什么）和非功能性的（做得有多好）需求。这也是详细设计和实现的起点，这一点对较大的开发团队尤其如此。

3.10.1　组件和组件接口

术语组件会被用在不同的地方。一般意义下，它经常被用于指模块化系统中的模块。组件作为基于组件的软件体系结构的一个部分有更精确的定义。

组件是独立的、通常是并发的和具有良好定义接口的对象，能够用于从初始设计开始的各种应用开发。在分布式应用开发中，组件是部署和分布的基本单位，如第 12 章所述。为全面规范组件，必须根据它提供的操作和需求的操作去定义它。这样一个定义和传统的面向对象的方法中用到的定义不同，面向对象方法中仅仅根据它提供的操作去描述一个对象。然而，如果一个先前存在的组件被集成到基于组件的系统中，搞清楚组件需求的操作和提供的操作都很重要，因此有必要明确地把它们表示出来。组件将在第 12 章中详细描述。

3.10.2　链接器

除了定义组件，软件体系结构还必须定义链接组件的链接器。**链接器**封装了两个或更多组件之间相互联系的协议。组件间消息通信方式包括**异步**和**同步**通信。每种类型通信方式的交互协议可以封装在链接器中。例如，虽然同一节点组件间的异步消息通信从逻辑上讲与多节点情况相同，但两种情况下会采用不同的链接器。对于前者，连接器可以使用共享内存缓

47

冲区；后一种情况会使用不同的连接器，该链接器通过网络发送消息。链接器将在第 12 章中详细描述。

3.11　小结

这一章描述了并发面向对象实时嵌入式系统软件设计中的关键概念以及与系统体系结构开发相关的重要概念。这里介绍的面向对象和并发任务的概念是接下来几章的基础。从设计的角度来看，类设计在第 14 章中描述。并发任务和任务通信方面从两个视角详细论述。第 12 章从大粒度视角描述了分布式应用软件体系结构。第 13 章和第 14 章从小粒度视角对任务设计进行描述。有关信息隐藏类的访问同步问题在第 14 章中给予详细论述。软件体系结构在第 10 章中给予详细描述。体系结构中的结构和通信模式在第 11 章中描述。软件质量属性在第 16 章中描述。

48

实时软件设计方法

实时嵌入式系统软件设计方法概述

基于模型的系统工程（Buede 2009；Sage 2000）和基于模型的软件工程（Booch 2007；Gomaa 2011；Blaha 2005）是实现之前对所开发的系统进行建模和分析的重要方法。嵌入式系统由硬件和软件组成，是软件密集型系统。应用系统建模与软件建模方法有助于对嵌入式系统进行分析和设计。正如 2 章所介绍，本书采用 SysML 语言进行系统建模，而软件建模则采用 UML 语言。

本章总体介绍了嵌入式系统实时软件设计方法——实时嵌入式系统并发对象建模和体系结构设计（COMET/RTE）。COMET/RT 采用 SysML、UML 和 MARTE 描述语言。本章 4.1 节描述了 COMET/RTE 系统和软件生命周期；4.2 节描述了 COMET/RTE 方法的主要过程；4.3 节将 COMET/RTE 的生命周期与统一软件开发过程的螺旋模型和敏捷软件开发模式进行比较。4.4 节给出了实时嵌入式系统设计方法综述；最后，在 4.5 节描述了多视图建模和实时嵌入式软件体系结构设计。

4.1 COMET/RTE 系统和软件生命周期模型

本节从系统和软件生周期视角介绍 COMET/RTE 方法。COMET/RTE 首先通过结构分析以及对整个系统（包括硬件、软件和参与人）建模，定义系统和外部之间的边界，设计硬件与软件间的接口，然后根据用例及面向对象的分析和设计方法迭代完成软件开发。如图 4-1 所示，COMET/RTE 生命周期是多次迭代的过程，其中包含系统与软件建模。迭代发生在连续阶段之间。使用增量开发方法时，迭代也可以经历多个阶段。

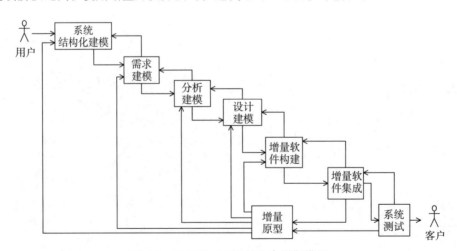

图 4-1　COMET/RTE 的生命周期模型

研究表明，需求工程和软件体系结构设计阶段的错误通常最后才被发现，这将导致高昂的错误修改成本（Boehm 2006）。实时嵌入式系统的开发更是如此。COMET/RTE 方法聚焦于系统反复和软件生命周期内的需求和设计。

4.2　COMET/RTE 生命周期模型

本节从系统和软件生命周期视角简单介绍 COMET/RTE 方法的主要过程。

4.2.1　系统结构化建模

为了更好地理解系统，系统建模过程专注于用 SysML 语言对系统进行静态结构化建模，描述整个系统的静态结构。在以下步骤中，仅考虑由硬件、软件和参与者组成的整个系统功能，而不关心这些功能是由硬件或软件实现。相关详细内容将在本书第 5 章中介绍。

1. 问题域结构化建模

问题域结构化建模是对现实世界实体进行静态建模并确定它们之间的关系。这些实体包括：系统、用户、物理实体和信息实体。问题域结构模型用 SysML 模块定义图表示。

2. 系统上下文结构化建模

系统上下文结构化建模清晰确定整个系统与外部环境之间的边界。建模过程中，将整个系统视为一个黑盒。在考虑整体硬件 / 软件系统时，用户和外部环境属于系统外部，而硬件和软件实体是系统内部。在静态结构模型中，用 SysML 设计系统上下文模块定义图。

52

3. 硬件 / 软件边界建模

这一步将整个系统分解成硬件和软件组件，标识每一个硬件组件并确定其与软件之间的接口。如果所开发的软件系统与现有系统或正在开发的其他新系统之间存在接口，也将这些其他系统视为组件。

4. 软件上下文建模

确定硬件 / 软件边界后，接着建立软件上下文模型。这一步确定软件系统边界，特别是软件系统与硬件系统之间的接口。在静态结构模型中，用 SysML 设计软件系统上下文模块定义图。

5. 系统部署建模

系统部署图描绘系统（硬件和软件）组件部署形式，特别说明组件在物理节点上的分配情况。部署建模特别适合分布式实时嵌入式系统的分析与设计。

4.2.2　需求建模

需求建模阶段的目标是确定系统的功能性需求和非功能性需求。建立用例模型，用角色和用例描述系统的功能性需求，给出每个用例的叙事性描述。其中，用户输入和主动参与是不可缺少的因素。如果系统需求没有得到充分理解，则采用一次性原型（Gomaa 2011）帮助认清系统需求。

需求建模活动包括：

- **开发用例**

根据用例和角色描述系统和软件的功能性需求。用例描述是系统的行为视图；用例之间的关系给出系统的结构视图。第 6 章将详细介绍用例建模。

- **开发非功能性需求**

在需求分析阶段确定非功能性需求（也称为质量需求）同样非常重要。然而，UML 语言中没有支持非功能性需求的表示法。第 6 章将介绍通过扩充用例建模描述系统非功能需求的方法。

4.2.3　分析建模

分析建模阶段的目标是建立软件系统的静态和动态模型。如第 5 章所述，静态模型定义了问题域中类之间的结构关系。用对象构造标准确定分析模型所要考虑的对象。完成静态模型后，进一步开发动态交互模型。在动态状态机模型中，用状态机设计系统中的状态依赖部分；在动态交互模型中，实现需求模型中的用例，显示每个用例所涉及的对象，以及这些对象之间的相互作用。对象及其之间的交互用交互图、序列图或通信图描述。

对于实时嵌入式系统，动态建模显得尤其重要，因为在分析过程中确定系统对不同外部事件序列的反应是非常关键的。对于大多数实时系统，静态建模要比动态建模简单得多，可以很大程度上甚至完全在系统建模阶段完成。

分析模型完成对问题域的分析，其相关活动包括：

- **静态建模**

这是所提供系统信息的结构视图。根据属性以及与其他类之间的关系定义类。详细内容见第 5 章。

- **动态状态机建模**

使用分级状态机定义系统的状态依赖视图。详细内容见第 7 章。

- **构造对象**

确定参与每个用例的对象，用对象构造标准帮助确定系统中的软件对象。对象可以是实体对象、边界对象、控制对象和应用逻辑对象。状态机被封装在状态依赖的控制对象中。确定对象后，在动态交互模型中描述对象之间的动态关系。构造对象的详细内容见第 8 章。

- **动态交互建模**

实现用例，显示每个用例中参与对象之间的交互。用交互图、序列图或通信图描绘每个用例执行时对象之间的通信。第 9 章介绍了无状态的动态交互建模与状态依赖的动态交互建模，包括状态依赖的控制对象之间的交互建模以及它们所执行的状态机建模。

4.2.4　设计建模

设计建模阶段的目标是设计系统的实时软件体系结构，将问题域的分析模型映射到解决方案域的设计模型。根据子系统构造标准，结构化被认为是组合对象的子系统并设计每个子系统。设计利用消息机制进行通信的可配置并行分布子系统时，需要考虑一些特别因素。设计实时嵌入式系统时，除了考虑面向对象的信息隐藏、类和继承等概念外，还必须考虑并发任务的概念。

与实时软件体系结构设计相关的活动包括：

- **分析转换成设计**

将基于用例的交互图（在动态交互建模阶段完成）集成起来，生成综合通信图。详细内容见本书第 10 章。

- **确定子系统结构和接口**

设计总的软件体系结构，将应用程序分为子系统。子系统设计相关内容见第 10 章。

- **选择软件体系结构和设计模式**

软件体系结构模式相关的内容见第 11 章。

- **将分布式应用分配到分布式子系统**

将子系统设计成可配置的组件，定义组件之间的消息通信接口。与设计基于组件的软件体系结构相关的内容在第 12 章。

- 结构化子系统为并发任务（活动对象）

在任务结构化过程中，使用任务构造标准构造任务，并定义任务的接口。第 13 章将介绍并发任务设计。

- 确定消息特征

说明是异步或是同步（带或不带应答）消息。体系结构中的通信模式在第 11 章介绍，其应用将在第 12 章和第 13 章中介绍。

- 软件详细设计

设计含嵌套被动对象的任务；解决详细的任务同步问题；设计连接器类用以封装任务间通信的细节；定义每个任务的内部事件时序逻辑。软件设计的详细描述在第 14 章。

- 将系统和软件质量纳入软件体系结构

第 16 章中将描述系统和软件质量属性，以及如何将它们融入实时软件体系结构。

- 实时软件设计性能分析

设计完成后，使用实时调度以及事件序列分析方法评估实时软件设计的性能，以便在实现软件前确认设计能否满足性能要求。并行实时软件设计性能分析方法将在第 17 章中描述。

4.2.5　增量软件结构化

完成软件体系结构设计后，引入增量软件结构化方法。这种方法选择系统的子集为每个结构化增量。通过选择包含在增量中的用例以及参与这些用例的对象来确定子集。结构化增量软件的过程包括详细设计、编码和子集中类的单元测试。采用分阶段方法，逐步结构化和集成软件，直到整个系统完成为止。

4.2.6　增量软件集成

增量软件集成时要对每个软件增量做集成测试。根据选择的软件增量对应的用例，设计集成测试用例并进行集成测试。集成测试是白盒测试，测试参与每个用例的对象之间的接口。

每一个软件增量形成一个增量产品原型。确认软件增量满足需求后，进行下一个增量的结构化和集成，这一迭代过程贯穿整个增量软件结构化和增量软件集成阶段。一旦在增量软件测试过程中发现重要问题，迭代过程还需要涉及需求建模、分析建模和设计建模阶段。

4.2.7　系统测试

系统测试包括系统的功能性测试和非功能性测试，即对照系统的功能性需求和非功能性需求进行测试。系统测试是黑盒测试，即测试过程中不需要了解所测试系统的内部信息，它基于根据系统用例开发出的测试用例。因此，需要为每个系统用例创建功能测试用例。任何软件增量发布前必须通过系统测试。

4.3　COMET/RTE 生命周期与其他软件过程比较

本节将 COMET/RTE 生命周期与统一软件生命周期开发过程（USDP）、螺旋模型和敏捷软件开发方法进行简要比较。COMET/RTE 的方法可以和 USDP 或螺旋模型一同使用。一些敏捷方法可以有效地和 COMET/RTE 一同使用，但另外一些方法则不然。

4.3.1　COMET/RTE 与 USDP 比较

通用软件开发过程（USDP）强调过程而把方法放在次要地位（Jacobson, Booch and Rumbaugh 1999；Kruchten 2003；Kroll and Kruchten 2003）。USDP 提供生命周期方面详细的内容以及所采用方法的一些细节。COMET/RTE 与 USDP 兼容，USDP 的工作流程包括需求、分析、设计、实现和测试。

COMET/RTE 软件生命周期的步骤与 USDP 的工作流程存在对应关系。COMET/RTE 的需求建模、分析建模和设计建模阶段与 USDP 的前三个流程相对应。COMET/RTE 增量软件结构化阶段对应于 USDP 的实现过程。COMET/RTE 增量软件集成和系统测试阶段对应于 USDP 的测试过程。因为集成测试被认为是开发团队的任务，而系统测试由独立的测试团队完成，所以 COMET/RTE 将它们分开。

4.3.2　COMET/RTE 与螺旋模型比较

COMET/RTE 的方法也可用于螺旋模型（Boehm 1988）。螺旋模型是风险驱动的过程模型，它由四个活动（称为四个象限）循环迭代进行。在周期螺旋模型项目规划（第一象限）期间，项目经理决定哪些具体技术活动应在第三象限（产品开发象限）进行。选定的技术活动，如需求建模、分析建模或设计建模将在第三象限进行。第二象限是风险分析活动。循环计划在第四象限进行，确定各项技术活动所需要的迭代次数。

4.3.3　COMET/RTE 与敏捷方法比较

敏捷方法已经广泛应用于软件开发（Beck 2005；Cockburn 2006；Sutherland 2014）。正如 Meyer（2014）在对敏捷方法的精辟评价中指出：敏捷方法有好的一面，也有炒作的、丑陋的一面。对于开发时间紧迫且安全性要求高的软件系统，这一评价显得特别重要。敏捷软件开发在很大程度上避免了前期需求和设计过程。

对于实时嵌入式软件，以敏捷用户故事（Cohn 2006）替代需求规格说明并不是一种有效的解决方案。敏捷开发从概要设计开始，而不是从精心设计的软件体系结构开始，不适合实时软件开发。然而，在确定需求且完成软件体系结构设计后，一些敏捷方法可以有效地应用于实时软件开发。敏捷方法与已经用于 COMET/RTE、USDP 以及螺旋模型的迭代开发方法有相似之处，它特别强调团队沟通和频繁的团队会议、短迭代和频繁整合以及包括回归测试在内的测试。这些特点可以有效地应用于实时软件开发过程。

4.4　实时嵌入式系统设计方法综述

本节对实时嵌入式系统设计方法的演进进行介绍和评述。在系统设计方面，主要进展出现于 20 世纪 70 年代末，即引入 MASCOT 符号（Simpson 1979）和后来的 MASCOT 设计方法（Simpson 1986）。基于数据流方法，MASCOT 利用消息通信管道和消息池（封装共享数据结构信息隐藏模块）形式化任务相互通信的方式。

20 世纪 80 年代，软件设计方法进入成熟期，出现了一些系统设计方法。在美国海军研究实验室工作的帕纳斯（Parnas），探讨了信息隐藏技术在大型软件设计中的应用，催生了海军研究实验室（NRL）降低软件成本方法（Parns, Clements and Weiss 1984）的开发。他将结构化分析和设计应用于并发实时系统方面的工作，促成了实时结构化分析与设计（Real-

Time Structured Analysis and Design，RTSAD）（Ward 1985；Hatley 1988）和实时系统设计方法（Design Approach for Real-Time System，DARTS)(Gomaa 1984，1986）。

另一个出现于 20 世纪 80 年代初的软件开发方法是杰克逊系统开发（JSD）（Jackson 1983）。JSD 是最早提倡设计过程中需要对现实建模的方法之一。这一点早于面向对象的分析方法。将系统设计为一个并发任务网络，认为是真实世界的模拟，其中每一个真实世界的实体使用并发任务建模。JSD 不遵循自顶向下的传统设计思维，崇尚上下文驱动的软件设计方法。这种方法是对象交互建模的前身，是现代面向对象开发的重要组成部分。

早期面向对象的分析和设计方法采用信息隐藏和继承，强调软件开发中的结构问题，但忽略了动态的问题，不适用于实时设计。对象建模技术（OMT)(Rumbaugh et al. 1991）的一大贡献是明确说明动态建模具有同等重要性。除了引入用于对象图的静态建模符号，OMT 给出了用状态流程图（分层状态转换图最初是由 Harel（1996，1998）提出）进行动态建模的方法，显示活动对象的状态依赖行为，以及用序列图显示对象间相互作用序列。

实时系统并行设计（CODARTS）方法（Gomaa 1993）源于更早的并行设计、实时设计以及早期的面向对象的设计方法。这些方法包括 Parnas 的 NRL 方法、Booch 的面向对象设计方法（OODM)(Booch 2007）、JSD，以及强调信息隐藏构造模块和构造任务的 DARTS 方法。CODARTS 中，任务设计时考虑并发性和时序问题，在模块设计过程中考虑信息隐藏问题。

Octopus（Awad，Kuusela and Ziegler 1996）是以用例、静态建模、对象交互图和状态图为基础的实时设计方法。结合 Jacobson 的用例概念和 Rumbaugh 的静态建模与状态图，Octopus 预测了符号整合的趋势，即 UML 语言的出现。在实时设计方面，Octopus 特别重视外部设备接口和并发任务的构造。

实时面向对象建模（ROOM）（Selic，Gullekson and Ward，1994）是一种与计算机辅助软件工程工具 ObjectTime 紧密结合的实时设计方法。ROOM 根据周围角色，即活动对象，使用变化的状态图 ROOMchart 对角色建模。具有充分细节的 ROOM 模型可以执行。作为系统的早期原型，ROOM 模型是可用的。ObjecTime 是可执行设计建模框架的先驱，对开发实时系统尤其有效（如第 2 章所述）。

Buhr（Buhr，Casselman 1996）引入一个有趣概念，称为用例图（基于用例的概念），用来解决大型系统动态建模问题。与通信图相比，用例图在更大粒度层次上考虑对象之间的交互顺序。

在基于 UML 语言的实时软件开发方面，Douglass（1999，2004）将 UML 语言应用于实时系统开发。他在 2004 年出版的书中介绍了将 UML 符号应用到实时系统开发中的方法。在 1999 年出版的书中，他给出涵盖实时系统开发方面广泛主题的详细纲要。

本书所介绍的早期版本 COMET/RTE 最初使用 UML 1.0 的 COMET 方法，它面向并发、实时和分布式应用。

4.5　系统和软件体系结构的多个视图

从不同视角考虑实时系统和软件体系结构称为不同的视图。Kruchten（1995）提出了软件体系结构的 4+1 视图模型，以及软件体系结构的多视图建模方法。其中用例视图是统一的视图（展示 4+1 视图的总视图）。

本书采用 UML、SysML 和 MARTE 符号描绘实时系统的不同建模视图。根据第 1 章概述中提出的实时软件设计方法要求，建模视图包括：

- **结构视图**

用 SysML 模块定义图中的块和关系描绘整体硬件 / 软件体系结构的结构视图。用 UML 类图中的类和关系描绘软件体系结构的结构视图。这些关系可以是整体 / 部分关系（组成或聚合），或泛化 / 特殊化关系。此视图类似于 4+1 中的逻辑视图模型。

- **用例视图**

这是功能需求视图，是开发软件体系结构时的输入。每个用例描述了一个或多个角色（外部用户或实体）与系统之间的交互顺序。此视图类似于 4+1 视图中的用例视图。

- **动态交互视图**

描述对象及其之间的消息通信，也用于说明特定上下文的执行顺序。该视图用 UML 交互图、序列或通信图描述。

- **动态状态机视图**

用状态机说明控制对象的内部控制和顺序，用 UML 状态机图进行描述。

- **构件视图**

用组件描述软件体系结构。组件通过端口相互连接，从而支持供给和需求接口。视图用 UML 结构类图描绘，它类似于 4+1 视图模型中的开发视图。

- **动态并发视图**

描述软件体系结构中的并发组件（任务）。组件在分布式节点上运行，彼此以消息方式通信。该视图用 UML 并发通信图描绘，它类似于 4+1 视图模型中的过程视图。

- **部署视图**

根据分配给硬件节点的组件描述分布式体系结构的结构，用 UML 部署图表示。此视图类似于 4+1 视图模型中的物理视图。

- **时序视图**

从时序视角分析实时软件体系结构中的并发任务。考虑每个任务在目标平台上的执行时间，以及与其他任务竞争资源经历的时间，判断任务能否满足硬性截止期限。

4.6 小结

本章介绍了用于实时嵌入式系统开发的 COMET/RTE 系统和软件生命周期，描述了 COMET/RTE 方法的主要阶段，将 COMET/RTE 生命周期与统一软件开发过程、螺旋模型和敏捷软件开发进行了比较，综述了实时系统设计方法的演变过程，最后说明了 COMET/RTE 方法的不同建模视图。COMET/RTE 方法的每个具体步骤将在本书后面的章节中详细描述。

SysML 和 UML 实时嵌入式系统结构化建模

本章描述了用结构模型对嵌入式系统及其软件建模的方法。系统结构模型是静态模型，描述系统的静态结构，不随时间变化。嵌入式系统由硬件和软件组成，其静态结构模型包括整体硬件/软件系统的静态结构和软件系统的静态结构。

软件结构化建模时，常用类表示软件的基本元素。但类不适合表示嵌入式系统的基本元素。SysML 中用块表示系统的结构元素。块涵盖的范围更广，可以指硬件、软件或人等结构元素。本章中，结构元素这个术语指一个块或类。

本书第 2 章引入 SysML 模块定义图和 UML 类图概念。本章中，用 SysML 模块定义图符号描述嵌入式系统的静态模型，用 UML 类图符号描述软件系统的静态模型。在系统建模方面，本章描述了系统结构化建模的相关概念，包括块、块的属性和块之间的关系；在软件建模方面，本章描述了软件结构化建模的相关概念，包括类、类的属性和类之间的关系。类的操作（方法）等软件设计的概念将在第 14 章软件类设计部分描述。

本章以模型为基础，通过准确定义系统结构化建模与软件结构化建模活动之间的转换，区分嵌入式系统建模和软件建模。本章 5.1 节简要描述了静态建模相关的概念，重点说明结构元素（块或类）之间的关系，包括关联、组合和聚合三种关系类型，以及一般化/特殊化关系；本章 5.2 节描述了用构造型对块和类进行分类的方法；5.3 描述了用 SysML 实现问题域结构化建模的方法；5.4 节描述了系统上下文结构化建模；5.5 节描述了系统硬件/软件边界建模；5.6 节描述了软件系统上下文结构化建模；5.7 节定义了硬件/软件接口；本章最后一节描述了系统部署建模。

5.1 静态建模概念

本节描述了在嵌入式系统结构化建模过程中有关静态建模的一些概念。静态模型定义了系统的结构元素、结构元素的属性以及结构元素之间的关系。嵌入式系统的结构元素是块，软件系统的结构元素是类。本书第 3 章描述了对象和类的概念，以及类的属性和操作。本节主要描述结构元素（系统块或软件类）之间的三种主要关系类型，即关联关系、整体/部分关系和一般化/特殊化关系。本节描述的关系类型适用于 UML 类以及 SysML 块之间的关系。在第 2 章已经介绍了静态建模符号的相关内容。下面依次描述每个关系类型。

5.1.1 关联

关联是一种两个或多个结构元素之间的静态结构关系。关联的**多重性**指一个结构元素有多少个实例可以与另一个结构元素的单个实例相关。关联的多重性具有下列方式：

- 一对一（1..1）

在两个结构元素之间一对一关联，关联在两个方向上都是一对一。

- 一对多（1..*）

在一对多关联中，两个结构元素在一个方向是一对多个关联，而在另一个方向则一对一关联。

- 定数（M..N）

定数关联指定两个结构元素之间关联的实例数。

- 可选（0..1）

在可选的关联中，两个结构元素在一个方向上有零对一的关联，在相反的方向上有一对一的关联。这意味着不一定总存在从一个结构元素的实例到另一个实例的链接。

- 多对多（*）

在多对多的关联中，两个结构元素在每个方向上有一到多个关联。

图 5-1 是工厂自动化系统的结构图，图中给出了类、类的属性及其关联关系。系统包括 WorkflowPlan 类、ManufacturingOperation 类、Part 类和 WorkOrder 类。WorkflowPlan 类定义了制造特定类型零件的流程，它包含多个操作，其中每个操作是一个制造步骤；ManufacturingOperation 类定义了制造操作；Part 类定义零件的属性；WorkOrder 类给出需要制造的特定类型零件的数量。可见，WorkflowPlan 类和 ManufacturingOperation 类之间是一对多关联。WorkOrder 类与零件 Part 类是一对多关联。WorkflowPlan 类与 Part 类之间是一对多关联。从图中还可看出，WorkflowPlan 类具有所制造零件类型 partType、用于制造零件的原料类型 rawMaterialType 以及生成零件所需的制造步骤数 numberOfSteps 三个属性。

5.1.2 组合和聚合层次结构

组合和聚合表示系统结构元素（块或类）之间的关系是**整体/部分**的关系。组合和聚合层次结构表明一个结构元素由其他结构元素组成。

与聚合相比，组合是更强形式的整体/部分关系。**组合**是一种对象之间的关系，零件对象只能属于一个整体，它在整体中创建、生存并与整体一起消亡。

图 5-2 是微波炉系统组合层次结构图。作为整体，微波炉包括门传感器、加热元件、键盘、显示器、重量传感器、蜂鸣器、灯、转盘和定时器。微波炉与各零件之间是一对一关联。

聚合层次结构的整体/部分关系比较弱。在聚合中，部分实例可添加到整体中，或者从整体中移除部分实例。出于这个原因，聚合可以用来模拟概念上的结构元素，而不是物理实体。此外，一个部件可能属于多个聚合。

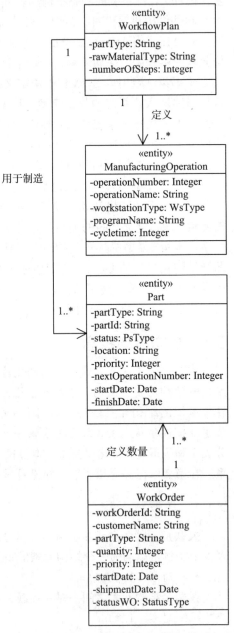

图 5-1 类图上的类、属性和关联示例

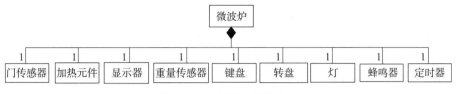

图 5-2　组合层次结构示例

图 5-3 是自动存储和检索系统（ASRS）聚合层次结构图。ASRS 包括 ASRS Bin（存储零件）、
ASRS Stand（用于存放从 ASRS Bin 找出后或进入 ASRS Bin 之前的零件）和 Forklift Truck（将
零件从 ASRS Stand 送到 ASRS Bin 或反过来从 ASRS Bin 运送到 ASRS Stand）。ASRS 与 ASRS
Bin，ASRS Stand 和 Forklift Truck 是一对多的关系。因为创建后的 ASRS 可以扩展多个仓
库、站和车，所以将 ASRS 建模为聚合层次结构。图 5-3 还给出了 ASRS Bin、ASRS Stand 和
Forklift Truck 三个类的属性。其中，ASRS Bin 具有仓库号 bin#、仓库中零件编号 partID 以及
仓库状态 status（占用或空闲）三个属性。

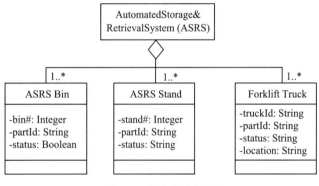

图 5-3　聚合层次示例

5.1.3　继承和一般化 / 特殊化

对于拥有部分共同属性，又具有部分个性化属性的结构元素，继承是有效的建模手段，
是结构化建模和设计过程中常用的抽象机制。继承也被广泛应用于其他领域的分类。例如动
物王国中动物的分类，动物分类为哺乳动物、鱼类、爬行动物等。猫和狗都具有哺乳动物的
共同特征，但它们也有独特的性质，例如狗和猫叫的声音不一样。

对于软件类，**继承**是一种在类之间共享属性的机制。子类继承父类的属性（如封装的数
据），它还可以通过添加新属性来修改父类的结构（即属性）。父类称为**超类**或基类，子类又
称为**次类**或派生类。改变和扩展父类生成子类的过程称为特殊化。子类可以进一步特殊化，
允许创建类层次结构，也称为**一般化 / 特殊化**层次结构。这里对类的描述，同样适用于系统
块的描述。

图 5-4 是工厂自动化系统一般化 / 特殊化层次结构图，其中有 Receiving WorkStation、
Line WorkStation 和 Shipping WorkStation 三种类型的 WorkStation。WorkStation Controller 类
特殊化为 Receiving WorkStation Controller、Shipping WorkStation Controller 和 Line WorkStation
Controller 三个子类。所有子类都继承父类 WorkStation Controller 的 workstationName、
workstationID 和 location 三个属性。由于工厂工作站布置在装配线上，除了继承 WorkStation
Controller 的属性外，Receiving WorkStation Controller 增加 nextWorkstationID 属性，Shipping

WorkStation Controller 添加 lastWorkstationID 属性，而 Line WorkStation Controller 扩展了 lastWorkstationID 和 nextWorkstationID 两个属性。nextWorkstationID 和 lastWorkstationID 是

65

子类的属性。

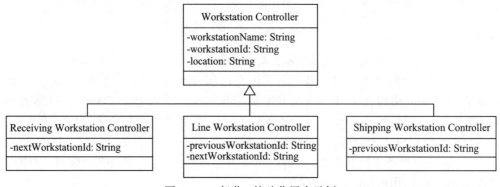

图 5-4   一般化 / 特殊化层次示例

5.2   用构造型归类块和类

本节描述了如何用分类法对块和类进行分组。字典中把归类定义为"系统中一个明确定义的划分"。从本质上看，面向对象的建模方法中，继承具有分类的功能。图 5-4 中，将 WorkStation 类分为 Receiving Workstation、Shipping Workstation 和 Line Workstation 是合理的，因为 Receiving WorkStation、Shipping Workstation 和 Line Workstation 之间有一些共同的属性。归类是策略性地对类进行划分。在分析过程中，根据大多数软件系统所拥有类的种类对类进行分组并归类，将有助于更好地了解正在开发的系统。

在 UML 和 SysML 中，用**构造型**区分不同类的建模元素。构造型是建模元素的子类（如应用或外部类），用于表示不同的习惯用法（应用或外部类的种类）。在 UML 符号体系中，构造型用书名符表示，例如：«input device»。

图 5-5 中是来自微波炉系统的例子。其中：«input device» 是门传感器和重量传感器；«output device» 是加热元件和灯；«timer» 是微波炉定时器。系统共有五个构造型。

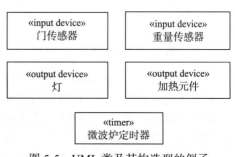

图 5-5   UML 类及其构造型的例子

5.3   SysML 问题域结构化建模

实时嵌入式系统问题域结构化建模是对嵌入式系统外部实体，以及嵌入式系统硬件和软

66

件结构元素建模。外部实体与嵌入式系统之间以接口相交互。在本书中，嵌入式系统指硬件 / 软件系统，包括硬件元素（如传感器和执行器）和软件元素。软件系统指嵌入式系统中的软件元素，特别是构成所开发软件系统的软件组件。

5.3.1   问题域中真实世界实体建模

对实时嵌入式系统问题域结构化建模时，设计师使用 SysML 模块定义图（见 2.12 节）描述现实世界的结构元素（如硬件元素、软件元素或参与人）模块，以及定义这些块之间的

关系。如果将类作为模块的构造型，则模块定义图等同于类图。因此，模块定义图可以描述与类图相同的建模关系。

在问题域结构化建模过程中，最初的实体建模侧重于建立概念性的静态模型，其中包括相关系统、用户、物理实体和信息实体。与嵌入式系统问题域相关的现实世界实体包括：

1. 物理实体（physical entity）

物理实体是具有物理特性的问题域真实物体，可以看到或触摸。这些实体是物理设备，是嵌入式应用中问题域的一部分。例如，铁路道口系统中，列车是一个物理实体，必须被系统所检测。该系统控制的其他相关物理实体有铁路道口护栏、警告灯、音频报警器。

2. 人类用户（human user）

系统的人类用户与系统交互，为系统提供输入并接收系统输出。例如，微波使用者是人类用户。

3. 人类观察者（human observer）

人类观察者观察系统的输出，但不直接与系统交互，即不向系统提供任何输入。一个人类观察者的例子是铁路道口旁的车辆司机或行人，他们看到护栏关闭，灯光闪烁，警告音频响起后知道列车即将到达。

4. 相关系统（relevant system）

相关系统指正在开发的系统或任何与它有接口的系统。相关系统可以是嵌入式系统、信息系统或其他外部系统。

5. 信息实体（information entity）

信息实体是一个概念性数据密集型实体，在信息系统中特别普遍（例如，银行应用系统中的账户和交易信息），也有时存在于实时系统（例如存储状态信息或系统配置信息）中，通常是持久的。

图 5-6 是用模块定义图表示的铁路道口系统的问题域概念结构模型。从整个系统视角来看，铁路道口系统的问题域包括下列模块：

- 铁路道口嵌入式系统，是所开发的嵌入式系统（embedded system）；
- 列车，是系统检测到的物理实体（physical entity）；
- 护栏，是系统控制的物理实体，包括执行器和传感器；
- 警报器，是系统控制的物理实体，包括报警灯和报警音频；
- 观察者，是该系统的观察者（observer）；
- 铁路运营服务，这是一个外部系统（external system），通知铁路道口的状态。

5.3.2　嵌入式系统建模

嵌入式系统中通常有多个物理设备，如传感器和执行器等。可以用模块定义图对这些现实世界的设备建模。例如，在分析微波炉系统时，对现实世界设备（如门、加热元件、重量传感器、转盘、蜂鸣器、显示器、按键、灯、定时器）、设备之间的关联和关联的多重性进行建模。组合模块通常用于表示现实世界建模元素的组合方式。例如，把微波炉看作为组合模块（见图 5-2），它由其他模块组成。单个模块分为输入设备、输出设备、定时器和系统，用构造型模块定义图描述。作为问题域结构化建模的例子，微波炉系统是嵌入式系统，将在第 19 章中对其进行详细描述。

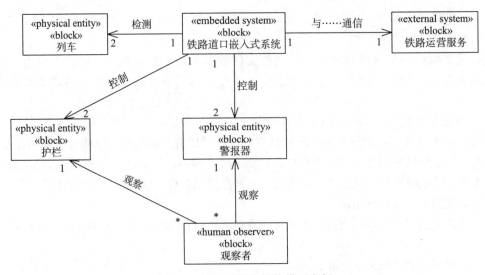

图 5-6   问题域概念结构模型实例

5.3.3   建模信息实体为实体类

将信息实体建模为实体类，用 UML 构造型 «entity» 表示该类。信息实体类是概念上的数据密集型类，某些类存储永久性（即持久的）数据。在系统运行过程中，数据通常由多个对象访问。信息实体类在信息系统中尤其普遍，许多实时和分布式应用具有显著的数据密集功能。

问题域静态建模过程中的重点是确定问题中定义的实体类、它们的属性及其之间的关系。例如，在工厂自动化系统中，问题描述中提到部件、工作流程、制造操作和工作指令等。如图 5-1 所示，将现实世界的概念实体建模为一个实体类，并用构造型 «entity» 描述。在 5.1 节中定义了每个实体类的属性，并确定了实体类之间的关系。

5.4   系统上下文结构化建模

系统上下文指计算机系统的范围，说明哪些内容在系统内部，哪些内容在系统外部。系统分析过程中，把握系统上下文非常重要。上下文建模明确地标识了系统内部以及外部内容。可以对整个系统（硬件和软件）级或软件系统（仅软件）级进行上下文建模。确定系统上下文是问题域建模的后一个阶段（如 5.3 节所述）。

系统上下文图是模块定义图，明确地描述了系统（硬件和软件）之间的边界，其中将系统建模为模块和外部环境。**软件系统上下文图**清晰描述软件系统间的边界，将软件系统建模为一个模块，以及包括硬件在内的外部环境。

69 建立系统上下文（用模块定义图描述），必须先考虑总体的硬件 / 软件系统，然后再考虑软件系统。在考虑整体硬件 / 软件系统时，只有用户和外部系统建模元素是系统以外的，而硬件和软件建模元素是系统内部。I/O 设备是系统硬件的一部分，因此也是总体硬件 / 软件系统的一部分。

5.4.1   嵌入式系统外部实体建模

5.3.1 节中所讨论的现实世界中实体是嵌入式系统的外部实体，它们通过接口与嵌入式系统联系。可能的外部实体包括：

1. 外部物理实体（external physical entity）

外部物理实体是系统必须能够检测和控制的外部设备。例如，在铁路道口系统中，列车是外部物理实体，它必须能够被系统检测。由系统控制的其他外部物理实体有铁路道口护栏、警告灯和音频报警器。一些外部物理实体，如智能设备，可以向系统提供输入或接收系统输出。

2. 外部系统（external system）

外部系统是独立系统，与所开发的系统进行通信。外部系统可能是现有系统，或者是由其他团队开发的新系统。外部系统通常将输入消息发送到所开发的系统或接收来自后者的输出消息。

3. 外部用户（external user）

外部用户是系统的人类用户，与系统交互，为系统提供输入并接收系统输出。例如，微波炉的使用者是外部用户。

4. 外部观察者（external observer）

外部观察者观察系统输出，但不直接与系统交互，其不向系统提供任何输入。外部观察者的一个例子是车辆司机或行人，他们根据关闭的护栏、闪烁的灯光和音频报警，得知列车即将到来。

用 SysML 符号描述系统上下文。嵌入式系统是构造型 «embedded system» 的聚合模块。外部环境用外部实体模块表示，通过接口与所开发的系统交互。用构造型区分不同类型的外部模块。对于系统上下文图，外部模块可以是 «external system»、«external entity»、«external user» 或 «external observer。

5.4.2　系统上下文图关联建模

用系统上下文图描述外部模块和嵌入式系统之间的关联关系，这种关系具有多重性，有一对一或者一对多的关联。为每类关联定义标准名称，说明嵌入式系统与外部模块之间的关联是什么。系统上下文模块图中标准关联名称是：输入到、输出到、通信、交互、检测、控 |70| 制和观察。如果外部模块和嵌入式系统之间存在不同关联，在某些情况下，它们之间可能存在有多个标准关联名。这些关联如下：

«embedded system» 输出到 «external user»

«embedded system» 从 «external physical entity» 输入

«embedded system» 检测 «external physical entity»

«embedded system» 控制 «external physical entity»

«external observer» 观察 «embedded system»

«external user» 与 «embedded system» 交互

«external system» 与 «embedded system» 通信

基于系统上下文模块图关联的例子如下：

工厂自动化系统输出到操作员

工厂自动化系统从智能设备输入

铁路道口系统检测列车

铁路道口系统控制护栏

观察者观察护栏

用户与微波炉系统交互

铁路道口系统与铁路运营系统通信

5.4.3 系统上下文图示例

在图 5-6 基础上,给出铁路道口系统的系统上下文模块定义图(见图 5-7)。图 5-6 中的结构概念模型是系统问题域模型,图 5-7 着重描述了所开发系统的边界。将铁路道口系统归类为 «embedded system» 和 «block»。从整个系统视角来看,铁路道口系统有以下六个外部模块接口:

- 列车,是可以检测到的外部物理实体;
- 观察者(停在铁路道口的司机、骑自行车的人或行人),是该系统的外部观察者;
- 护栏,是系统控制的一个外部物理实体,包括护栏控制器(升起或放下护栏)和护栏传感器(检测到护栏)已经提起或放下;
- 警报器,由报警灯和报警铃组成,是系统控制的外部物理实体;
- 铁路运营服务,是外部系统,接收铁路道口的状态信息。

71

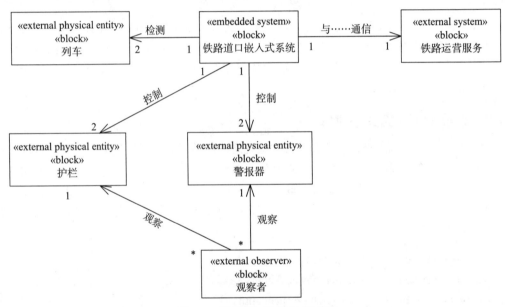

图 5-7 铁路道口系统上下文图

5.5 硬件 / 软件边界建模

为了确定系统硬件和软件模块之间的边界,以便为软件系统上下文图建模做准备,在系统上下文图基础上把系统分解成硬件和软件模块。

从软件工程视角来看,一些外部模块的建模方式与系统工程视角相同,而另外一些模块的建模方式则不同。前一类是使用标准 I/O 设备与系统交互的外部系统类和外部用户。这些外部模块在软件系统上下文图中以与在系统上下文图上相同的方式进行描绘。

与软件工程视角建模不同的外部模块是外部物理实体模块,它们通常与系统之间没有直接物理连接,因此需要传感器或执行器来进行连接。如 5.4.2 节所述,嵌入式系统与物理实体之间通过检测和 / 或控制关联。通过传感器检测物理实体,而利用执行器控制物理实体。例如,铁路道口系统中的外部物理实体，到达传感器检测到列车的到达，而离开传感器检测到列车离开。

5.6　软件系统上下文结构化建模

如 5.4 节所述，系统上下文图描述了系统和用户。将用户视为整个嵌入式系统的外部，而将嵌入式系统建模为一个组合模块。硬件模块（如传感器和执行器）和软件模块属于系统内部，因此不在系统上下文图中描述。前面提到的硬件 / 软件边界建模是软件上下文建模的基础。 ⌷72⌷

软件系统上下文图是模块定义图，它定义了软件系统与外部环境之间的边界。软件系统用构造型 «software system» 建模为模块。软件系统的上下文图由连接到系统的外部模块的结构化建模确定。物理硬件设备（如传感器和执行器）属于软件系统的外部。

根据软件系统的上下文图，将软件系统描述为构造型 «software system»«block» 的聚合模块，将外部环境描述为外部模块。外部模块与软件系统之间存在接口。

5.6.1　软件系统外部实体建模

对于实时嵌入式系统，需要识别底层外部模块，这些模块对应于所有与系统接口和通信的外部元素，包括物理 I/O 设备、外部定时器、外部系统和外部用户。如 5.7 节所述，外部模块按构造型进行归类。图 5-8 描绘了利用继承的外部模块分类方法，使用构造型区分不同种类的外部模块。外部模块分为 «external user» 模块、«external device» 类、«external system» 模块或 «external timer» 模块。外部用户和外部系统视为整个系统的外部。硬件设备和定时器是嵌入式系统的一部分，但不属于软件系统，是软件系统的外部。图 5-8 从软件系统的视角描述了外部模块。 ⌷73⌷

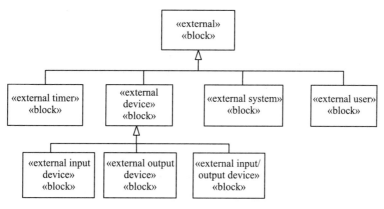

图 5-8　基于构造型的外部模块分类

软件系统的外部设备模块有如下类型：
- **外部输入设备**（external input device）

  仅向系统提供输入的设备，如传感器；
- **外部输出设备**（external output device）

  设备只接收系统输出的设备，如执行器；
- **外部输入 / 输出设备**（external input/output device）

  一种既能向系统提供输入，又能从系统接收输出的设备，例如自动取款机的读卡器。

这些外部模块用构造型 «external input device»、«external output device» 和 «external input/output device» 描述。例如，在微波炉系统中，门传感器是外部输入设备，加热元件是外部输出设备（见图 5-9）。在列车控制系统中，到达传感器是外部输入设备，马达是外部输出设备。

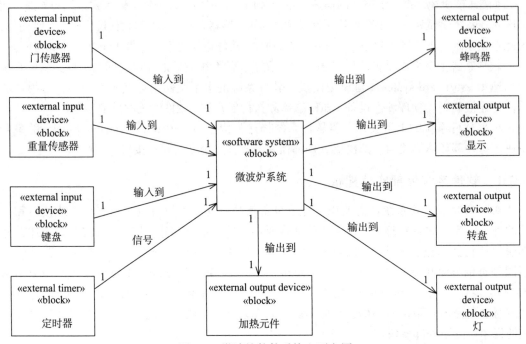

图 5-9 微波炉软件系统上下文图

人类用户经常通过标准 I/O 设备与系统交互，如键盘、显示器和鼠标。这些标准 I/O 设备的特点是使用简单，因为它们是由操作系统直接处理。但软件系统与用户的接口是多样的，系统将信息输出到用户，用户再将信息输入到系统。通过标准 I/O 设备与系统交互的外部用户用 «external user» 描述。工厂自动化系统中的操作员是外部用户的示例。

通常，只有通过标准 I/O 设备与系统交互时，才会将用户表示为外部用户模块。如果用户通过特定应用程序的 I/O 设备与系统交互，则将这些 I/O 设备表示为外部 I/O 设备模块。

当应用程序需要跟踪时间或需要外部定时器事件启动系统某些行动时，使用 «外部定时器 »«external timer» 模块。实时嵌入式系统经常需要外部定时器模块。微波炉系统是使用外部定时器的典型例子。系统需要跟踪时间，以确定放置在微波炉中食物烹饪时间和剩余时间，并显示给用户。当剩余时间为零时，系统将停止烹饪。在列车控制系统中，计算列车速度需要用定时器确定时间。对于需要定期激活的系统，在设计过程中使用定时器是显而易见的。

如果所设计的系统与其他系统之间通过接口发送或接收数据，则需要用 «external system» 模块。例如，工厂机器人系统与两个外部系统有接口，它们分别是搬运机器人和装配机器人。

5.6.2 软件上下图关联建模

在软件系统上下文图中描述软件系统聚合模块和外部模块之间的关联，显示关联的多重性和关联的名称。软件系统上下文图上的标准关联名是输入到、输出到、通信、交互和信号。这些关联如下：

«software system» 从 «external input device» 输入

«software system» 输出到 «external output device»

«external user» 与 «software system» 交互

«external system» 与 «software system» 通信

«external system» 发信号到 «software system»

软件系统上下文图的关联实例如下：

微波炉软件系统从门传感器输入

微波炉软件系统输出到加热元件

工厂操作员与工厂自动化软件系统交互

搬运机器人与工厂自动化软件系统通信

定时器给微波炉软件系统发信号

5.6.3　软件系统的上下文建模示例

图 5-9 是用模块定义图描绘的微波炉软件系统上下文图。从图中可以看出，微波炉软件系统通过接口与外部模块相连。从嵌入式系统（包括硬件和软件）视角看，微波炉用户是系统外部，而门传感器、重量传感器、加热元件和灯等 I/O 设备是系统的一部分。从所开发的软件系统视角建立软件系统的上下文模型，用构造型 «software system» 和 «block» 描述微波炉系统。

从软件系统视角来看，硬件传感器和执行器是软件系统的外部并与软件系统相连接。因此，外部输入和输出设备，以及外部定时器是软件系统外部模块。如图 5-9 所示，软件系统 «software system» 的外部模块是 «external input device»、«external output device» 和 «external timer»。本例中有门传感器、重量传感器和键盘三个外部输入设备模块，以及加热元件、显示、蜂鸣器、转盘和灯五个外部输出设备模块。对于实际微波炉，每一个外部模块对应一个实例。第 19 章中将详细描述并分析微波炉控制系统。

图 5-10 是铁路道口控制系统的软件上下文图。该系统有三个外部输入设备：到达传感器、离开传感器和护栏检测传感器；有三个输出设备：护栏执行器、告警灯执行器和告警音频执行器；另外还有一个外部定时器。第 20 章将详细介绍铁路道口控制系统。

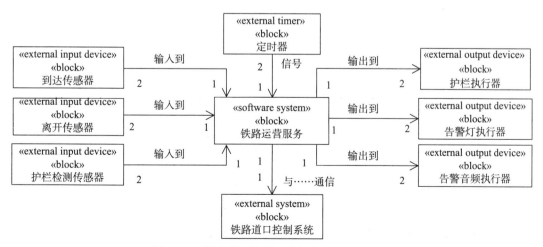

图 5-10　铁路道口控制系统软件系统上下文图

5.7　定义硬件/软件接口

定义硬件/软件接口时，需要定义每个硬件输入、输出设备以及与软件系统之间的接口。例如，在铁路道口控制系统中，到达传感器输入设备向软件系统发送到达事件输入。软件系统发送打开和关闭信号到告警灯执行器输出设备。规范的硬件/软件接口能够清晰描述每个I/O设备的功能及其与软件系统接口的。I/O接口规范的模板包括下列内容：

I/O设备名称：

I/O设备类型：

I/O设备功能：

从设备到软件系统的**输入**：

从软件系统到设备的**输出**：

通过列表可以说明I/O设备接口规格。表5-1给出了图5-10中铁路道口控制系统输入和输出设备边界规格示例。

表5-1　I/O设备接口规格

设备名称	设备类型	设备功能	输入信号	输出信号
到达传感器	输入	发送列车到达信号	到达事件	
离开传感器	输入	发送列车离开信号	离开事件	
护栏检测传感器	输入	发送护栏升起和放下信号	护栏升起事件，护栏放下事件	
护栏执行器	输出	升起和放下护栏		升起护栏，放下护栏
告警灯执行器	输出	打开和关闭告警灯		打开，关闭
告警音频执行器	输出	打开和关闭告警音频		打开，关闭

5.8　系统部署建模

系统结构化建模的最后一步是分析嵌入式系统中系统模块（硬件和软件）的物理部署形式，给出系统的物理部署图。在图5-11中，UML部署图描述了分布式轻轨系统一种可能的结构方式。其中，将分布式嵌入式系统模块部署到不同的物理节点，这些节点通过广域网连接。

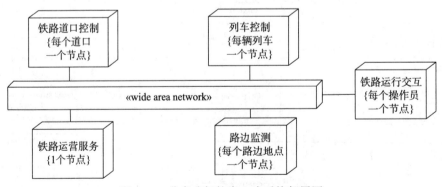

图5-11　分布式轻轨嵌入式系统部署图

图中包括铁路道口控制模块、列车控制模块、铁路运营服务模块、路边监测模块和铁路运行交互模块。每个铁路道口有一个铁路道口控制节点；每列列车有一个列车控制节点；路边地点有路边监测节点；整个铁路系统只有一个铁路运营服务节点；每个操作员是一个铁路运营服务交互节点。

5.9　小结

本章介绍了结构化建模如何将 UML 和 SysML 作为综合方法，用于包括硬件和软件的嵌入式系统的系统和软件建模。文中首先说明了静态建模的一些基本概念，包括用模块描述系统建模元素，用类描述软件建模元素，以及结构化建模元素之间的关系类型；然后详细说明了关联、组合 / 聚合关系和一般化 / 特殊化关系三种关系类型；进一步阐述了基于构造型的结构模块归类、问题域结构化建模、系统上下文建模、硬件 / 软件边界划分、软件系统上下文建模以及硬件和软件模块之间的接口设计以及系统部署建模等内容。

77
～
78

实时嵌入式系统用例建模

用例建模被广泛用于软件系统的功能性需求分析。本章讨论如何从系统工程和软件工程视角应用用例模型于实时嵌入式系统。用例建模时，将系统看作黑盒，只考虑系统的外在特征。确定系统的功能性和非功能性需求是嵌入式系统分析阶段的重要任务之一。功能性需求是所开发的系统需要提供的功能。非功能性需求，也称为质量属性，是系统服务质量的目标。对于实时嵌入式系统来说，非功能性需求显得特别重要。用例建模通常只用于说明系统的功能性需求。本章将扩展系统用例模型，以便描述嵌入式系统的非功能性需求。本章还给出了嵌入式系统用例建模的几个实例。

6.1 节对用例建模进行了概述；6.2 节从系统工程和软件工程视角描述了角色及其在用例建模中的作用；6.3 节介绍了识别用例的方法；6.4 节说明了用例文档；6.5 节描述了如何确定系统的非功能性要求；6.6 节从系统工程和软件工程视角给出了用例示例；6.7 节描述了用例关系；6.8 节描述了用包含关系的建模方法；6.9 节描述了用扩展关系的建模方法；最后，6.10 节说明了将用例包用于构造大型用例模型的方法。

6.1 用例

在用例模型中，用**角色**和**用例**定义系统的功能性需求。其中，**角色**是系统的外部实体，**用例**定义了一个或多个角色和系统之间的交互序列。**用例模型**把系统视为一个"黑盒子"，用文字叙述形式描述角色与系统之间的交互，关心系统在外部角色输入时做了**什么**，而不是系统内部**如何**去做。

对于实时嵌入式系统，可以从系统工程视角或从软件工程视角对用例和角色建模。本章将介绍这两个不同视角的用例建模。

用例通常由角色和系统之间的交互序列组成。角色为系统提供输入，系统则响应角色的请求。角色与系统之间的交互活动始于角色输入，终于系统响应。用例建模时，将系统视为"黑盒子"，不涉及系统内部。简单的用例可能只涉及角色和系统之间的一次交互；典型的用例包括角色和系统之间的多个交互过程；更复杂的用例涉及多个角色。

图 6-1 是一个简单用例模型的示例，其中系统视角和软件视角之间没有差别。这个例子中，只有查看告警一个用例和工厂操作员一个人类角色。在查看告警用例中，操作员请求查看工厂告警，系统向操作员显示当前告警信息。

图 6-1　角色和用例示例

6.2 角色

角色是与系统交互的外部实体（即外部系统）。在用例模型中，**角色**是唯一与系统交互的外部实体。角色在系统之外，它不是系统的一部分。角色通过向系统提供输入或响应系统的输出与系统交互。

角色在应用域发挥作用，表示同一类型的所有外部实例，例如，相同类型的所有用户。在图 6-1 查看告警用例中，工厂操作员角色代表几个工厂操作员。可见，工厂操作员角色对 80 一类用户建模，具体的操作员只是该角色的实例。

6.2.1 实时嵌入式系统中的角色

对于许多信息系统，人类是唯一角色。出于这个原因，UML 使用简笔人描绘角色。然而，在实时嵌入式系统中，除了人类角色外还有其他类型的角色。事实上，在嵌入式系统中，非人类角色往往比人类角色更重要。例如，外部 I/O 设备和定时器等角色在嵌入式系统中普遍存在。I/O 设备角色使得系统能够通过传感器和执行器与外部环境相互作用。定时器角色使系统能够定时或周期性地执行任务，完成相应功能。

一些建模方法不把完全被动的外部实体视为角色，因为被动实体只接收来自系统的输出，从来不进行响应。对于嵌入式系统，确定系统与外部设备的交互非常重要，无论是输入或输出设备。因此，从软件工程视角对嵌入式系统建模时，更倾向于将被动输出设备明确加入用例，参见 6.2.5 节。

6.2.2 从系统和软件工程视角看角色

对于全部是人类角色的系统，如信息系统和网络系统，从系统工程和软件工程视角建立的用例模型基本没有区别。但是，对于实时嵌入式系统，从两个不同视角建立的模型可能有很大差异。

例如，铁路道口控制系统涉及列车，系统通过传感器检测列车到达和离开，系统不与列车直接交互。从系统工程视角来看，列车是角色，因为它是一个物理实体，存在于系统的外部并被系统检测，而到达和离开传感器在系统内部，不是角色。然而，从软件工程视角看，到达和离开传感器是角色，因为它们存在于软件系统外部，为软件系统提供输入。可见，对于实时嵌入式系统，从系统工程或软件工程视角看，角色通常不同，因此，用于描述的用例模型也不同。

6.2.3 主要角色和次要角色

角色分为**主要角色**和**次要角色**。主要角色初始化用例，其他角色则称为次要角色。用例从主要角色输入信息开始，次要角色通过提供输入和接收输出的方式加入到用例。一个用例中的主要角色可以是另一个用例中的次要角色。至少有一个角色在用例中获取收益，通常这 81 是主要角色。如果用例中只有一个角色，那么该角色是主要角色。

然而，在实时嵌入式系统中，主要角色可以是一个外部的 I/O 设备或定时器。用例主要受益者可以是一个次要的人类角色，它从系统接收信息，或者是人类观察者，观察者不与系统进行交互。

图 6-2 给出了主要角色和次要角色的示例。工厂机器人（外部计算机系统）向系统发送监视数据，启动产生告警用例。系统确定告警条件，并将其显示给工厂操作员。在这个用例中，工厂机器人是启动用例的主要角色，而工厂操作员是接收告警的次要角色，从用例中获收益。然而，在图 6-1 中，工厂操作员是查看告警用例的主要角色，用例中，操作员请求查看告警数据。

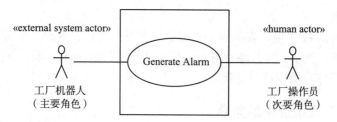

图 6-2 系统主要角色和次要角色以及外部系统示例

6.2.4 从系统工程视角建模

从系统工程视角看，角色可以是人类用户（用例中的主动参与者或观察者），外部系统，或物理实体。

人类角色常通过标准 I/O 设备（如键盘、显示器或鼠标）与系统交互。然而，在实时嵌入式系统中，人类角色可能通过非标准的 I/O 设备与系统间接交互。如通过各种传感器进行交互。从系统工程视角看，人是角色，而 I/O 设备属于嵌入式系统的内部。

考虑人类角色使用标准 I/O 设备与系统交互的例子。在图 6-1 和图 6-2 所示的工厂监控系统中，工厂操作员通过标准 I/O 设备（如键盘、显示器或鼠标）与系统交互；如图 6-3 所示，微波炉是人类角色使用非标准 I/O 设备与系统交互的例子。烹饪食物时，除了加热器、显示器和微波炉定时器外，用户通过使用多个 I/O 设备（包括门传感器、重量传感器和键盘）与系统交互。从系统工程视角为用例烹饪食物建模，角色是用户。

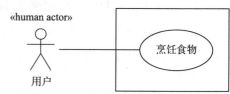

图 6-3 人类角色示例

观察者是被动查看系统信息的人类用户，他不提供任何输入，因此不参与用例。例如，在铁路道口控制系统中，路边车上的驾驶员是观察者。当告警灯闪烁时，驾驶员停车，不会对系统产生任何影响。

角色也可以是**外部系统角色**，可以启动（作为主要角色）用例或参与（次要角色）用例。在图 6-2 中，工厂机器人是工厂监控系统的外部系统；工厂机器人通过向系统发送告警启动告警生成用例；系统接收告警，向工厂操作员发送告警数据。工厂操作员是这个用例中的次要角色。

图 6-4 是从系统工程视角所创建的铁路道口系统用例模型。其中，列车是**物理实体角色**，它是到达铁路道口和离开铁路道口用例的主要角色。列车到达触发用例到达铁路道口，列车离开触发用例离开铁路道口。

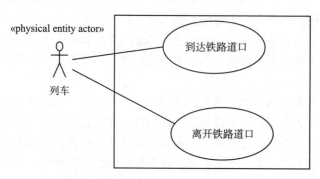

图 6-4 物理实体角色（系统工程视角）

6.2.5 从软件工程视角建模

从软件工程视角来看，有些角色的建模方式与系统工程中的角色建模方式相同，有些则不一样。从这两个视角建模时，都把使用标准 I/O 设备与系统交互的外部系统和人类用户视为角色。对于非标准的 I/O 设备和定时器，从软件工程视角建模时视为角色，而从系统工程视角建模时则视为系统内部。

系统工程中看到的物理实体角色，在软件工程中通常被一个或多个输入设备角色所替代。因为这些输入设备（如传感器）用于检测物理实体是否存在。从系统工程视角来看，I/O 设备在嵌入式系统内部，外部物理实体处于系统外部，所以外部实体是角色。

在系统工程中，人类角色通过非标准 I/O 设备，如各种传感器，间接与系统交互。在软件工程中，一个或多个 I/O 设备与软件系统交互，这些 I/O 设备是角色。角色可以是**输入设备角色或输入 / 输出设备角色**。通常情况下，输入设备角色通过传感器与系统交互。因为输入设备或传感器在嵌入式系统的内部，但处于软件系统的外部，所以这种输入设备角色只出现在软件工程视图中。

图 6-5 是从软件工程视角所建立的铁路道口系统的用例模型。其中，到达传感器是输入设备角色，它为到达铁路道口用例提供传感器输入，通知系统列车已到达；输入设备角色离开传感器为离开铁路道口用例提供了传感器输入。上一节，在从系统工程视角描述的用例中，列车是角色。然而，从软件工程视角看，系统工程中的列车角色（见图 6-4）被到达和离开传感器所取代。

定时器可以作为**定时器角色**，它定期向系统发送定时事件。实时嵌入式系统需要定期执行某些功能（如系统需要定期输出信息）时，采用定时器角色定期触发相应用例。图 6-6 是周期性用例和定时器角色的示例。定时器角色启动显示时钟时间用例，周期性地（如每分钟一次）计算、更新并向用户显示时钟的时间。其中，定时器是主要角色，而用户是次要角色。这也是次要角色从用例中获取信息的例子。

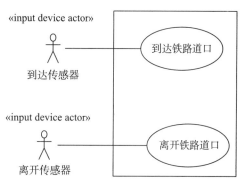

图 6-5 输入设备角色示例（软件工程视角）

83 ~ 84

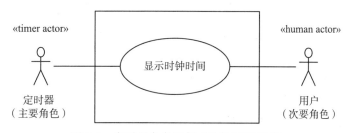

图 6-6 定时器角色示例（软件工程视角）

6.2.6 角色一般化和特殊化

一些系统中，不同的角色具有部分共同特征。在这种情况下，可以一般化角色，将相同特征的部分提取出来形成通用角色，而不同特征的部分特殊化为特定角色。例如，在图 6-7 所描述的工厂自动化系统的角色中，工厂机器人角色具有所有工厂机器人的广义角色特征，而搬运机器人和组装机器人角色被建模为特殊化的角色。搬运机器人和组装机器人继承了工厂机器人的所有功能，并扩展了满足特定类型需求的功能。

6.3   确定用例

从分析角色及其与系统之间的交互着手，有助于确定系统中的用例。每个用例描述了角色和系统之间一系列交互活动。用例定义系统的功能性需求，并形成系统的功能需求规格说明书。

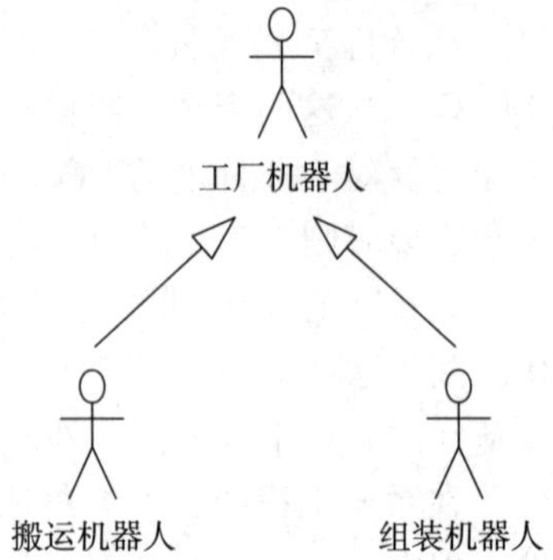

用例从主要角色的输入开始执行。用例的主序列描述了角色和系统之间共用最多的交互序列。用例的主序列可能有分支，它执行角色和系统之间次数较少的交互，这些偏离主序列的行为只在某些情况（例如，角色对系统做出错误的输入）下执行。根据应用需求，用例中分支序列可以与主序列连接起来，并在用例中描述。

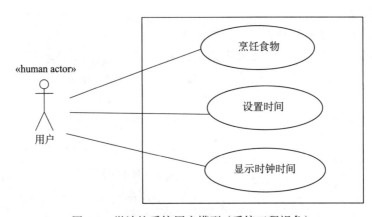

图 6-7   角色一般化和特殊化示例

图 6-8 是从系统工程视角绘制的微波炉系统用例图。其中，系统有三个用例：烹饪食物、设置时间和显示时钟时间。从系统工程视角来看，主要角色是用户而不是 I/O 设备。在烹饪食物用例的主序列中，用户开门，把食物放进微波炉，关上门，选择烹饪时间，然后按**启动**键，微波炉开始烹饪食物。当烹饪时间结束时，微波炉停止烹饪，用户开门，取出食物。

图 6-8   微波炉系统用户模型（系统工程视角）

贯穿整个用例的每个序列称为场景。一个用例通常描述多种场景，一个主序列（有时称为晴天场景）和一些分支序列。场景是贯穿用例完整的序列，一个场景可以从主序列开始执行，然后在决策点进入一个分支。在烹饪食物用例中，有主要序列场景和一些替代（分支）场景。例如，用户可能会在烹饪完成前开门，在这种情况下烹饪停止。在另一种情况下，用户可能会按**取消**键或可能按下**启动**时门是开着的。

85
~
86

6.3.1   构造用例指南

开发用例时，最重要的是防止将功能肢解，即用几个小用例分别描述系统的各个功能，而不是为角色提供有用结果的时间序列。

虽然用例关系可以帮助结构化整体用例模型，但在应用时需要谨慎，避免使用与单个功能（如开门、更新显示和开始烹饪）相对应的小封装用例。将细小的功能单独封装为用例会导致用例的功能分解与割裂。每个用例描述是一句话而不是一个交互序列，其结果将是用例模型过于复杂且难以理解，导致设计者只见树木（个别功能）不见森林（相互作用的整体序列）。

6.4　用例模型中的用例文档

用例模型中用例文档的内容包括：

- **用例名**

每个用例都有一个名字。

- **摘要**

该部分简要描述用例，通常是一两个句子。

- **依赖**

此可选部分描述用例是否依赖于其他用例，即是否包含或扩展其他用例。

- **角色**

该部分命名用例中的参与者。总是有一个主要的执行者启动用例，另外，可能还有一个或多个次要参与者也参与用例。

- **前置条件**

该部分从用例的视角指定用例开始时必须满足的一个或多个条件。

- **主序列**

用例的大部分是用例的主序列的文本描述，它是角色和系统之间最常用的交互序列。描述以角色的输入形式开始，随后是系统响应。

- **分支序列**

该节提供了主序列的分支序列的文本描述。说明每个分支序列以及主序列中跳到该分支序列的位置。

- **非功能性需求**

该节提供了非功能需求的文本描述，其中可能包括一个或多个性能需求，安全性需求，可用性需求和信息安全需求。有关非功能性需求的更多信息参见 6.5 节。

- **后置条件**

从用例视角看，如果主序列后有其他序列，该节说明在用例结束后总是正确的条件。

- **显著问题**

这部分记录与利益相关者讨论的关于用例的任何问题。

87

6.5　指定非功能需求

非功能性需求确定了系统服务的质量目标，即如何保证功能性需求的实现。对于嵌入式系统，非功能性需求尤其重要，其中包括性能需求、安全性需求、可用性需求和信息安全需求。例如，加密运营商 ID 和密码是授权操作者用例的信息安全需求；系统必须在定时器输入 100 毫秒内响应是烹饪食物用例的性能需求；"如果炉子的温度超过一定限度，表明出现过热安全危险，应关闭炉子"是炉子的安全性需求。如果非功能性需求适用于一组相关用例，那么它们都可以用以下的方式写入文档。

如 6.4 节所述，非功能性需求在用例中单独说明。非功能需求包括：

1. **性能需求**是系统吞吐量或响应时间目标。例如：系统应在 100 毫秒内响应定时器输入。

2. **安全性需求**是防止使用者受伤的要求。例如：如果温度超过预先规定的危险水平，系统应关闭炉子。

3. **可用性需求**指系统能够被用户使用的程度。例如：系统应在 99.9% 时间内能够正常运行。

4. **信息安全需求**是保护信息和系统资源的要求。例如：系统应当对操作员 ID 和密码进行加密。

5. **可扩展性需求**指系统可以提升初始配置性能的能力。例如：CPU、主存储器和次级存储器在最初的系统部署之后应该能够扩展 30%。

6. **配置需求**指在部署时可以选择并确定软件系统特征。例如：在系统配置期间设置显示语言，选择用于显示消息的语言。

6.6 用例描述举例

6.6.1 系统工程视角用例示例

本节给出了一个从系统工程视角的用例描述案例。该案例描述微波炉系统的烹饪食物用例（见图 6-8）。从系统工程视角看，角色是人，而不是用户使用的 I/O 设备。因为人在总系统之外，而 I/O 设备在微波炉系统内部。用例描述时先给出用例的主要序列，然后是分支序列。在此用例中，为主序列中的步骤编号。每个分支序列标识出进入本分支的主序列中的步骤号。用例中还描述了非功能配置需求。

[88]

用例：烹饪食物。

摘要：用户将食物放入微波炉，微波炉烹饪食物。

角色：用户。

前置条件：微波炉空闲。

主序列：

    1. 用户开门。

    2. 系统打开微波炉灯。

    3. 用户把食物放进微波炉并关上门。

    4. 系统关闭微波炉灯。

    5. 用户按下**烹饪时间**按钮。

    6. 系统提示烹调时间。

    7. 用户通过数字键盘输入时间然后按下**启动**按钮。

    8. 系统开始烹饪食物，启动转盘，并打开灯。

    9. 系统持续显示剩余的烹饪时间。

    10. 系统定时器检测烹调时间是否已到。

    11. 系统停止烹饪食物，关掉灯，停止转盘，使蜂鸣器响起，并显示结束信息。

    12. 用户开门。

    13. 系统打开微波炉灯。

    14. 用户将食物从微波炉中取出并关上门。

    15. 系统关闭微波炉的灯，并清除显示。

分支序列：

步骤 3：用户按下**启动**按钮时，如果门是打开的，则系统不启动烹饪。

步骤 5：用户按下**启动**按钮时，门是关闭的但微波炉是空的，则系统不启动烹饪。

步骤 5：用户按下**启动**按钮时，如果烹饪时间等于零，则系统不启动烹饪。

步骤 5：用户按下**分钟 +**按钮。按一次该按钮系统烹饪时间增加一分钟。如果之前的烹饪时间不是零，**系统**开始烹饪，启动定时器，启动转盘，打开灯。

步骤 7：用户在按下**启动**按钮前开门，系统打开灯。

步骤 9：用户按下**分钟 +**，每按一次该按钮系统的烹饪时间增加一分钟。

步骤 9：如果用户在烹饪过程中开门，系统停止烹饪，停止转盘，停止定时器。用户关门（系统随后关闭灯）且按**启动**按钮，**系统**恢复烹饪，恢复定时器，启动转盘，打开灯。

步骤 9：用户按**取消**按钮，系统停止烹饪，停止定时器，关闭灯，停止转盘。用户可以按**启动**按钮恢复烹饪；或者可以再次按**取消**，然后系统取消定时器并清除显示。

配置需求：

名称：显示语言。

说明：在系统配置时可以通过设置选择提示消息的语言。默认是英语，可替代语言是法语、西班牙语、德语和意大利语。

后置条件：微波炉已经烹饪了食物。

确定用例的主序列比较直接，只需直接说明系统的角色输入与系统响应的顺序。然而，确定分支序列是棘手的问题，因为许多系统的动作依赖于当前状态。使用状态机将有助于列出状态依赖用例的所有选择方案，下一章将介绍这一点。在用例说明中，分支部分的最大贡献是指出角色需要处理的所有其他事件。使用状态机有助于确定系统对这些事件反应的细节。

6.6.2　软件工程视角用例示例

本节从软件工程视角给出用例实例，该用例是铁路道口控制系统中到达铁路道口用例（见图 6-9）。从软件工程视角看，角色是 I/O 设备（处于软件系统的外部，但在嵌入式系统内部），而不是列车本身。I/O 设备是到达传感器，检测列车的到来。用例说明先给出用例的主要序列，随后描述分支序列。用例中还包括了安全性和其他性能方面的非功能性说明。

用例：到达铁路道口。

摘要：列车靠近铁路道口，系统放下护栏，打开警告灯，开启音频告警开关。

角色：

- **主要角色**：到达传感器。
- **次要角色**：护栏检测传感器、护栏执行器、告警灯执行器、告警音频执行器、铁路运营服务、护栏定时器。

前置条件：系统运行，铁路道口无列车或只有一列列车。

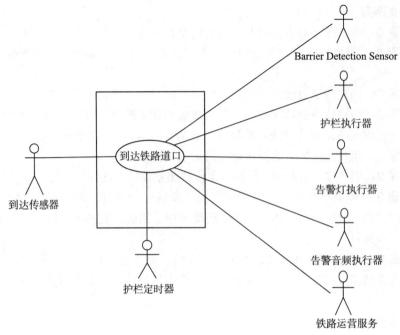

图 6-9   铁路道口控制系统用例模型（软件工程）

主序列：

90

　　1. 到达传感器检测到列车到达并通知系统。

　　2. 系统指令护栏执行器放下护栏，警告灯执行器打开闪光灯，告警音频执行器打开音频告警。

　　3. 护栏检测传感器检测到护栏已放下并通知系统。

　　4. 系统发送列车到达消息到铁路运营服务。

分支序列：

　　步骤 2：如果有另一列列车已经在铁路道口，跳过步骤 2 和 3。

　　步骤 3：如果护栏定时器通知系统，放下定时器超时，系统向铁路运营服务系统发送安全警告消息。

非功能性需求：

　　1）安全性需求：

　　　　● 放下护栏的时间不得超过预先指定的时间。如果定时器超时，系统应通知铁路运营服务。

　　　　● 系统应跟踪处于铁路道口的列车数量，第一列列车到达时护栏放下，最后一列列车离开后护栏升起。

　　2）性能需求

　　　　● 从检测到列车到达至发送指令到护栏执行器所需的时间不应超过预先规定的响应时间。

后置条件：护栏关闭，警告灯闪烁，并发出音响警告。

与烹饪食物用例类似，本用例说明中最棘手的部分是选择分支序列，特别是在处理列车到达和离开时铁路道口时有一个或两个列车的问题时尤其需要小心。处理这类复杂问题最好的助手是状态机（见第 20 章中的用例说明）。

6.7　用例关系

当用例变得过于复杂时，采用包含（include）和扩展（extend）关系定义用例之间的依赖关系，从而最大限度地提高用例的可扩展性和重用性。

UML 还提供用例的一般化关系。用例一般化与扩展关系类似，也用于解决用例的变化问题。然而，用户经常发现用例一般化的概念令人迷惑，所以在 COMET 方法中，一般化的概念仅限于类。用例变化可以通过扩展关系进行处理。

6.8　包含用例关系

完成应用程序的用例初始开发后，角色和系统之间相互作用的共用序列有时可以跨越多个用例。这些共用的交互序列反映了多个用例的通用功能。一个共用的相互作用序列可以从几个原始用例中提取出来，并做成一个新的用例，称为包含用例。

包含用例反映了多个用例的通用功能。把通用的功能分离出来，形成包含用例。包含用例可以被多个基础（可执行的）用例重用。包含用例与基本用例一起执行。基本用例包括，并且执行包含用例。包含用例类似于程序中的库函数，而基本用例类似于调用库的主程序。

包含用例可能没有特定角色。实际上，角色属于基础用例，而基础用例包括包含用例。因为不同的基础用例使用包含用例，所以不同的角色可以使用同一个包含用例。

91
~
92

6.8.1　包含关系和包含用例示例

图 6-10 从软件工程视角描述一个轻轨控制系统（见第 21 章案例研究）。其中，暂停列车用例包括到达车站和站内控制列车两个包含用例（详细内容见第 21 章）。暂停列车有一个人类角色和一个输入设备角色。人类角色铁路运营商给列车发送停止服务指令；输入设备角色门传感器检测门状态。到达车站用例有靠近传感器和到达传感器两个输入设备角色，以及马达和门执行器两个输出设备角色。站内控制列车用例有一个输入设备角色门传感器和一个输出设备角色门执行器。一段时间后，门执行器根据指令关闭车门。下面给出了三个用例描述。

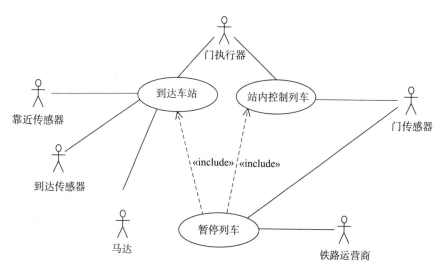

图 6-10　包含用例和包含关系示例

站内控制列车用例:

    用例: 站内控制列车。

    角色: 门传感器(主要角色),门执行器。

    前置条件: 列车停在车站,门打开。

    主序列:

        1. 门传感器发出开门消息。

        2. 一段时间间隔后,系统向门执行器发送关门指令。

93

    后置条件: 列车停在车站,门关着。

到达车站用例:

    用例: 到达车站。

    角色: 靠近传感器(主要),到达传感器,马达,门执行器。

    前置条件: 列车正向下一站行驶。

    主序列:

        1. 靠近传感器告知列车靠近车站。

        2. 系统向马达发送减速指令。

        3. 到达传感器告知列车到站。

        4. 系统向马达发出停止指令。

        5. 马达响应,列车停止。

        6. 系统向门执行器发送开门指令。

    后置条件: 列车已经停止,车门打开。

列车暂停基础用例:

    用例: 列车暂停。

    角色: 铁路运营商(初级),门传感器。

    依赖: 包括到达车站、站内列车控制用例。

    前置条件: 列车运行并且走向下一站。

    主序列:

        1. 铁路运营商给系统发送暂停列车运行指令。

        2. 包含到达车站用例。

        3. 包含站内列车控制用例。

        4. 门传感器发送关门消息到系统。

    后置条件: 列车停在车站,服务停止。

6.8.2　构造长用例

    包含关系可以用来构造长的用例,基础用例提供了角色和系统之间高层的交互序列。包含用例提供了角色和系统之间低层的交互序列。一个典型的例子是制造批量零件用例(见图 6-11),其中描述了制造零件过程中的交互序列。这个过程包括接收制造零件原材料(在接收零件用例中描述)、每个工作站执行的制造步骤(见批量工作站处理零件用例)和传送零件(在传送零件用例中说明)三部分。

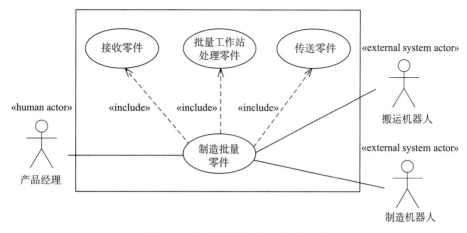

图 6-11　包含用例和包含关系示例

6.9　扩展用例关系

有时用例会变得非常复杂，存在许多分支。扩展关系用于对分支路径建模，在一定条件下用例可能进入这些分支路径。如果用例有太多的分支、可选和特殊的交互序列，那么用例就会变得过于复杂。解决这个问题的方法是将分支或可选的交互序列分解成单独的用例。新用例的作用是在适当条件下扩展旧用例。被扩展的旧用例称为**基础用例**，而扩展而得的用例称为**扩展用例**。

在一定条件下，可以用扩展用例的描述对基础用例进行扩展。条件不同，扩展方式也不一样，有如下扩展方式：

- 显示仅在某些情况下执行的基本用例的条件部分。
- 对复杂或分支路径建模。

需要特别强调，基础用例不依赖于扩展用例。扩展用例依赖于基础用例，只有在基础用例的引发扩展用例执行的条件为真时，扩展用例才执行。虽然扩展用例通常只扩展一个基础用例，但它可以扩展多个其他用例。一个基础用例可以被一个以上的扩展用例扩展。

6.9.1　扩展点

扩展点是指在基础用例中加入扩展的精确位置，扩展用例可以在这些点对基础用例进行扩展（Fowler 2004；Rumbaugh et al. 2005）。

基础用例中的每个扩展点有一个名称。扩展用例有一个插入段（通常是扩展用例的主序列），该段插入在基础用例中扩展点的位置。扩展关系可以是条件依赖的，扩展时必须定义执行扩展用例所需要满足的条件。可以为同一扩展点提供多个扩展用例，但触发不同扩展用例需要满足不同的条件。

段定义了到达扩展点时执行的行为序列。当执行用例的实例到达基本用例中的扩展点时，如果满足条件，则用例的执行被转到扩展用例中的相应段。段结束后，执行返回到基本用例。

具有多个扩展用例的扩展点可以用于建模多个分支，每个扩展用例对应于不同的分支。设计扩展条件时，必须保证任何时候只有一个条件为真。因此，在任何给定的情况下，只选择一个扩展用例。

在用例运行时设置和改变扩展条件的值，从而选择所执行的扩展用例。

6.9.2 扩展点和扩展用例实例

考虑下面绿化带系统的例子（图 6-12）。绿化带是城市中心地带，机动车限制通行。进入绿化带的车辆有绿化带许可证号码编码的 RFID（无线射频识别）应答器，应答器安置在车辆的挡风玻璃上。当车辆进入绿化带时，远程应答器的探测器读取许可证号 RFID，并将其发送到绿化带监控系统。此功能由基本用例进入绿化带处理。没有许可证进入绿化带的车辆由扩展用例处理。扩展用例是处理未经授权的车辆。扩展点位于进入绿化带用例的分支序列处，用于处理未识别或丢失的许可号码。由于是从系统工程视角描述用例，所以主要角色是车辆（不是检测车辆的传感器），扩展用例的次要角色是外部的车辆管理系统和巡逻警车。

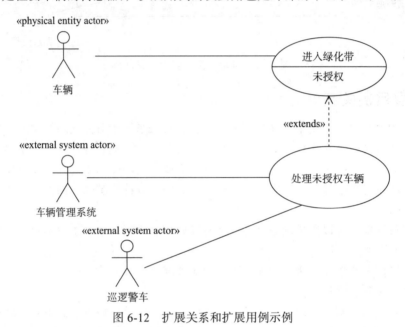

图 6-12 扩展关系和扩展用例示例

进入绿化带基础用例：
　　用例：进入绿化带。
　　摘要：车辆进入限制绿化带；系统开始跟踪车辆。
　　角色：车辆。
　　前置条件：绿化带入口处为空。
　　主序列：
　　　　1. 车辆接近绿化带入口点。
　　　　2. 系统检测进入绿化带的车辆。
　　　　3. 系统读取车辆许可号码 RFID。
　　　　4. 系统检查许可号码是否有效。
　　　　5. 系统存储下列信息：许可号码、进入时间 / 日期、入口位置
　　分支序列：
　　　　步骤 4：未经授权的（即未识别或丢失许可证号码）：用处理未授权车辆用例扩展。

后置条件：

车辆已进入绿化带。

处理未授权车辆用例：

用例： 处理未授权车辆。

摘要： 检测、解码未经授权的车辆的牌照号，并发送给警方。

角色： 车辆（主要）、巡逻警车（次要），车辆管理系统（次要）。

依赖： 扩展进入绿化带使用案例。

前置条件： 车辆有无效或不存在的许可证号码。

插入段描述：

1. 系统拍摄车牌照片。

2. 系统采用图像处理算法对照片进行分析，提取状态名称和车牌号。

3. 系统向车辆管理系统发送含有车牌号的车辆状态消息，请求车主的名字和地址。

4. 车辆管理系统向系统发送包含车主姓名和地址的消息。

5. 系统发出并打印罚款通知，以邮件发送给车主。

后置条件： 检测到未经授权车辆，且已开具罚单。

分支序列：

步骤2： 车牌不能解码（因为照片不好，天气恶劣，车牌遮盖）；系统向巡逻警车发送报警信息。

6.10 用例包

对于需要处理大量用例的大型系统，用例模型可能会变得笨重。引入**用例包**，将相关用例组合在一起，是处理这种规模化问题的一个好方法。采用这种方式，用例包可以表示高层次的需求，描述系统主要功能子集。由于角色经常发起并参与相关用例，可以根据使用它们的主要角色将用例分组。适用于一组相关用例的非功能性需求可以分配给包含这些用例的用例包。

图6-13显示了用于工厂自动化系统的一个用例包，工厂监视用例包，它包含四个用例。工厂操作员是查看告警用例和查看监视数据用例的主要角色以及其他用例的次要角色。工厂机器人是生成告警和生成监视数据用例的主要角色。

6.11 小结

本章从系统工程和软件工程视角描述了基于用例的系统功能需求分析方法，介绍了角色和用例的概念，以及用例关系，特别是扩展关系和包含关系。此外，对于状态依赖的实时嵌入式系统，本章提出通过状态机辅助用例建模的方法（精确的说明将第7章中描述）进行描述。

用例模型对后续软件开发有很大的影响。因此，在动态交互建模过程的分析模型中实现用例（如第9章所述）。对于每一个用例，使用第8章中描述的对象构造标准确定参与用例的对象，并定义对象之间的交互顺序。通过选择在项目的每个阶段中开发的用例来逐步开发软件（如第4章所述），并基于用例开发集成和系统测试用例。

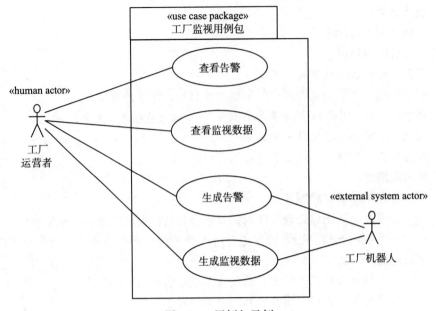

图 6-13　用例包示例

实时嵌入式系统状态机

状态机（也称为有限状态机）用于系统中控制建模和排序。这对于实时嵌入式系统尤其重要，因为它通常是高度依赖于状态的。特别是，依赖于状态的系统的动作不仅依赖于系统的输入，还依赖于系统在这之前所发生的事情，这被确定为一个状态。状态机可以用来描述系统、子系统、组件或对象的状态。用于定义状态机的表示法有状态转换图、状态机图、状态图和状态转换表。在高度依赖于状态的系统中，这些表示法有助于理解系统的复杂性。

状态机规范通常比文本或用例描述更准确、更容易理解。状态机可以通过提供更精确的规范来增强甚至替换需求的用例描述。尤其是在描述系统高度依赖于状态的行为时，状态机特别有用。

在 UML 表示法中，状态转换图被称为状态机图。UML 状态机图表示法是基于 Harel 的状态图表示法（Harel and Gery 1996；Harel and Politi 1998）。在本书中，术语状态机和状态机图可以互换使用。本章把非分层的传统状态转换图称作为平面状态机，并使用术语分层状态机来表示分层状态分解的概念，这是由 Harel 提出的概念。在 2.6 节中给出了状态机表示法的简要概述。

本章首先考虑平面状态机的特性，然后描述分层状态机。为了展示分层状态机的优势，本章从最简单的平面状态机开始，并逐步说明它如何被改进以实现分层状态机的完整建模能力。然后描述从用例中开发状态机的过程。本章给出了从两个案例研究——从微波炉和列车控制状态机中抽取的几个例子。

7.1 节描述了状态机中的事件和状态。7.2 节描述了微波炉控制状态机的实例。7.3 节描述了事件和监护条件，而 7.4 节描述了状态机的动作。7.5 节描述了分层状态机，包括顺序的和正交的情况。7.6 节描述了协作状态机，状态机继承则在 7.7 节中给予了描述。从用例中开发状态机的过程则在 7.8 节和 7.9 节中描述。

7.1 状态机

状态机是一种具有有限数目状态的概念机。状态机在任何特定的时刻都只能处在其中一个状态。**状态转换**是由输入事件引起的状态的变化。对输入事件的响应可能使状态机转换为不同的状态。也有可能事件不起作用，状态机仍然处于同一状态。下一个状态取决于当前状态以及输入事件。状态转换也有可能产生输出动作。

状态机可以用来描述系统、子系统或组件的状态。然而，在面向对象的系统中，状态机应该总是被封装在类（尽管它描述的是系统的状态）中的，如第 8 章所述。

7.1.1 事件

事件发生在某个时间点上，它也被称为离散事件、离散信号或激励。事件的发生是原子性的（即过程不能被中断），概念上讲具有零持续时间。事件的例子有 Door Opened（开门），Item Placed（放置物品），Timer Expired（定时器到期）和 Cruising Speed Reached（到达巡航速度）。

事件可以相互依赖。例如，在微波炉中，对于给定的事件序列，事件开门总是跟随着事件放置物品。在这种情况下，第一个事件开门会导致向状态门开着转换，而下一个事件放置物品会导致向离开门开着状态的转换；两个事件的先后次序反映在连接它们的状态上，如图 7-1 所示。然而，事件可以完全互相独立。例如，事件列车 x 从纽约出发与事件列车 y 从华盛顿出发是不相关的。

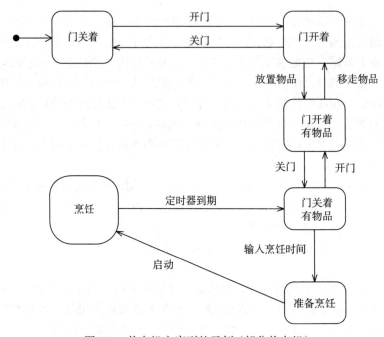

图 7-1　状态机主序列的示例（部分状态机）

事件可以来自外部源，比如开门（这是用户打开微波炉门的结果），或者事件可以由系统内部生成，比如到达巡航速度。

定时器事件是一个特殊事件，由关键字 after 指定，它表示一个事件将在括号中表达式标识的经历时间之后发生，例如 after（10 秒）或 after（经过的时间）。在状态机上，定时器事件会导致向一个给定状态的转换。经过时间是指从进入到某个状态的时间（例如定时器启动时间）直到状态退出的时间段，这里的状态退出是由定时器到期事件引起的。

状态机假定遵循运行到完成（run to completion）的语义。这意味着在启动下一个事件之前，一个事件需完成从开始到结束的全部过程。因此，如果两个事件本质上同时到达，就会选择其中一个事件来处理，处理完毕再选择另一个事件去处理。执行一个事件包括执行由该事件引起的任何分层或正交的转换和动作。

7.1.2　状态

状态代表了一段时间内持续存在的可识别的状况（situation）。当事件发生在某个时间点上时，状态机在一段时间内处在给定的状态。**当前状态**是状态机当前所处的状态的名称。状态机中的事件的到达通常会导致从一个状态到另一个状态的转换。或者，事件可以不起作用，在这种情况下，状态机仍然处于相同的状态。从理论上讲，状态转换不需要时间。在实际中，与状态持续的时间相比，状态转换的时间是可以忽略不计的。

一些状态代表状态机等待外部环境中的事件，例如，准备烹饪状态是状态机等待用户按下启动按钮的状态，如图 7-1 所示。其他状态表示状态机正在等待来自系统的另一部分的响应的情形。例如，烹饪是烹饪食物的状态，下一个事件是当烹饪定时器到期时产生的内部定时器事件。

状态机的初始状态是状态机被激活时进入的状态。例如，微波炉状态机的初始状态是门关着状态，在 UML 中由黑色小圆圈表示，如图 7-1 所示。

7.2　状态机示例

作为状态机的例子，考虑微波炉中的部分状态机，这来自于微波炉系统案例研究，如图 7-1 所示。状态机遵循烹饪食物用例中描述的主序列（见第 6 章和第 19 章），并显示了烹饪食物过程中的不同状态。初始状态是门关着。当用户开门时，状态机将转换为门开着状态。用户在微波炉中放置物品，导致状态机状态转换为门开着有物品状态。当用户关门时，状态机就会转换到门关着有物品状态。在用户输入烹饪时间之后，就可以进入准备烹饪状态了。当用户按下**启动**按钮时，状态机将转换为烹饪状态。当定时器到期时，重新进入门关着有物品状态。然后用户开门，状态机将返回到门开着有物品状态。用户移走食物，状态机转换到门开着状态。接下来，如果用户关闭了微波炉门，状态机就会返回到门关着状态。

上述描述与用例描述相近，描述了在烹饪食物用例的主序列执行过程中进入和退出状态的情景。状态机还可以描述离开状态时可选的状态转换。可能有多个离开状态的转换，每个转换由不同的事件引起。考虑离开烹饪状态的一个可选状态转换。如果不是定时器到期导致从烹饪状态的转换，而是用户在烹饪期间开门（参见图 7-2），这时状态机就会转换到门开着有物品状态。在该状态下，用户可以关门（转换到门关着有物品状态），或者移走食物（转换到门开着状态）。在状态机中可以清楚地看到这些可选状态的转换，这比基于文本的用例描述更精准。

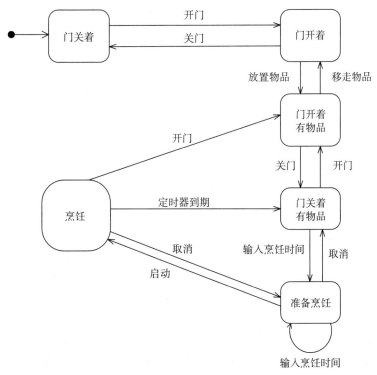

图 7-2　状态机（部分状态机）可选状态转换示例

在某些情况下，同样的事件也可能发生在不同的状态，并且产生不同的效果。例如，在图7-2中，如果在门关着状态打开了门，状态机将转换为门开着状态。如果在门关着有物品状态开门，状态机就会转换到门开着有物品状态。然而，如果在烹饪状态打开了门，也会转换到门开着有物品状态。此外，在离开烹饪状态的转换中，烹饪停止了。这一问题将在7.4节进一步讨论。

7.3   事件和监护条件

可以使用监护条件来指定有条件的状态转换。这可以在定义状态转换时通过结合事件和监护条件来实现。表示法是事件 [条件]（Event [Condition]）。条件是在方括号中给出的布尔表达式，该表达式具有 True 或 False 的值，该条件在一段时间内是成立的。当事件到达时，它会导致状态转换，前提是监护条件是 True。条件项是可选的。

在某些情况下，事件不会立即导致状态转换，但是事件的影响需要被记住，因为它将影响未来的状态转换。所发生的事件可以被存储起来作为可以稍后检查的条件。

图7-3 中的监护条件是微波炉状态机中的无剩余时间和有剩余时间。由门开着有物品状态产生的两个转换是关门 [无剩余时间] 和关门 [有剩余时间]。因此，所进行的转换取决于用户是否已经输入了时间。当门关着时，如果条件无剩余时间为真，状态机则转换为门关着有物品，等待用户输入时间。当门关着时，如果条件有剩余时间为真，则状态机将转换为准备烹饪状态。（应该注意的是，这些条件可以在另外的状态机中被描述为状态，如7.5.5 节所述）。

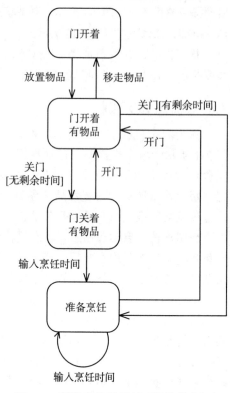

图 7-3　事件和条件示例（部分状态机）

7.4   动作

与状态转换相关联的是可选的输出**动作**。动作是实现状态转换而执行的计算。事件是状态转换的原因，而动作是状态转换的效果。动作是在状态转换时触发的，它执行后终止自己。动作是在状态转换时瞬间执行的，因此从概念上讲，动作的持续时间为零。在实际中，与状态的持续时间相比，动作的持续时间非常小。

可以在状态转换中描述动作，如7.4.1 节所述。某些动作，即进入和退出动作，可以更简洁地描述为与状态的关联，而不是进入或离开状态的转换。当进入该状态时触发进入动作，如7.4.2 节所述，并且在离开该状态时触发退出动作，如7.4.3 节所述。

7.4.1   状态转换上的动作

转换动作是由一个状态转换到另一个状态的动作，如果状态机从一个状态转换回到相同的状态，转换动作也可能发生。为了描述状态机上的转换动作，状态转换被标记为事件 / 动作（Event/Action）或事件 [条件]/ 动作（Event [Condition]/Action）。

作为动作的例子，考虑在图 7-1 中的微波炉状态机中添加动作，如图 7-4 所示。考虑这样一个情景：当用户按下启动按钮时，机器就处于准备烹饪状态。这时，状态机转换为烹饪状态。动作是启动定时器并开始烹饪。

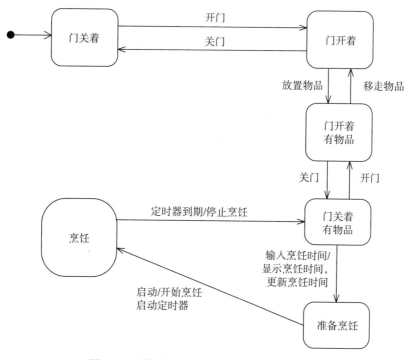

图 7-4 主序列中的动作示例（部分状态机）

可以有多个与转换相关的动作。因为所有的动作都同时执行，所以动作之间不存在任何相互依赖关系。因此，在上面的示例中，启动定时器并开始烹饪的动作彼此独立。然而，有两个同步的动作不是这样，例如计算变更和显示变更。由于这两个动作之间有顺序上的依赖关系，所以在计算出变更之前不能显示变更。为了避免这个问题，引入称为正在计算变更（Computing Change）的中间状态。计算变更动作在进入此状态时执行，在退出此状态时执行显示变更动作。

图 7-5 显示了带有可选状态转换和动作的状态机示例。特别需要关注的是，在烹饪状态中有三种可选状态转换，它们产生了不同的动作。从烹饪状态开始，如果定时器到期，则转换到门关着有物品状态，而动作是停止烹饪。相比之下，如果是开门，就会转换到门开着有物品，其动作则是停止烹饪（和之前一样）和停止定时器。在开门的场景下，停止定时器是必要的，因为如果在定时器到期之前开门，将会有剩余烹饪时间，如果稍后继续烹饪，微波炉会在剩余的时间里烹饪。如果用户按下取消键，尽管会转换到准备烹饪状态，同样的两个动作也会得到执行。

相同的事件可能发生在不同的状态。依赖于具体的状态，动作可以是相同的，也可以是不同的。图 7-5 给出了开门事件的示例，它可以发生在四个不同的状态中。在每个场景中，都转换到不同的状态；在三种场景下（从门关着状态到门开着状态，从门关着有物品状态到门开着有物品状态和从准备烹饪状态到门开着有物品状态）没有动作发生。然而，在第四种情况下，从烹饪状态转换到门开着有物品状态，其动作是停止烹饪和停止定时器。

104
∼
106

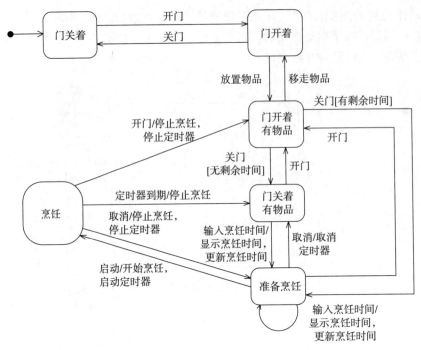

图 7-5   可选状态转换和动作示例（部分状态机）

7.4.2   进入动作

进入动作（entry action）是状态转换时执行的瞬时动作。进入动作由保留字 entry 表示，并被描述为在状态框内的 **entry/** 动作。尽管转换动作（在状态转换中直接描述的动作）总是可以使用的，但是在某些情况下只能使用进入动作。使用进入动作的最佳时间是：

- 到达一个状态有不止一个转换。
- 在到达这个状态的每个转换上都需要执行相同的动作。
- 该动作是在进入此状态时执行的，而不是从上一个状态退出时执行的。

在这种情况下，只在状态框中描述一次动作，而不是在到达该状态的每次转换上都要描述。然而，如果只在某些转换上而不是在全部转换上执行某个动作，那么就不能使用进入动作，正确的做法是在相关的状态转换中使用转换动作。

在图 7-6 中给出了进入动作的示例。在图 7-6a 中的状态转换中显示了动作。如果**启动**按钮被按下（导致启动事件），而微波炉已经在准备烹饪状态，则状态机将转换为烹饪状态。这产生两个动作：开始烹饪和启动定时器。然而，如果按下分钟键事件到达（将食物烹饪一分钟），而此时处在门关着有物品状态，状态机也将转换到烹饪状态。然而，这种情况下的动作变为开始烹饪和启动分钟计时。因此，在转变为烹饪状态的两个转换过程中，一个动作是相同的（**开始烹饪**），但第二个动作是不同的。另一种决策是对开始烹饪采用进入动作，如图 7-6b 所示。在进入烹饪状态时，将执行进入动作开始烹饪，因为在每次转换到该状态时都执行该动作。但是，启动定时器动作显示为从准备烹饪状态到烹饪状态的转换动作。这是因为启动定时器动作仅在转换到烹饪状态的特定转换时才执行，而不是在其他转换上执行。出于同样的理由，在从门关着有物品状态到烹饪状态的转换过程中，有一个特有的转换动作叫作启动分钟计时。图 7-6a 和 7-6b 在语义上是等价的，但图 7-6b 更简洁。

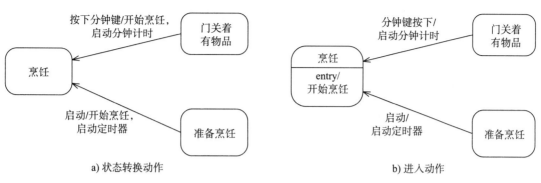

图 7-6　进入动作示例

7.4.3　退出动作

退出动作（exit action）是在状态转换过程中执行的瞬时动作。退出动作由保留字 **exit** 表示，并在状态框中描述为 **exit**/ 动作。尽管转换动作（在状态转换中直接描述的动作）总是可以使用的，但是退出动作只在特定的情况下使用。采取退出动作的最佳时机是：

- 离开一个状态有不止一个状态转换。
- 每个状态转换都需要完成同样的动作。
- 该动作是在退出该状态而不是进入下一个状态时执行的。

107 ~ 108

在这种情况下，只在状态框中描述一次动作，而不是每次离开该状态时都需要描述。然而，如果一个动作只在一些状态转出转换中而不是在所有的状态转出转换中执行，那么就不能使用退出动作，而是应该在相关的状态转换中使用转换动作。

在图 7-7 中给出了**退出动作**的示例。在图 7-7a 中，动作显示在从烹饪状态转出的转换上。考虑动作停止烹饪，如果定时器到期，微波炉将从烹饪状态转换到门关着有物品状态，并执行动作停止烹饪（图 7-7a）。如果门开着，微波炉就会从烹饪状态转换到门开着有物品状态。在这个转换过程中，将执行两个动作：停止烹饪和停止定时器。因此，在烹饪状态的两个转换中（图 7-7a），动作停止烹饪被都执行。但是，当门开着时，转换就会进入到门开着有物品状态，加上额外的停止定时器动作。图 7-7b 中显示了另一种设计，其中显示了退出动作停止烹饪。这意味着，无论何时离开烹饪状态，都将执行退出动作停止烹饪。此外，在向门开着有物品状态转换时，还将执行转换动作停止定时器。将停止烹饪动作作为退出动作而不是作为状态转换动作看上去更简洁，如图 7-7b 所示。转换动作的另一种选择如图 7-7a 所示，要求停止烹饪动作直接在转出烹饪状态的每个转换上描述。图 7-7a 和图 7-7b 在语义上是等价的，但是图 7-7b 更简洁。

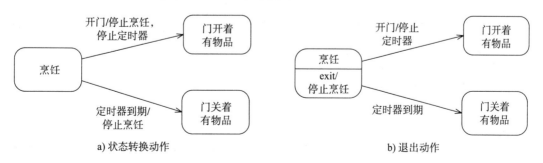

图 7-7　退出动作示例

图 7-8 描绘了微波炉控制状态机的另一种版本，即在图 7-5 中开始烹饪和停止烹饪转换动作被烹饪状态的进入动作开始烹饪和退出动作停止烹饪所取代。

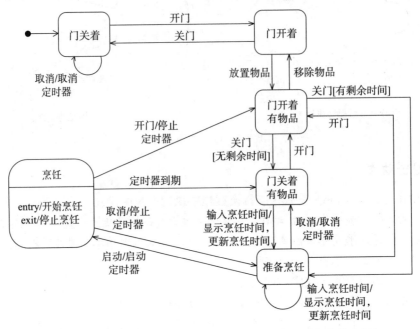

图 7-8   采用进入和退出动作的微波炉控制状态机（部分状态机）

7.4.4 活动

除了动作，也可能把活动作为执行状态转换的结果。**活动**是在状态持续期间执行的计算。因此，不同于瞬间完成的动作，活动的执行会持续一段有限的时间。活动在进入状态时启用，在退出状态时关闭。状态改变会关闭活动，状态改变的起因通常是一个输入事件，该输入事件的起源与活动无关。然而，在某些情况下，活动本身会生成导致状态变化的事件。

活动被描述为与该活动执行时所处的状态相关联。这是通过在状态框中显示活动，并在状态名和活动名称之间画一条分界线来实现的。活动被描述为 do/ 活动，这里的 do 是保留字。这意味着该活动在进入状态时启用，并在退出状态时停用。

关于活动的例子，考虑汽车巡航控制状态机从初始状态到加速状态的转换，如图 7-9 所示。一个活动——增加速度——是在进入加速状态时启用的。该活动在加速状态持续时间内执行，并在退出该状态时停用。该活动被描述为 do/ 增加速度。

如果从一个状态到另一个状态的转换包含了动作、启用活动和停用活动的组合，那么就会有专用于它们之间发生顺序的规则：

1. 首先，处于退出状态的活动是停用的。

109
~
111

2. 第二，一个或多个动作执行（如果动作存在）。

3. 第三，处于进入状态的活动是启用的。

例如，考虑达到巡航事件，它会导致从加速状态到巡航状态的转换。首先，活动增加速度是停用的，然后活动保持速度是启用的，并一直在巡航状态下保持下去。这种状态转换的语义是：

- 在退出加速状态时，增加速度是停用的。
- 在进入巡航状态时，保持速度是启用的。

图 7-9 总共描述了三个活动：除了增加速度和保持速度之外，还有一个活动是减小速度，在减速状态下执行。

7.5 分层状态机

平面状态机的一个潜在问题是状态和转换的分散，这使得状态机图看上去非常混乱，难以阅读。简化状态机并增加其建模能力的一个非常重要的方法是引入组合状态，也就是所谓的超级状态，以及状态机的分层分解。使用这种方法，将上一层状态机的组合状态分解为下一层状态机中的两个或多个子状态。

分层状态机的目标是利用状态转换图的基本概念和视觉优势，同时通过分层结构来克服图表过于复杂和混乱的缺点。注意，任何分层状态机都可以映射到一个平面状态机，因此对于每一个分层状态机，都有一个语义上等价的平面状态机。

有两种主要的方法来开发分层状态机。第一种方法是以一种自上而下的方法来确定主要的高层状态，有时称为操作模式。例如，在飞机控制状态机中，模式可能是起飞（Taking Off）、飞行（In Flight）和着陆（Landing）。每个模式都有几个状态，其中一些状态可能依次成为组合状态。第二种方法是首先开发平面状态机，然后识别可以聚合成组合状态的状态，如 7.5.3 节中所述。

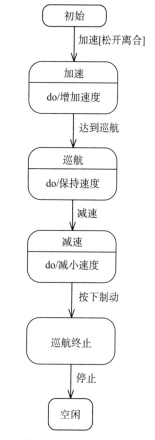

图 7-9 具有活动的状态机示例（部分状态机）

7.5.1 顺序状态分解

状态机通常可以通过状态的层次分解得到明显的简化，在这种情况下，会将一个组合状态分解为两个或多个相互关联的顺序子状态。这种层次化的分解被称为顺序状态分解（sequential state decomposition）。状态分解表示法也允许将组合状态和子状态展示在同一张图上，也可以放在不同的图上，这依赖于分解的复杂性。

下面给出了分层顺序状态分解的一个例子。图 7-10 描述了一个包含六个状态的平面状态机，包括加速、巡航和靠近状态。图 7-11a 描述了一个使用分层顺序状态分解的等价状态机，其中有一个称为运行中的组合状态，它被分解为三个子状态，即加速、巡航和靠近子状态。（在分层状态机中，组合状态表示为外部圆角框，其中包含了位于左上角的组合状态的名称。子状态被显示为内部圆角框）。当状态机处于运行中状态时，它处于一个（且只有一个）子状态中。分层顺序状态分解会生成顺序状态机，其中子状态是按顺序进入的。图 7-11b 描述了同一个分层状态机，但这里没有子状态，这种描述被称为高层次状态机。

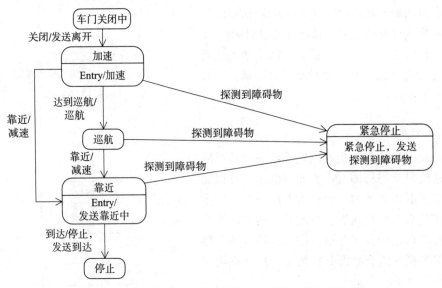

图 7-10　用于列车控制的平面状态机示例（部分状态机）

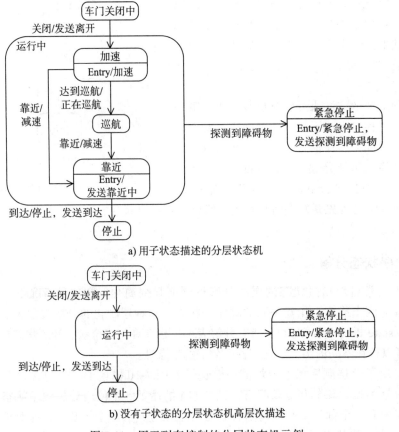

a) 用子状态描述的分层状态机

b) 没有子状态的分层状态机高层次描述

图 7-11　用于列车控制的分层状态机示例

7.5.2　组合状态

在状态机上可以用两种方式描述组合状态，如下所述。可以用它的内部子状态来描述一个组合状态，如图 7-11a 中所示的运行中组合状态所示。或者，可以将组合状态描述为一个黑盒子，而不显示其内部子状态，如图 7-11b 所示。需要指出的是，当将一个组合状态分解为子状态时，必须使进入和离开组合状态的转换保持一致。如图 7-11a 和图 7-11b 所示，有一个状态转换进入运行中组合状态和两个状态转换离开该组合状态。

实际上，每个进入组合状态运行中的转换都是进入一个（且只有一个）较低层次状态机的子状态的转换，即这里的加速子状态。离开该组合状态的每一个转换实际上都来自于较低层次状态机的子状态（加速、巡航和靠近）转换的一个（且只有一个）。

7.5.3　状态转换的聚合

分层状态机表示法也允许离开一个子状态的转换聚合成为一个离开组合状态的转换。仔细地使用这一特征可以显著减少状态机图中描述的状态转换的数量。

在图 7-10 的平面状态机中，探测到障碍物事件可以发生在加速、巡航和靠近的任一状态中，在这种情况下，状态机将转换到紧急停止状态。使用图 7-11a 中的分层状态机而不是将探测到障碍物事件描述为导致离开加速、巡航或靠近子状态的转换，更简洁地显示了该事件导致离开组合状态运行中的转换，如图 7-11a 所示。在图 7-11a 中并没有明确地显示出离开三个子状态（属于运行中组合状态的子状态）的转换，即便探测到障碍物这个单一事件实际只发生在其中一个子状态中，并导致了向紧急停止状态的转换。然而这样做的优点是，因为状态转换线的显著减少，使状态机得以简化。 114

7.5.4　历史状态

在分层状态机中，历史状态是另一个有用的特性。历史状态由小圆内的 H 表示，**历史状态**是顺序组合状态下的伪状态，这意味着组合状态在退出之后仍会记住它之前活动的子状态。因此，当重新进入组合状态时，将进入先前活动的子状态。

图 7-12 给出了一个具有历史状态的顺序状态分解的例子，其中门关着有物品组合状态被分解为等待用户和等待输入烹饪时间子状态。当一个事件使状态机离开组合状态时，历史状态被用来记住组合状态（门关着有物品）曾在这两个子状态中的哪一个状态中。因此，当门关着有物品组合状态重新进入时，将重新进入先前的子状态。例如，如果组合状态在门开着时处于等待用户的子状态，则状态机将转换到门开着有物品。当门关闭时（假定无剩余时间），门关着有物品组合状态重新进入，特别值得注意的是等待用户子状态将被重新进入。然而，如果门开着时组合状态是等待输入烹饪时间子状态，那么当门关闭时，将重心进入这个子状态。如果没有历史记录，这种行为将更加难以建模。

7.5.5　正交状态机

另一种分层状态分解是正交状态分解（orthogonal state decomposition），可以对同一对象状态进行不同视角建模。使用这种方法，一个状态机上的高层次状态被分解为两个（或多个）正交区域。这两个正交区域由虚线分开。当更高层次的状态机处于组合状态时，它同时位于每个较低层次的正交区域的一个子状态中。

尽管正交状态机可以用来描述包含状态机的对象的并发活动，但是最好使用这种分解来表示非并发对象，用来展现同一对象的不同视图。设计只有一个控制线程的对象要简单得多，并且强烈推荐使用这种方式。对需要实现真正并发性的场合，采用多个对象并为每个对象定义相应的状态机。

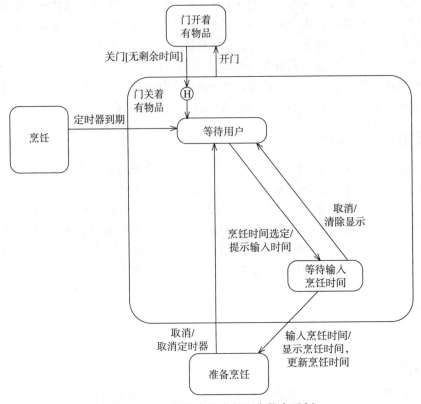

图 7-12 分层状态机中的历史状态示例

图 7-13 给出了微波炉状态机中使用正交状态机描述监护条件的例子。将微波炉控制状态机分解为两个正交区域：一个用于对微波炉中的事件和动作进行排序（微波炉排序），另一个用于烹饪时间调节。在一个高层次状态机中描述了这两个区域，用一条虚线分隔它们。

在任一时刻，微波炉控制组合状态都是在微波炉排序和烹饪时间调节区域的一个子状态中。烹饪时间调节区域由两个子状态组成，即无剩余时间和有剩余时间，以无剩余时间为初始子状态。更新烹饪时间事件会导致从无剩余时间到有剩余时间的转换。无论是定时器到期事件，还是取消定时器事件，都可能导致状态机返回到无剩余时间状态。微波炉排序区域由微波炉排序组合状态组成，该组合状态被分解为描述微波炉经历的状态序列，同时处理用户的烹饪食物请求，如图 7-8 中所示。微波炉控制状态机的当前状态是微波炉排序和烹饪时间调节区域的当前子状态的结合。

烹饪时间调节区域中的无剩余时间和有剩余时间子状态（见图 7-13）是在门开着有物品子状态（见图 7-8）下关门事件被接收的时候，微波炉排序区域检查的监护条件。取消定时器是微波炉排序区域的一个动作（原因）和烹饪时间调节区域的一个事件（效果），它导致了向无剩余时间状态的转换。更新烹饪时间也是微波炉排序区域的动作和烹饪时间调节区域的事件。定时器到期是两个区域都有效的事件。

7.6 协作状态机

可以使用协作状态机对并发进程进行建模。通过这种方法，控制问题被划分为两个独立的状态机，它们相互协作。协作是通过将一个状态机上的动作作为事件发送给另一个状态机，反之亦然。

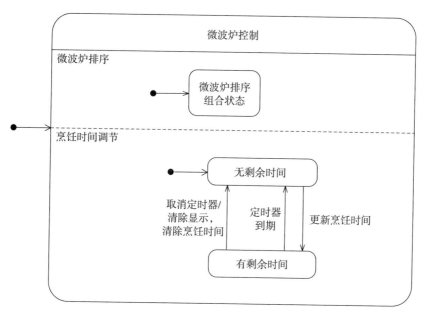

图 7-13　正交状态机示例

　　相关的例子用在了微波炉问题中，它使用了两个协作状态机，即微波炉控制（图 7-8）和微波炉定时器（图 7-14）状态机。微波炉定时器用来控制将烹饪时间降低到零，并在定时器到期时通知微波炉控制。微波炉定时器的初始状态是烹饪时间空闲。烹饪食物是由微波炉控制从准备烹饪状态转换为烹饪状态发起的，这导致了开始烹饪进入动作和启动定时器转换动作。在微波炉控制状态机中，启动定时器动作是向微波炉定时器状态机发送一个同名的事件，这导致后者从烹饪时间空闲状态转换到烹饪食物状态。每一秒钟，定时器事件会产生一个微波炉定时器动作，该动作通过更新烹饪时间暂时状态回到烹饪食物状态来减少烹饪时间。当烹饪时间剩余为 0 时，完成事件会使微波炉定时器状态机从更新烹饪时间状态转换到烹饪时间空闲状态。该转换的动作是定时器到期，它将一个同名事件发送给微波炉控制状态机。这一事件导致微波炉控制从烹饪状态转换到门关着有物品状态，所导致的动作是停止烹饪。应该注意的是，微波炉控制状态机中的停止定时器动作也会向微波炉定时器状态机发送一个同名事件，这导致微波炉定时器从烹饪食物状态转换到烹饪时间空闲状态。

|118|

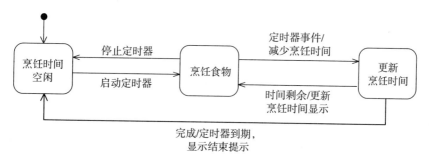

图 7-14　微波炉定时器状态机

7.7 继承状态机

继承可用于向状态机引入变更。当状态机被实例化时，子状态机继承父状态机的属性。也就是说，它继承父状态机模型中描述的状态、事件、转换、动作和活动。然后，子状态机可以修改所继承的状态机：

1. 添加新的状态。新状态可以与继承的状态处于相同的状态机层面。此外，可以为新的或继承的状态定义新的子状态。换句话说，父状态机中的状态可以进一步在子状态机中分解。也可以添加新的正交状态——新状态的执行与继承的状态正交。

2. 添加新的事件和转换。这些事件会给新的或继承的状态带来新的转换。

3. 添加或删除动作和活动。可以定义新的动作，这些动作可以在进入和离开新的或继承的状态转换中执行。可以为新的或继承的状态定义退出、进入动作以及新的活动。还可以删除预定义的动作和活动，这么做要非常小心，通常不建议这样做。

子状态机不能删除在父状态机中定义的状态或事件。它不能改变在父状态机中定义的任何组合状态 / 子状态依赖关系。

继承状态机的例子

作为继承状态机的例子，考虑微波炉系统中的微波炉控制类，它定义了同名的状态机。图 7-8 中描述了微波炉控制状态机。微波炉控制状态机的一个特殊化是为增强微波炉控制子状态机提供额外的特殊化。图 7-15 描述了微波炉控制中状态依赖控制（state dependent control）超类产生一个增强微波炉控制子类的一个特殊化。

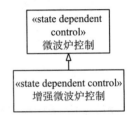

图 7-15 状态依赖的控制类继承的示例

增强微波炉控制类的状态机如图 7-16 所示。考虑到以下专用状态机的扩展所产生的影响，这些扩展被称为特征：

- 日内时钟（TOD Clock）
- 转盘（Turntable）
- 灯（Light）
- 蜂鸣器（Beeper）
- 分钟 +（Minute Plus）

添加新状态的例子。为了支持 TOD 时钟特征，继承来的门关着状态被特殊化，创建了三个新的子状态（参见第 19 章）。

添加新转换的例子。为支持分钟 + 特征，引入了新的分钟 + 转换（参见图 7-16），该转换发生在从门关着有物品状态到烹饪状态的转换，因为当门处于关闭状态并有物品在微波炉内时，按下分钟 + 按钮会使微波炉烹饪食物一分钟。如果在食物烹饪的时候按下分钟 + 按钮，就会发生一次从烹饪状态到它自身的转换。

添加新动作的例子（参见图 7-16）。为支持转盘特征，引入了两个新动作：启动旋转（在进入继承的烹饪状态时执行）和停止旋转（在从烹饪状态退出时执行）。为了支持照明特征，引入了两个新动作：开灯和关灯，开灯既是一个进入动作（进入继承的烹饪状态），又是一个转换动作（在其他继承的状态之间），关灯是转换动作。为了支持蜂鸣器特征，添加了发出蜂鸣声转换动作。

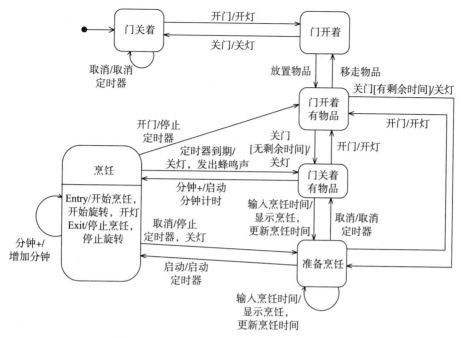

图 7-16　用于增强微波炉控制的继承状态机

7.8　从用例中开发状态机

本节描述从用例中开发状态机的系统方法。该方法从用例给出的典型场景开始，即通过用例的特定路径开始。该场景应该是用例的主序列，其中包含了角色和系统之间最常见的交互序列。现在考虑场景中给出的外部事件序列。通常，来自外部环境的输入事件会导致一个新状态的转换，该状态被赋予与该状态上所发生的事件相对应的名称。如果一个动作与此转换相关联，那么这个动作就会发生在从一个状态转换到另一个状态的过程中。如果在该状态中执行某个活动，则该活动在进入该状态时启用，并在退出该状态时禁用。动作和活动是通过考虑系统对输入事件的响应来确定的，正如在用例描述中所给出的那样。

最初开发了平面状态机，它遵循主场景中给定的事件序列。状态机上描述的状态应该都是外部可见的状态。也就是说，角色应该觉察到这些状态的存在。事实上，这些状态表示的是角色所做动作的直接的或间接的结果。这在下一节给出的详细示例中加以说明。

要完成状态机，需要确定所有可能的外部事件，这些事件可能是对状态机的输入。这可以通过考虑用例中给出的可选路径的描述来完成。一些可选路径描述了系统对角色的可选输入的反应。确定这些事件到达后对初始状态机的每个状态的影响时，在许多情况下，事件可能不会发生在给定的状态，也可能不会产生影响。然而，对其他状态，事件的到来将导致状态机中一个已存在的状态或需要新添加的状态的转换。也需要考虑由可选状态转换引发的动作。这些动作，作为对可选输入事件的系统反应，应该已经被记录在用例描述的分支序列部分中。然而，对于复杂的状态机，这些动作可能没有被充分地确定并且在用例中被记录下来，在这种情况下，需要为状态机设计完整的动作。

120
～
121

7.9　从用例中开发状态机的示例

作为从用例中开发的状态机的例子，考察一下微波炉控制状态机是如何从微波炉用例中发展而来的，微波炉用例是从微波炉系统案例研究中获得的。

7.9.1　开发用例主序列状态机

状态机需要遵循烹饪食物用例中描述的相互作用序列（参见第 6 章和第 19 章），并展示不同的烹饪食物状态。一般来说，用户输入对应的是导致状态转换的输入事件。系统响应对应状态机中的动作。

用例的前置条件是微波炉空闲并且门关着。因此，我们决定最初的状态应该被称为门关着。用例陈述的第一步是用户开门，系统响应是打开微波炉灯。然后，用户把食物放进微波炉并关上门。这些用例步骤包含了三个来自用户的输入事件：开门，放入食物和关上门，我们处理为如下步骤：

- 当用户开门时，状态机需要转换到一个新的状态，我们将其命名为门开着状态。由此导致的状态机的动作是开灯。
- 当用户在微波炉中放置物品时，状态机需要再次转换。我们命名这个新的状态为门开着有物品。
- 当用户关上门时，状态机转换到第三个状态，我们命名为门关着等待用户状态，由此导致的动作是关灯。请注意，我们从最初的门关着状态中设计了一个不同的状态以便区分微波炉门关着有物品和门关着没有物品的状态之间的区别。

在接下来的用例步骤中，用户按下烹饪时间按钮，由此微波炉需要转换到一个新的状态，我们命名为门关着等待输入烹饪时间。用例步骤 6 说的是系统提示烹饪时间。因为该提示是一个系统响应，用例中的系统输出在状态机中需要有一个输出动作。用户输入时间后，微波炉准备开始烹饪，因此，我们命名下一个状态为准备烹饪。当用户按下**开始**按钮时，微波炉开始烹饪食物。因此，我们命名下一个状态为烹饪。用例的步骤 8 是系统开始烹饪食物。为了实现这一点，系统需要启动定时器，开始烹饪食物，转动转盘，开灯。所有这些并发动作，作为开始转换的结果，都需要在状态机上规定。由于进入烹饪状态有几个动作（开始烹饪，开始旋转，开灯），将这些动作设计成进入（entry）动作。然而，启动定时器被设置成为动作，因为它并不发生在到烹饪状态的每一次转换上（如图 7-16 所示）。

[122]

当定时器到期时，状态机重新进入门关着等待用户状态。该转换上的动作是停止烹饪食物，停止旋转转盘，关灯和发出蜂鸣声。将离开烹饪状态的两个动作设计成退出动作（停止烹饪和停止旋转）。将另外两个动作，关灯和发出蜂鸣声，设计为转换动作，因为这些动作不会发生在离开烹饪状态的每一个转换上（如下一节的解释，如图 7-16 所示）。

继续进行主序列，用户这时开门，状态机返回到门开着有物品状态，并伴随开灯动作。用户移走食物，这使得状态机返回到门开着状态。最后，用户关上门，状态机返回到初始门关着状态，并伴随关灯动作。图 7-17 中描述了状态机上的这个转换序列。

7.9.2　考虑用例的分支序列

到目前为止，状态机与烹饪食物用例主序列相对应，并描述了在用例执行过程中进入和退出的状态。接下来，我们必须考虑用例描述中的分支序列。有一些分支序列是在一些状态中发生的禁止导致转换的事件，因此，不会发生状态转换。例如，用户在门开着时按开始（用例步骤 3 中的分支序列），微波炉空时门关着（用例步骤 5 中的分支序列），微波炉内有食物时门关着但输入的是零烹饪时间（步骤 5 中的另外一个分支序列）。然而，步骤 9 的分支

[123]

序列中，不是在烹饪状态发生定时器到期，而是用户在烹饪中开门，这时状态机需要一个新的从烹饪状态到门开着有物品状态转换，如图7-16所示，用户此时可以关门或移走物品。在离开烹饪状态的转换中，因为定时器还没有到期，需要有停止定时器的动作。注意，在这一转换中，灯一直是开着的。这些分支序列在状态机中都清晰可见，但在用例中不太容易描述清楚。

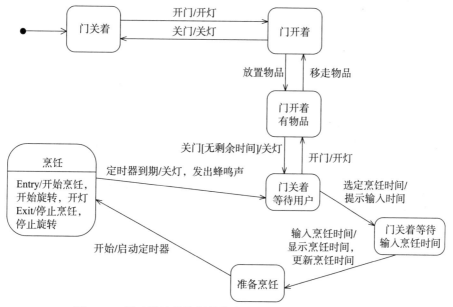

图7-17 用于微波炉控制的状态机（烹饪食物用例主序列）

另一种选择是，在烹饪时间被选定后，但在输入烹饪时间之前用户开门。系统响应是返回到门开着有物品状态并开灯。

7.9.3 开发集成状态机

在某些应用中，一个状态机可以参与多个用例。在这种情况下，每个用例都有一个部分状态机。部分状态机需要集成起来以形成一个完整的状态机。这意味着在执行（至少部分）用例及其对应的状态机时需要考虑优先次序。要集成两个部分状态机，必须找到一个或多个公共状态。一个公共状态可能是一个部分状态机的最后状态和另一个部分状态机的起始状态。然而，其他情况是可能的。方法是在公共状态上集成部分状态机，其效果是将第二个状态机的公共状态叠加到第一个状态机的对应状态之上。依赖于需要集成的部分状态机的多少，可以根据需要重复这一过程。状态机集成的例子将在第21章中的轻轨控制系统案例研究中给出。

7.9.4 开发层次状态机

在尝试开发分层状态机之前，通常来说，先开发平面状态机是比较容易的。在通过考虑可选事件完成平面状态机之后，通过开发分层状态机来寻求一些方法进一步简化状态机。寻找可以聚合的状态，因为它们构成了自然的组合状态。尤其是，寻找状态转换的聚合能够简化状态机的场景。

对于微波炉集成平面状态机，决定将等待用户和等待输入烹饪时间状态进行聚合，成为门关着有物品组合状态，如7.5.4节及如图7-12所示。这一决定导致：

- 等待用户和等待输入烹饪时间变成了门关着有物品组合状态的子状态。
- 当门开着时，每个子状态的转换聚合为其组合状态一个转换。
- 创建一个历史状态，允许重新进入以前活动的子状态。

此外，还可以开发正交状态机来描述微波炉状态机的监护条件，如图7-13所示。将微波炉控制状态机分解为两个正交区域：一个描述微波炉中事件和动作的顺序（微波炉排序），另一个描述烹饪时间调节，如7.5.5节所述。

7.10 小结

本章描述了平面状态机的特征，包括事件、状态、监护条件、动作和活动。接下来描述了分层状态机，包括顺序状态分解、历史状态和正交状态机。也描述了协作状态机和状态机继承。然后详细地描述了从用例中开发状态机的过程。一个状态机也可以支持多个用例，每个用例都对应状态机的某个子集。这种情况下，通过状态机与对象交互模型相结合，可以更容易地建模，在该模型中，依赖于状态的对象执行状态机，如第9章所述。有关状态机的其他几个例子将在案例研究中给出。

为实时嵌入式软件构造对象和类

在完成了用例和状态机模型的结构化建模和定义之后，下一步是确定实时嵌入式系统中的软件类和对象。使用基于模型的方法，重点放在软件对象——用来模拟问题域中现实世界的对象。此外，由于并发性对于实时软件设计来说至关重要，在这个阶段要解决的一个重要问题是对象是否并发。本章中描述的另一个关键问题是每个对象类别的行为模式。

本章提供了关于如何确定系统中的类和对象的指导原则，特别是在构造标准方面。与系统结构化建模（见第 5 章）一样，软件类和对象都是通过构造型进行分类的。8.1 节概述了对象和类的结构，而 8.2 节描述了对象和类构造分类。8.3 节描述了对象行为和模式。8.4 节描述了不同种类的边界类和对象。8.5 节描述了在第 5 章中首次介绍的实体类和对象。8.6 节描述了不同种类的控制类和对象。8.7 节描述了应用逻辑类和对象。

8.1 对象和类的构造标准

在软件应用中，类由它在应用中所扮演的角色来分类。通过提供对象和类的构造标准来帮助设计人员将系统构造成类和对象。识别对象的方法是在问题域中寻找实际的对象，然后设计相应的软件对象，以模拟现实世界。在确定对象之后，对象之间的交互在动态模型序列图或通信图中描述，如第 9 章所述。

为了将具有相似功能的类分组在一起，类被分成类别。图 8-1 显示了使用继承的应用类的分类。正如第 5 章所述，构造型（见 5.2 节和 5.6 节）是用来区分不同种类的类的。应用类根据它们在应用中的角色进行分类，其中特别关注的是 «boundary» 类、«entity» 类、«control» 类或 «application logic» 类。因为对象是类的实例，所以对象与实例化它的类具有相同的构造型。因此，本节中描述的分类同样适用于类和对象。

126

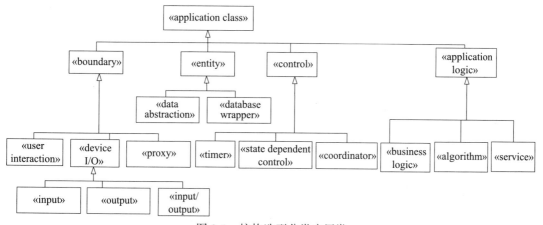

图 8-1　按构造型分类应用类

图 8-1 中的分类过程类比于图书馆中分类图书，其中有一些主要的类别，如小说和非小说类，以及将小说进一步分类为古典文学、玄幻、冒险等等，将非小说类分为传记、自传、

旅行、烹饪、历史和其他类别。它也类似于动物王国的分类,将其划分为主类别(哺乳动物、鸟类、鱼类、爬行动物等),这些主类别被进一步划分为子类(例如猫、狗和猴子是哺乳动物的子类)。

8.2 对象和类的构造类别

根据对象和类在应用中所扮演的角色进行分类。对象和类的构造类别主要有四个,如图 8-1 所示:边界类、实体类、控制类和应用逻辑类。大多数应用将从这四个类别中定义相应的类。实时嵌入式系统很可能有多个设备 I/O 边界类,以便与各种传感器和执行器通过接口连接。由于实时系统高度依赖于状态,因此它们也可能具有复杂的依赖于状态的控制类。四个主要的对象和类构造类别(图 8-1)总结如下,并在 8.4~8.8 节中详细描述。

1. **边界(boundary)对象**。与外部环境相接(接口)并与之通信的软件对象。边界对象被进一步分类为:

- **设备 I/O(device I/O)边界对象**。向硬件 I/O 设备输入(input)或输出(output)的软件对象。
- **代理(proxy)对象**。与外部系统或子系统相接并与之通信的软件对象。
- **用户交互(user interaction)对象**。与人类用户交互、相接的软件对象。

2. **控制(control)对象**。控制对象为对象集合提供整体的协调。控制对象被进一步分类为:

- **协调(coordinator)对象**。控制其他对象但不依赖于状态的软件对象。
- **依赖于状态的控制(state dependent control)对象**。控制其他对象且依赖于状态的软件对象。
- **定时器(timer)对象**。周期性地控制其他对象的软件对象。

3. **实体(entity)对象**。封装了信息并提供对所存储的信息的访问的软件对象。实体对象被进一步划分为**数据抽象(data abstraction)对象**或**包装(wrapper)对象**。

4. **应用逻辑(application logic)对象**。封装了应用逻辑细节的软件对象。对于实时、科学或工程应用,应用逻辑对象包括**算法(algorithm)对象**和**服务(service)对象**,算法对象执行针对特定问题的算法,服务对象为客户端对象提供服务,特别是在客户端/服务器或面向服务的体系结构中,会有一个或多个实时对象访问一个服务。**业务逻辑(business logic)对象**很少在实时系统中使用。

在大多数情况下,对象所对应的类别通常是显而易见的。然而,在某些情况下,一个对象有可能满足以上多个分类标准。例如,一个对象可以具有实体对象的功能和算法对象的功能,因为它封装了一些数据并执行了一个算法。在这种情况下,将对象分配到它看上去最适合的类别中。注意,确定系统中的所有对象比过分关注如何对一些边缘情况进行分类更重要。

8.3 对象的行为和模式

在对象和类的构造中,可以对对象行为做出两个重要的决策:第一个涉及对象的并发性,第二个涉及对象的行为模式。

因为并发性对于实时软件设计是如此重要,所以在对象构造过程中首先应该尝试确定每个软件对象是否是并发的。作为一般规则,除了实体对象之外,每个对象最初被认为是并发的。也就是说，每个对象都被认为是主动对象，具有单独的控制线程，因此可以与其他对象并行执行。实体对象被认为是被动的。被动对象没有控制线程，因此只能在它的操作被另一个对象调用时执行。关于对象间通信的最初假设是，并发对象之间的所有通信都是异步的，而与被动对象的所有通信都是同步的，这与操作调用（operation call）相对应，如第3章所述。在并发任务设计过程中，还需要进行额外的并发性决策，包括修改初始设计决策，例如使用任务集群或不同的任务间通信模式，如第13章所述。在图8-2a中给出了两个并发的机器人对象使用异步通信（如第2章所述）进行交互的例子，图8-2b给出了使用read和write操作调用访问被动传感器数据存储库实体对象的两个并发对象的例子。有关通信模式的更多细节，请参阅第11章。

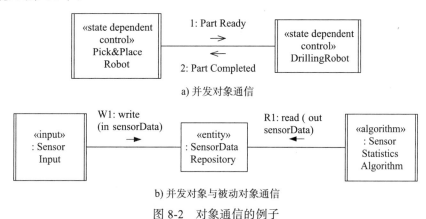

a) 并发对象通信

b) 并发对象与被动对象通信

图 8-2　对象通信的例子

　　在对象和类的构造过程中，另一个重要的决策是：每个对象构造标准都有一个对应的对象行为模式，它描述了对象如何与其相邻对象进行交互。理解对象的典型行为模式是有帮助的，因为当一个应用使用该对象类别时，它很可能以类似的方式与相同类型的相邻对象进行交互。每个行为模式都在 UML 通信图（第2章中首次给予介绍）中描述，如后面几个图所示。

8.4　边界类和对象

　　本节描述了与外部对象交互的三种不同类型的软件边界对象的功能，即设备 I/O 边界对象、代理对象和用户交互对象。在每种情况下，都会给出边界对象的例子；然后是行为模式的例子，在这种模式中，边界对象在典型的交互序列中与相邻对象进行通信。

8.4.1　外部对象和软件边界对象

　　边界对象是与系统外部对象相接并与之通信的软件对象（见 5.6 节）。为了帮助确定系统中的边界对象，需要考虑它们所连接的外部对象。事实上，识别与系统通信和相接的外部对象有助于识别边界对象。每个外部对象与系统中的边界对象进行通信。外部对象与软件边界对象的接口如下：

- **外部设备（external device）对象**提供向**设备 I/O 边界对象**的输入或从该对象接收输出。外部设备代表 I/O 设备类型。外部 I/O 设备对象代表特定的设备，也就是设备类型的实例。外部设备对象可以是以下内容之一：
  - 外部输入设备（external input device）对象为输入对象提供输入。
  - 外部输出设备（external output device）对象从输出对象接收输出。

■ 外部 I/O 设备（external input/output device）对象提供向 I/O 对象的输入和接收来自 I/O 对象的输出。

- 外部系统（external system）对象与代理对象使用接口连接和通信。外部智能（即软件密集型）设备对象也可以与智能设备代理对象使用接口连接和通信。
- 外部定时器（external timer）对象向软件定时器对象发送信号。
- 外部用户（external user）对象与用户交互对象使用接口连接并进行交互。

8.4.2 设备 I/O 边界对象

设备 I/O 边界对象向硬件 I/O 设备提供软件接口。非标准的、针对特定应用的 I/O 设备需要设备 I/O 对象，这在实时嵌入式系统中更为普遍。标准的 I/O 设备通常由操作系统处理，因此不需要特殊目的的设备 I/O 边界对象作为应用的一部分来开发。

应用领域中的物理对象是实际的对象，它具有一些物理特性，例如，它可以被看到和触摸。对于与问题相关的每个现实世界物理对象，系统中应该有相应的软件对象。例如，在微波炉系统中，门传感器和加热元件与现实世界的物理对象相关，因为它们与软件系统交互。然而，微波炉外壳并不是相关的现实世界的对象，因为它不与软件系统交互。在软件系统中，相关的现实世界的物理对象是通过软件对象的方式来建模的，例如门传感器接口对象和加热元件接口软件对象。

现实世界的物理对象通常通过传感器和执行器与系统连接。现实世界的对象通过传感器向系统提供输入，或者通过执行器被系统控制（从系统接收输出）。因此，对于软件系统，现实世界的对象实际上是向系统提供输入和从系统接收输出的 I/O 设备。因为现实世界的对象对应于 I/O 设备，所以与它们交互的软件对象称为设备 I/O 边界对象。

例如，在微波炉系统中，微波炉门是现实世界的对象，它有一个传感器（输入设备）可以为系统提供输入。加热元件是现实世界的对象，它通过执行器（输出设备）来控制，执行器从系统接收输出。

输入对象是设备 I/O 边界对象，它接收来自外部输入设备的输入事件或数据。与所有边界对象一样，输入对象假设是并发的。图 8-3 展示了输入类 DoorSensorInput 的例子，以及该类的一个实例 DoorSensorInput 对象，它接收来自外部硬件门传感器 DoorSensor 输入设备的门传感器输入。图 8-3 还显示了硬件 / 软件边界，以及硬件 «external input device» 和软件 «input» 对象的构造型。这样，输入对象提供外部硬件输入设备的软件接口。因为边界对象被假定为并发的，所以用 UML 表示法表示输入对象。

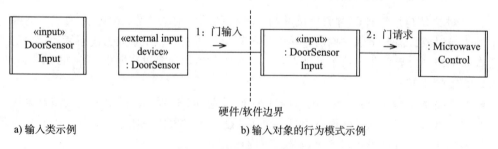

a) 输入类示例　　　　　　　　　　　　　　b) 输入对象的行为模式示例

图 8-3　输入类和对象示例

输出对象是将输出发送到外部输出设备的设备 I/O 边界对象。与所有边界对象一样，假设输出对象是并发的。图 8-4 显示了输出类 HeatingElementOutput 的例子，以及该类的实例 HeatingElementOutput 对象，它将输出发送给外部现实世界对象，即 HeatingElementActuator 外部输出设备。HeatingElementOutput 软件对象发送开启和关闭加热指令到硬件加热元件执行器。图 8-4 还显示了硬件 / 软件边界。

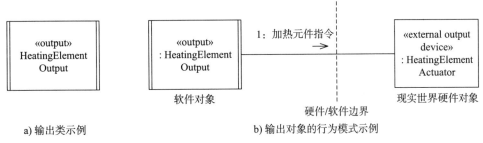

a) 输出类示例   b) 输出对象的行为模式示例

图 8-4 输出类和对象示例

硬件 I/O 设备是一种既向系统发送输入也从系统接收输出的设备。相应的软件类是 I/O 类，从这个类实例化的软件对象是 I/O 对象。**I/O 对象**是设备 I/O 边界对象，它从外部 I/O 设备接收输入并向外部 I/O 设备发送输出。图 8-5a 展示了这样一种应用，ATMCardReaderI/O 及其实例 ATMCardReaderI/O 对象（见图 8-5b），该对象接收来自外部 I/O 设备（即 ATMCard-Reader）的 ATM 卡输入。此外，ATMCardReaderI/O 发送弹出和没收输出指令到读卡器上。

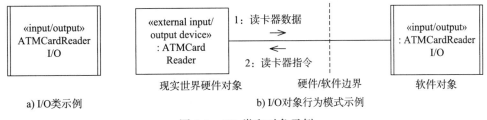

a) I/O 类示例   b) I/O 对象行为模式示例

图 8-5 I/O 类和对象示例

每个软件边界对象都应该隐藏物理接口从现实世界对象接收输入或向其提供输出的细节。然而，软件对象应该就对应的现实世界对象所经历的事件建模。现实世界对象所经历的事件是对系统的输入，特别是对与它接口相连的软件对象的输入。通过这种方式，软件对象可以模拟现实世界对象的行为。对于由系统控制的现实世界对象，软件对象生成输出事件，该事件决定了现实世界对象的行为。

8.4.3 代理对象

代理对象与外部系统或智能设备接口相连并通信。尽管外部系统与智能设备非常不同，但这两种代理对象的行为是相似的。代理对象是外部系统或智能设备的本地代表，它隐藏了"如何"与外部系统或智能设备进行通信的细节。代理对象假设是并发的。

代理类的一个例子是 Pick&PlaceRobotProxy 类。在图 8-6 中给出了一个代理对象行为模式的例子，它描述了一个并发的 Pick&PlaceRobotProxy 对象，该对象与外部 Pick&PlaceRobot 通过接口连接并与之通信。Pick&PlaceRobotProxy 对象发送 pick 和 place 机器人指令到 Pick&PlaceRobot。现实世界的机器人会对指令做出响应。

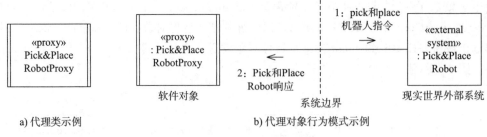

图 8-6　代理类和对象示例

每个代理对象都隐藏了如何与特定的外部系统使用接口连接和通信的细节。代理对象更有可能通过消息与外部的、计算机控制的系统通信，例如上面示例中的机器人，而不是像设备 I/O 边界对象那样通过传感器和执行器完成。然而，这些问题只有等到设计阶段才能解决。

8.4.4　用户交互对象

本节将讨论需要与人类用户交互的实时嵌入式系统。**用户交互对象**直接与人类用户进行通信，通过标准的 I/O 设备如键盘、显示器和鼠标等接收来自用户的输入及向用户提供输出。依赖于用户界面技术，用户界面可能非常简单（比如命令行界面），也可能比较复杂（比如图形用户界面 [GUI] 对象）。用户交互对象可能是由几个简单的用户交互对象组成的组合对象。这意味着用户可以通过几个用户交互对象来与系统交互，比如视窗和菜单。这样的对象被描述为 «user interaction» 构造型。然而，最初假设只有组合用户交互对象是并发的。用户交互对象的进一步设计在第 13 章的并发任务设计中讲述。

图 8-7 描述了一个简单的用户交互类的示例，称为 OperatorInteraction。该类的一个实例是 OperatorInteraction 对象（参见图 8-7），它在用户交互对象的典型行为模式中给予描述。该对象从操作员角色接受操作员指令，从实体对象 SensorDataRepository 请求传感器数据，并将接收到的数据显示给操作员。更复杂的用户交互对象也是可能的。例如，操作员交互对象可以是由几个简单的用户交互对象组成的组合用户交互对象。这将允许操作员在一个窗口中接收工作站状态的动态更新，在另一个窗口中接收报警状态的动态更新，并在第三个窗口中与系统进行交互对话。每个窗口都由几个 GUI 部件组成，比如菜单和按钮。

图 8-7　用户交互类和对象示例

8.4.5　描述外部实体和边界类

第 5 章描述了如何开发**软件系统上下文图**，它显示了所有外部实体，这些实体被描述为模块（5.6 节）并与软件系统使用接口连接和通信。扩展这个图来显示与外部模块通信的边界类是有帮助的。边界类是软件系统中的软件类。软件系统是用构造型 «software system»

描述的，而作为软件系统一部分的边界类则显示在软件系统中。每个处于软件系统外部的外部模块与边界类有一对一的关联。因此，从外部模块开始，就像在软件系统上下文图中描述的那样，有助于确定边界类。

从微波炉系统的软件系统上下文图开始，我们确定每个外部模块与边界类的通信（参见图 8-8）。软件系统包含与外部模块使用接口连接的边界类。在这一应用中，有八个设备 I/O 边界类，包括三个输入类和五个输出类。输入类有：DoorSensorInput，它在打开或关闭微波炉门时发送输入；WeightSensorInput，它发送物品重量输入；KeypadInput，它从用户那里发送键盘输入。输出类有：HeatingElementOutput，它接收指令来开关加热器；LampOutput，它接收指令来开关灯；TurntableOutput，它接收指令来开始和停止转盘；BeeperOutput，它接收指令发出嘟嘟声；OvenDisplayOutput，它显示文本消息并提示用户。微波炉的每个边界类都有一个实例。

135

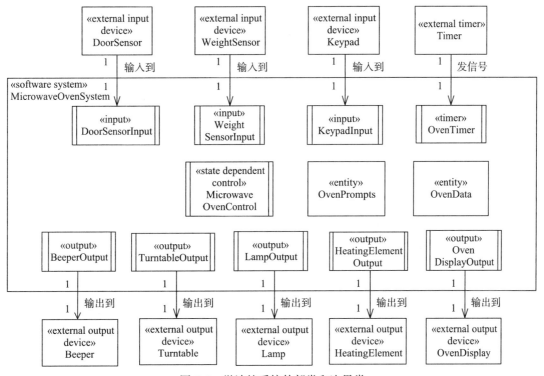

图 8-8　微波炉系统外部类和边界类

8.5　实体类和对象

实体对象是存储信息的软件对象。实体对象是实体类的实例，其属性和与其他实体类的关系是在静态建模期间确定的，如第 5 章所述。有两种实体对象：*数据抽象对象*和*数据库包装对象*。实体对象被认为是被动的，因此可以通过操作（即方法）调用由并发对象直接访问。

在许多应用中，包括实时嵌入式系统，实体对象被存储在主存中，称为*数据抽象对象*。一些应用需要将实体对象封装的信息存储在一个文件或数据库中。在这些情况下，实体对象是持久性的，这意味着它所包含的信息在系统被关闭和以后启动时是被保留下来的。

持久的实体类常常在设计阶段被映射到数据库中。在这种情况下，数据存储在数据库中，并通过数据库包装对象访问数据库。数据库包装对象封装了如何访问持久数据，这些数据存储在长期存储设备上，比如存储在磁盘上的文件和数据库。然而，由数据抽象对象封装的数据是存储在主内存中的，因此不会持久。

一般来说，数据库包装对象在实时嵌入式系统中使用的频率较低。例如，可能在初始化期间使用它们来检索系统配置数据或在系统关闭之前存储以前收集的数据。然而，在初始化时访问的数据或在运行期间存储的数据更有可能从服务对象中获取或存储在服务对象中，如8.7.2 节所述。由于这些原因，除非明确地声明，本书中的实体对象是指数据抽象对象。因此，下面的示例都与数据抽象对象的实体对象相关。

传感器监视示例中的实体类的例子是 SensorData 类（参见图 8-9）。该类存储模拟传感器的信息。属性包括 sensorName、sensorValue、upperLimit、lowerLimit 和 alarmStatus。该类的实例的例子是 temperatureSensorData 对象。SensorData-Repository 实体对象的示例在图 8-7 中给出并在8.4.4 节中给出了描述。图 8-8 中描述的微波炉系统有两个实体对象：OvenData 和 OvenPrompts。

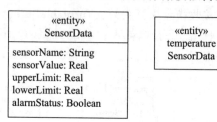

图 8-9 实体类和对象示例

8.6 控制类和对象

控制对象为一组对象提供整体协调，这些对象可以是边界对象或实体对象。控制对象类似于管弦乐队的指挥，它负责协调（控制）其他对象的行为。特别是，控制对象决定什么时候以什么顺序让其他对象参与到交互序列中，通知每个对象什么时候执行以及要执行什么。依赖于对象和交互序列的功能，控制对象可能是依赖于状态的。如下所述，有三种控制对象。

8.6.1 依赖于状态的控制对象

依赖于状态的控制对象，其行为在每个状态中都有所不同。状态机用于定义依赖于状态的控制对象的行为，如第 7 章所述。这一节只给出了对依赖于状态的控制对象的简要概述，第 9 章中将给出更详细的描述。

尽管整个系统可以通过状态机建模（见第 7 章），但是在面向对象的分析和设计中，状态机被封装在对象中。换句话说，对象是依赖于状态的，并且总是处于状态机中的一个状态。在面向对象的模型中，系统依赖于状态的部分是由一个或多个状态机定义的，其中每个状态机都封装在自己的对象中。如果状态机需要相互通信，那么它们就会间接地进行通信，因为包含它们的对象会相互发送消息，如第 9 章所述。

依赖于状态的控制对象接收传入的事件，这些事件会导致状态转换，并生成控制其他对象的输出事件。由依赖于状态的控制对象生成的输出事件不仅取决于对象接收的输入，还取决于对象的当前状态。依赖于状态的控制对象的一个例子来自于微波炉系统，其中微波炉控制和执行序列是由依赖于状态的控制对象 MicrowaveOvenControl（微波炉控制对象）（见图 8-8 和图 8-10）建模的，MicrowaveOvenControl 对象由 MicrowaveOvenControl 状态机定义。在这个例子中，微波炉从输入对象 DoorSenserInput 接收输入，并控制两个输出边界对象 HeatingElementOutput 和 OvenDisplayOutput。

在控制系统中，通常有一个或多个依赖于状态的控制对象，也可能有多个相同类型的依赖于状态的控制对象。每个对象都执行同一状态机的一个实例，尽管每个对象可能处于不同的状态。与此相关的例子是轻轨控制系统，它有几列列车，每列列车都有一个依赖于状态的控制类的实例 TrainControl，如图 8-11 所示。使用 1..* 符号（参见第 2 章）描述一个对象的多个实例。每个列车控制对象都执行自己的 TrainControl 状态机实例，并跟踪本地列车的状态。有关依赖于状态的控制对象的更多信息在第 9 章中给出。

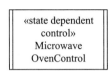

a) 依赖于状态的控制类示例

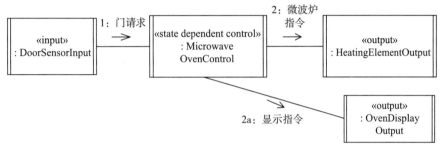

b) 依赖于状态的控制对象行为模式示例

图 8-10　依赖于状态的控制类和对象的例子

8.6.2　协调器对象

协调器对象是一个总体决策对象，它决定了对象集合的总体序列。协调器对象做出整体决策，并决定什么时候以什么顺序让其他对象参与交互序列。协调器对象根据接收到的输入进行决策，而不是根据状态。因此，由协调器对象发起的动作仅依赖于传入消息中包含的信息，而不依赖于系统在这之前发生了什么。

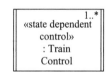

图 8-11　依赖于状态的控制对象的多个实例的例子

协调类的例子是 HierarchicalCoordinator，如图 8-12a 所示。该类的实例 Hierarchical-Coordinator 协调几个依赖于状态的控制对象。协调器通过为每个控制对象确定下一个作业并直接向控制对象发送指令来提供高层次协调。协调器还接收来自控制对象的状态响应（参见图 8-12b）。

8.6.3　定时器对象

定时器对象是由外部定时器激活的控制对象，例如，外部定时器可以是实时时钟或操作系统时钟。定时器对象要么自己执行一些动作，要么激活另一个对象来执行想要的动作。

定时器类的例子 MicrowaveTimer 在图 8-13 中给出。该类的实例——定时器对象 Micro-waveTimer 被来自外部定时器 DigitalClock 的定时器事件激活。它会在实体对象 OvenData 中减少烹饪时间，如果时间减为 0，定时器对象会向 MicrowaveControl 对象发送定时器到期的消息。定时器对象也有可能拥有自己的本地状态机，在这种情况下，定时器对象是依赖于状态的。图 8-13 中的 MicrowaveTimer 是依赖于状态的定时器对象，因为它在不同的状态下表现不同，如第 19 章所述。

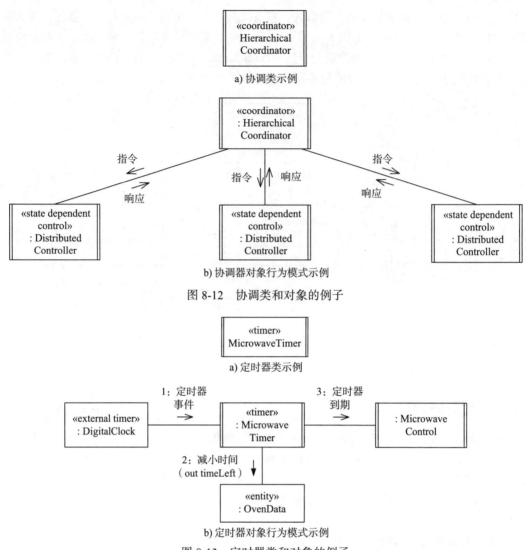

a) 协调类示例

b) 协调器对象行为模式示例

图 8-12　协调类和对象的例子

a) 定时器类示例

b) 定时器对象行为模式示例

图 8-13　定时器类和对象的例子

8.7　应用逻辑类和对象

应用逻辑类和对象在需要隐藏应用逻辑使之与所操作的数据分开时是必要的，因为很有可能应用逻辑需要独立于数据进行更改。本节描述了两种应用逻辑对象，即算法对象和服务对象。另外一种应用逻辑对象是业务逻辑对象（Gomaa 2011），它主要用于业务应用，因此本节不对其进行讨论。

8.7.1　算法对象

算法对象封装了在问题域中使用的算法。这种类型的对象普遍应用于实时、科学和工程领域中。当问题域中使用了一种可以独立于其他对象进行更改的实质性算法时，就会使用算法对象。简单的算法通常是实体对象的操作，该实体对象用来操作实体对象中封装的数据。然而，在许多科学和工程领域中，复杂的算法需要被封装在单独的对象中，因为它们常常独立于其所操作的数据进行改进，例如，提高性能或精度。

138
～
139

来自轻轨控制系统的例子是 Cruiser 算法类。该类的实例 Cruiser 对象，通过比较列车的当前速度和巡航速度（见图 8-14）来计算对速度的调整。该算法是比较复杂的，因为它必须根据需要让列车渐进加速或减速，从而提供平稳的行驶。

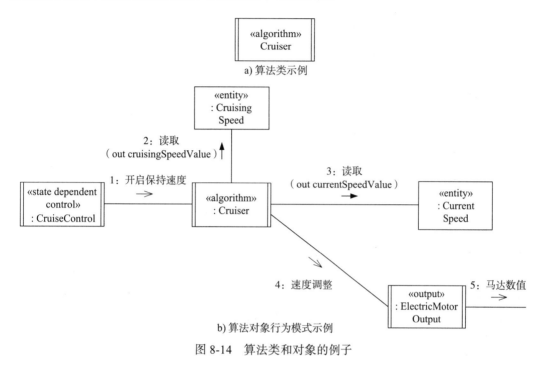

图 8-14 算法类和对象的例子

算法对象通常会封装算法计算所需的数据。这些数据可能是初始化数据、中间结果数据或阈值数据，比如最大值或最小值。

为了执行算法，算法对象经常需要与其他对象进行交互，例如 Cruiser 对象，因此，它就像一个协调器对象。然而与协调器对象不同的是，协调器对象的主要职责是监视其他对象，而算法对象的主要职责是封装和执行算法。

140

8.7.2 服务对象

服务对象是为其他对象提供服务的对象。尽管这些对象通常是在客户端/服务器或面向服务的体系结构和应用中提供的，但是也可以在实时嵌入式系统中使用服务，例如读取配置数据或存储状态数据。客户端对象向服务对象发出请求，服务对象给予响应。服务对象从不发起请求，但在响应服务请求时，它可能会寻求其他服务对象的协助。服务对象在面向服务的体系结构中扮演着重要角色，尽管它们也在其他体系结构中使用，比如客户端/服务器体系结构和基于组件的软件体系结构。我们可以设计服务对象来封装它服务客户端请求所需的数据，或者访问封装了数据的另外一个或多个实体对象。

实时服务类的例子如图 8-15a 中给出的 AlarmService 类，它来自一个工厂自动化示例。一个执行该类的实例的例子——AlarmService 对象，也在图 8-15b 中显示。AlarmService 对象提供对存储和查看各种工厂报警的支持。在这个例子中，RobotProxy 对象将从外部机器人接收到的报警发送给 AlarmService。OperatorInteraction 对象请求 AlarmService 来查看报警。

a) 服务类示例

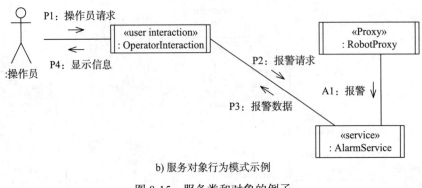

b) 服务对象行为模式示例

图 8-15 服务类和对象的例子

8.8 小结

本章描述了如何在实时软件系统中确定软件对象和类；提供了对象和类的构造标准，对象和类是通过使用构造型进行分类的；重点描述了问题域中的对象和类，这些对象和类是从现实世界而不是从求解域的对象中找到的，求解域的对象在设计时确定。最初的对象构造决策假定边界、控制和应用对象是并发的，而实体对象则假定为被动的。如果有必要，可以在设计时重新修改这些决策，如第 13 章所述。

在动态交互建模过程中，对象和构造标准通常会反过来再应用于每个用例，如第 9 章所述，以确定参与每个用例的对象；然后确定对象之间的交互顺序。子系统（即组合对象）构造标准在第 10 章中描述。使用任务构造标准的并发任务设计以及并发任务之间的消息通信在第 13 章中进行描述，而被动类提供的操作和对这些类同步访问的设计在第 14 章中进行描述。

实时嵌入式软件动态交互建模

动态建模提供了动态的（也称为行为的）系统视图，在对象（通过状态机）或对象之间（通过对象交互分析）考虑控制和排序。动态状态机建模在第 7 章中给予了描述。本章描述对象之间的动态交互建模。然而，对于依赖于状态的控制对象，本章还描述了如何使用状态机来帮助确定依赖状态的对象交互。请注意，本章参考的系统指的是软件系统。

动态交互建模是基于用例建模过程中生成的用例的实现。对于每个用例，有必要确定参与用例的对象如何动态交互。第 8 章中描述的对象构造标准用于确定参与每个用例的对象。本章描述了如何为每个用例开发交互图来描述参与用例的对象和它们之间传递的消息序列。对象交互在序列图或通信图中进行描述。在消息序列描述中还提供了对象交互的文本描述。

有两种主要的动态交互建模。如果交互序列不涉及依赖于状态的控制对象，则采用无状态的动态交互建模。如果至少有一个对象是依赖于状态的控制对象，则采用依赖于状态的动态交互建模，在这种情况下，对象交互是依赖于状态的，并且需要执行状态机。依赖于状态的动态交互建模在实时嵌入式系统中尤为重要，因为这些系统中的对象交互常常是依赖于状态的。

对于大型系统，通常需要对子系统进行初步的确定，例如，基于地理分布，就像第 12 章中描述的分布式基于组件的系统一样。然后进行分析以确定每个子系统中的对象通信。子系统的构造将在第 10 章描述的设计阶段中更深入地进行描述。

9.1 节给出了对象交互建模的概述。9.2 节给出了消息序列描述。9.3 节描述了动态交互建模方法，这既可以是依赖于状态的，也可以是无状态的，这依赖于对象通信是否依赖于状态。9.4 节描述了无状态的动态交互建模的系统方法，在 9.5 节中给出了该方法的两个示例。9.6 节描述了用于依赖于状态的动态交互建模的系统的方法，在 9.7 节中给出了该方法的示例。附录 A 描述了交互图上的消息序列编号约定。

9.1 对象交互建模

对于每个用例，实现用例的对象动态地相互协作，并在 UML 序列图或 UML 通信图中进行描述。2.5 节和 2.8 节中描述了这些交互图。在 9.5 节和 9.7 节的示例中给出了使用序列图和通信图的进一步的例子。在第 8 章之后，除了实体对象被描述为被动对象外，其他对象都被描述为并发的（主动的）对象。

9.1.1 对象交互建模中的分析和设计决策

在分析建模过程中，为每个用例开发了交互图（序列图或通信图），只对参与用例的对象给予了描述。交互图中描述的消息序列应该与用例中描述的角色和系统之间的交互序列保持一致。

在分析模型中，消息表示对象之间传递的信息。在分析阶段，在并发（主动）对象之间传递的所有消息都假定为异步的，而与被动实体对象的所有通信都假定为同步的。在设计期间，我们可能选择到达被动对象的两个不同的消息会引发不同的操作或者相同的操作，消息名是操作的一个参数。然而，这些决定将被推迟到设计阶段来完成。在分析阶段，假定在并发对象之间传递的所有消息都是异步的，但是在设计阶段其选择可能与初始决策正好相反。

9.1.2　对象交互建模中的序列图和通信图

COMET/RTE 使用通信图和序列图的组合。通信图主要用于表示参与用例的对象之间的布局和相互连接，而序列图则用于描述在交互对象之间传递的消息序列的细节。序列图特别有助于用来分析错综复杂的对象交互和时序，如第 17 章所述。

在从分析到设计的转换过程中，一个重要的步骤是集成对象交互建模过程中开发的交互图，以创建系统的软件体系结构的第一个版本，如第 10 章所述。这可以更容易地通过通信图而不是序列图来完成。如果序列图用于动态交互建模，那么就必须确保在转换到设计期间，每个序列图上的每个对象交互都被映射到综合通信图，以确保这一集成是完整的。

9.1.3　交互图的通用和实例形式

场景是特定对象的交互序列，通常在一个交互图中进行描述。特别是，一个带有特定消息序列的场景可以用来描述一个用例的一个交互序列（主序列或分支序列）的实现。

交互（序列或通信）图的两种形式是通用形式和实例形式。通用形式（也称为描述符形式）描述了对象可参与的所有可能的交互，因此可以包括循环、分支和条件。交互图的通用形式可以用来描述用例的主序列和分支序列。实例形式用于描述特定场景，可以是用例的主序列或分支序列。使用实例形式需要几个交互图来完整地描述给定的用例，主序列用一个图表示，每个分支序列用一个图表示。实例和通用交互图的例子包括通信图和序列图在 9.5 节和 9.7 节的例子中给出。

9.2　消息序列描述

消息序列描述是补充文档，与交互图一起提供这样的文档是有帮助的。它是作为动态模型的一部分开发的，它描述了分析模型对象是如何参与到交互图中描述的每个用例中的。消息序列描述是文本描述，它描述了当每个消息到达通信图或序列图中描述的目标对象时将会发生什么。消息序列描述使用了在交互图中出现的消息序列号。它描述了从源对象发送到目标对象的消息序列，并描述了每个目标对象使用接收到的消息所做的操作。消息序列描述通常提供了在交互图中没有描述的附加信息。例如，每当访问实体对象时，消息序列描述就可以提供额外的信息，比如对象的哪些属性被引用。在 9.5 节中给出了消息序列描述的示例。

9.3　动态交互建模方法

动态交互建模是一种迭代的方法，它帮助确定分析对象如何相互作用以实现每个用例。使用第 8 章中描述的对象构造标准，首先尝试确定参与用例的对象。接下来分析了这些对象协作执行用例的方式。这一分析可能表明需要定义额外的对象和 / 或额外的交互。

动态交互建模可以是依赖于状态的，也可以是无状态的，这取决于对象通信是否依赖于状态。9.4 节描述了无状态的动态交互建模。依赖于状态的动态交互建模在 9.6 节中描述。

9.4 无状态的动态交互建模

本节从用例开始（已在第 6 章中描述）描述**无状态动态交互建模方法**的主要步骤。第一步是使用第 8 章中描述的对象构造标准来考虑实现用例所需的对象。需要至少有一个边界对象来接收来自角色的输入。如果需要一些协调和决策，则需要一个无状态的控制对象，例如协调或定时器对象。如果需要存储或检索信息，则需要一个实体对象。接下来，根据用例中描述的交互序列确定对象之间的消息通信序列。细节如下：

1. **分析用例模型**。对于动态建模，考虑主要角色和系统之间的每个交互，正如用例中的主序列所描述的那样。主要角色通过外部输入启动与系统的交互。系统完成相应的内部操作后响应这一输入，接下来通常会有相应的系统输出。在用例中描述了角色输入和系统响应的序列。首先，为用例主路径中描述的场景开发交互序列。

2. **确定实现用例需要的对象**。这一步需要应用对象构造标准（见第 8 章）来确定实现用例需要的软件对象，包括边界对象（下面的 2a）和内部的软件对象（下面的 2b）。

2a. **确定一个或多个边界对象**。考虑参与用例的角色（或多个角色），确定角色与系统通信的外部对象（在系统外部），以及接收角色输入的软件对象。

考虑从每个外部对象到系统的输入。对于每个外部输入事件，考虑处理事件所需的软件对象。需要一个软件边界对象（例如一个输入对象或用户交互对象）来接收来自外部对象的输入。在接收外部输入时，边界对象进行一些处理，通常向系统内部（即非边界的）对象发送消息。

2b. **确定内部软件对象**。考虑用例的主序列。使用对象构造标准，确定参与用例的内部软件对象，例如控制或实体对象。

3. **确定消息通信序列**。对于来自外部对象的每个输入事件，考虑接收输入事件的边界对象和随后的对象——实体或控制对象之间的通信，它们通过合作来处理该事件。绘制一个序列图或通信图，显示参与用例的对象和它们之间传递的消息序列。此序列通常从角色（外部对象）到边界对象的外部输入开始，接下来是通过软件对象之间的一系列消息，消息到达一个边界对象，边界对象为角色（外部对象）提供外部输出。对角色和系统之间的每个后续交互重复这个过程。由此可知，可能需要额外的对象来参与，并且需要指定额外的消息通信以及相应的消息序列编号。

146

4. **确定分支序列**。考虑不同的可选方案，例如错误处理，在用例的可选部分中描述。然后考虑哪些对象需要参与执行可选分支以及它们之间的消息通信序列。

在周期性活动的情况下，例如定期生成的报告，有必要考虑一个软件定时器对象，该对象由外部硬件定时器激活。软件定时器对象触发一个实体对象或算法对象来执行所需的活动。在一个周期性的用例中，外部定时器是角色，而软件定时器对象是控制对象。每个重要的系统输出，例如一个报告，都需要一个对象来生成数据，然后通常将数据发送到一个边界对象，该边界对象将其输出到外部环境。

9.5 无状态的动态交互建模示例

对无状态的动态交互建模给出了两个截然不同的示例。第一个示例从查看报警用例开始，其中主要角色是一个人类用户。第二个示例从发送状态用例开始，其中主要角色是一个外部定时器。这两个示例都遵循 9.4 节中描述的动态建模的四个步骤，然而，因为它们比较简单，没有分支序列。在 9.7 节中给出了一个分支序列的例子。

9.5.1 查看报警的例子

1. 开发用例模型

图 9-1 查看报警用例的用例图

在查看报警用例中有一个角色，监控操作员，他可以请求查看报警的状态，如图 9-1 所示。用例简要地描述如下：

用例：查看报警。

角色：监控操作员。

摘要：监控操作员查看当前的报警，并回应报警的原因正在被处理。

前置条件：监控操作员已登录。

主序列：

1. 监控操作员请求查看当前的报警。

2. 系统显示当前的**报警**。对于每一个报警，系统会显示报警的名称、报警描述、报警位置以及报警的严重程度（高、中、低）。

后置条件：已显示重要的报警。

2. 确定实现用例所需的对象

因为查看报警是一个简单的用例，只有两个对象参与用例的实现，如图 9-2 的序列图和图 9-3 中的通信图中所示。所需的对象可以通过仔细阅读用例后确定，如以上用例所示的**粗体**显示的部分。这些是用户互动对象，称为 OperatorInteraction，它接收来自角色的输入并将输出发送给角色，以及一个名为 AlarmService 的服务对象，该服务对象提供对报警存储库的访问并响应报警请求。图 9-2 和图 9-3 从不同视角展示了同一信息，如 2.5 节所述。

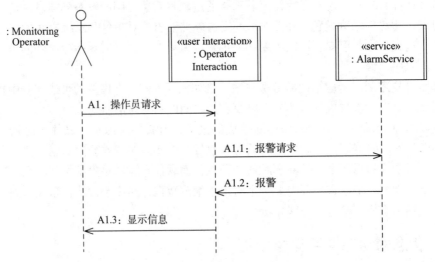

图 9-2 查看报警用例的序列图

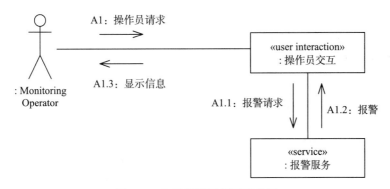

图 9-3 查看报警用例的通信图

3. 确定消息通信序列

在图 9-2 和图 9-3 中描述的对象之间的消息通信序列，是用例中描述的角色与系统之间的交互序列的详细说明。附录 A 描述了交互图上的消息序列编号的约定。Monitoring-Operator 将请求（消息 A1）发送给用户交互对象 OperatorInteraction，该对象接下来向服务对象 AlarmService 发出请求（消息 A1.1）。服务对象携带需要的信息做出响应（消息 A1.2），用户交互对象向操作员显示信息（消息 A1.3）。消息交互序列描述如下：

A1：MonitoringOperator 请求一个报警处理服务，例如，查看报警或订阅一个特定类型的报警消息。请求被发送给 OperatorInteraction。

A1.1：OperatorInteraction 将报警请求发送到 AlarmService。

A1.2：AlarmService 执行请求（例如，读取当前报警的列表，或将该用户交互对象的名称添加到订阅列表中）并向 OperatorInteraction 对象发送响应。

A1.3：OperatorInteraction 显示响应（例如，报警信息）给操作员。

9.5.2 发送车辆状态的例子

1. 开发用例模型

下一个例子描述了一个由定时器发起的周期性场景。在发送车辆状态用例中有两个角色，主要角色是一个名为定时器的角色，它定期启动交互序列，而次要角色是一个名为司机的人类角色，他查看车辆状态，如图 9-4 所示。该用例简要地描述如下：

图 9-4 发送车辆状态用例的用例图

用例：发送车辆状态。

角色：定时器（主要角色），司机（次要角色）。

摘要：车辆向司机发送关于其位置和速度的状态信息。

前置条件：车辆可以运行。

主序列：

1. 定时器通知系统：定时器已经到期了。
2. 系统读取车辆位置和速度的状态信息。
3. 系统将车辆状态信息发送给司机。

后置条件：系统已经向司机发送了位置和速度的状态信息。

2. 确定实现用例所需的对象

实现该用例的软件对象是 VehicleTimer（从外部 DigitalTimer 接收定时器事件）、存储位置和速度状态信息的 VehicleData 以及将车辆状态发送给外部 Driver 的 VehicleDisplayOutput。

3. 确定消息通信序列

发送车辆状态用例的序列图如图 9-5，通信图如图 9-6 所示，两者都描述了相同的消息通信场景。

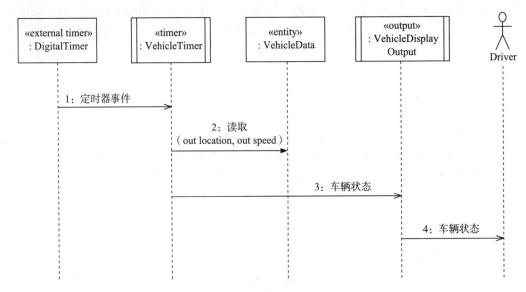

图 9-5 发送车辆状态用例的序列图

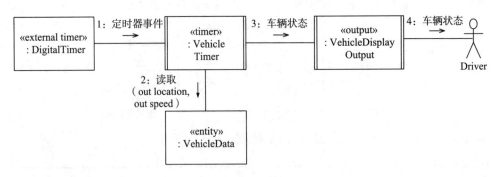

图 9-6 发送车辆状态用例的通信图

消息序列从外部定时器事件开始，该事件来自外部 DigitalTimer，描述如下：

1. DigitalTimer 向 VehicleTimer 发送定时器事件。
2. VehicleTimer 从 VehicleData 中读取速度和位置数据。

3. VehicleTimer 将 VehicleStatus 信息发送到 VehicleDisplayOutput。

4. VehicleDisplayOutput 将 VehicleStatus 发送给外部 Driver。

9.6　依赖于状态的动态交互建模

依赖于状态的动态交互建模解决了对象之间的交互是依赖于状态的情形。依赖于状态的交互涉及至少一个依赖于状态的控制对象，通过执行状态机（如第 7 章所述）提供了与其他对象交互的总体控制和排序。在更复杂的交互中，可能有多个依赖于状态的控制对象，每一个控制对象都执行一个单独的状态机。

本节给出了依赖于状态的动态交互建模的详细描述，并给出了该方法的一个示例。

9.6.1　消息和事件

依赖于状态的动态建模强烈依赖于消息和事件。理解消息与事件的关系是很重要的。**消息**由**事件**和伴随事件的数据组成，伴随事件的数据称为消息的属性。例如，事件 approachingStation 有两个属性，它们是伴随事件的数据项，即车站编号（stationID）和站台编号（platform#）。该消息被描述为：

消息 = 事件（消息属性）；
例如：
approachingStation（stationID，platform#）；

对于事件，有可能不具有与之关联的任何数据；例如，事件 doorClosed 没有任何属性。

消息名对应于事件的名称。消息参数对应于消息属性。因此，对于交互图，我们可以用术语"事件序列"和"消息序列"作为同义词表述。为了理解对象之间的交互顺序，我们通常首先关注事件，因此用术语**事件序列分析**表述。

9.6.2　依赖于状态的动态交互建模的步骤

在依赖于状态的动态交互建模中，目标是确定以下对象之间的交互：

- 依赖于状态的控制对象，它执行状态机。
- 将事件发送到控制对象的对象（通常是软件边界对象）。这些事件在控制对象的内部状态机中引起状态转换。
- 提供以及执行动作和活动的对象，这些动作和活动由控件对象通过状态转换触发。
- 任何参与实现用例的其他对象。

这些对象之间的交互在通信图或序列图中描述。

在依赖于状态的动态交互建模方法中，主要的步骤如下所示。交互的顺序需要反映用例中描述的交互的主序列：

1. **确定边界对象**。考虑那些接收来自外部环境中的外部对象发送的输入的对象。

2. **确定依赖于状态的控制对象**。至少有一个依赖于状态的控制对象，它执行状态机。其他的可能也需要。

3. **确定其他软件对象**。这些是与执行操作或活动的控制对象或边界对象交互的软件对象。

4. **确定主序列场景中的对象交互**。与步骤 5 一起执行这一步，因为依赖于状态的控制对象与所执行的封装了的状态机之间的交互需要详细地确定。

5. **确定状态机的执行**。下一节将描述这一点。

6. **考虑分支序列场景**。对用例的分支序列所描述的场景进行依赖于状态的动态分析。下一节还将介绍这一点。

9.6.3 由状态机控制的建模交互场景

本节描述了交互图——特别是序列图和通信图——如何与状态机一起使用来建模依赖于状态的交互场景，如前面的步骤 5 和 6 所述。

交互图上的一条消息由事件和伴随事件的数据组成。考虑在一个依赖于状态的控制对象的情况下，消息和事件之间的关系，该控制对象会执行它的内部状态机。当消息到达一个交互图上的控制对象时，消息的事件部分会导致状态机上的状态转换。状态机上的动作是状态转换的结果，对应于在交互图中描述的输出事件。一般来说，在状态机中，交互图（通信或序列图）上的消息被称为状态机上的事件；然而，在描述依赖于状态的动态场景时，为简洁起见，仅使用术语事件。

源对象向依赖于状态的控制对象发送一个事件。这个输入事件的到来会导致状态机的状态转换。状态转换的结果是一个或多个输出事件。依赖于状态的控制对象将每个输出事件发送到一个目标对象。在状态机中，将输出事件描述为动作（可以是状态转换动作、进入动作或退出动作）、启用活动或禁用活动。

为了确保交互图和状态机彼此一致，等价的交互图消息和状态机事件使用相同的名称。此外，对于一个给定的依赖于状态的场景，有必要在两个图上使用相同的事件序列编号，以确保在两个图中都能准确地表示场景，并且可以通过审核检查一致性。

正如第 7 章所述，为了更好地理解系统依赖于状态的部分，初始的状态机可能已经被开发出来了。在现阶段，初始状态机可能需要进一步改进。如果状态机是在交互图之前开发的，那么需要对它进行检查，以确定它是否与交互图一致，如果必要的话，还需要修改。

开发交互图和状态机通常是迭代式的，每个输入事件（向控制对象及其状态机）和每个输出事件（来自状态机和控制对象）都需要按顺序考虑。它们实际上可以被进一步分解如下：

1. 依赖于状态的控制对象（通常来自边界对象）的事件的到达会导致状态转换。对于每个状态转换，都要确定由该状态变化所导致的所有动作和活动。请记住，动作是在瞬间执行的，而活动是在有限的时间内执行的——从概念上说，动作是在状态转换中执行的，而活动是在状态的持续期间执行的。当在状态转换中由控制对象触发时，动作将立即执行，然后终止自身。活动是由控件对象在进入状态时启用的，并在状态退出时由控制对象禁用。

需要确定执行已识别的动作和活动的所有对象，还需要确定是否应该禁用任何活动。

2. 每个触发或启用的对象，确定它生成的消息以及这些消息是否被发送到另一个对象或输出到外部环境。

3. 在状态机和交互图中描述传入的外部事件和随后的内部事件。事件被编号以表示它们被执行的顺序。在交互图、状态机和序列图上以及在描述对象交互的消息序列描述中都使用了相同的事件序列编号。

当完成主序列依赖于状态的动态分析时，还需要考虑分支序列，如下所示：

1. 分析用例中描述的可选分支，在状态机中开发另外的状态和转换。例如，错误处理可选分支。

2. 要完成依赖于状态的动态分析，必须遍历对象交互场景，以确保：

- 状态机已经至少在每个状态和每个状态转换中被驱动一次。
- 每个动作和活动至少执行一次，这样每个状态相关的动作都被触发，并且每个状态相关的活动都被启用并且随后被禁用。

9.7 依赖于状态的动态交互建模示例：微波炉系统

作为依赖于状态的动态交互建模的例子，考虑下面来自微波炉系统的例子，烹饪食物用例，这在 6.6.1 节中给予了描述。参与实现该用例的软件对象是采用第 8 章中描述的类和对象构造标准来确定的。正如 8.4 节所述，由于用户通过几个外部设备与系统进行交互，特别是输入和输出对象，因此需要软件边界对象。

1. 与外部输入设备进行通信，相应的输入对象是 DoorSensorInput、WeightSensorInput 和 KeypadInput。

2. 与外部输出设备进行通信，相应的输出对象是 HeatingElementOutput、LampOutput、TurntableOutput、BeeperOutput 和 OvenDisplayOutput 对象。

3. 由于需要测量经历的烹饪时间，所以需要有一个软件定时器对象 OvenTimer。

4. 还需要一个称为 OvenData 的实体对象来存储烹饪时间，以及一个实体对象来存储 OvenPrompts。

5. 此外，为了提供微波炉的整体控制和排序，需要一个控制对象 MicrowaveOven-Control。由于该控件对象的动作依赖于以前发生的事情，所以控制对象需要依赖于状态并因此执行状态机。

通过执行 MicrowaveOvenControl 状态机，依赖于状态的控制对象 MicrowaveOvenControl 控制几个对象的执行。为了充分理解和设计依赖于状态的交互，需要分析交互图和状态机是如何协同工作的。交互图上的消息和状态机上的等效事件被赋予相同的名字和序列编号，以强调这些图是如何协同工作的。首先考虑主序列，然后是分支序列。 |154|

9.7.1 确定主序列

考虑烹饪食物用例的主序列，这在 6.6 节中给予了描述。它描述了用户打开微波炉门，将食物放入微波炉，然后输入烹饪时间，按下开始按钮。系统设置定时器并开始烹饪食物。当定时器停止时，系统停止烹饪食物。然后，用户开门，取出食物。

该用例从用户打开微波炉门开始，这是由门传感器检测到的。消息序列编号从 1 开始，这是由用户角色发起的第一个外部事件，如烹饪食物用例所述。后续的编号序列是 1.1 和 1.2，表示了系统中的对象对来自外部对象的输入事件的响应。下一个输入事件是来自重量传感器的外部环境事件，编号为 2，以此类推。主序列场景的对象交互显示在图 9-7 中的序列图上，并在图 9-8 中继续显示，除了软件对象之外，图中还描述了外部输入和定时器对象，但是由于空间所限，这里没有描述外部输出对象。

对象交互图上的消息序列如实反映了用例描述中给出的主序列。1 到 1.2 的消息序列从用户开门开始，这由硬件门传感器检测到。然后，门传感器将该输入事件传递给软件门传感器输入对象，从而将开门（图 9-7 的消息 1.1）消息发送到微波炉控制。该依赖于状态的控制对象执行微波炉控制状态机，如图 9-9 所示。开门事件（图 9-9 中的事件 1.1）使状态机从初始状态门关着转换到门开着。由此产生的状态机动作开灯（事件 1.2）导致微波炉控制对象将开灯（图 9-7 上的消息 1.2）发送到灯输出对象。

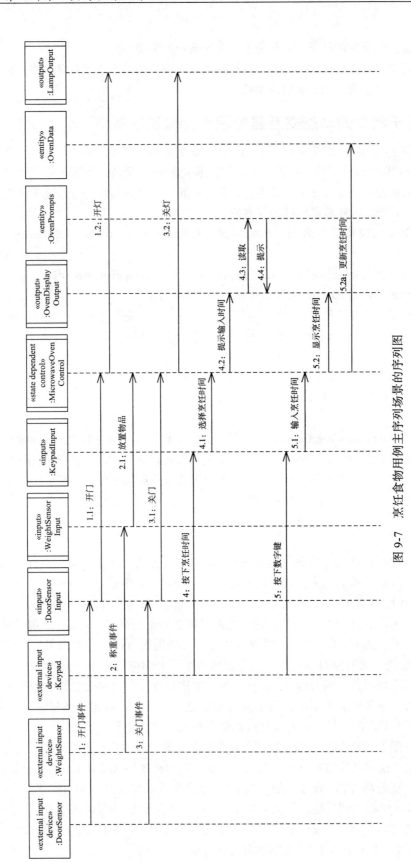

图 9-7　烹饪食物用例主序列场景的序列图

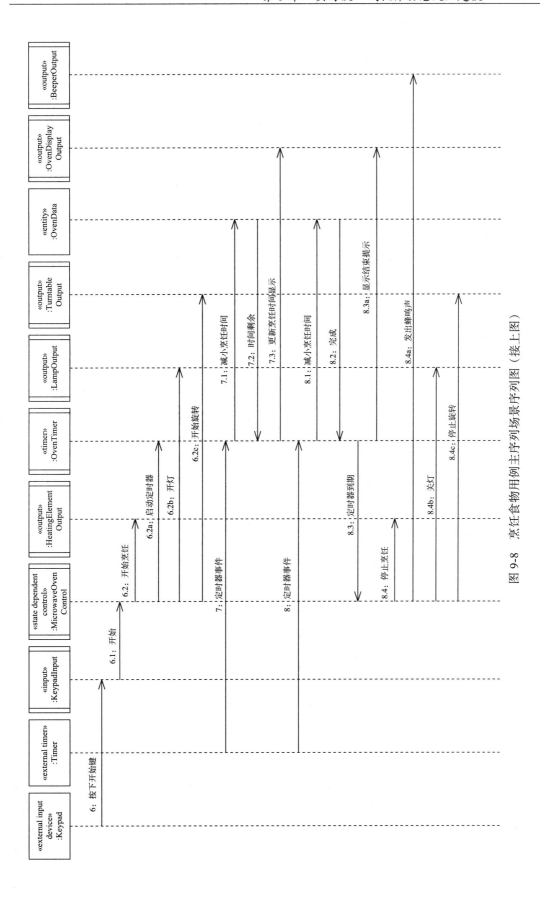

图 9-8　烹饪食物用例主场景序列图（接上图）

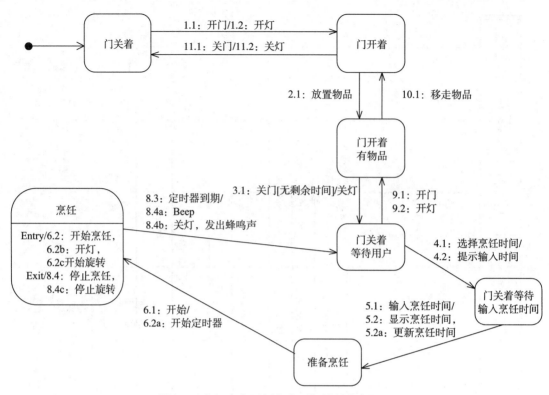

图 9-9   烹饪食物用例主序列场景的状态机图

从 2 到 2.1 的消息序列遵循了类似的序列，这里涉及 WeightSensorInput 对象。放置物品消息的到达（图 9-7 中的消息 2.1）导致状态机转换到门开着有物品状态（图 9-9 的事件 2.1）。此序列后跟随从 3 到 3.2 的消息序列，其中包括关闭微波炉门，再一次涉及门传感器输入对象，该对象发送关门消息（3.1），这导致状态机转换到门关着等待用户状态和发出动作关灯。

从 4 到 4.4 的消息序列开始于用户按下烹饪时间按钮（图 9-7 中的消息 4），这是由键盘输入所接收的，它将烹饪时间选择消息（4.1）发送到微波炉控制，然后转换到门关着等待烹饪时间。所导致的动作是提示输入时间（图 9-9 的动作 4.2），它被当作消息发送到微波炉显示输出，接下来给出提示 id，从微波炉提示实体对象（图 9-7 中的消息 4.3、4.4）中读取时间提示，并输出给用户。然后，用户通过一次或多次按下适当的数字（消息 5）来输入烹饪时间。对于每一个数字，键盘输入都会将输入的烹饪时间（5.1）消息所包含的数字发送到微波炉控制。状态机这时转换到准备烹饪状态。该转换有两个动作，显示烹饪时间和更新烹饪时间，显示烹饪时间被发送到微波炉显示输出（#5.2）来显示输出，更新烹饪时间将数字添加到存储在微波炉数据实体对象中的烹饪时间（5.2a）中。注意，由于这些动作是并发的，因此根据并发事件和消息的编号约定（见附录 A）将它们标记为 5.2 和 5.2a。

当用户按下**开始**键时，外部键盘对象将按下开始键消息（图 9-8 中的消息 6）发送给软件键盘输入对象，该对象反过来将开始消息（消息 6.1）发送到微波炉控制对象。消息的到达触发了在微波炉控制状态机上的开始事件（图 9-9 中的事件 6.1），这将导致状态从准备烹饪状态转换到烹饪状态。所导致的并发动作是转换动作启动定时器（图 9-9 动作 6.2a）和进入动作开始烹饪（动作 6.2）、开灯（动作 6.2b）和开始旋转（动作 6.2c）。这四个动作对应于并发（即在同一时间）发送的四个同名消息，这通过图 9-8 的微波炉控制完成：开始烹饪（消息 6.2）到加热元件输出对象，启动定时器（消息 6.2a）到微波炉定时器对象，开灯（消息 6.2b）到灯输出，和开始旋转（消息 6.2c）到转盘输出。

　　在烹饪食物时，微波炉定时器会不断地减小储存在微波炉数据中的烹饪时间（图 9-8 中消息 7、7.1、7.2）。当定时器计数为 0（8、8.1、8.2）时，微波炉定时器对象会发送定时器到期消息（图 9-8 和图 9-9 中的 8.3）到微波炉控制，并将显示端提示（8.3a）发送到微波炉显示输出对象。定时器到期事件使状态机转换到门关着等待用户状态（图 9-9）并执行四个并发动作，两个退出动作停止烹饪（动作 8.4）和停止旋转（动作 8.4c），以及两个转换动作发出蜂鸣声（动作 8.4a）和关灯（动作 8.4b）。这四个动作对应的四个同名的消息，它们通过图 9-8 的微波炉控制并发地发送：停止烹饪（消息 8.4）到加热元件输出对象，发出蜂鸣声（消息 8.4a）到蜂鸣器输出，关灯（消息 8.4b）到灯输出和停止旋转（消息 8.4c）到转盘输出。

156
~
158

　　各并发序列如图 9-7 和 9-8 所示。例如，微波炉控制同步发送消息以显示烹饪时间（5.2）和在微波炉数据中更新烹饪时间（5.2a）；微波炉定时器发送定时器到期消息到微波炉控制（8.3），显示终端提示到微波炉显示输出（8.3a）。

　　消息序列描述了序列图（如图 9-7 和图 9-8 所示）上的消息和状态机图（如图 9-9 所示）上的事件，消息序列描述将在 19.6 节的微波炉控制系统案例研究中详细描述。

9.7.2　确定分支序列

　　前一节中描述的交互序列针对用例中描述的主序列。接下来，考虑一下烹饪食物用例的分支序列，它们在用例的可选部分中给出（在第 6 章中有完整的描述），一些分支序列对系统没有什么影响。但是，在用例中有三个分支序列将影响交互图和状态机，其中两个涉及用户按**分钟 +** 按钮，第三个涉及用户在烹饪时打开门。

9.7.3　可选分钟 + 场景

　　分钟 + 可选场景会以不同的方式影响烹饪食物序列图。如果在烹饪开始后按下**分钟 +**，那么烹饪时间就会更新。如果在烹饪开始前按下**分钟 +**，那么烹饪时间就会更新并且烹饪从此开始（假设微波炉门关着，微波炉里有物品）。

　　在图 9-10 的序列图中的 alt 框架（图中左上角有一个带有 alt 标题的矩形）内描述了两个分钟 + 可选场景，其中每一个分支序列是由一个 [条件] 确定的，该条件必须为真以便该分支序列得到执行。这些条件反映了微波炉在每个分支序列开始时是 [烹饪] 或 [不烹饪]。虚线是两个分支序列之间的分隔符。

　　两个**分钟 +** 场景都以同样的方式开始。在按下**开始**按钮（消息 6）后，用户按下键盘上的**分钟 +** 按钮。如图 9-10 所示，外部输入设备键盘发送按下分钟 + 的消息（6.10）。键盘输入将分钟 + 消息（显示为消息 6.11）发送到微波炉控制。接下来的是依赖于状态的，在 alt 段中加以描述。如果是在烹饪过程中，在 [烹饪] 条件下则会采取分支序列：微波炉控制发送分钟 + 信息（6.12）到微波炉定时器，这会在微波炉数据中增加 60 秒的烹饪时间（消息 6.13 和 6.14）。然后，该场景将退出分支序列，重新回到主序列，并将新时间发送到微波炉显示输出（6.15），然后将显示时间消息（6.16）输出到外部显示。

159

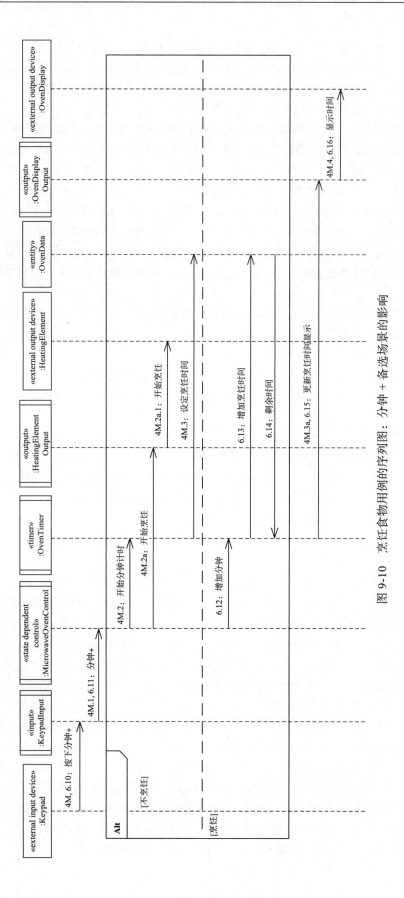

图 9-10 烹饪食物用例的序列图：分钟 + 备选场景的影响

如果不是在烹饪过程中，按下**分钟+**的可选场景在 4M 开始的可选消息序列中描述。键盘输入发送分钟+信息（4M.1）给微波炉控制。在这种情况下，微波炉控制表现出不同的行为方式，如图 9-10 在 [不烹饪] 条件下的分支序列所示的那样，通过发送开始分钟计时消息（4M.2）到微波炉定时器，开始烹饪消息（4M.2a）到加热元件输出。微波炉定时器这时将微波炉数据的烹饪时间设置为 60 秒（消息 4M.3）。然后，场景将重新回到主序列，并将新时间发送到微波炉显示输出（消息 4M.3a），然后将显示时间消息（4M.4）输出到外部显示。为了避免在不烹饪可选场景的序列图上出现混乱，这里省略了灯输出和转盘输出对象，以及通过微波炉控制分别发送给它们的开灯和开始旋转消息。这些交互类似于图 9-8 的烹饪食物主序列图。

9.7.4　可选场景对状态机的影响

考虑分钟+可选场景对图 9-11 中描述的微波炉控制状态机的影响。如果在分钟+按钮被按下时，微波炉处于烹饪状态，分钟+事件（6.11）会导致状态返回到烹饪状态，其动作是增加分钟（6.12）。进入和退出动作不会受到这种内部转换的影响。然而，如果在门关着等待用户状态时按下分钟+按钮，那么分钟+事件（4M.1）就会导致到烹饪状态的转换。该转换的效果是执行四个并发动作，三个进入动作开始烹饪、开始旋转、开灯以及转换动作开始分钟计时（4M.2）。

160 ~ 161

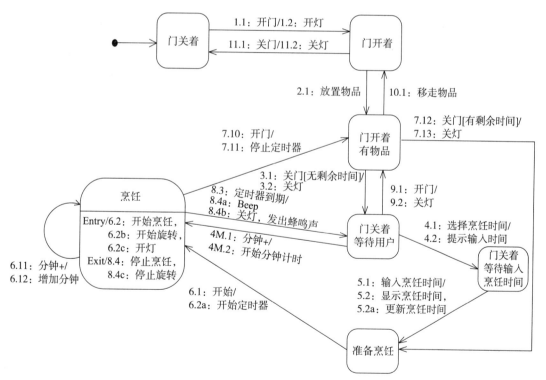

图 9-11　烹饪食物用例的状态机图：烹饪时开门以及分钟+场景

考虑可选场景，当食物在烹饪时打开门。这导致状态机从烹饪状态转换为门开着有物品状态。因为这一事件发生在烹饪开始后（即在事件 6.3 之后，并假定是在图 9-7 中的第一个定时器事件 7 之后），我们将状态机（图 9-11）上的事件开门赋以序列号 7.10。在此转换过程中导致四个并发动作，三个退出动作停止烹饪、发出蜂鸣声、停止旋转以及转换动作停止定时器。用户可以从该状态关门（事件 7.12），这导致状态机转换到准备烹饪状态（因为条件 [有剩余时间] 为真）或者移走物品，这导致状态机转换为门开着状态。

9.8   小结

本章描述了动态建模，其中确定了参与每个用例的对象以及对象之间交互的顺序。本章描述了**动态建模**方法的细节，以确定对象是如何相互协作的。**依赖于状态的动态建模涉及由状态机控制的依赖于状态的协作，而无状态的动态建模**则不涉及。

在第 10 章中描述的从分析到设计的转换过程中，与每个用例相对应的交互图被合成到综合通信图中，这代表开发系统软件体系结构的第一步。在分析期间，所有的消息交互都被描述为并发对象之间的异步消息和用于与被动实体对象进行通信的同步消息。在设计过程中，可以更改这些决策，如第 13 章所述。附录 A 描述了交互图和状态机上的消息序列编号约定，本章中的例子使用了这些约定。

162

实时嵌入式系统软件体系结构

　　大规模实时嵌入式系统往往非常复杂。分析和设计此类系统时，需要采用方法将其分解为子系统和组件，并确定系统的软件体系结构。软件体系结构关注系统的组件以及组件之间的接口，而不是单个组件的内部细节。作为高层次设计，软件体系结构设计的内容包括确定系统组成，设计系统组件及子系统之间的接口。本章介绍实时嵌入式系统的软件体系结构。

　　设计软件体系结构是软件设计建模的开始。需求建模分析和确定软件需求；分析建模从静态和动态视角考虑需要解决的问题；软件体系结构则确定问题的解决方案。在分析建模过程中，动态交互模型从用例的视角分析软件系统，确定实现每个用例以及交互序列所需的软件对象。在结构化软件体系结构时，先由基于用例的交互图生成最初的软件设计，继而完成软件体系结构的开发。

　　本书第 3 章中介绍了软件体系结构、组件和接口等概念。在本章 10.1 节介绍软件体系结构概念和基于组件的软件体系结构；10.2 节说明如何利用多个不同视图帮助设计和理解软件体系结构；10.3 节描述将分析转变为设计的系统方法；10.4 节讨论了子系统设计中关注点分离的重要问题；10.5 节介绍使用子系统构造标准判别软件子系统的方法；最后，10.6 节介绍设计子系统之间消息通信接口时所做的决策。本章重点讨论子系统设计，第 11 章将讨论软件体系结构模式，而基于组件的系统设计将在第 12 章中介绍。

163

10.1　软件体系结构概述

　　贝斯等（Bass 2013）给出关于软件体系结构的定义如下：

　　"程序或计算系统的软件体系结构是指系统的结构，包括软件元素、这些元素的外部可见特性以及它们之间的关系。"

　　上述定义主要从结构视角考虑软件体系结构。然而，要充分理解软件体系结构，还必须从静态和动态视角、功能（由体系结构提供的功能）和非功能（服务质量保证）视角进行分析和说明。软件体系结构的软件质量属性将在第 16 章中描述。

　　软件体系结构由子系统构成，其中每个子系统与其他子系统之间有明确的接口。10.4 节说明如何将关注点分离应用到子系统设计中。10.5 节中将说明子系统设计的构造标准。

10.1.1　串行软件体系结构

　　将**串行软件体系结构**设计为单线程控制的串行程序。串行面向对象的软件体系结构是使用信息隐藏、类和继承等概念设计的面向对象的程序（如第 3 章所述）。对象是类的实例，可通过操作（也称为方法）访问。程序有控制线程，而内部对象则是被动的，没有控制线程。

　　串行软件体系结构使用循环执行实现串行实时设计，其中主循环定期轮询 I/O 设备，以确定是否有任何新的输入，并采取相应响应。然而，串行设计方法不能利用并发概念，进行多处理器（或多核处理器）和分布式设计，从而制约着实时系统的性能。这一缺点，限制了串行设计在现代实时嵌入式系统设计中的应用。

10.1.2 并发软件体系结构

并发软件体系结构中有多个并发进程（任务），每个进程都有自己的执行线程。并发面向对象软件体系结构中有多个活动类，活动类的每个实例都是具有自身线程控制的活动对象。线程可以并行地在多处理机（例如多核）环境中执行。

第 3 章中说明了可以使用并发任务有效地设计实时系统的理由。多任务设计允许实时系统管理多个并行输入事件流（每个任务一个流），允许实时系统处理多个周期性或非周期性系统外部和内部并发事件。并发设计可以使用同步和异步通信模式实现任务之间的通信。多任务可以部署到分布式环境中的多个节点，每个任务可以在单独的节点上执行。一种常用分布式部署方法是预先分配每个任务到给定节点。正如以下所述，基于组件的软件体系结构使得任务部署具有更大的灵活性。

10.1.3 基于组件的软件体系结构

基于组件的软件体系结构由多个组件组成，每个组件都包含和封装信息。组件分为复合组件或简单组件。除非明确说明，术语组件指的是组件类型和组件实例。

组件之间通过接口进行通信，通信需要的所有信息都包含在接口中。将组件接口与实现分离，将组件视为黑盒子，组件之间彼此隐藏实现细节。在基于组件的软件体系结构中，子系统是复合组件。

在分布式设计时，组件实例可以部署到分布式环境中的不同节点，并与同一节点或其他节点上的其他组件实例并行执行。组件部署的基本单元是简单组件。在并发和分布式设计中，组件使用不同的通信模式彼此进行通信（见第 11 章），这些通信模式包括：同步、异步、代理和分组通信。如第 12 章所述，底层中间件框架是分布式组件之间相互通信的基础。

对于分布式实时嵌入式系统，使用基于组件的软件体系结构可以有效地实现分布式实时设计。基于实时组件的软件体系结构的不同实例能够部署到不同硬件配置的节点。

面向对象设计和基于组件的软件体系结构的一个重要目标是将**接口**从实现细节中分离出来。接口确定类、服务或组件的外部可见操作，而不揭示操作的内部细节。接口是类的外部视图设计者和该类的内部实现者之间的约定，它也是需求接口和供给接口类之间的约定。第 2 章中介绍了描述接口的 UML 符号。在 10.6 节和第 12 章中将给出更详细的组件接口定义。

10.2.1 节将介绍组件组合结构图。基于并行通信图的组件将在 10.2.2 节中说明。

10.1.4 体系结构构造型

在 UML 2.0 中，可以用一个以上的构造型描述建模元素。在分析建模过程中，用构造型说明建模元素（类或对象）的角色特征。设计建模过程中，用角色构造型描述诸如 «boundary» 或 «entity» 类等结构元素所扮演的角色。设计建模中采用的第二个构造型是体系结构构造型，表示建模元素的结构特点，例如：«subsystem»（见 10.2 节和 10.5 节）、«component»（如在 10.1.3 节和 12 章所述）和 «service»（在 10.5.8 节描述），或者用 MARTE 构造型 «swSchedulable» 描述并发任务（如 13 章所述）。对于给定的类，其角色构造型和体系结构构造型是正交的，即它们彼此独立。

10.2　软件体系结构的多个视图

　　本节从不同视角（不同视图）描述软件体系结构。10.2.1 节将介绍软件体系结构的结构描述类图和组合结构图；10.2.2 节将用通信图描述软件体系结构的动态视图；10.2.3 节中用部署关系图描述软件体系结构的部署视图。

10.2.1　软件体系的结构视图

　　软件体系结构的结构视图是静态视图，它不随时间变化而变化。在结构视图的顶层，将子系统描述为子系统类图或组合结构图上的并发子系统或组件。子系统类图描述子系统之间的静态结构关系，这些子系统用组合类表示，子系统之间的关联是多样的。子系统类图便于分析子系统类之间的结构关系。采用组合结构图分析子系统之间的接口效果更好。

　　图 10-1 是轻轨系统软件体系结构视图示例，该视图以类图形式描述了轻轨系统的结构。整体系统包括三个软件系统：铁路道口系统、轻轨控制系统和路边监视系统。用软件体系结构的构造型 «software system» 描述每一个类，说明它们的作用。将轻轨控制系统建模为组合类，它由列车控制、车站、铁路运营交互和铁路运营服务四个子系统类组成。其中，列车控制、车站和铁路运营类有多个实例，而铁路运营服务类只有一个实例。

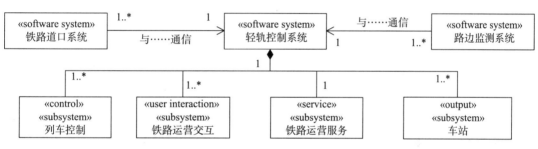

图 10-1　软件体系结构的结构视图：轻轨系统的高级类图

　　组合结构图（如 2.10 节所述）描述组件之间的静态结构关系，说明组件类型（在某些情况下是组件实例）、端口和组件接口间的连接器，明确定义每个组件的供给和需求接口（将在第 12 章中详细描述）。

　　图 10-2 是轻轨系统的组合结构图示例，它用并发组件类型和连接组件的连接器描述子系统。图中，四个组件属于轻轨控制系统（见图 10-1），另外两个组件分别代表铁路道口系统和路边监视系统两个软件系统。此外，图中还描述了一些连接器。例如：铁路运营交互和列车控制之间的连接器、铁路运营交互和车站之间的连接器以及列车控制和车站之间的连接器。每个组件用角色构造型和体系结构构造型描述。这里用构造型 «control» 和体系结构构造型 «component» 描述列车控制系统。五个组件是铁路运营服务的客户。第 12 章将进一步描述组合结构图，在第 21 章中将更详细地讨论上述例子。

10.2.2　动态软件体系结构视图

　　软件体系结构的动态视图是利用通信图描述系统行为。子系统通信图展示子系统（描述为组合对象或复合组件实例）及其之间的消息通信。部署到不同节点的子系统并行执行，并通过网络进行相互间通信。子系统通信图也称为高层次通信图。

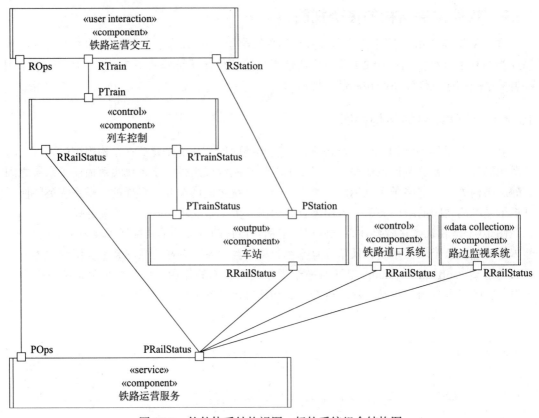

图 10-2 软件体系结构视图：轻轨系统组合结构图

图 10-3 是一个轻轨系统软件体系结构动态视图（子系统通信图），其中描述了六个并发组件（来自图 10-2）。轻轨控制系统的四个组件中，列车控制、车站和铁路运营交互系统有多个实例，而铁路运营服务只有一个实例。每个列车控制实例发送列车到达和离开状态消息到每一个车站实例。铁路运营交互发送列车消息指令到给定的列车控制实例，使其进入和退出服务。除了铁路运营交互与铁路运营服务之间是同步通信外，其他所有的分布式组件之间的通信都是异步。

因为子系统通信图描述了对象之间所有可能的交互（见 9.1.5 节），所以它是通用的通信图，描述通用的实例（潜在的实例，而不是实际的实例）。另外，子系统通信图也是并发的，描述并发执行对象。图 10-3 描述了六个并发子系统，每个子系统设计成一个组件。

10.2.3 软件体系结构部署视图

软件体系结构部署视图描述软件系统的物理结构，特别是基于组件的子系统在分布式系统物理节点的部署方式。部署图能够描述固定数量节点的特定部署。或者，它可以描述部署的总体结构，例如，标明一个子系统可以有多个实例，每个实例可以部署到一个单独的节点，但不描述具体实例数。

图 10-4 给出轻轨系统软件体系结构的部署视图。这个部署图中，将每个铁路道口控制实例和路边监视实例分配到它们自己的物理节点上。列车控制、车站和铁路运营交互都有多个实例，每个实例都部署在各自的物理节点上。整个系统只有一个铁路运营服务实例，分配到一个物理节点。分布在地理上不同位置的物理节点通过广域网相连接。对于列车控制等移动部件，需要通过无线通信与系统相连。每一个列车有一个列车控制实例。

167
~
168

169

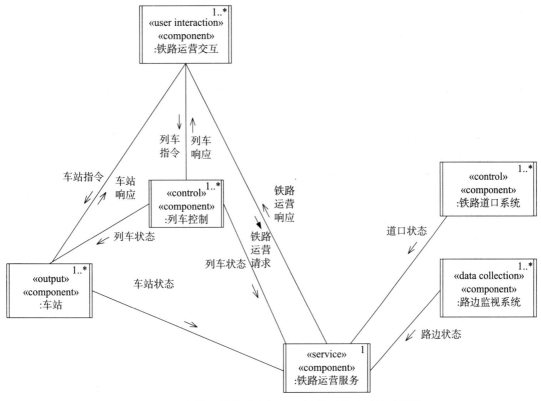

图 10-3 软件体系结构动态视图：轻轨系统子系统通信图

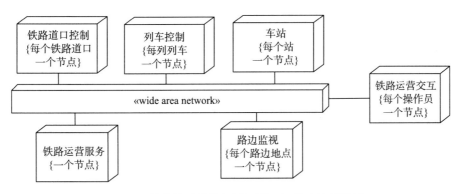

图 10-4 软件体系结构部署视图：轻轨系统部署图

10.3 从分析过渡到设计

在系统分析建模阶段，动态交互模型（见第 9 章）确定了实现每个用例的对象，并通过用例交互图描述对象之间的交互顺序。可见，分析过程针对每个用例逐一进行。从分析过渡到设计，确定系统的结构，将系统划分成由组件构成的子系统，需要将多个用例交互图集成起来，形成集成交互图。以集成交互图为基础，从动态交互模型生成初始软件设计。虽然序列图和通信图都可以描述对象之间的动态交互，但通信图能够直观地反映对象之间的互联关系，以及它们之间传递的消息。

在分析模型中，每个用例至少有一个交互图。**综合通信图**是为实现用例而开发的所有通信图的集成，其实现方式如下：

通常，用例执行有先后顺序。通信图的集成顺序应与用例执行的顺序相一致。直观的集成方式为：开始，将第二个用例的通信图叠加到第一个用例的通信图上，形成一个完整的图；接下来，将第三个图叠加到由前两个图叠加而成的图上，如此继续直到所有图叠加完成。每种情况下，从每个后续图表中添加新的对象和新的消息交互到集成图上。随着添加更多的对象和消息交互，交互逐渐变大，包含更多的对象和消息交互。同时在多个通信图上出现的对象和消息交互集成后仅显示一次。

综合通信图上必须显示来自所有用例通信图的消息通信。通信图通常显示贯穿用例的主序列，不需显示所有的分支序列，但必须显示分支序列执行时所发送的消息。

综合通信图是以所有相关的用例为基础的通信图的集成，它展示所有用例的场景，所有对象及其相互作用。综合通信图是一种通用的 UML 交互图（见 10.2.2 节），它描述对象之间所有可能的交互。在综合通信图上，显示对象和消息，但是通常不会显示消息序列号，因为这会使图看起来混乱。与基于用例的交互图一样，将综合通信图上的消息描述为并发对象之间的异步消息，而与被动对象的通信是同步的。如 10.6 节所述，在消息通信类型（同步或异步）最后确定时，那些初始决策可能会逆转。

图 10-5 给出了铁路道口系统的综合通信图示例，它集成了实现到达道口和离开道口用例的对象交互图这包括实现该系统两个用例通信图的集成含有用例的主要序列和分支序列。除了到达传感器输入对象只参与到达用例以及离开传感器对象只参与离开用例外，大多数对象都参与基于用例的通信图。另外，其他基于用例的通信图也会产生一些消息。例如；到达铁路道口用例产生列车到达、放下护栏、开灯、发出音频和护栏已放下消息；而离开铁路道口用例产生列车离开、升起护栏、关灯、关闭音频和护栏已升起消息。两个用例都产生启动定时器、取消定时器和状态消息。每个用例的超时分支序列产生定时器结束消息。

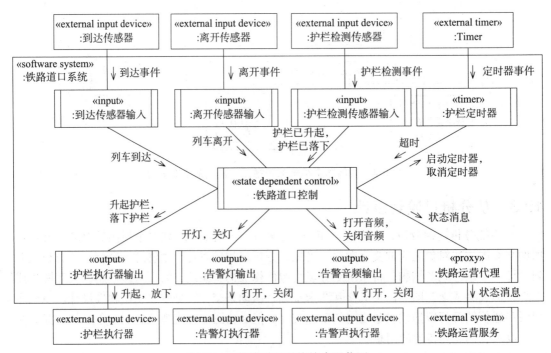

图 10-5   铁路道口系统综合通信图

对于庞大的系统，综合通信图将会非常复杂，因此有必要通过方法减少需要展示的信息。聚合消息是减少图上信息量的一种方法，用一个聚合消息表示一个对象发送到另一个对象的多个独立消息，而不是在图上显示所有单独消息。聚合消息不代表从一个对象发送到另一个对象的实际消息，而是表示相同对象之间不同时间发送消息的集合。例如图 10-5 中，将铁路道口控制对象发送到铁路运营代理对象的消息聚合为一个称为状态消息的聚合消息，然后使用消息词典定义状态消息的内容，如表 10-1 所示。

表 10-1　包含简单消息的聚合消息的消息字典示例

聚合消息	包含的简单消息
状态消息	列车到达，列车离开，护栏已升起，护栏已放下，护栏升起超时消息，护栏放下超时消息

此外，在通信图上显示所有对象有时可能不实际。解决这个问题的方法是开发更高级别的子系统通信图来显示子系统之间的相互作用，并为每个子系统开发综合通信图。

子系统通信图展现子系统之间的动态交互，它是高级综合通信图。例如，在图 10-3 所示的轻轨系统中，将铁路道口系统作为子系统。用单独的较低级别的综合通信图描述独立的子系统的结构。在图 10-5 中显示子系统中的所有对象及其交互。

10.4　子系统设计中的关注点分离

在设计子系统过程中，需要做出一些结构方面的重要决策。将系统分解成子系统时，为了使子系统更加独立，不同子系统自成一体，应从以下几个方面考虑：

10.4.1　组合对象

属于同一组合对象的对象应该位于同一个子系统中，并与不属于同一组合对象的对象分开。如第 5 章所述，聚合和组合都是整体与部分的关系，但组合关系更紧密。采用组合形式，组合对象（整体）和它的组成对象（零件）一起创建，一起活动，一起消亡。因此，由组合对象及其组成对象构成的子系统比由聚合对象及其组成对象构成的子系统耦合得更强。

与单独对象相比，子系统支持更高抽象层次的信息隐藏。软件对象用于对问题域中的现实世界对象建模；组合对象则用于对问题域中的现实世界组合对象建模。组合对象通常由一组相互关联的对象组成，这些对象以协同的方式一起工作。这种安排类似于制造过程中的装配结构。通常，应用程序需要组合对象的多个实例（以及其每个组成部分的多个实例）。因为类图描述了各个组成部分类和组合类之间关联的多重性，所以静态模型能很好地说明组合类及其构成类之间的关系。

铁路道口系统中一个组合类的例子是护栏组合类，它包括三个子类（见图 10-6a）：给物理护栏驱动器发送指令的护栏执行器输出类，接收物理护栏检测传感器输入的护栏检测输入类，检测护栏升起或放下过程中是否超时的护栏定时器类。将护栏组合类设计成组合的组件称为护栏组件，它封装了三个简单的相关元件（设计为并行任务）（见图 10-6b）。另一个组合类例子是微波炉，它由门、重量传感器、键盘、加热元件和显示组成。

10.4.2　地理位置

如果两个对象分隔在不同的地理位置，无论它们是移动或是固定的，应该属于不同的子系统中。在分布式环境中，基于组件的子系统通过彼此发送和接收消息进行通信。部署图

171
~
172

（图 10-4）中的轻轨系统，有铁路道口控制、路边监视、列车控制和车站部件的实例。这些移动（列车控制）或固定组件的实例都部署在不同地理位置的节点，通过广域网连接。

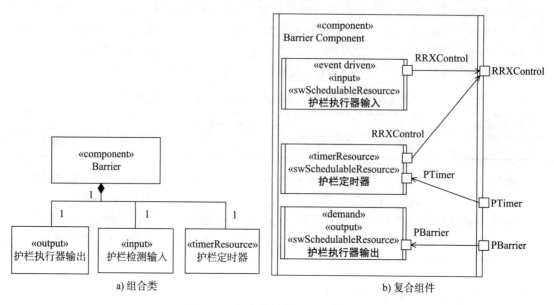

图 10-6 组合类的例子：护栏组件

10.4.3 客户和服务

客户和服务应该划分到不同的子系统中。这条标准可以被看作是地理位置规则的一个特例，因为客户和服务通常在不同的位置。例如，分布式轻轨系统中（如图 10-3 和图 10-4），有许多相同类型的客户子系统，它们部署在不同的位置（静态和移动），分布在该系统所服务的区域周围。客户子系统包括列车控制（每个列车一个实例），铁路道口系统（每个铁路道口一个实例）和路边监视系统（每个路边位置一个实例）。铁路运营服务是位于中心位置的服务子系统，用于监测整个轻轨网络的运行情况。

10.4.4 用户交互

用户经常使用自己的台式机、笔记本电脑、平板电脑或移动电话与系统交互，这些设备成为庞大分布式系统的一部分，所以最灵活的方案是在不同子系统中保持用户交互对象。由于用户交互对象通常是客户端，因此本指南可以视为上述客户/服务指南的特例。此外，用户交互对象可以是由几个简单的用户交互对象组成的组合用户交互对象。图 10-7 中的铁路运营交互组件是组合用户交互对象的一个实例，其中包含操作交互、列车监视窗口和车站监视窗口三个简单的用户交互对象（将在 12 章中详细描述）。该子系统用于铁路运营商与铁路运营服务子系统以及轻轨控制系统中其他子系统之间的交互。

10.4.5 外部对象接口

子系统处理软件上下文图上显示外部真实世界对象的子集。外部真实世界对象应只与一个子系统接口。图 10-8 中给出了一个列车控制子系统示例，其中列车控制子系统与一些外部现实世界的实体接口，这些实体包括多个传感器，如靠近传感器、到达传感器、离开传感器、近距离传感器、门传感器、位置传感器和速度传感器；也有外部执行器，包括马达执行器和门执行器和其他输出设备，如列车显示和列车音频。列车控制子系统的每个实例与这些传感器和执行器的实例有接口。这些外部设备与软件边界类的接口包括输入和输出类。

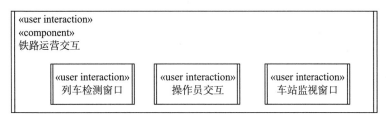

图 10-7　用户交互子系统实例

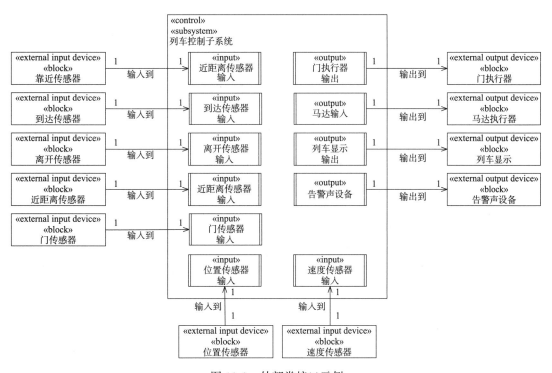

图 10-8　外部类接口示例

10.4.6　控制范围

控制对象和它直接控制的所有实体和边界（如输入或输出）对象都应该是子系统的一部分，而不是分割在不同的子系统之间。如图 10-5 所示，铁路道口控制对象完全在铁路道口子系统中，包括 I/O 对象（例如到达传感器和护栏执行器输出）和代理对象（如铁路运营代理）。

10.5　子系统构造标准

上一节描述的设计考虑可以形式化为子系统构造标准，这有助于保证系统设计的有效性。本节将以示例的形式说明子系统构造标准。用构造型 «subsystem» 描述子系统。在由基于组件的分布式子系统组成的软件体系结构中，用构造型 «component» 描述子系统；在包含服务子系统，基于组件和面向服务的体系结构中，用构造型 «service» 描述其子系统。

10.5.1 控制子系统

控制子系统（control subsystem）控制系统的特定部分。子系统接收来自外部环境的输入，并将输出发送到外部环境，通常不需要任何人工干预。控制子系统通常是状态依赖的，它包含至少一个与状态相关的控制对象。一些情况下，子系统使用其他子系统采集的数据，或者为其他子系统提供数据。

控制子系统能够接收来自另一个子系统的高层指令，然后进行低层控制。控制子系统也可以向相邻节点连续或按照请求发送状态信息。

如图 10-3 和图 10-5 所示，铁路道口系统是控制子系统的示例，它是分布式控制系统轻轨系统的子系统。铁路道口系统有多个实例，每个铁路道口一个实例，实例之间彼此独立，每个实例仅与铁路运营服务子系统（图 10-3）通信。铁路道口控制的控制行为是顺序与各种传感器和执行器的交互，并控制升起和放下护栏、启动和停止告警灯和音频的 I/O 设备。铁路道口控制状态机明确描述控制行为（见第 20 章），其中状态机动作触发其所控制对象的动作。

另一个控制子系统的例子来自于工厂自动化系统（如图 10-9），其中控制系统是自动引导车辆系统。该控制系统从监控系统接收指令，移动到工厂装卸零件的位置。自动引导车辆系统向监控系统发送确认信息，并向显示系统发送车辆状态。

10.5.2 协调器子系统

在拥有多个控制子系统的软件体系结构中，有时需要用**协调器子系统**（coordinator subsystem）协调多个控制子系统的工作。如果多个控制子系统相互之间完全独立，则不需要协调。在一些实时系统中，控制子系统可以相互协调。如果协调相对简单，这种分布式协调通常是可行的。然而，如果协调活动相对复杂，则具有独立协调子系统的分级控制系统将更有利于监督控制子系统。例如，协调子系统决定控制子系统下一步的工作。图 10-9 是工厂自动化系统中协调子系统给控制子系统分配工作的例子，其中监控系统是协调子系统，它给自动引导车辆系统实例分配任务，使其移动到一个工作站提取零件，然后运输到另一个站卸下零件。

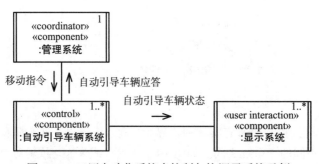

图 10-9 工厂自动化系统中控制与协调子系统示例

10.5.3 用户交互子系统

用户交互子系统（user interaction subsystem）提供用户界面并在客户端 / 服务器系统中执行客户的角色，使用户能够访问服务。系统中可能有多个用户交互子系统，用于每个类别的用户。用户交互子系统通常是由几个简单的用户交互对象组成的复合对象，包含一个或多个用于本地存储和缓存的实体对象，以及用于对用户输入和输出进行整体安排的控制对象。

随着图形工作站和个人计算机的普及，提供用户交互功能的子系统可以运行在一个单独的节点上，与其他节点上的子系统进行交互。该子系统对本节点完全支持的简单请求提供快速响应，对需其他节点协作的请求的响应较慢。这种子系统通常需要与特定的 I/O 设备接口，例如显示器和键盘。

用户交互客户子系统可以支持简单的用户界面，由命令行界面或包含多个对象的图形用户界面组成。简单的用户交互客户子系统有一个控制线程。

更复杂的用户交互子系统通常涉及多个窗口和多个控制线程。例如，Windows 客户端包含多个独立操作的窗口，每个窗口由并发对象支持，每个对象具有独自的控制线程。并发对象可能访问共享数据。图 10-7 是轻轨系统中的例子。其中，轻轨运营交互是具有多个窗口的用户交互系统，与列车控制、车站和铁路运营服务等组件通信。图 10-10 中给出了紧急监测系统中用户交互子系统与多个服务交互的示例。操作员展示子系统包括一个在告警窗口中显示告警的内部用户交互对象和在事件监测窗口中显示监测状态的另一个内部用户交互对象。告警窗口实例向告警服务子系统发送需应答的同步请求，并且事件监测窗口以相同的方式与监测数据服务子系统通信。

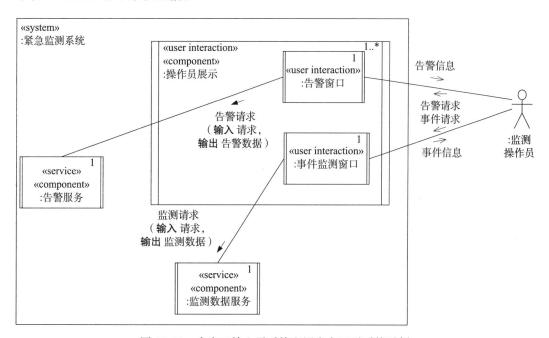

图 10-10　多窗口输入子系统和用户交互子系统示例

10.5.4　输入 / 输出子系统

输入（input）、**输出**（output）或**输入 / 输出**（input/output）**子系统**是服务于其他子系统，执行输入和输出操作的子系统。它由硬件、接口和控制设备的软件组成，具有一定的自主性。"智能"设备具有更强的局部自主性。I/O 子系统通常包括与外部 I/O 设备接口的输入和输出对象，提供本地化控制的控制对象，以及存储本地数据的实体对象。

图 10-12 是输入子系统的一个示例。其中，应急监测系统中的监控传感器组件是输入子系统。该子系统有几个实例，每个实例接收来自监测外部环境的远程传感器的输入，并将感知的外部状态信息发送到监测数据服务子系统，并向告警服务子系统推送警报。

10.5.5 数据采集子系统

数据收集（data collection）子系统收集外部环境数据。在某些情况下，收集、分析和删减数据之后进行数据存储。子系统响应应用对数据值的请求。另外，子系统可能传递简化形式的数据。例如，它收集几个原始传感器数据但只传递平均值，并转换为工程单位。数据收集子系统比输入/输出子系统对数据进行更多、更重要的处理。

图 10-11 是数据采集子系统的一个示例。其中，传感器数据采集子系统从各种数字和模拟传感器实时采集原始数据。数据采集频率取决于传感器的特性，从模拟传感器采集的数据需要进行单位转换，转换为工程单位。处理后的传感器数据发送到消费子系统，如传感器数据分析和传感器数据服务子系统。

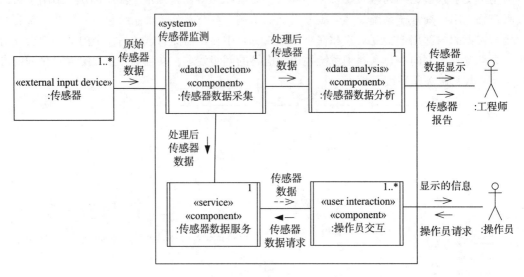

图 10-11　数据采集和数据分析子系统示例

10.5.6 数据分析子系统

数据分析（data analysis）子系统分析数据，并报告和展示其他子系统所采集的数据。数据分析子系统也可以具有数据采集功能。一般情况下，数据采集实时完成，而数据分析则是非实时活动。

如图 10-11 所示，传感器数据分析子系统是数据分析子系统的一个例子，它从传感器数据采集子系统接收传感器数据。传感器数据分析子系统分析当前和历史传感器数据，进行统计（如计算均值和标准偏差），生成趋势报告，并在监测到不正常趋势时产生警报。

10.5.7 客户子系统

客户子系统（client subsystem）是一个或多个服务的请求者。有许多不同类型的客户，其中一些可能完全依赖于特定服务，而另一些则部分依赖于服务。前者只与一个服务通信，而后者可能与多个服务通信。常见的客户子系统包括控制系统、用户交互子系统、I/O 子系统和数据采集子系统（分别见 10.5.1 节、10.5.3 节、10.5.4 节和 10.5.5 节）。

在图 10-2 和图 10-3 所示的轻轨系统中，有一个服务子系统，铁路运营服务，而列车控制、车站、铁路道口系统、路边监视系统和铁路运营交互组件等都是铁路运营服务的客户。

图 10-2 是紧急监测系统的客户子系统，其中监测传感器组件、远程系统代理和运营展示子系统是客户子系统，下一节将描述这些子系统。

10.5.8　服务子系统

服务子系统（service subsystem）是为客户子系统提供服务的子系统，它本身不发起任何请求，只响应来自客户子系统的请求。服务子系统通常是组合对象，由两个或更多的对象组成。这些对象包括响应客户服务请求并选择执行响应的对象的实体对象和协调对象，封装应用程序特定逻辑（如算法）的应用逻辑对象。通常，服务与数据库或一组相关的数据库相关联，或者提供对数据库或文件系统的访问。

可以将服务子系统设计为面向服务体系结构的一部分（Gomaa 2011），也可以将其设计为基于组件的软件体系结构的服务组件。服务子系统通常有自己的节点，数据服务支持远程访问集中式数据库或文件存储，I/O 服务处理对驻留在该节点的物理资源的请求。

轻轨系统是拥有一个数据服务子系统的系统示例。如图 10-2 和图 10-3 所示，服务子系统铁路运营服务用于维护系统中列车和车站的当前状态。如图 10-12 所示，紧急监测系统具有多个数据服务子系统，包括告警服务和监测数据服务子系统，分别存储当前和历史告警以及传感器数据。监测数据服务接收从监测传感器组件和远程系统代理子系统而来的传感器数据，并响应由其他客户子系统对传感器数据的请求。例如，显示数据的操作员展示子系统向监测数据服务请求传感器数据。

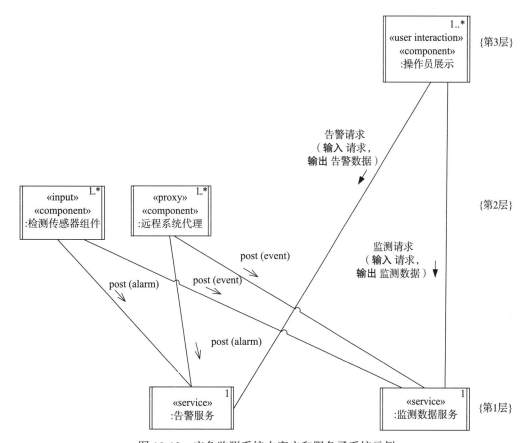

图 10-12　应急监测系统中客户和服务子系统示例

图 10-11 中的传感器数据服务是另一个数据服务的例子，存储当前和历史传感器数据。它从传感器数据采集子系统获取新的传感器数据，响应其他子系统对传感器数据的请求。如运营交互子系统的多个实例请求并显示数据。第 12 章将描述并发服务子系统的设计。

10.6 确定子系统间的消息通信

在从分析到设计的过渡中，最重要的决定之一是确定子系统之间所需要的消息通信类型。随后的相关决定是确定每个消息的名称和参数，即接口规范。在分析模型中，已经初步确定了消息通信的类型。此外，关注的重点是对象之间传递的信息，而不是详细的消息名称和参数。在设计建模阶段，确定子系统结构（如 10.5 节）后，需要确定消息通信的精确语义，如消息通信是同步还是异步（见第 2 章和第 3 章），消息的内容是什么。

两个子系统之间的消息通信可以是单向的，也可以是双向的。图 10-13a 是分析模型中生产者和消费者之间单向信息传播，以及客户和服务之间的双向信息通信的例子。因为最初假定消息通信是异步的，所以分析模型中用不同的符号（箭头）描述并发对象之间的所有消息。在设计建模阶段，可以确认或改变分析模型中的决定，所以设计者需要决定这两个例子中消息通信的类型（在 UML2.0 中，箭头表示异步通信，而黑色箭头表示同步通信。关于消息通信的 UML 表示方法，参见 2.8.1 节）。

[181] 图 10-13b 是子系统间消息通信类型设计决策的结果。其中，生产者和消费者之间使用异步消息通信。因为是单向通信，生产者不需要等待。相比之下，因为客户需要等待来自服务器的响应，所以客户和服务器之间使用同步消息通信。此外，还需确定每个消息的准确名称和参数。异步消息具有名称发送异步消息和称为消息的内容。同步消息的名称为发送带响应的同步消息，输入内容称为消息，服务的答复称为响应。

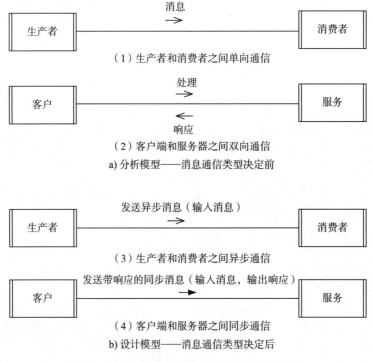

（1）生产者和消费者之间单向通信

（2）客户端和服务器之间双向通信

a）分析模型——消息通信类型决定前

（3）生产者和消费者之间异步通信

（4）客户端和服务器之间同步通信

b）设计模型——消息通信类型决定后

图 10-13 从分析到设计：消息通信类型决定

　　如第 11 章所述，上述同步和异步通信方式称为体系结构通信模式。异步消息通信模式应用于生产者和消费者之间的单向消息通信，而带响应的同步消息通信模式应用于客户和服务器之间的消息通信和响应。

10.7　小结

　　本章简单描述了软件体系结构的概念，从静态、动态和部署等视角分析了软件体系结构，并介绍了软件体系结构的相关视图描述。在说明了从分析过渡到设计的系统方法之后，本章讨论了子系统设计中的关注点分离，以及如何使用子系统构造标准等问题。最后，本章描述了子系统之间消息通信接口的设计。

　　在软件设计建模过程中，设计决策与软件体系结构的特性有关。在设计整体软件体系结构时，需要考虑应用软件体系结构模式，包括体系结构模式和体系结构通信模式。第 11 章介绍了软件体系结构设计模式以及如何将它们用于实时嵌入式系统的设计。第 12 章介绍了基于组件的软件体系结构的设计，其中包括组件接口的设计，组件接口包括组件提供的接口、所需的接口以及连接兼容端口的连接器。第 13 章介绍了实时软件体系结构的设计，它们是并发体系结构，经常需要处理多个输入事件流。第 14 章描述了软件体系结构的详细设计。第 15 章介绍了软件产品线体系结构的设计，这些体系结构需要捕获产品系列中的共性和差异性的体系结构。

　　在第 16 章和第 17 章中将说明开发实时嵌入式系统软件体系结构中的系统和软件质量问题。第 16 章描述实时系统的系统和软件质量属性，以及将其用于软件体系结构质量评估的方法。第 17 章和第 18 章描述软件设计的性能分析。第 19 章到 23 章提供使用 COMET/RTE 建模和设计实时嵌入式软件体系结构的不同示例。

实时嵌入式系统软件体系结构模式

在设计软件时，设计师经常遇到以前项目中已经解决的问题。通常情况下，问题的场景有所不同，可能是不同的应用、不同的运行平台或不同的编程语言。由于场景变化，设计师经常去重新设计和实现已有的解决方案，从而落入"重新发明轮子"的陷阱。软件模式，包括体系结构模式和设计模式，将帮助软件开发人员避免不必要的重复设计和实现。

在软件开发领域，设计模式是由 Gamma、Helm、Johnson 和 Vlissides 在《设计模式》（1995）中提出并加以推广。书中描述了二十三种设计模式。1996 年，Buschmann 等人提出了跨越不同抽象层次的模式，从高层结构模式到设计模式，再到低级用语。

本章介绍了几种可用于实时嵌入式系统开发的软件体系结构模式。11.1 节概述了不同类型的软件模式；11.2 至 11.7 节描述了不同的软件体系结构模式，其中，11.2 至 11.4 节聚焦于解决软件体系结构问题，11.5 到 11.7 节讨论解决软件体系结构中的分布式组件之间信息通信问题。11.8 节描述了如何使用标准模板生成软件体系结构模式文档。11.9 节描述了如何应用软件体系结构模式结构化新的软件体系结构。

11.1 软件设计模式

设计模式描述了设计中需要重复解决的问题、问题的解决方案，以及解决方案工作的场景（Buschmann et al. 1996，gamma et al. 1995）。描述依据通信对象和类而定制，以解决特定上下文中的一般设计问题。设计模式是比类更大的重用形式。设计模式涉及多个类以及不同类之间的互联。

设计模式概念最初成功之后，相继开发出一些其他类型的模式。下面介绍了几种主要可重用模式。

- **设计模式**

Erich Gamma，Richard Helm，Ralph Johnson，和 John Vlissides 四位设计师在被广泛引用的书《设计模式》（Gamma et al. 1995）中，提出并描述了设计模式。设计模式是一组协作对象。

- **体系结构模式**

这是由西门子公司 Buschmann et al.（1996）提出。体系结构模式比设计模式的粒度更大，它确定系统中主要子系统的结构。Buschmann et al.（2007）后来提出了不同应用域中的体系结构模式。

- **分析模式**

Fowler（2002）发现不同应用领域中分析方式的相似性，提出分析模式的概念，介绍了面向对象分析中的重复模式，并用类图描述其静态模型。

- **特定域模式**

这些模式用于特定的应用领域，如工厂自动化或电子商务。通过专注于特定应用域，设计模式提供更适合特定领域的解决方案。

- **风格**

风格是一种低级的模式，具体到特定编程语言和根据语言特点给出的解决问题方案。这些语言包括 Java 或 C++ 等。这些模式与代码最相近，它们只能被同一编程语言中编码的应用程序使用。

- **设计反模式**

不应该使用某些模式，因为对于解决一些重复问题应用这些模式是错误或无效的，会导致潜在的性能缺陷。例如，组件不停地查询消息不必要地占用 CPU 时间，而不是等待消息到达事件。

11.1.1 软件体系结构模式

如前一节所描述，软件**体系结构模式**为整个软件体系结构或应用程序的高层设计提供了框架或模板。Shaw and Garlan（1996）称之为软件体系结构的体系结构风格或模式，是在各种应用软件中重复使用的体系结构（Bass et al. 2013），包括客户端/服务器和分层体系结构等广泛使用的体系结构。

本章将软件体系结构模式分为两大类：体系结构的结构模式（体系结构的静态结构）和体系结构的通信模式（体系结构分布式组件之间的消息通信）。此外，一种体系结构模式也可以包含其他的体系结构和通信模式。

|185|

11.2 分层软件体系结构模式

本节描述分层软件体系结构的结构模式，它利用层次结构或抽象层次组织软件体系结构，确定体系结构的静态结构。

11.2.1 抽象体系结构模式层

抽象层次模式（也称为层次或抽象层模式）是一种常见的体系结构模式，应用于许多不同的软件领域（Buschmann et al. 1996）。操作系统、数据库管理系统和网络通信软件都是层次结构软件系统的例子。

Parnas（1979）在可伸缩软件设计（Hoffman and Weiss 2001）方面的开创性论文中指出：如果采用分层设计，可以通过增加使用低层服务的高层组件进行扩展，也可以通过去除部分或全部高层组件的方式进行裁减。

对于严格分层层次结构，每一层只能使用与其紧邻的下层的服务。例如，第 3 层只能调用第 2 层提供的服务。对于灵活分层层次结构，每一层不仅可以调用其相邻下层的服务，而且可以调用其下多个层的服务，例如，第 3 层可以直接调用第 1 层提供的服务。

TCP/IP 协议是因特网上使用最广泛的协议（Comer 2008），它使用抽象层体系结构模式。每一层完成网络通信中特定功能，并为上层提供一组操作接口。这是严格分层层次结构的例子，对于发送方节点上的每一层，接收方节点上都有一个对应层。如图 11-1 所示，TCP/IP 分为五个概念层：

第 1 层：物理层，对应于基本网络硬件，包括电气、机械接口和物理传输介质。

第 2 层：网络接口层，指定如何将数据组织成帧，以及如何在网络上传输帧。

第 3 层：互联网协议（IP）层，指定互联网上发送的数据包的格式，以及通过一个或多个路由器从源到目的地转发数据包的机制（参见图 11-2）。图 11-2 中的路由器节点是将局域网与广域网互连的网关。

第 4 层：传输层（TCP），按照最初发送的顺序将包组装成消息。TCP 是传输控制协议，它使用 IP 网络协议发送和接收消息，它为两个远程节点上的应用程序提供虚拟连接，即端到端的协议（参见图 11-2）。

第 5 层：应用层，支持各种网络应用，如文件传输（FTP）、电子邮件、万维网。

分层体系结构的一个有趣特性是可以用不同层替换体系结构中的上层，这些上层使用下层提供的相同服务。如图 11-2 所示，路由器节点使用 TCP/IP 协议的下三层（层 1-3），而应用节点使用所有五层。用于因特网电话的语音 IP 应用程序（VoIP）是位于应用层的实时应用程序示例。由于 VoIP 具有实时性要求，所以它在传输层使用更快但不太可靠的无连接 UDP 协议（用户数据包协议）代替 TCP 协议。与 TCP 一样，UDP 使用 IP 网络协议传送消息（Comer 2008）。

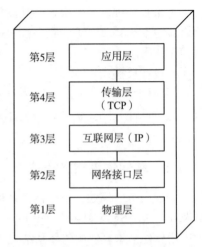

图 11-1 抽象层体系结构模式：Internet（TCP/IP）参考模型

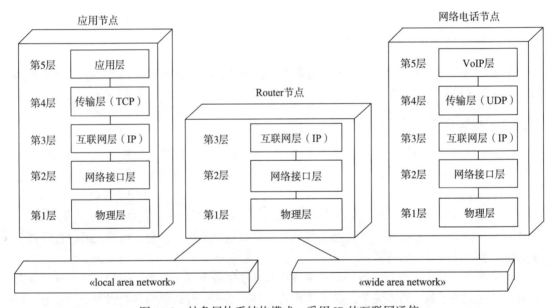

图 11-2 抽象层体系结构模式：采用 IP 的互联网通信

图 11-3 中的紧急监控系统是灵活分层抽象体系结构模式的例子。每个层包含一个或多个组合子系统（组件或服务）。第一层是服务层，它提供两个服务，告警服务和监测数据服务，它们供上层使用。第二层是监控层，它也有两个组件，监测传感器组件和远程系统代理。第三层由用户交互对象运营展示组成的用户层。

11.2.2   内核体系结构模式

使用内核模式，软件系统的核心被封装在内核中。如果内核很小，这种模式也被称为微内核模式（Buschmann et al. 1996）。内核提供了包含一系列操作，定义良好的接口，以程序和函数形式提供给软件系统的其他部分调用。这种模式经常用于操作系统的内核，内核提供操作系统需要的基本功能，操作系统通过调用内核的接口提供其他服务。UNIX、Linux 和 Windows 操作系统都采用内核模式，只有一个内核。应用程序的内核也可以是抽象层开发的分层体系结构模式的最低层（见 11.2.1 节）。

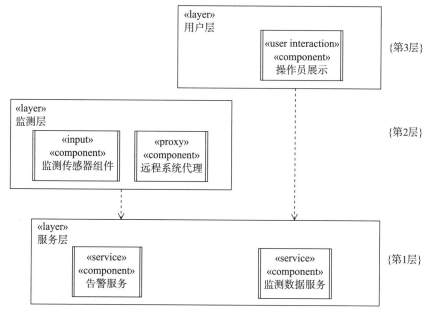

图 11-3　抽象层体系结构模式的实例：应急监测系统

在图 11-4 中，将操作系统内核层作为分层体系结构中的第一层。本书第 3 章介绍了操作系统内核所提供的典型服务，如任务调度。在内核层之上是操作系统服务层，它为提供了系统的附加服务，如文件管理和用户管理等。第三层是应用层，应用程序由并发任务组成，这些任务利用下层提供的服务。在一些实时嵌入式系统中，应用程序不需要操作系统服务层所提供的服务，此时应用程序层直接结构化在内核层之上。微波炉控制系统（见第 19 章）和铁路道口控制系统（见第 20 章）是实时嵌入式系统的例子，它不需要操作系统服务层。

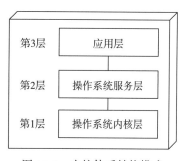

187
～
189

图 11-4　内核体系结构模式

11.3　实时软件体系结构的控制模式

许多实时系统具有重要的控制功能。本节介绍不同类型控制模式，包括集中式控制模式、分布式控制模式和分层控制模式。为了使模式不仅适用于实时软件体系结构，还要适用于基于组件的软件体系结构，将构造型《component》用于这些模式。

11.3.1　集中控制体系结构模式

在**集中控制**模式中，有一个控制组件，它具有状态机的功能，为系统或子系统提供整体控制和调度。控制组件接收与其相连的其他组件的事件。这些事件来自与外部环境交互的各种输入组件，例如检测环境变化的传感器。输入事件通常会引起控制组件中状态机的状态转换，从而导致一个或多个与状态相关的操作。控制组件使用这些操作控制输出组件等其他组件。输出组件输出信号到外部环境设备，如打开或关闭执行器。实体对象还用于存储其他对象所需的任何临时数据。

在铁路道口控制系统（见第 20 章）和微波炉控制系统（见第 19 章）中可以看到这种控制模式。图 11-5 给出了微波炉控制系统中集中控制体系结构模式的示例，其中在并发通信图上呈现并发组件。微波炉控制组件是一个集中控制部件，它通过状态机对微波炉进行整体控制和调度。当检测到外部环境的输入时，微波炉控制接收来自门、重量和键盘三个输入组件的信息，将控制动作发送到加热元件组件（打开或关闭加热元件）和微波炉显示器（向用户显示信息和提示）两个输出元件。

190

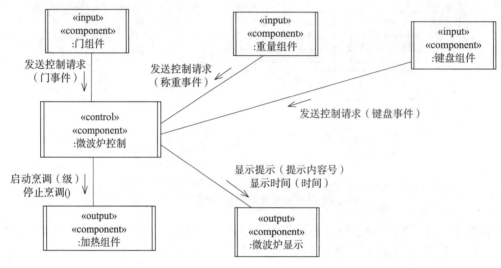

图 11-5　集中控制模式示例

11.3.2　分布式协同控制体系结构模式

分布式协同控制模式包含多个控制组件，这些组件通过类似于执行状态机的方式控制系统的特定部分。控制分布在各个控制组件之间，没有任何单一组件用于整体控制，组件之间通过点对点方式进行通信。与集中控制模式一样（见 11.3.1 节），组件也与外部环境进行交互。

图 11-6 是一个分布式协同控制模式的示例。其中，将控制分配到多个分布式控制器组件。每个分布式控制器运行其内部状态机，通过传感器组件接收来自外部环境的输入，并向执行器组件发送输出以控制外部环境。分布式控制器通过发送包含事件的状态消息与其他分布式控制器组件通信。

11.3.3　分布式独立控制模式

分布式独立控制模式不同于分布式协同控制模式，虽然控制也分布在多个控制部件中，且没有集中控制组件，但控制组件之间没有通信，它们往往是分散独立控制。分布式独立控制模式中，有时一个组件以异步通信方式向另一个组件发送状态信息，例如服务组件。但不同于分层控制模式（见 11.3.4 节），服务组件不提供任何协调或控制。另外，这种模式也不

191

同于客户/服务模式,在客户/服务模式中,控制组件需要等待对服务请求的响应,如 11.4 节所述。

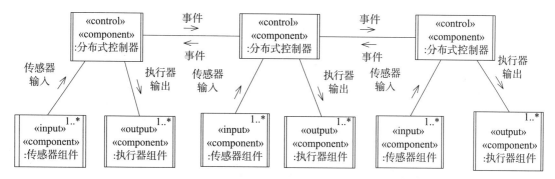

图 11-6 分布式协同控制体系结构模式示例

如图 11-7 所示,轻轨控制系统是从单向传输到分布式独立控制服务的例子(见第 21 章)。每个列车由列车控制组件控制,它将诸如到达和离开车站等列车状态信息发送给铁路运营服务部件。在这个系统中,还有其他独立控制组件向服务组件发送状态信息,例如铁路道口控制组件(图中未标出),向铁路运营服务组件发送铁路道口护栏升起和放下的状态信息。

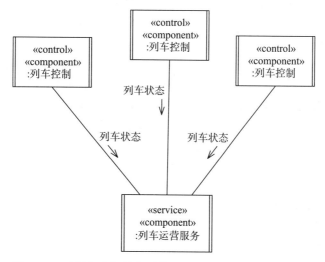

图 11-7 对服务进行单向通信的分布式独立控制模式示例

11.3.4 分层控制体系结构模式

分层控制模式(也被称为多级控制模式)包含多个控制组件。每个组件通过类似于状态机的机制控制系统的特定部分。此外,协调器组件通过协调多个控制组件控制整个系统。协调器从控制组件接收状态信息,决定每个控制组件的下一个作业,并将该信息直接传递到控制组件。

图 11-8 是分层控制模式的一个例子,其中,分层控制器是协调器组件,它向每个分布式控制器发送高级指令。分布式控制器提供底层控制,与传感器和执行器组件交互,并在完成任务时应答分层控制器。另外,分布式控制器还可以向分层控制器发送进度消息。

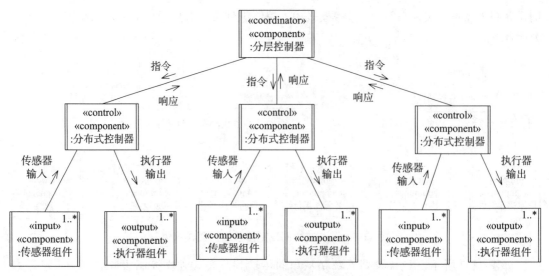

图 11-8　分层控制体系结构模式示例

11.3.5　主 / 从体系结构模式

在**主 / 从**模式中，一个控制组件控制和调度几个从属组件。主组件对将要执行的工作进行划分，并分配给从属组件。每个从属组件执行它的任务，并在完成时向主组件发送响应。主组件接收从组件的响应。这种模式具有并发的特点，允许多个从组件并行进行多任务处理。从组件之间通常不进行交互，因此可以充分利用多处理机系统中不同处理器并行执行。

不同于分层控制模式中的底层控制器，从组件没有任何本地控制。也与集中控制模式中控制器不同，从组件通常不会与多个传感器和执行器交互。图 11-9 给出了这种模式的一个示例，其中主组件向每个从组件发送任务指令，从组件完成任务后向主组件发送应答。

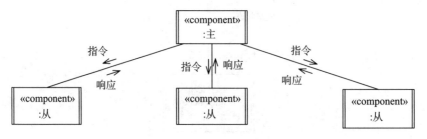

图 11-9　主 / 从体系结构模式示例

11.4　客户 / 服务软件体系结构模式

本节介绍两种客户 / 服务软件体系结构模式，重点是单个服务 / 多个客户和多个服务 / 多个客户模式。客户 / 服务体系结构模式广泛用于软件应用程序，在实时嵌入式系统设计中也发挥着重要作用。本节用实时案例说明该模式可以应用于实时嵌入式系统设计。

在本章中，服务器和服务是不同的概念。服务器是为多个客户提供一个或多个服务的硬件 / 软件平台。客户端 / 服务器系统中的服务是满足多个客户需求的应用软件组件。由于服务在服务器上执行，两个术语经常混淆，它们有时可以互换使用。有些服务器支持一个或多个服务；一些大型服务可能跨越多个服务器节点。在客户端 / 服务器系统中，服务在固定服务器节点上执行，客户端与服务器有固定的连接。如第 12 章所述，在基于组件的系统中，将服务设计成可以在部署时实例化，并分配给单独节点的组件。如 11.6 节所述，在面向服务的体系结构中，服务是独立存在的，通常使用代理模式访问。

11.4.1　多客户/单一服务体系结构

多客户/单服务模式包括请求服务的客户和满足客户请求的服务。最简单和最常见的客户/服务体系结构有一个服务和许多客户，多客户/单服务体系结构模式也称为客户端/服务器或客户/服务模式。在图 11-10 部署图上描述多客户/单服务体系结构模式，该图显示多个客户通过局域网与在服务器节点上执行的服务连接。

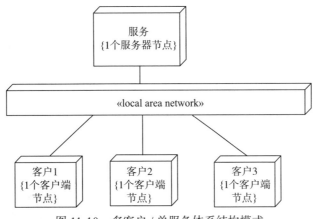

图 11-10　多客户/单服务体系结构模式

银行系统（Gomaa 2011）是应用这种模式的典型示例。如图 11-11 所示，多个自动取款机（ATM）通过广域网连接到银行服务组件，每个 ATM 由 ATM 控制器组件控制，每个 ATM 控制器与银行服务通信，ATM 控制器之间彼此独立。一个典型的 ATM 控制序列是：ATM 控制器读取客户的 ATM 卡，提示用户输入 PIN 和现金金额，与银行服务通信，验证 PIN，确定客户是否有足够的现金余额。如果银行服务批准该请求，则 ATM 控制器组件发放现金，打印收据，并返回 ATM 卡。每个 ATM 控制器执行一个状态机，控制上述交互序列。状态机接收来自读卡器和客户键盘输入，并控制输出到现金分发器、收据打印机、客户显示器和读卡器。

图 11-11 中的客户端是 ATM 控制器组件，它与银行服务之间以带应答的同步消息通信模型进行通信（见 11.5.4 节）。客户发送消息到服务，然后等待响应；服务在收到消息之后，处理消息，准备应答，将应答发送给客户；接收应答后，客户继续执行其他操作。

194

11.4.2　多客户/多服务体系结构模式

更复杂的客户/服务系统可支持多个服务。如图 11-12 所示，在**多客户/多服务**模式中，客户可能与多个服务通信。使用这种模式，客户可以串行地与多个服务通信，也可以并发地与多个服务通信。

紧急监测系统（Gomaa 2011）是一个多客户/多服务体系结构模式的例子。在例子中，多客户/多服务体系结构模式与分层体系结构模式相结合。图 11-13 的分层层次结构中有两个服务组件，告警服务和监测数据服务，分别存储当前和历史告警以及传感器数据。每个服务组件接收来自两个位于第二层客户的数据。因此，监测数据服务接收来自监测传感器组件和远程系统代理客户组件的传感器数据。其他客户请求传感器数据，如在第三层显示数据的操作员展示组件。

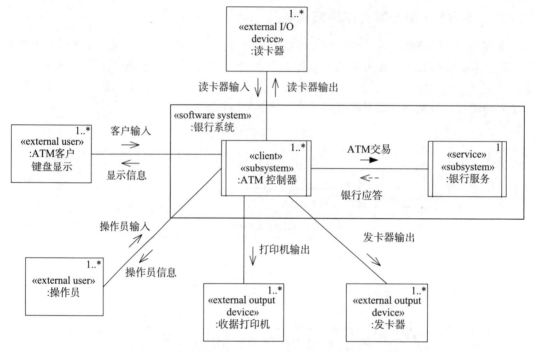

图 11-11 多客户 / 单服务体系结构模式示例：银行系统

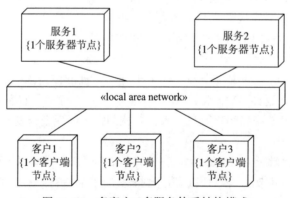

图 11-12 多客户 / 多服务体系结构模式

11.5 基本软件体系结构通信模式

体系结构通信模式处理体系结构中并发组件和分布式组件之间的动态通信问题。本节介绍基本的通信模式。第一种模式是同步对象访问模式，它仅限于同一节点上执行的并发组件之间使用。所有其他模式解决驻留在同一节点上的并发组件或驻留在不同节点上的分布式组件之间的消息通信。通信模式是频繁使用的交互序列（也称交互协议），并发和分布式组件利用它实现相互通信。并发通信图是描述并发组件之间消息通信模式的最有效方式。11.6 和 11.7 节将分别描述更高级的通信模式，代理和分组通信模式。

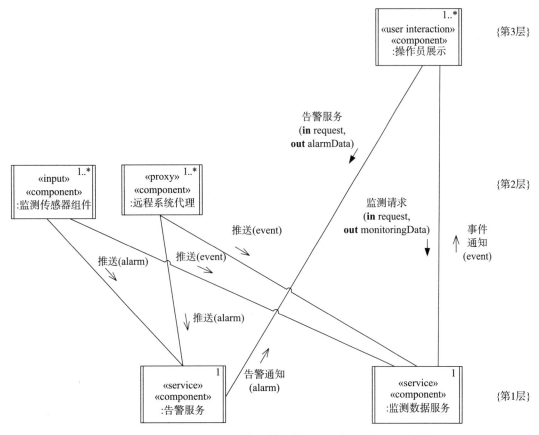

图 11-13　多客户 / 多服务体系结构模式的示例：应急监测系统

11.5.1　同步对象访问模式

当同一节点上的两个或多个并发组件（任务）通过被动信息隐藏对象进行通信以访问共享数据时，使用**同步对象访问模式**。在这个模式中，每个任务调用被动对象提供的操作（过程或函数），为数据提供同步访问（如互斥）。第 14 章将更详细地描述共享数据的访问同步问题。

图 11-14 是利用被动对象交互的两个任务使用同步对象访问模式的示例。模拟传感器容器对象封装传感器数据并支持对数据的同步访问。该对象为读数据的任务提供从容器读取传感器数据的操作，以及为写数据的任务提供更新传感器数据操作。第 14 章中有更详细的描述。

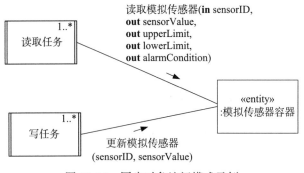

图 11-14　同步对象访问模式示例

11.5.2 异步消息通信模式

使用**异步消息通信模式**，生产者组件向消费者组件发送消息（见图 11-15），不需要等待应答。因为生产者不需要等待消费者的应答或在收到应答前要执行其他功能（见双向

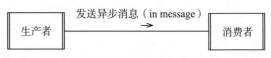

图 11-15 异步消息通信模式

异步通信，在 11.5.3 节中讨论），所以生产者连续执行任务。如果在消费者忙碌时消息到达，则新消息进入消息队列。因为生产者和消费者组件是异步的（即以不同的速度），在生产者和消费者之间可以建立一个先进先出（FIFO）消息队列，使得消息按照收到它们的顺序排队。如果在消费者请求时消息可用，则消费者接收该消息并继续执行。如果没有可用消息，则消费者暂停，直到消息到达时消费者被重新唤醒。这种模式也经常用于多个生产者和一个消费者的情形。在分布式环境中，尽可能使用异步消息通信以获得更大的灵活性。如果发送方不需要接收方的响应，则此模式是理想选择。

在分布式环境中，生产者需要收到"是"或"否"的应答，以确认消息是否到达目的地。这不是表示目标组件已经收到消息，只是表示消息已到达目的节点。在目标组件实际接收到消息之前，可能要花费大量额外的时间。发送消息时应考虑超时因素，消息传输过程中出现延迟或故障时将会给生产者返回"否"的应答。生产者决定如何处理这种情况。

图 11-16 给出了微波炉控制系统中异步消息通信模式示例，其中各组件之间的所有通信都是异步的。微波炉软件系统大多数通信是单向的，且需要避免出现生产者被消费者占用的问题，所以系统采用异步消息通信模式。三个生产者组件（门组件、重量组件和键盘组件）发送消息到微波炉控制（见图 11-16）的顺序是不确定的，因为它由用户的操作所决定。微波炉控制组件需要能够以任何顺序接收来自任何一个生产者的消息。因此，系统采用异步消息通信模式，在微波炉控制组件中建立一个输入消息队列，将输入的消息按接收的顺序进行排队。

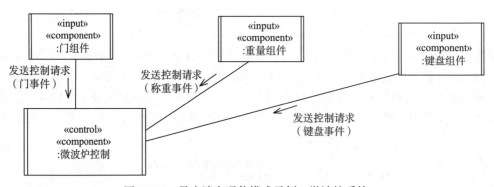

图 11-16 异步消息通信模式示例：微波炉系统

11.5.3 双向异步消息通信模式

生产者发送异步消息给消费者时，如果需要应答（即使不需要立即回复），则使用**双向异步消息通信模式**（如图 11-17 所示）。这种模式比具有回调的异步消息通信模式更加灵活（见 11.5.5 节），因为后者只处理单一异步消息的响应。如果生产者需要在接收到上一个消息的响应之前发送突发消息，可以使用双向异步消息通信模式。生产者消息在消费者队列中，消费者应答在生产者队列中，在需要使用时接收它们。

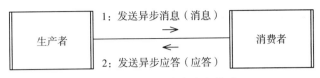

图 11-17　双向异步消息模式

图 11-18 是分布式环境中的双向异步消息通信模式示例。在图示工厂控制系统中，组件之间的所有通信都是异步的。监控系统组件将包含移动指令请求的异步消息发送到自动引导车辆（AGV）系统组件，请求它移动到工厂中的特定位置。AGV 系统发送包含移动应答的异步消息（表示当前位置、所接收的方向以及最终到达目的地）。这个例子中，监控系统可以向一个给定的 AGV 发送移动到不同位置的几个移动请求，AGV 在工厂中移动，逐步服务这些请求，并向系统返回它当前的位置。

图 11-18　双向异步消息通信模式示例：工厂控制系统

11.5.4　具有应答的同步消息通信模式

具有应答的同步消息通信模式可以在生产者和消费者之间使用，或者在客户和服务之间使用。这两种情况下，发送方（生产者或客户）组件将消息发送到接收方（消费者或服务）组件，等待应答。当消息到达后，接收方接收并处理它，生成应答，然后将应答发送给发送方。对于一对特定生产者和消费者，它们之间不需要消息队列。第 13 章将更详细地描述**具有应答的同步消息通信模式**中生产者和消费者的情况。

采用**具有应答的同步消息通信模式**的客户/服务系统通常包括一个服务和多个客户。在典型的客户/服务模式中，一些客户将请求发送到服务，在服务上建立消息队列。如图 11-19 所示，客户使用同步消息通信，等待来自服务的响应。该服务以 FIFO 为基础处理每个传入消息，并向客户端发送响应。或者，客户端可以使用 11.5.5 节中描述的带回调的异步消息通信。200

应用程序决定客户采用同步或异步方式与服务进行消息通信，但客户的通信方式不影响服务的设计。事实上，服务的一些客户可以使用同步消息通信，其他客户则采用异步消息通信。在分布式环境中，同步消息通信通常由中间件提供，如远程过程调用或远程方法调用。

图 11-20 是使用同步通信模式的多客户/单服务消息通信示例。其中，服务是泵状态服务，它响应来自多个操作员交互客户的服务请求。来自多个操作员交互客户的输入请求进入泵状态服务消息队列。泵状态服务在 FIFO 基础上处理每个转入状态请求消息，然后将同步状态应答发送给客户。每个操作员交互客户发送一条消息到泵状态服务，然后等待其应答。

图 11-19　在多个客户和服务之间具有应答的同步消息通信模式

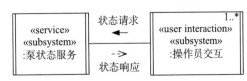

图 11-20　在多个客户和服务之间具有应答的同步消息通信模式示例

11.5.5 具有回调的异步消息通信模式

当客户发出请求后不需要等待，但需要在晚些时候得到服务响应时，在客户和服务之间使用**具有回调的异步消息通信模式**（如图 11-21）。回调是对已发送消息的异步响应，它允许客户异步执行，但仍符合客户 / 服务规则，其中客户每次只向服务发送一条消息。

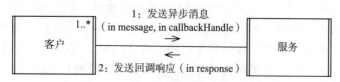

图 11-21 具有回调的异步消息通信模式

使用回调模式，客户发送远程引用或句柄，然后服务使用它响应客户的请求。如 12.7

|201| 节中所述，回调模式的一种变体是服务转发回调句柄，将响应委托给另一个组件。

回调异步消息通信模式没有双向异步消息通信模式灵活，因为后者在发送响应之前允许并发消息。

11.5.6 无应答同步消息通信模式

在**无应答同步消息通信模式**中，生产者向消费者发送消息，然后等待消费者接受消息（见图 11-22）。当消息到达时，消费者接受消息，从而释放生产者，然后生产者和消费者继续运行。如果没有消息，则消费者暂停。对于一对生产者和消费者，它们之间不产生消息队列。在生产比消费快的情况下，使用这种模式可以使生产者放慢速度，保证生产不能超前于消费。

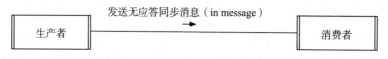

图 11-22 无应答同步消息通信模式

图 11-23 是没有应答的同步消息通信模式示例。生产者组件，传感器统计算法，将温度和压力统计信息发送给消费组件，然后传感器统计显示输出组件显示信息。这里，如果传感器统计显示输出组件数据显示速度低于生产者发送数据的速度，则暂停传感器统计算法组件计算温度和压力统计数据。因此，两个组件之间的通信使用无应答模式的同步消息通信。

传感器统计算法组件计算统计数据信息，发送消息，等待消息被传感器统计显示输出接收，然后继续执行。传感器统计算法在传感器统计显示输出显示结束前一直等待着，当传感器统计显示输出接收最新消息后，传感器统计算法从等待中释放，并计算统计下一组数据，同时

|202| 传感器统计显示输出显示当前数据。这种方法允许统计数据计算（计算绑定活动）与统计数据显示（I/O 绑定活动）并行，且不需要为显示组件建立统计数据消息队列。因此，两个组件之间无应答的同步通信起到了对生产者组件的制动作用。

无应答同步消息通信模式通常不在分布式通信中应用，只在类似本节所描述的情况下使用。组件之间尽可能采用异步的通信，在需要应答时使用同步消息通信。

图 11-23 无应答同步消息通信模式示例

11.6　软件体系结构代理模式

在基于组件的分布式环境中，将客户和服务设计成分布式组件。在代理通信模式（也称为对象代理或对象请求代理模式）中，**代理**充当客户和服务之间的中介。服务在代理上注册，客户通过代理查找服务。

代理提供位置透明性和平台透明性。**位置透明性**意味着如果服务移动到不同的位置，不需要告知客户，只要通知代理就行。**平台透明性**意味着每个服务可以在不同的硬件/软件平台上执行，并且不需要维护服务执行平台的信息。

在使用代理通信时，服务必须先采用 11.6.1 节介绍的服务注册模式注册到代理。如果客户只知道所需的服务而不定位，则该通信模式称为**白页代理**，类似于电话簿的白页，见 11.6.2 节。如果客户需要发现具体服务，则称为黄页代理，具体内容在 11.6.3 节介绍。

虽然代理模式广泛用于面向服务的体系结构中（如 Gomaa（2011）所述），但它们也可以有效地应用于分布式实时嵌入式系统，以允许在运行时动态绑定组件。因此，组件可以使用名称服务来注册它们的名字，这个名字服务就像组件的代理一样（如第 12 章所述）。

11.6.1　服务注册模式

在代理模式中，服务需要向代理注册服务信息，包括服务名称、服务描述以及提供服务的位置。服务在首次加入代理交换（类似于证券交易所）时进行注册。随后，如果服务变更位置，则需要把新的位置信息重新注册到代理。图 11-24 描述了服务注册模式，其中通过代理注册（或定位后重新注册）服务的消息序列如下：

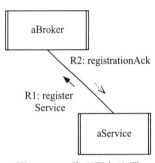

图 11-24　代理服务注册

[203]

R1：服务 eService 向代理 aBroker 发送注册服务请求 register Service。

R2：代理 aBroker 在服务注册中心注册服务，并向服务 eService 发送注册确认应答 registrationACK。

11.6.2　代理句柄模式

在代理句柄模式中，代理是建立客户和服务之间连接的中介。一旦连接到服务，客户就直接与服务通信，而不需要代理参与。

大多数商业对象代理使用代理句柄设计。这种模式特别适用于客户和服务之间有对话且交换多个消息的情形。图 11-25 中所描述的模式中包括以下消息序列：

B1：服务请求客户 eServiceRequester 向代理 aBroker 发送服务请求 ServiceRequest。

B2：代理 aBroker 查找服务的位置并返回客户 aServiceRequester 服务句柄 ServiceHandle。

B3：服务请求客户 aServiceRequester 使用服务句柄将请求提交给相应服务 aService。

B4：服务 aService 执行请求并直接给服务请求客户 aServiceRequester 直接发送应答 ServiceReply。

另一种代理模式是代理转发模式，其中代理是客户和服务之间发送的所有消息的中介。如果客户和服务之间的对话导致多条交换消息，则导致代理转发效率低。代理句柄模式中，客户与代理之间只在对话开始时交互一次，而代理转发模式中，客户和服务之间的每一次对话都需要客户与代理之间进行一次交互。

[204]

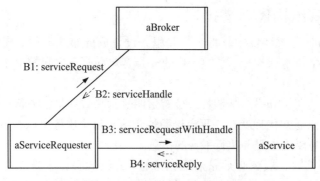

图 11-25　代理句柄（白页代理）模式

　　假设每个请求 n 有一个响应，并且需要两个额外的消息用于客户与代理之间通信，则使用代理句柄模式的消息流量是 2n+2。与客户 / 服务模式（见 11.4.1 节）的消息流量等于 2n 相比，代理的相对代价随着请求消息量 n 的增加而减少。

　　对于实时嵌入式系统，代理句柄模式初始化时在客户和服务组件之间建立起有效的连接，正常操作时组件之间的通信不需要代理干预。

11.6.3　服务发现模式

　　在前面描述的代理通信模式中，客户知道所需的服务，但不知道位置，即为白页代理。还有另一种代理模式称为**黄页代理**，该模式类似于电话簿的黄页，其中客户知道所需服务的类型，但不知道具体的服务。黄页代理允许客户发现新服务，故也称为**服务发现模式**（见图 11-26）。客户向代理发送查询请求，请求特定类型的所有服务；代理响应客户请求，给客户发回所有与需求匹配的有效服务列表；客户选择特定服务；代理返回服务句柄，客户使用该句柄直接与服务通信。

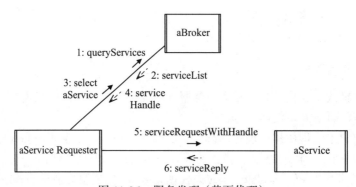

图 11-26　服务发现（黄页代理）

　　下面是一次黄页请求后接着一次白页请求的模式交互过程：

　　1：服务请求客户 aServiceRequester 向代理 aBroker 发送一个黄页请求 QuerryService，请求有关类型的所有服务信息；

　　2：代理 aBroker 查找此信息，并返回满足查询条件的所有服务的列表 servicelist；

　　3：aServiceRequester 选择其中一个服务，并向 aBroker 发送一个白页请求 select aService；

　　4：aBroker 查找该服务的位置，并将 serviceHandle 并返回给 aServiceRequester；

　　5：aServiceRequester 使用 serviceHandle 向所选择的服务 aService 发送请求 serviceRequest-

WithHandle；

6：aService 执行请求并将响应 serviceReply 直接发送到 aServiceRequester。

假设每个客户请求 n 有一个响应，且需要两个附加消息用于黄页代理以及两个附加消息用于白页代理，则使用黄页代理后跟白页代理方式的消息流量是 2n+4。与客户 / 服务模式（见第 11.4.1）的消息流量等于 2n 相比，代理相对代价随着请求消息量 n 的增加而减少。在实时嵌入式系统中，使用该模式有效地建立客户和服务组件之间的连接。该模式在初始化时使用黄页代理发现模式，再使用白页代理模式建立客户和服务之间的连接，后续操作中，组件和客户之间可以有效地沟通不需任何代理的干预。

11.7 分组消息通信模式

目前为止所介绍的消息通信模式仅涉及单个源和单个目的组件。在一些分布式应用中，组通信是理想的选择。分组消息通信是一对多消息通信的形式，其中发送方将一条消息发送给多个收件人。分布式应用中支持广播和多播两种分组消息通信（有时称为组通信）。

206

11.7.1 广播消息通信模式

利用**广播**（或广播通信）模式，向所有接收者发送未经请求的消息，或许通知它们暂停的关机。每个接收者必须决定是处理还是丢弃所收到的消息。图 11-27 给出了广播模式的一个示例。告警处理服务向用户交互组件的所有实例发送告警广播消息。每个接收者必须决定它是否响应警报或忽略该信息。该模式交互过程如下：

B1：事件监视器发送告警消息到告警处理服务。

B2a、B2b、B2c：告警处理服务以告警广播消息来广播告警，发送到操作员交互组件的所有实例。每个收件人决定是否采取行动或放弃消息。

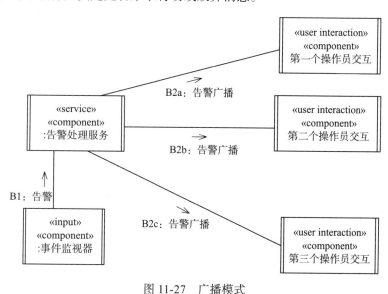

图 11-27 广播模式

11.7.2 订阅 / 通知消息通信模式

多播通信提供了一种更具选择性的组通信形式，将相同消息发送到组的所有成员。**订阅 / 通知**模式（也称为发布 / 订阅模式）是使用多播通信的一种形式，其中组件订阅一个组并且接收去往该组的所有成员的消息。组件可以订阅（请求加入）或取消订阅（离开）组，也可以是多个组的成员。发送方也称为发布者，将消息发送给组，而不必知道所有成员都是谁，组中所有成员都收到消息。将相同的消息发送给组中的所有成员称为多播通信。发送给订阅者的消息称为事件通知。在订阅列表中的成员可以接收多个事件通知消息。订阅/通知模式在因特网上被广泛使用。

实时系统可以使用订阅/通知模式，在初始化时进行订阅，并在正常执行时使用事件通知。这种模式的一种变体是多播通知模式，在这种模式下，组件之间的多播连接是通过连接表（也称为名称表，参见第12章）在初始化时建立的。因此，连接是隐式的，而不是通过显式订阅，事件通知在运行时正常处理。

图11-28是订阅/通知模式的一个示例。首先，操作员交互的三个实例发送一个订阅消息到告警处理服务，以接收某一类型的警报。告警处理服务每次收到特定类型的告警信息后，向所有操作员交互多播告警通知。模式交互过程详细描述如下：

S1、S2、S3：操作员交互组件订阅接收告警通知；

N1：事件监测器发送告警消息到告警处理服务；

N2a，N2b，N2c：告警处理服务从订阅列表中查找订阅这类告警的用户，向订阅列表中操作员交互的所有实例多播告警通知。每个接收者响应告警通知并采取适当的行动。

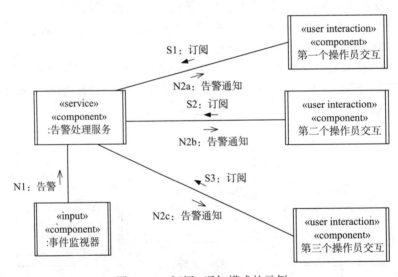

图 11-28　订阅/通知模式的示例

订阅/通知模式的另一个变体是只有一个订阅服务器，这种方式在点对点的情况非常有用，该情况下生产者不知道谁是消费者，且消费者可能会改变。消费者可以订阅生产者，发送一个句柄，生产者使用它来向消费者发送消息。

11.8　编写软件体系结构模式文档

不管模式的类型是什么，采用标准方法描述和记录一个模式是非常有用的，以便它可以很容易地被引用、比较和重用。模式需要说明的三个重要方面（Buschmann et al. 1996）是上下文、问题和解决方案。上下文是产生问题的情形；问题是指在这种情形下反复出现的需要解决的事项；解决方案是解决问题的有效方法。用于描述模式的模板通常还包括模式的优点、缺点和相关模式。典型模板如下：

- **模式名称**；
- **别名**，其他的名字，这个模式是已知的；
- **上下文**，产生这个问题的情况；
- **问题**，对问题的简要描述；
- **解决方案**，解决方案的简要说明；
- **优势**，用于确定方案是否正确的；
- **弱点**，用于确定方案是否错误；
- **适用性**，说明使用模式的条件；
- **相关模式**，解决方案的其他模式；
- **参考内容**，关于模式的更多信息。

本章描述的模式模板在附录 B 中。

11.9　软件体系结构模式应用

本节介绍在软件体系结构模式基础上进行软件体系结构开发的过程。一个非常重要的决定是确定体系结构模式，特别是哪些体系结构和通信模式是必需的。因为在交互图的开发过程中能够识别模式，所以在动态交互建模过程中识别体系结构模式（参见第 9 章）。例如，在动态建模中可以先使用任何控制模式。虽然在动态建模过程中可以识别体系结构模式，但在软件体系结构设计中还需要做一些其他决策：首先是结构模式，以确定体系结构中组件的组织结构；然后是应用体系结构通信模式，以确定组件如何彼此通信。

本章所描述的不同体系结构和通信模式可以一起使用。一个抽象层体系结构可能包含了控制、内核和客户 / 服务模式。例如，轻轨控制系统（第 21 章）在分层体系结构模式中集成了各种控制模式和客户 / 服务模式，它还应用了异步 / 同步消息通信、双向消息通信和订阅 / 通知等通信模式。

11.10　小结

本章介绍几种软件体系结构模式。体系结构模式用于确定软件体系结构的结构。体系结构通信模式描述软件体系结构的分布式组件之间的通信。可以结合软件体系结构模式，从体系结构模式开始，然后结合体系结构通信模式，开发一种新的软件体系结构。

本章还介绍了如何使用标准模板记录软件体系结构模式。本章所描述的软件体系结构模式用附录 B 中的模板进行了记录。第 12 章将讨论基于组件的软件体系结构设计中的几个重要主题。第 19 章至第 23 章的案例研究给出了软件体系结构和通信模式应用于实时软件设计的几个实例。

基于组件的实时嵌入式系统软件体系结构

在前面章节中，已经非正式地使用了组件一词。本章介绍了基于分布式组件的软件体系结构的设计，其中实时嵌入式系统的体系结构是根据可部署在分布式环境中的不同节点上的组件而设计的。本章描述了用于设计可以部署在分布式配置中执行的组件的组件构造标准，介绍了组件接口设计。组件接口包括提供和需求接口的端口以及连接兼容端口的连接器。

根据第 10 章介绍的子系统构造标准设计组件。在分布式环境下，为了使组件能够有效地部署在分布式物理节点上，需要额外的组件配置标准以确保组件是可配置的。此外，在第 11 章中介绍的体系结构和通信模式也用于基于组件的软件体系结构设计中。

在 UML 中用结构化的类对组件进行有效建模，并在组合结构图上进行描述。结构化类具有供给和需求接口的端口。利用连接通信类端口的连接器，通过端口实现结构化类的互联。本书第 2 章、2.10 节、第 10 章和 10.2.1 节介绍了 UML 组合结构图。本章详细描述了基于组件的软件体系结构设计。

本章 12.1 节介绍分布式基于组件的软件体系结构的概念；12.2 节介绍了分布式基于组件的软件体系结构的设计步骤；12.3 节描述了如何用供给和需求接口设计组件接口；12.4 节描述了组合子系统和组件的概念及其设计；12.5 节介绍了基于分布式组件的软件体系结构的一些实例；12.6 节描述了将软件体系结构构造成可配置的分布式组件的组件构造标准；12.7 节描述了串行和并发服务子系统的设计；12.8 节讨论了分布式系统中数据分布的问题；12.9 节介绍了如何将组件部署到分布式结构中；最后，12.10 节介绍了软件连接器的设计。

12.1　基于组件的软件体系结构

组件集成了封装和并发的概念。基于组件的软件体系结构的重要目标是提供高度可配置的基于消息的并行设计。也就是说，相同的软件体系结构能够部署到许多不同的分布式系统中。因此，可以配置给定软件系统，使得每个组件实例能够分配到独立的物理节点，或者所有或部分组件实例分配给同一个物理节点。为了实现这种灵活性，需要设计一种模式，该模式在系统部署时决定如何将组件实例分配给物理节点，而不是在系统设计时决定。

基于组件的软件开发方法有助于实现分布式、高度可配置和基于消息的设计目标。其中，将每个子系统设计成分布式的自包含组件。**分布式组件**是分布和部署的逻辑单元。组件可以是**复合组件**，也可以是**简单组件**。复合组件包含内部组件，这些内部组件要么是复合组件，要么是简单组件。简单组件没有内部组件，它可以封装一个或多个对象。这些对象可以是主动的或被动的，但其中至少一个对象是主动的。

由于组件可以部署到地理上分布式环境中的不同节点，所以组件之间的所有通信必须仅限于消息通信。一个节点上的源组件通过网络将消息发送到另一个节点上的目标组件。组件使用第 11 章中描述的体系结构通信模式进行通信。这些模式的细节可以封装在组件连接器中。

12.2 基于组件的分布式软件体系结构设计

实时嵌入式系统的**基于组件的分布式软件体系结构**由可配置在分布式物理节点上执行的分布式组件组成。为了有效管理大规模分布式实时嵌入式系统的复杂性，需要给出组件构造软件体系结构的方法，以确定软件体系结构所包含的分布式组件。每个组件实例可以在其自己的节点上执行。在确定体系结构中包含的组件以及详细定义组件之间的接口后，可以独立设计每个组件。

设计基于组件的分布式软件体系结构的三个主要步骤如下：

1. 设计软件体系结构

用可以在分布式环境中独立节点上执行的组件构造软件体系结构，这些组件是软件体系结构的要素。由于组件实例可以驻留在单独的节点上，所以组件之间的所有通信必须仅限于 [212] 消息通信。软件体系结构设计还包括：定义组件之间的接口，用 10.4 节所描述的子系统构造标准初步确定组件。其他的组件构造标准用于确保将组件设计成可配置的组件，且可以有效地部署到物理节点上。

2. 将要素组件设计成复合或简单组件

复合组件的设计方法如步骤 1 所述。如第 13 章所述，简单的组件由并发对象和被动信息隐藏对象所构成。根据定义，简单的组件只能在一个节点上执行。

3. 部署软件组件

在设计并实现了基于组件的软件体系结构之后，组件实例可以部署到分布式环境中。在此阶段，定义软件组件，将其实例映射到物理节点并相互连接，并部署到由分布式物理节点组成的硬件环境中。

12.3 组件接口设计

本节讨论了组件接口设计这一软件体系结构中的重要问题。本节重点介绍了在描述供给和需求接口、端口（以及如何根据供给和需求接口确定端口）和互连组件连接器之前定义接口的方法，以及基于组件的软件体系结构中组件的设计标准。

12.3.1 组件接口

面向对象设计和基于组件的软件体系结构的重要目标是将接口从实现中分离出来。如 10.1.3 节所述，**接口**确定类、服务或组件的外部可见操作，而不揭示这些操作的内部结构（实现）。供给的接口由所选择的操作组成，这些操作满足客户需求的一个子集。

在后续的示例中将使用来自紧急监控系统的三个接口。每个接口由一个或多个操作组成，如下所示：

1. **接口**：IAlarmService
提供的操作：
- alarmRequest (in request, out alarmData)
- alarmSubscribe (in request, in notificationHandle, out ack)

2. **接口**：IAlarmStatus
提供的操作：post (in alarm)

3. **接口**：IAlarmNotification
提供的操作：alarmNotification (in alarm) [213]

可以用静态建模符号（见第 2 章）描述组件的接口。在图 12-1 中，用构造型 «interface» 描述组件的接口。

12.3.2　供给和需求接口

为了给出基于组件的软件体系结构的完整定义，必须指定每个组件的供给接口和需求接口。**供给接口**指定组件自身必须完成的操作，供其他组件调用；**需求接口**描述了其他组件为该组件供给的操作，以便该组件能在特定环境中正常运行。

虽然许多组件只提供一个接口，实际上组件可以提供多个接口。为此，组件设计者为每个接口选择满足客户需求的组件操作的

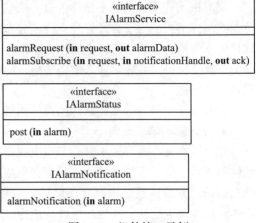

图 12-1　组件接口示例

子集。图 12-1 是一个提供多个接口的组件例子。图中告警服务组件供给了 IAlarmService 和 IAlarmStatus 两个接口。从图 12-2 可以看到，操作员告警显示组件需要 IAlarmService 接口，监测传感器组件需要 IAlarmStatus 接口。

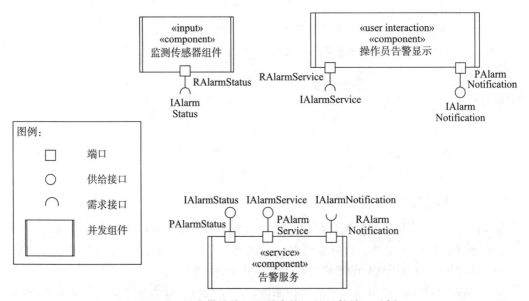

图 12-2　具有供给接口和需求接口的组件端口示例

12.3.3　端口和接口

组件有一个或多个端口，通过它可以与其他组件交互。根据供给接口和需求接口定义每个组件的端口。端口的供给接口指定了其他组件可以请求该组件；端口的需求接口说明了该组件请求其他组件。**供给端口**支持供给接口；**需求端口**支持需求接口。**复杂端口**既支持供给接口，又支持需求接口。组件可以有多个端口。特别是，如果一个组件与多个组件通信，它可以为每一个与其通信的组件使用不同的端口。图 12-2 显示了具有端口的组件以及其供给和需求接口。在图 12-2 中，用两个构造型描绘每个组件：第一个构造型对应于子系统构造

标准（见 10.5 节），如 «service» 或 «user interface»；第二构造型是 «component»。

　　按照惯例，组件需求端口的名称以字母 R 开头，强调组件具有需求端口。组件供给端口的名称以字母 P 开头，强调组件具有供给端口。在图 12-2 中，监测传感器组件有一个需求端口，称为 RAlarmStatus，支持需求接口 IAlarmStatus（在图 12-1 中定义）。操作员告警显示组件是客户端组件，具有需求端口 RAlarmService 和供给端口 PAlarmNotification。其中，PAlarmService 支持需求接口 IAlarmService，PAlarmNotification 支持供给接口 IAlarm-Notification。告警服务组件具有两个供给端口，称为 PAlarmStatus 和 PAlarmService，和一个需求端口 RAlarmNotification。端口 PAlarmStatus 通过接口 IAlarmStatus 发送告警消息。端口 PAlarmService 通过主接口（供给接口 IAlarmService）应答客户告警服务请求。告警服务组件通过端口 RAlarmNotification 发送告警通知。

12.3.4　连接器与组件互连

　　连接器将一个组件需求端口连接到另一个组件供给端口。相互连接的端口必须彼此兼容。这意味着，如果两端口相连接，则一个端口的需求接口必须与另一个端口的供给接口兼容，即一个组件需求接口中需要的操作与另一个组件供给接口中提供的操作相同。在连接器连接两个复杂端口（每个端口有一个供给接口和一个需求接口）的情况下，第一个端口的需求接口必须与第二个端口的供给接口兼容，且第一个端口的供给接口必须与第二个端口的需求接口兼容。

　　图 12-3 显示了三个组件（监测传感器组件、操作员告警显示和告警服务）的相互连接方式。第一个连接器是单向的（如图中的箭头方向，箭头表示连接器），它将监测传感器组件的需求端口 RAalarmSatus 连接到告警服务的供给端口 PAlarmStatus。图 12-2 表明这两个端口是兼容的，因为端口连接使得需求接口 IAlarmStatus 连接到供给接口 IAlarmStatus。第二个连接器同样是单向的，它将操作员告警显示组件的需求端口 RAlarmService 连接到告警服务的供给端口 PAlarmService。从图 12-2 中可以看出，这两个端口也是兼容的，因为端口连接实质上是需求接口 IAlarmService 连接到相同名称的供给接口。第三个连接器也是单向的，将告警服务组件的需求端口 RAlarmNotification 连接到操作员告警显示组件的供给端口 PAlarmNotification，并以此连接器，通过 IAlarmNotification 接口发送告警通知。

12.4　复合组件设计

　　复合组件是将所包含的内部组件封装起来的组件。复合组件既是逻辑容器，又是物理容器，但没有增加更多的功能。因此，复合组件的功能完全由它包含的成员组件提供。图 12-4 是具有内部组件的复合组件示例，其中复合组件操作员显示用户交互包含三个内部简单组件，操作员交互、告警窗口和事件监视窗口。

　　输入到复合组件的消息传递给相应的内部目标组件，来自内部组件的输出消息传递到适当的外部目的组件。具体的传递机制依赖于实现方式。

　　复合组件由成员组件构成。没有内部组件的组件称为简单组件。复合组件中的成员组件可以描述为实例，在复合组件中可能有相同组件的多个实例。

　　图 12-5 是复合组件的例子，它是铁路道口控制系统的告警组件，包含两个简单的组件：告警灯输出和告警音频输出。用构造型 «component» 描述复合组件。将简单组件设计为需求驱动的输出任务，用构造型 «demand»、«output» 和 «swSchedulableResource» 描述。

215

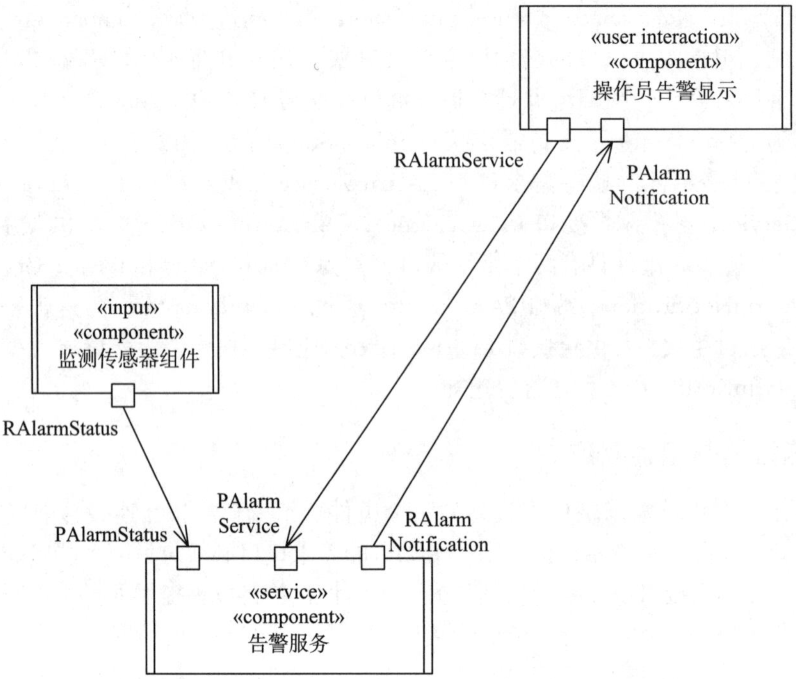

«user interaction»
«component»
操作员告警显示

RAlarmService

PAlarm
Notification

«input»
«component»
监测传感器组件

RAlarmStatus

PAlarmStatus   PAlarm
Service   RAlarm
Notification

«service»
«component»
告警服务

图 12-3　软件体系结构中的组件、端口和连接器示例

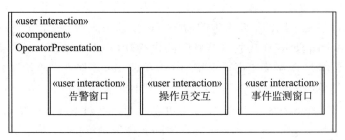

«user interaction»
«component»
OperatorPresentation

«user interaction»
告警窗口

«user interaction»
操作员交互

«user interaction»
事件监测窗口

图 12-4　包含简单组件的复合组件示例

216
~
217
　　复合告警组件告警的供给端口 Plight 直接与内部告警灯输出组件的供给端口 Plight 连接。连接这两个端口的连接器称为**代理连接器**，这意味着告警组件的外部代理端口将其收到的每一条消息转发到内部告警灯输出组件的端口。如图 12-5 所示，按照惯例，由于两个组件提供了相同接口 ILight，所以两个端口都给出了相同的名称 PLight。代理意味着外部组件的操作调用内部组件中相同名称的操作。因此，外部告警组件接口 ILight 的激活和停止操作分别调用内部告警灯输出组件接口 ILight 相同名称的操作。因为内部激活和停止操作分别向物理告警灯组件发送打开和关闭指令，所以它们的实现方式不同。这里讨论的连接器代理也适用于告警组件的 PAudio 端口和 IAudio 接口，以及内部告警音频输出组件相应的端口和接口。虽然外部和内部组件的 IAudio 接口相同，但它们的实现方式也不相同。

　　只有分布式组件可以部署到分布式系统的物理节点上。被动对象不能独立部署，其操作也不能被任何主动对象直接调用。因此，只有组件（包含主动和被动的对象）可以部署。根据 COMET/RTE 惯例，只有可部署的组件才用组件构造型描述。

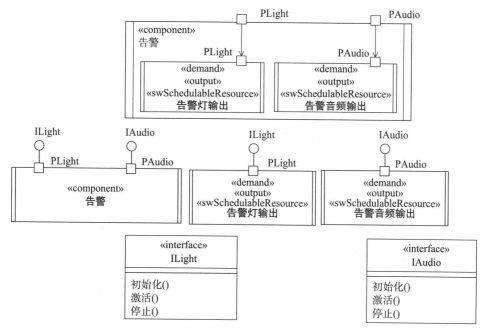

图 12-5　复合组件设计

12.5　基于组件的软件体系结构示例

图 12-6 是工厂自动化系统的并发通信图，也是分布式组件化软件体系结构的示例。图中描述了三个相互作用的分布式系统（设计为组件），即：监控系统、自动引导车辆系统和显示系统。整个系统包括一个监控系统实例以及多个自动引导车辆系统和显示系统实例。分布式组件之间的所有通信都是异步的，使得消息通信具有最大的灵活性。监控系统与自动导引车辆系统之间的通信是双向异步通信模式示例，该模式映射到基于组件的软件体系结构。这一点将在下面的内容中介绍。

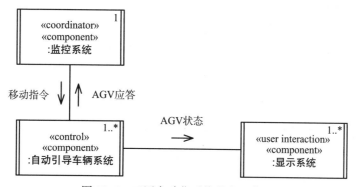

图 12-6　工厂自动化系统并发通信图

图 12-7 给出了基于组件的工厂自动化系统软件体系结构，将其中三个系统设计成分布式组件。自动引导车辆系统有一个供给端口和一个需求端口，供给端口用于接收来自监控系统的消息，需求端口向显示系统发送消息。如图 12-8 所示，供给端口 PAGVSystem 是一个复杂端口，供给接口 IAGVSystem 接收指令消息，需求接口 ISupervisorySystem 发送确认消息。需求端口 RDisplaySystem 支持需求接口 IDisplaySystem，发送 AGV 状态信息到显示系

统。图 12-8 中还定义了三个组件接口。

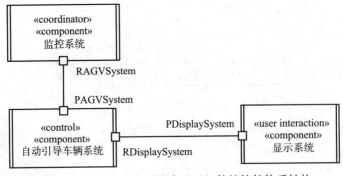

图 12-7　工厂自动化系统中基于组件的软件体系结构

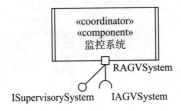

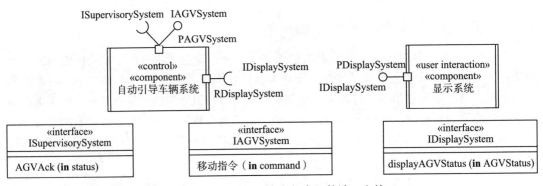

图 12-8　工厂自动化系统中复合组件端口和接口

为了支持双向异步通信模式，监控系统使用 IAGVSystem 需求接口的移动指令操作，通过 RAGVSystem 端口向自动引导车辆系统发送异步移动指令消息。伪代码为：

RAGVSystem.moveCommand (in command);

自动引导车辆系统使用供给接口 ISupervisorySystem 的 AGVAck 操作，通过 PAGVSystem 端口向监控系统发送应答消息进行应答。伪代码为：

219
~
220

PAGVSystem.AGVAck (in status);

每个组件通过自己的本地端口发送消息，意味着它不需要知道实际接收消息的组件。

12.6　组件构造标准

必须在充分理解软件所运行的分布式环境基础上设计分布式软件体系结构。组件构造标准为如何将软件体系结构结构化为可配置的分布式组件提供了指导，且组件的实例可以部署到地理上分布的节点上。在单个目标系统实例化并部署后，再把组件实例分配到物理节点。

然而，必须将组件设计成可配置的组件，且这些组件的实例能够有效地部署到分布式物理节点上。可见，组件构造标准必须考虑分布式环境的特性。

在分布式环境中，一些组件可能与特定的物理位置相关联，或者只能在给定的硬件资源上执行。在这种情况下，组件只能在给定位置的节点上执行。

12.6.1　靠近物理数据源和物理组件

在分布式环境中，软件所控制的数据源和物理组件物理上可能相距较远。设计接近物理数据源的软件组件，可以确保快速访问数据，在高速数据访问时这一点尤为重要。将软件组件靠近物理组件，使部署的软件组件与其运行的硬件组件形成一个系统（硬件 / 软件）复合组件，也称为智能设备。

图 12-9 是软件组件紧靠其所控制的物理组件的例子。其中，铁路道口控制系统中的护栏组件紧靠物理铁路护栏。护栏组件是一种复合组件，它封装了三个简单的护栏相关的组件：护栏执行器输出，发送指令到物理护栏驱动器；护栏检测输入，从物理护栏检测传感器接收输入；护栏定时器，检测是否有护栏升起或放下延迟。将每个简单组件设计为并发任务，例如，护栏检测输入是事件驱动输入任务，用构造型 «event-driven»、«input» 和 «swSchedulableResource» 描述（在 13 章中详细介绍）。

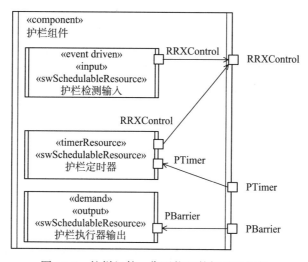

图 12-9　护栏组件：靠近物理数据源的组件

另一个靠近物理组件的软件组件是图 12-5 中的告警组件，它靠近铁路道口控制系统中的物理音频和视觉告警装置。

12.6.2　局部自治

分布式组件通常执行与特定地点相关的功能，而且同一个功能可以在多个地点执行。组件的每个实例驻留在单独的节点上，从而提供更大的局部自治性，即组件可以在给定节点上执行而不依赖于其他节点。因此，即使其他节点暂时无效，组件也可以运行。图 12-10 部署图给出了轻轨系统中自主组件的示例。其中，列车控制组件实例部署到每个物理列车；车站组件实例部署在每个物理铁路站；铁路道口控制组件实例部署到每个物理铁路道口。因此，在给定列车上列车控制组件的运行情况不会受到其他列车进站或停止服务影响。同样，如果其他铁路道口不能运行，铁路道口控制实例也不会受到影响。

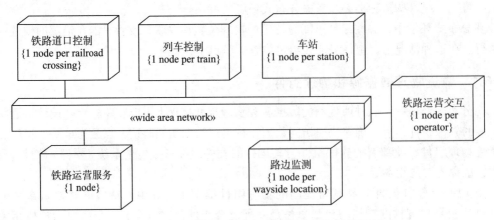

图 12-10　轻轨系统部署中组件局部自治与控制示例

局部自治的另一个例子是工厂自动化系统，其中自动引导车辆系统组件实例部署到每个物理车辆，如图 12-6 和图 12-7 所示。

12.6.3　性能

如果时间关键功能完全由一个给定节点上的组件执行，而不涉及其他节点上的组件，则可以获得更好并且可预测的组件性能。在分布式软件体系结构中，实时组件可以在特定节点上执行时间关键功能，而在其他节点上执行的时间关键功能较少。满足这一标准的组件例子是图 12-10 中的列车控制和铁路道口控制组件，以及图 12-7 中的 AGV 系统组件。

12.6.4　定制硬件

支持专用硬件的组件需要驻留在特定节点上。专用硬件包括连接到特定节点的专用外围设备、传感器或执行器。例如，图 12-10 中的列车控制组件和铁路道口控制组件与专用传感器和执行器接口。

12.6.5　I/O 组件

I/O 组件可以设计成在单个节点上执行，并且接近物理数据源。特别是"智能"设备，它由硬件、设备接口和设备控制软件组成，通常具有局部自治性，在需要时与其他组件进行通信。I/O 组件通常包含一个或多个与外部设备（如传感器和执行器）通信的输入或输出对象、用于本地控制的控制对象和存储本地数据的实体对象。

I/O 组件是与外部环境交互的组件总称，它包括输入组件、输出组件、I/O 组件（提供输入和输出）、网络接口组件和系统接口组件。

铁路道口控制系统中的护栏组件（如图 12-9 所示）和告警复合组件（如图 12-5 所示）是 I/O 组件的例子。在 12.6.1 节中已介绍了护栏组件的设计。

12.7　服务组件设计

服务组件在分布式软件体系结构的设计中发挥着重要作用。实时嵌入式系统特别需要服务组件存储和访问状态、告警数据以及在软件初始化时使用的配置数据。如第 11 章中客户 / 服务模式所描述，服务组件为多个客户组件提供服务。文件服务和数据库服务是典型的服务组件。

　　在分布式软件体系结构中，服务组件可以封装一个或多个实体对象。简单的服务组件不会启动任何服务请求，它只响应来自客户端的请求。下面介绍串行和并发两种服务组件。

12.7.1　串行服务组件

　　串行服务组件按顺序服务客户的请求，也就是说，它在完成当前服务请求后应答下一个请求。将**串行服务**设计为一个主动对象（控制线程），它提供一个或多个服务，并应答来自客户组件的服务请求。例如，一个简单的串行服务组件应答来自客户组件的请求，更新或读取来自被动实体对象的数据。当服务组件从客户组件接收消息时，它调用被动实体对象所提供的适当操作。例如，读取或更新传感器的当前值。在第 11 章中介绍的银行服务，以及图 12-10 和 11.4 节介绍的铁路运营服务都是按串行服务设计的。Gomaa（2011）在关于客户端 / 服务器体系结构设计和银行系统案例研究章节中详细介绍了串行服务组件。

12.7.2　采用多读写的并发服务组件

　　设计并发服务时，在多个并发（活动）对象之间共享服务功能。当客户的服务请求多到一定程度时，串行服务组件可能成为系统中的一个瓶颈。这种情况下，需要通过并发服务组件在多个并发对象之间共享服务。

　　可以用多线程服务组件实现并发服务。为每个到来的服务请求分配一个新的线程，每个线程执行相同的代码。如第 14 章所述，这样的设计必须确保线程安全，在对被动对象中封装的共享数据的任何访问都必须同步。使用这种方法时，如果同时响应太多服务请求，也可能出现性能问题。提供固定数量的线程是解决这个问题的一种方案，这样可以限制在任何一个时间同时执行的并发线程的数量。当收到服务请求时，组件将分配一个线程来执行请求。请求完成时，线程被释放并被分配给下一个服务请求。如果没有新的请求，线程就变成空闲。将超过线程限制的请求放置在等待队列中。

　　另一种提供并发服务方法是使用多读者（读取）和作者（写入）。在并发服务组件中，多个并发对象可能希望同时访问数据库，因此访问必须同步。常用的同步算法包括互斥算法和多读者和作者算法。后一种算法允许多个读者同时访问共享数据库，但在任何时候只允许一个作者更新数据库，而且只能在读操作完成之后进行。 224

　　在图 12-11 所示的多个读者和作者解决方案中，每个读写服务由并发对象（读者或作者）执行。服务协调器对象跟踪所有服务请求，包括当前正在服务和等待服务的请求。当收到来自客户端的请求时，服务协调器将请求分配给适当的读者或作者并发对象来执行服务。例如，如果协调器收到来自客户端的读请求，它实例化读者对象并增加读者计数。读操作完成后，读者通知协调器，以便其减少读者计数。如果从客户端接收到写请求，协调器在所有读操作完成后将请求分配给作者对象。等待延迟是为了确保每个作者对数据具有互斥的访问权。如果实例化新的并发对象的开销太大，协调器可以维护当前多个并发读者对象的对象池和一个并发作者对象，将新的请求分配给空闲的并发对象。

　　如果允许新的读者继续读取数据，则写入数据的请求可能被无限期地阻止，这个问题称为作者饥饿。为了避免出现作者饥饿，协调器在等候队列中将新的读取请求排在已收到的写入请求之后。在当前读者完成任务之后，允许等候的作者在允许任何新的读者阅读之前进行写操作。

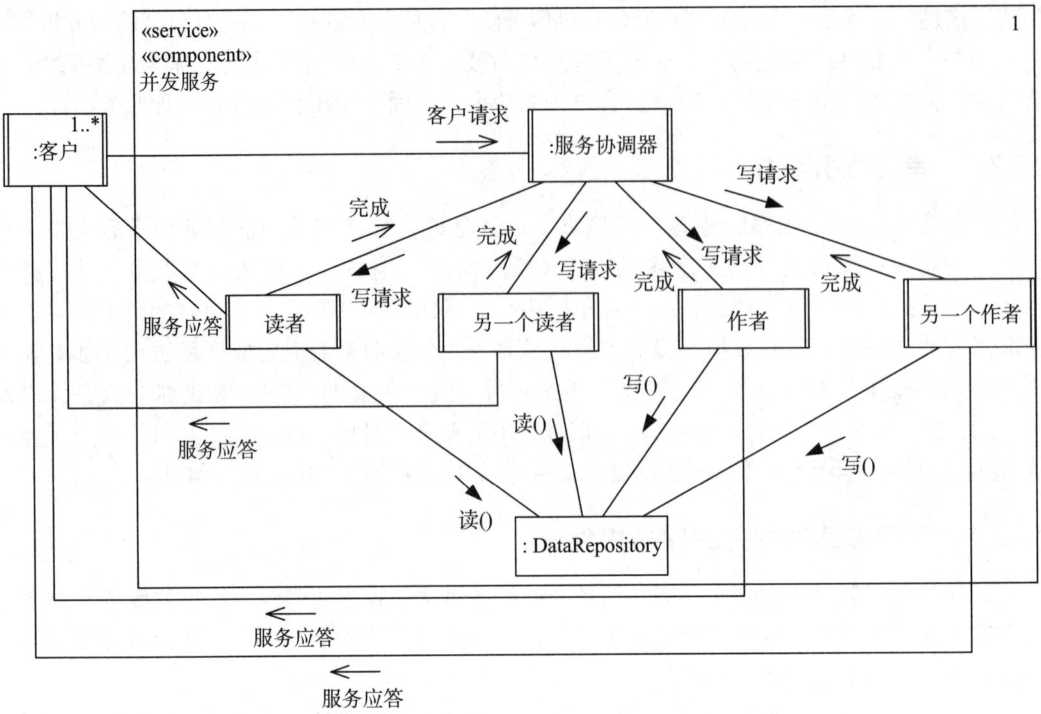

图 12-11 并发服务组件示例：多读取器和写入器

在 11.5.5 节的例子中，客户通过具有回调的异步消息通信模式与服务通信，意味着客户端在接收服务应答之前不需等待，可以做其他事情。在这种情况下，服务应答将以**回调**方式处理。使用回调方法时，客户端向服务器发送带有原始请求的操作句柄。当服务完成客户请求时，服务使用客户端句柄远程调用客户端操作（回调）。在图 12-11 所示的示例中，服务协调器将客户端的回调句柄传递给读者（或作者），任务在完成时，读者并发对象远程调用回调，即向给客户端发送服务应答消息。

12.7.3 采用订阅和通知方式的并发服务组件

图 12-12 展示了另一个并发服务组件的例子，其中组件采用订阅 / 通知模式。该服务组件维护事件档案并向其客户提供订阅 / 通知服务。该例子给出了监测外部事件的实时事件监测器并发组件。订阅服务组件维护希望获取事件通知的客户列表。当外部事件发生时，实时事件监测器更新事件档案，告知事件发布者事件到达。事件发布者查询订阅服务，确定订阅接收该类型事件的客户，然后将新的事件通知客户。

225
~
226

图 12-12 中的并发通信图展示了三个独立的交互：简单的查询交互、事件订阅交互和事件通知交互。在查询交互（不涉及订阅）中，客户端向服务协调器发出请求，该服务协调器查询事件档案服务并将应答直接发送给客户端。用不同的前缀来区分三个事件序列：

查询交互（Q 前缀）：

Q1：客户端向服务协调器发送查询请求，例如请求 24 小时前的事件；

Q2：服务协调器转发查询到事件档案服务；

Q3：事件档案服务向客户端发送相应的档案数据，例如 24 小时前的事件。

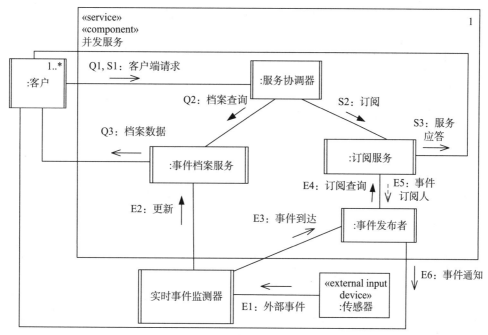

图 12-12　并发服务组件示例：订阅 / 通知

事件订阅交互（S 前缀）

S1：服务协调器接收来自客户端的请求；

S2：服务协调器向订阅服务发送订阅消息；

S3：订阅服务向客户端发送服务应答消息，确认订阅。

事件通知交互（E 前缀）

E1：外部事件到达实时事件监测器；

E2：实时事件监测器确认事件，并发送更新消息到事件档案服务；

E3：实时事件监测器发送事件到达消息到事件发布者；

E4，E5：事件发布者查寻订阅服务，获取事件订阅人名单（即订阅接收此类消息的客户）；

E6：事件发布者向所有订阅此类消息的客户广播事件通知消息。

12.8　数据分布

　　串行服务和并发服务子系统都是单个服务子系统，因此，它们封装的数据库是集中式的。在分布式软件体系结构中，集中式服务的潜在缺点是服务可能成为瓶颈，并且容易成为单一故障点。数据分布是解决这类问题的方法。数据分布的两种方法是分布式服务和数据复制。

12.8.1　分布式服务

　　采用**分布式服务**，将多个位置收集的数据存储在相应位置上，每个位置都有本地服务，响应客户端对该位置数据的请求。这种方法用于分布式紧急监测系统（见图 12-13），其中，传感器状态监测数据保持在各个区域的监测数据服务组件位置（在 12.9.2 节中将进一步描述）。客户端可以从一个或多个区域数据服务请求传感器状态数据。

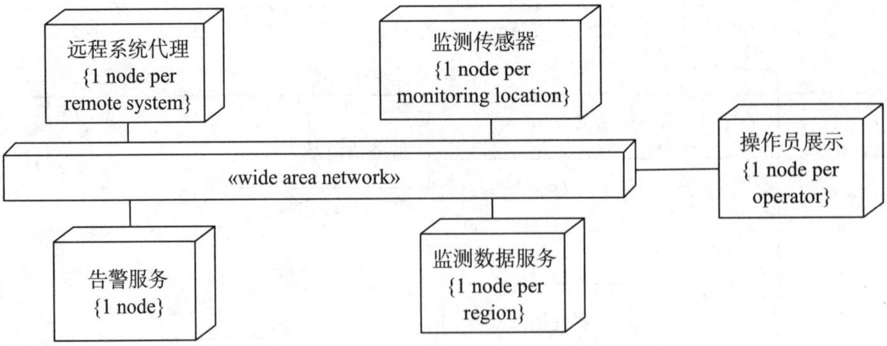

图 12-13 分布式软件部署示例：紧急监测系统

12.8.2 数据复制

通过**数据复制**，在一个以上的位置复制相同的数据以加快数据访问速度。为了防止数据过时和不一致，必须确保系统中存在更新复制数据不同副本的程序。这种方法用于图 12-10 中的分布式轻轨系统。列车控制的每个实例（每列列车一个）在实体对象中维护自己的列车数据，以便跟踪列车的位置以及停靠的车站。每一个列车控制实例都将列车状态发送给铁路运营服务，从而使铁路运营系统能够监控所有列车的状态。为此，铁路运营服务在铁路运营状态实体对象中维护每个列车状态的独立副本。详情见第 21 章轻轨控制系统的案例研究。

12.9 软件部署

设计并实现分布式嵌入式系统实时软件后，定义其实例并进行部署。在系统部署过程中，定义分布式软件系统（称为目标系统）的实例，并将其映射到由分布在地理上不同位置的多个物理节点组成的分布式系统中。这些物理节点之间通过网络相连。

12.9.1 软件部署事项

在软件部署过程中，需要决定组件实例的需求、如何将组件实例分配给节点以及如何将组件实例互连。具体需要执行以下活动：

- **定义组件的实例**

对于每个可以有多个实例的组件，需要定义所需的实例。例如，在分布式轻轨系统中，需要定义目标系统中所需组件实例的数量。因此需要为每个铁路道口定义一个铁路道口控制实例，为每一列车定义一个列车控制实例，为每个物理站定义一个站实例，为每个操作员定义一个铁路运营交互组件实例，定义一个服务组件铁路运营服务实例。每个组件实例必须有唯一的名称，以便能够唯一地标识。对于参数化组件，需要定义每个实例的参数。实例名（例如列车 ID、站 ID 或操作员 ID）、传感器名称、传感器的制约和告警名称是典型的组件参数。

- **将组件实例映射到物理节点**

将每个组件实例分配给一个节点。例如，两个组件实例可以部署到两个独立的物理节点上运行，也可以将两个组件实例部署在同一物理节点上运行。通常情况下，在部署图上描述目标系统的物理配置。

- **软件实例互连**

基于组件的软件体系结构定义了组件之间相互通信的方式。如 12.10 节所述，在连接软件实例阶段，使用软件连接器实现组件实例之间的相互连接。在图 12-10 的分布式轻轨系统中，列车控制组件的每个实例连接到车站组件的每一个实例以及单个铁路运营服务实例。软件实例之间的互连可以在部署时间完成，或者使用代理服务在系统初始化时完成（见12.10 节）。

12.9.2 软件部署示例

在 12.6.2 节和图 12-10 中所介绍的分布式轻轨系统是软件部署的例子。分布式应急监测系统则是另一个软件部署的例子。如图 12-13 所示，在部署图上描述分布式软件的配置。为每个节点分配一个监测传感器组件（每个传感器一个）的实例，以实现局部自治，达到足够的性能，并且一个传感器节点的故障不会影响到其他节点。因为靠近物理数据源，将每个远程系统代理实例（每个远程系统一个）分配给一个节点。远程系统节点的丢失意味着特定的远程系统将得不到服务，但其他节点不会受到影响。由于性能需要，把告警服务和监测数据服务分配给单独的节点，以保证它们能够响应服务请求。对于大型系统，可以通过多个监测数据服务实例在局部区域位置维护传感器监测状态数据，且每个区域有一个实例。为每个操作员节点分配一个操作员展示组件实例，它是操作员的桌面节点、笔记本计算机或平板电脑。

12.10 软件连接器设计

本节介绍如何结合分布式操作系统和中间件进行软件连接器设计，并给出生产者和消费者组件之间分布式消息通信的连接器示例。

如第 11 章所述，体系结构通信模式解决了分布式组件之间不同类型消息通信问题。以通信模式作为设计分布式消息连接器的基础，从而隐藏组件之间的通信细节。

229

12.10.1 分布式消息通信

本节先描述分布式实时操作系统（RTOS）提供的分布式消息通信服务，然后介绍利用这些服务的连接器设计。分布式实时操作系统除了提供操作系统基本服务之外，还提供网络通信服务（参见第 3 章）。如第 1 章所描述，分布式操作系统利用中间件技术的优势将中间件集成到实时操作系统中，通过分布式实时操作系统的分布式内核完成分布式组件之间的消息透明通信。每个节点有一个分布式内核实例。

在分布式环境中，要求具有位置透明性，也就是说，当一个组件向另一个组件发送消息时不需要知道对方驻留在何处。对于组件 A 来说，通过位置显式地指定另一个组件 B 的方式缺乏灵活性。如果组件 B 移动，则需要更新组件 A。因此，需要拥有位置无关名称的名称服务。分布式实时操作系统中的名称服务是一种代理服务（如第 11 章所述），它维护注册的所有组件的名称和位置。互联网上的域名系统（DNS）是名称服务的例子（Comer 2008）。

分布式实时操作系统可以通过名称服务提供分布式组件之间的通信。通过这种方法，每个组件使用名称服务注册其名称和位置，从而允许组件在不知道其他组件位置的情况下与其进行通信。组件之间的互联是在运行时通过名称服务完成的，称为动态绑定。如果组件之间的动态绑定是在初始化时进行的，随后不会改变，则每个节点上的 RTOS 内核可以（在动态绑定完成后）保持名称表的本地副本，以便在运行时访问速度更快。

12.10.2　分布式组件连接器

使用分布式实时操作系统提供的服务，连接器在分布式组件之间传输消息。生产组件通过消息队列连接器（异步通信）或消息和应答缓冲连接器（用于同步通信）向消费者组件发送消息。为了完成消息传输任务，连接器的一部分分布在源节点上，为生产者组件提供服务，另一部分分布在目标节点上，为消费者组件提供服务。连接器是主动对象，使用分布式RTOS内核的服务来传递消息。源节点上的本地内核负责确定目标组件的位置，并将消息发送到目标节点上的远程内核，通过连接器将消息传递到目标组件。

分析生产者组件给另一个节点上的消费者组件发送异步消息的例子。为了发送消息，生产者向源连接器发送 send(in message) 请求（图 12-14 中消息 1）；然后，源连接器将消息传递给本地 RTOS 内核，内核利用名称服务（或本地名称表）确定消息的目标节点；接着，本地内核将消息发送到远程节点的对应内核（消息 2）；接收消息后，远程内核将消息路由到该节点上的目标连接器；连接器将消息添加到它的 FIFO 队列。当消费者需要消息时，它向目标连接器发送 receive(out message) 请求（消息 3）；如果有消息可用，则连接器将返回队列中的第一条消息，否则，组件必须等待消息到达。

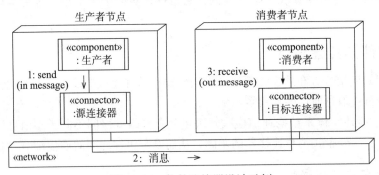

图 12-14　软件连接器设计示例

12.10.3　分布式消息连接器设计

分布式消息连接器是第 14 章中描述的三个消息连接器的分布式版本。每个分布式消息连接器由源连接器和目标连接器组成，如下所述：

1. 用于异步通信的分布式消息队列连接器（见图 12-14）

源连接器提供 send(in message) 操作，并封装输出消息队列。目标连接器提供 receive (out message) 操作，并封装输入消息队列。

2. 用于无应答的同步消息通信的分布式消息缓存连接器

源连接器提供 send(in message) 操作，并封装了输出消息缓存。目标连接器提供 receive (out message) 操作，并封装输入的消息缓存。

3. 用于有应答的同步消息通信的分布式消息缓存和应答缓存连接器

源连接器提供 send(in message, out response) 操作，并封装输出消息缓存和输入应答缓存。目标连接器提供 receive(out message) 和 reply(in response) 的操作，并封装输入消息缓存和输出应答缓存。

为双向异步消息通信提供两个分布式消息队列连接器，一个连接器从生产者向消费者组件发送异步消息，另一个连接器从消费者向生产者组件发送异步应答消息。也可以采用远程唤醒设计分布式消息通信的同步连接器（Gomaa 2011）。

12.11 小结

本章描述了基于组件的软件体系结构设计。在介绍了体系结构相关概念之后，本章说明了基于分布式组件的软件体系结构设计的主要步骤。介绍了组件接口的设计，包括具有供给和需求接口的组件端口和连接兼容端口的连接器设计。描述了复合组件的设计，以及将软件体系结构构造成可配置的分布式组件的组件构造标准。接下来，本章介绍了串行和并发服务子系统的设计，讨论了分布式系统中的数据分布问题和软件部署问题，讨论了组件设计中的考虑和权衡问题。本章最后介绍了软件连接器的设计。第 13 章将介绍作为任务的组件的设计；第 16 章继续讨论分布式组件化软件体系结构设计中的系统和软件质量属性。从第 19 章到第 23 章的案例研究中将给出基于组件的软件体系结构设计示例。

232

并发实时软件任务设计

对于实时嵌入式系统，并发任务以及任务之间的通信和同步是系统或子系统设计过程中需要考虑的重要因素。任务类型是主动类，**任务**是具有自己控制线程的主动对象。被动对象是被动类的实例，没有控制线程。

在并行任务设计时开发**任务体系结构**。任务体系结构包括：将系统分解成并发任务、设计任务接口和任务之间的互联。为了利于确定并发任务，用任务构造标准帮助将系统的面向对象分析模型映射到并发任务体系结构中。这些标准也称为准则，是一组直观判断，它依据并发实时系统的软件设计专家的知识而定。用构造型描述任务构造。本章采用 MARTE 构造型（Selic 2014）描述并发任务。在任务构造之后，应用第 11 章中所描述的体系结构通信模式设计任务接口及接口之间的互联。

如第 12 章所述，实时软件体系结构可以是分布式的，这是基于组件的软件体系结构的特殊情况。这种情况下，简单组件要么设计成一个任务，要么作为包含多个主动对象（任务）和被动对象的组件。

本章组织如下：13.1 节介绍了并发任务构造问题；13.2 节说明了如何使用任务构造标准对并发任务进行分类；13.3 节介绍了 I/O 任务构造标准；13.4 节描述了内部任务构造标准；13.6 节描述任务聚簇构造标准；13.7 节使用任务反演描述设计重构；13.8 节介绍了开发并发任务体系结构的步骤；13.9 节描述了使用任务通信和同步设计任务接口的方法；13.10 节介绍了任务接口和行为的规格文档的编写。

13.1 并发任务构造问题

并发任务是主动对象，也称为并发对象、进程或线程。在本章中，术语"并发任务"指具有一个控制线程的主动对象。第 3 章中介绍了并发任务的概念。

随着相对廉价的多核处理器的出现，多任务技术受到越来越多的重视。为了充分利用多处理器上并发执行任务的优势，需要用并发任务来构造系统。如第 3 章所述，并发任务设计有许多优点，但设计者在设计任务结构时必须非常小心。如果系统任务太多，繁重的任务之间通信和同步开销，以及额外的上下文切换（见 3.10 节）会增加系统的复杂性。系统设计者必须在引入任务简化设计和控制任务数量避免系统过于复杂之间进行权衡。任务构造标准旨在帮助设计者进行这些权衡，还可帮助设计者对任务体系结构进行分析。

分析系统的动态特性能够更好地理解系统的并发结构。在分析模型交互图（第 9 章）和综合通信图（第 10 章）中，将系统表示为通过消息进行通信的协作对象集合。正如第 8 章所述，在分析过程中，除了实体对象以外，将所有对象都描述为并发对象，将实体对象描述为被动对象。在任务构造阶段，通过设计并发任务以及它们之间的通信和同步接口，形式化系统的并发性。

13.2 分类并发任务

按照第 8 章所采用的对象构造方法，用构造型区分不同类型的并发任务。在并发任务设计过程中，如果确定某个对象是主动的，则将其进一步分类，以显示其并发任务特性。用 MARTE 的构造型 «swSchedulableResource» 描述并发任务，它将任务标识为一种能够调度在 CPU 上执行的资源。每一个任务都用另外两个构造型描述：第一个是对象角色规范，该规范在构造对象中确定（见第 8 章），并传递到任务设计阶段，称为角色构造型；第二个构造型用于描述并发类型，包括周期性的、事件驱动的和需求驱动的，称为并发构造型。事件驱动和需求驱动的任务也称为非周期性任务，以区别于周期性任务。

MARTE 构造型也用于描述各种设备的并发任务接口。因此，用构造型 «hwDevice» 对外部硬件设备进行分类，用构造型 «interruptResource» 对中断驱动设备进行分类。

234

下面将介绍任务构造标准。在每个案例中，先介绍任务构造标准，然后是行为模式的示例。在行为模式中，诸如事件驱动的 I/O 任务等任务实例以典型的交互序列与相邻的任务通信。

13.2.1　任务构造标准

根据任务构造标准在任务构造活动中所发挥的作用对标准进行分组。以下是四组任务构造标准：

- **I/O 任务构造标准**

确定 I/O 对象如何映射到 I/O 任务的方式，以及激活 I/O 任务的时机与方法。

- **内部任务构造标准**

确定内部对象如何映射到内部任务的方式，以及激活内部任务的时机与方法。

- **任务优先级标准**

解决给定任务相对于其他任务的重要性问题。

- **任务聚簇标准**

解决是否以及如何将多个对象分组到并发任务中的问题。任务聚簇的一种形式是**任务反演**，它用于合并任务以减少任务开销。

应用任务构造标准的过程分两个阶段。第一阶段，应用 I/O 任务构造标准、内部任务构造标准和任务优先级标准，将分析模型中的对象一一映射到设计模型中的任务；第二阶段，应用任务聚簇标准，减少物理任务的数量。对于有经验的设计师，这两个阶段可以融合起来。确定任务之后的下一步工作便是设计任务接口。

13.3　I/O 任务构造标准

本节介绍不同 I/O 任务的构造标准。决定 I/O 任务特性的一个重要因素是确定与其接口的 I/O 设备的特点。

13.3.1　I/O 设备的特性

与嵌入式系统接口的 I/O 设备的硬件相关信息对于确定与设备接口的任务的特性是必不可少的。在应用 I/O 任务构造标准之前，必须确定与系统接口的 I/O 设备的硬件特性。另外，还需要确定由这些设备输入到系统中或者由系统向这些设备输出数据的性质。本节将讨论任务构造中的以下与 I/O 相关问题：

- **I/O 设备的特性**

必须确定 I/O 设备是事件驱动（中断驱动）设备、被动设备或者是智能设备。主要三类

235 I/O 设备是：

1）**事件驱动的 I/O 设备**（有时称为异步 I/O 设备），事件驱动的 I/O 设备本质上是中断驱动的 I/O 设备。事件驱动的输入设备在产生需要系统处理的输入时产生中断。事件驱动输出设备在完成输出操作并准备执行一些新输出时产生中断。用构造型将设备描述为输入或输出、中断驱动以及硬件设备，如 «input»«interruptResource»«hwDevice»。

2）**被动 I/O 设备**，在输入或输出操作完成后，被动 I/O 设备不会产生中断。因此，被动输入设备的输入需要以轮询的方式或按需求读取。同样，被动输出设备以常规（即周期）方式或按需求提供输出。用构造型将设备描述为输入或输出设备、被动设备和硬件设备，如 «input»«passive»«hwDevice»。

3）**智能设备**，智能设备是微处理器驱动的 I/O 设备。它通常通过通信链路连接到嵌入式系统，可以是点到点链路，也可以是局域网。通信协议用于指定嵌入式系统和智能设备相互通信的方式（如 TCP/IP）。如本章所述，在应用层，嵌入式系统的任务通过消息与智能设备通信。

- **数据功能**

必须确定 I/O 设备所提供的是离散数据或是连续数据。**离散数据**是布尔或有限数量的值。连续数据是**模拟数据**，理论上可以有无限数量的值。一般情况下，采用轮询或者按需方式访问模拟数据的 I/O 设备。如果模拟设备每次改变数值时产生 I/O 中断，系统很可能会被中断淹没。

- **被动 I/O 设备**

对于被动 I/O 设备，需要确定下列几个问题：

1）按需采样设备数据能否满足要求，特别是当某些消费者任务需要数据时。

2）是否需要定期对设备进行轮询，以便将任何值的变化发送给消费者任务而无须显式请求，或者将该值以足够的频率写入实体对象，以便数据不会过时。

- **轮询频率**

如果要周期性地轮询被动 I/O 设备，就必须确定轮询频率。轮询频率取决于输入的关键程度和预期变化的频率。对于输出设备，需要根据输出数据的频率确定轮询频率，防止已生成的数据失效。

13.3.2 事件驱动 I/O 任务

当有中断驱动的 I/O 设备（也称为事件驱动或异步 I/O 设备）时，需要事件驱动的 I/O 任务，该任务由事件驱动设备的中断激活。在任务设计过程中，将分析模型中每一个与中断驱动 I/O 设备接口的设备 I/O 对象设计成事件驱动的 I/O 任务。用构造型将事件驱动 I/O 236 任务描述为输入或输出，以及事件驱动的任务。如 «event driven»«input»«swSchedulable-Resource»。

事件驱动 I/O 设备接口任务通常是设备驱动程序的任务，由低级中断处理程序激活，或者在某些情况下由硬件直接激活。事件驱动的 I/O 任务的执行速度受限于与它交互的 I/O 设备的速度，导致输入任务可能无限期地等待输入。为了防止数据丢失，输入任务激活后通常必须在几毫秒内响应随后的中断。读取输入数据之后，输入任务可能发送数据给另一个任务处理或更新一个被动对象。需要及时释放输入任务，以响应可能紧跟当前中断的另一个中断。

图 13-1a 是分析模型的通信图，其中到达传感器输入对象是事件驱动输入任务的例

子。到达传感器输入对象从到达传感器接收输入。准备任务构造时，用 MARTE 的构造型 «input» 和 «hwDevice» 描述到达传感器。到达传感器输入对象将输入转换成内部格式，并将列车到达信息发送到列车控制对象。为了构造任务，在图 13-1b 设计模型的并发通信图中用 «interruptResource»«input»«hwdevice» 构造型描述的到达传感器是中断驱动的输入硬件设备，它在检测到列车到达时产生中断。将到达传感器输入对象设计为相同名称的事件驱动输入任务，在并发通信图上用构造型 «event driven»«input»«swSchedulableResource» 描述。被到达中断激活后，任务读取到达数据，将输入数据转换成内部格式，并将数据作为列车到达消息发送到列车控制任务。在设计模型中，将中断描述为异步事件。

237

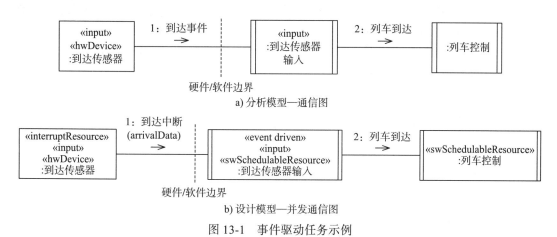

a) 分析模型—通信图

b) 设计模型—并发通信图

图 13-1　事件驱动任务示例

13.3.3　周期 I/O 任务

事件驱动的 I/O 任务与中断驱动的 I/O 设备接口，而周期 I/O 任务与被动 I/O 设备接口。由于被动设备在有输入产生时不会产生中断，因此需要定期对设备进行轮询。周期 I/O 任务被周期性地激活，其功能与 I/O 相关。被定时器事件激活后，周期 I/O 任务执行 I/O 操作（读或写），完成后等待下一个定时器事件。连续两次激活之间的时间间隔称为任务周期。用构造型将周期 I/O 任务描述为输入或输出周期性任务，它既是定时器资源又是软件可调度资源。例如 «timerResource»«input»«swSchedulableResource»。

周期 I/O 任务通常用于简单的 I/O 设备。不同于事件驱动的 I/O 设备，当有 I/O 产生时，不会产生中断。因此，它们经常用于需要周期性采样的被动传感器设备。

13.3.3.1　基于传感器的周期 I/O 任务

周期 I/O 任务的概念用于许多基于传感器的工业系统。这些系统通常有大量的数字和模拟传感器。定期激活后，基于传感器的周期性 I/O 任务扫描传感器并读取它们的数值。被动输入设备可以是数字或模拟传感器。数字传感器也可能是被动设备，因为它比中断驱动的设备便宜。如果有大量的传感器，中断驱动和被动设备之间可能有显著的价格差异。模拟传感器通常是被动的，因为模拟传感器的数值常常不断变化，在这种情况下，周期性地进行采样通常更为实用。

对于诸如门传感器等被动数字输入装置，可以通过**周期 I/O 任务**进行处理。被定时器事件激活后，任务读取设备的状态，且与上次取样结果相比较。如果数字传感器的值发生了变化，任务将指示状态的变化。例如，对于模拟传感器，如温度或压力传感器，任务周期性地采样设备，读取传感器的电流值。图 13-2a 所示的压力传感器输入对象是周期性输入任务的一个例子。在用通信图描述的分析模型中，压力传感器输入对象是 «input» 对象，它从实际输入硬件设备压力传感器接收输入。在任务构造时，用构造型 «input»«hwDevice» 描述输入硬件设备。模拟传感器是被动输入硬件设备，在设计模型的并发通信图中用构造型 «passive»«input»«hwDevice» 描述（见图 13-2b）。由于被动设备不产生中断，所以不能使用事件驱动的输入任务，而是采用周期输入任务处理。压力传感器输入任务由外部定时器周期性地激活，然后采样压力传感器的值。因此，将压力传感器输入对象设计为压力传感器输入任务，在并发通信图上描述为 «timerResource»«input»«swSchedulableResource»。为了周期性地激活压力传感器输入任务，需要添加一个外部定时器对象，数字定时器，它在图 13-2b 中描述为硬件定时器资源 «timerResource»«hwDevice»。激活后，压力传感器输入任务采样压力传感器，用新的压力读数更新压力数据实体对象，然后等待下一个定时器事件。定时器事件描述为并发通信图上的异步事件。

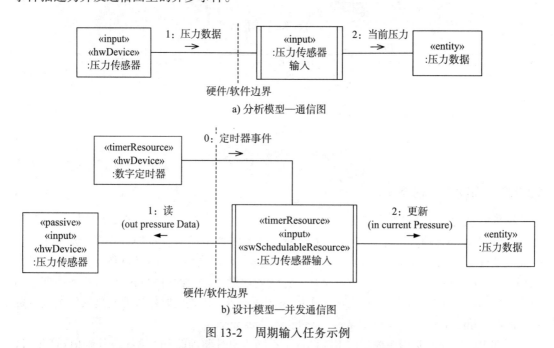

a) 分析模型—通信图

b) 设计模型—并发通信图

图 13-2 周期输入任务示例

13.3.3.2 周期 I/O 任务时间考虑

任务对传感器进行采样的频率取决于传感器的期望值变化的频率，以及报告这一变化时可以容忍的延迟。例如，环境温度变化缓慢，所以可以按分钟的周期进行轮询。相反，如果门是被动输入装置，为了快速响应门的开启，门传感器可能需要每 100 毫秒轮询一次。

虽然数字输入可以通过中断驱动的输入设备来支持，但很少通过中断驱动输入设备来支持模拟输入。如果一个模拟输入设备在其值发生变化时产生中断，它很可能会在系统上造成严重的中断负担。

给定任务的采样率越高，造成的开销就越大。对于数字输入设备，同等情况下，周期性输入任务可能比事件驱动的输入任务消耗更多的资源。这是因为激活周期性输入任务时，所监控的传感器的值可能没有改变，选择过高的采样率，可能产生不必要的开销。为给定任务选择的采样率取决于输入设备的特性以及应用程序所处外部环境的特性。

13.3.4 需求驱动 I/O 任务

处理不需要轮询的被动 I/O 设备时，特别是在计算与 I/O 并行的情况下，使用**需求驱动 I/O 任务**，而不用周期性 I/O 任务，并且需求驱动 I/O 任务与被动 I/O 设备接口。用构造型把需求驱动的 I/O 任务描述为输入或输出需求驱动的任务，如 «demand»«output»«swSchedulable-Resource»。

考虑下列情况：

- 输入时，从被动设备的输入任务与接收和处理数据的计算任务并行执行，需求驱动输入任务从输入设备读取数据。只有在输入任务读取输入数据时计算任务需要进行计算，将需求驱动输入和计算任务分开才有意义。如果计算任务必须等待输入，则输入与计算可以在同一个控制线程中执行。
- 输出时，可以将输出任务与处理数据的计算任务在设备上并行。需求驱动输出任务在需要时将数据输出到设备。通常数据输出需求通过消息传递。

如图 13-3 中的示例所示，需求驱动的 I/O 任务大多应用于输出设备而不是输入设备，因为输出可以更频繁地与计算并行。通常情况下，如果 I/O 和计算同时在被动输入设备中运行，则使用周期性输入任务。

考虑从生产任务接收消息的需求驱动输出任务，使计算和输出并行的实现如图 13-3 所示。消费者任务将消息中包含的数据输出到被动输出显示设备，同时生产者正在准备下一个消息。速度显示输出（Speed Display Output）是需求驱动输出任务，它接收从速度计算算法（Speed Computation Algorithm）任务发送的包含当前速度的消息，然后格式化并显示，同时速度计算算法任务计算下一个将要显示的速度值。可见，此例子中计算和输出并行。在并发通信图上，用构造型 «demand»«output»«swSchedulableResource» 描述速度显示输出任务，用构造型 «passive»«output»«hwDevice» 描述显示被动输出硬件设备。

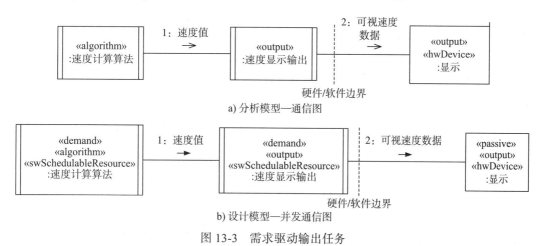

a) 分析模型—通信图

b) 设计模型—并发通信图

图 13-3 需求驱动输出任务

13.3.5 资源监视任务

资源监视任务是需求驱动 I/O 任务的特例。如果输入或输出设备接收来自多个任务源的请求，即使设备是被动的也需要用资源监视任务协调这些请求。资源监视任务必须对这些请求进行排序，以保持数据的完整性，确保没有数据损坏或丢失。采用构造型 «demand» «output»«swSchedulableResource» 描述资源监视任务。

例如，如果两个或两个以上的任务可以同时写入行式打印机，则两个任务输出的随机交织会导致打印的报告凌乱不堪。为了避免这个问题，需要设计行式打印机资源监视任务，它接收来自多个任务源的输出请求，处理每个请求的顺序，确保多个请求按任务顺序处理。

图 13-4 是资源监视任务的例子。打印机输出是输出对象，它接收多个打印机客户实例的打印消息请求（图 13-4）。物理打印机是被动输出设备，它可以接收来自多个任务源的请求。因此，将打印机输出对象构造成打印机输出任务（资源监视任务），协调所有打印机输出请求。在并行通信图上用构造型 «demand»«output»«swSchedulableResource» 描述资源监视任务。

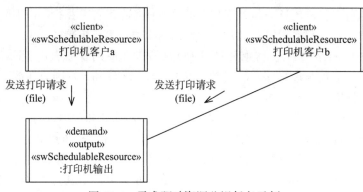

图 13-4   需求驱动资源监视任务示例

13.3.6   事件驱动代理任务

另一种事件驱动任务是事件驱动代理任务，它与外部计算机系统（如智能设备或外部系统）接口。外部系统不属于正在开发中的嵌入式系统的范围内，但作为更大的分布式系统的一部分，通过网络与所开发系统进行通信。如本章后部分内容所述，事件驱动的代理任务通常使用消息与外部计算机系统交互。用构造型 «event driven»«proxy»«swSchedulableResource» 描述代理服务。

事件驱动代理任务的一个例子是装卸机器人代理任务（见图 13-5），它与机器人系统（即外部计算机系统）接口和通信。

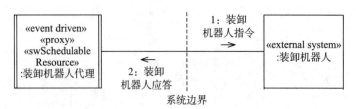

图 13-5   事件驱动代理任务示例

13.4   内部任务构造标准

以上用 I/O 任务构造标准确定 I/O 任务，本节用内部任务构造标准确定内部（非 I/O）任务。

13.4.1 周期性任务

许多实时系统需要周期性地执行一些活动。例如，微波炉烹调时间倒计时，或测量铁路道口护栏升起和放下的时间。这些周期性的活动通常由周期性任务来处理。把周期性 I/O 活动构造成周期性的 I/O 任务，将周期性内部活动构造成**周期性任务**。在某些情况下，周期性活动按照时间聚簇任务进行分组（如 13.6.1 所述）。周期性算法任务也属于内部周期任务。用构造型将周期性任务描述为定时器资源和软件可调度资源：«timerResource»«swSchedulable-Resource»。用附加的构造型描述周期性任务的角色，如 «algorithm»。

将需要周期性地执行的活动（即按规则的等时间间隔）构造为独立的周期性任务。任务被定时器事件激活后，执行周期性活动，然后等待下一个定时器事件。任务周期是连续两次激活之间的时间。构造型 «timerResource» 有两个属性，布尔量 iSperiodic 和周期（时间单位）。例如，周期为 100 毫秒的周期任务的标记值为 {iSperiodic = 真，周期 = (100, 毫秒)}。

图 13-6a 中的微波定时器对象是周期性任务的例子。微波定时器对象被定时器每秒激活后，要求微波炉数据对象减少烹饪时间 1 秒，并返回剩余的时间。如果烹饪时间已到期，微波定时器对象将定时器到期消息发送给微波炉控制。微波定时器对象设计为周期性任务（图 13-6b），每秒激活一次，要求微波炉数据被动实体减少烹饪时间。微波定时器任务在并发通信图上用构造型 «timerResource»«swSchedulableResource» 描述。该 «timerResource» 构造型的属性设置为 {isPeriodic = 真，周期 = (1, 秒)}，这意味着任务是周期性的，且周期时间是 1 秒。将定时器事件描述为异步事件。

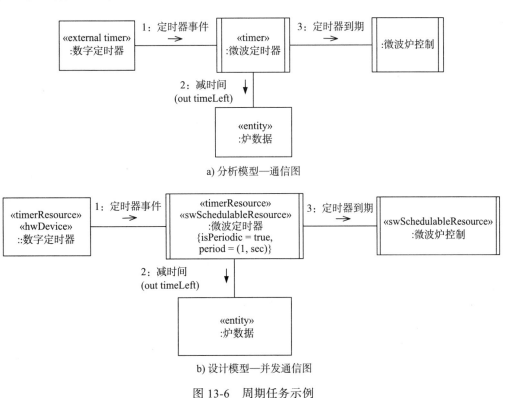

a) 分析模型—通信图

b) 设计模型—并发通信图

图 13-6 周期任务示例

13.4.2 需求驱动任务

　　许多实时和并发系统都有按需执行的活动。这些需求驱动的活动通常由需求驱动的任务来处理。外部中断激活需求驱动的I/O任务，而内部消息或事件激活需求驱动的内部任务（也称为非周期任务）。

　　将由需求（即当接收到不同任务发送的内部消息或事件时）激活的对象构造成独立的需求驱动任务。**需求驱动任务**由请求任务的消息或事件激活，响应请求任务的请求，然后等待下一个消息或事件。内部需求驱动的任务包括需求驱动的算法任务。需求驱动的任务用构造型 «demand»«swSchedulableResource» 描述。一些附加的构造型，如 «algorithm»，用于描述需求驱动任务的角色。

　　图13-7给出了需求驱动任务的示例。在分析模型中，列车控制对象发出的巡航指令消息激活速度调整对象。激活后，速度调整对象从当前速度和巡航速度实体对象读取数据，计算速度的调整值，并发送速度消息到马达输出对象（图13-7a）。在设计模型中，将速度调整对象构造成需求驱动算法任务速度调整，该任务由巡航指令消息激活。在并发通信图上，用构造型 «demand»«algorithm»«swSchedulableResource» 描述速度调整任务（图13-7b）。将列车控制和马达输出对象也构造成需求驱动的任务。当前速度和巡航速度对象是被动实体对象。

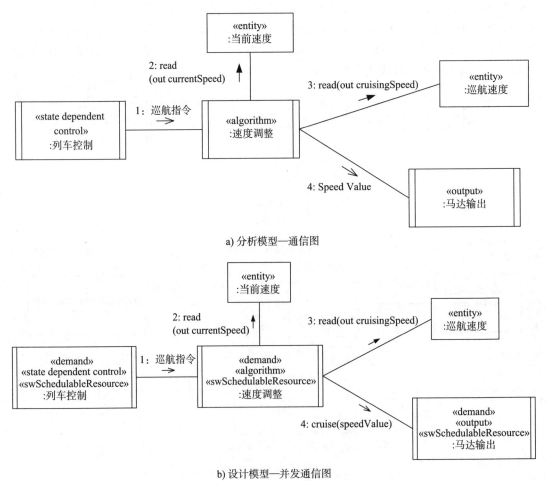

a) 分析模型—通信图

b) 设计模型—并发通信图

图13-7　需求驱动算法任务示例

13.4.3 状态依赖控制任务

在分析模型中，状态依赖的控制对象执行状态机。使用有限状态机，状态机严格按顺序执行，不允许对象内并发。因此，严格按顺序执行的任务可以执行控制活动。执行顺序状态机（通常采用状态转换表）的任务称为**状态依赖控制任务**。控制任务通常是需求驱动任务，由另一个任务发送的消息激活。状态依赖控制任务用构造型 «demand»«state dependent control»«swSchedulableResource» 描述。

图 13-8 是需求驱动的状态依赖控制任务的例子。将列车控制（图 13-8a）构造为状态依赖的控制任务，因为它所执行的列车控制状态机严格顺序执行。列车控制任务（图 13-8b）从到达传感器输入任务接收列车到达事件，向速度调整算法任务发送速度调整指令。在并发通信图上，用构造型 «demand»«state dependent control»«swSchedulableResource» 描述列车控制需求驱动的状态依赖控制任务。

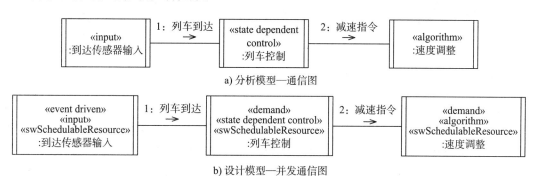

图 13-8 需求驱动状态依赖控制任务示例

另一个状态依赖控制任务的例子是角色控制任务，它是执行计算机游戏角色的状态机，其中所有角色都是同一类型。有多个角色控制对象（在图 13-9a 中用多个实例的 1..* 符号表示），将每个角色控制实例构造成需求驱动的状态依赖控制任务。因此，每个游戏角色有一个角色控制任务，在图 13-9b 中用多实例符号表示。游戏角色的任务是相同的，每个任务执行同一个状态机实例。但是，每个角色在其状态机上可能处于不同的状态，要么等待要么执行不同的事件。

244 ～ 245

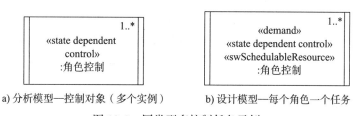

图 13-9 同类型多控制任务示例

13.4.4 协调器任务

除了状态依赖的控制对象之外，分析模型中将协调器对象映射到协调器任务。协调器任务是不依赖于状态的决策任务，它是需求驱动的，由另一个任务发送的需求消息激活。协调器任务完全根据它收到的消息做决定。需求驱动的协调器任务用构造型 «demand»«coordinator»«swSchedulableResource» 描述。

图 13-10 中的分层协调器任务是协调器任务的一个例子，它向每个分布式控制器发送高层次指令。分布式控制器是状态依赖的，提供底层控制，与各种传感器和执行器相互作用，并在完成任务时向分层协调器发送应答，也向分层协调器发送进度报告。

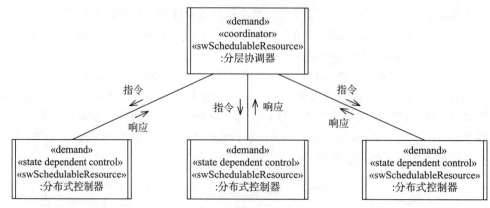

图 13-10   需求驱动协调器任务示例

13.4.5   用户交互与服务任务

用户通常执行一系列连续动作。用户与系统的交互是连续活动，由**用户交互任务**来处理。该任务的速度经常受到用户交互速度的限制。顾名思义，将分析模型中的**用户交互对象**映射到**用户交互任务**。用户交互任务接收来自外部用户的输入，被认为是事件驱动的。用构造型 «event driven»«user interaction»«swSchedulableResource» 描绘事件驱动的用户交互任务。

用户交互任务通常与各种标准的 I/O 设备（如键盘、显示和鼠标）接口，相关操作通常由操作系统处理。由于操作系统通常为这些设备提供标准接口，所以不必开发特殊的 I/O 任务来处理它们。

每个顺序活动一个任务的概念用于多窗口现代化工作站。每个窗口执行一个连续的活动，因此每个窗口都有一个任务。在 Windows 操作系统中，用户可以在一个窗口中执行 Word，在另一个窗口执行 PowerPoint，还可以在第三窗口浏览 Web。每个窗口都有一个用户交互任务，并且每一个任务都可以生成其他任务（例如，将打印与编辑并行）。

图 13-11 是用户交互任务的一个例子。其中，操作员交互任务接受操作指令，向传感器数据服务任务请求传感器数据，并为操作员显示这些数据（图 13-11a）。因为这个例子中所有的操作员之间的交互过程是顺序的，所以将操作员交互对象构造为事件驱动的用户交互任务（图 13-11b）。在并发通信图上该任务用构造型 «event driven»«user interaction»«swSchedulable-Resource» 描述。

将图 13-11 中描述的服务对象设计为需求驱动的服务任务。客户端传感器请求激活传感器数据服务任务。在并发通信图上，用构造型 «demand driven»«service»«swSchedulableResource» 描述该任务。关于服务子系统设计的详细讨论，请见第 12 章。

在多窗口工作站环境中，工厂操作员可以在一个窗口中查看工厂状态（由一个用户交互任务支持），并在另一个窗口中确认告警（由不同的用户交互任务支持）。图 13-11c 给出了这类例子，其中有两个事件驱动的用户交互任务，工厂状态窗口和工厂告警窗口，它们同时处于活动状态。工厂状态窗口任务与工厂状态服务需求驱动服务任务交互，同时工厂告警窗口任务与工厂告警服务任务交互。

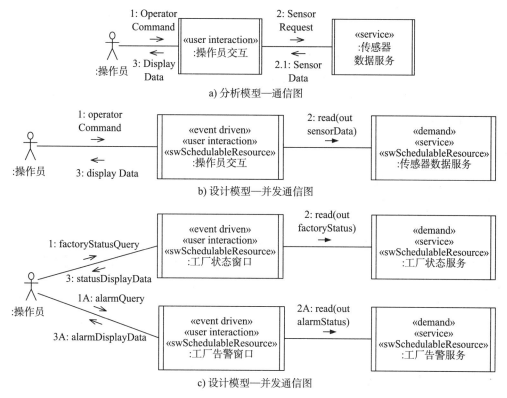

图 13-11   事件驱动的用户交互任务和需求驱动服务任务示例

13.4.6 同类型多任务

有可能存在许多相同类型的对象，每个对象都映射到一个任务，其中所有任务都是同一类型任务的实例。图 13-9 给出了同一类型的多状态依赖控制任务的示例，其中有多个计算机游戏角色控制任务的实例。

对于给定的应用程序，可能允许太多相同类型的对象以使每一个映射到独立的任务。如13.7 节所述，这个问题通过任务反演来解决。

13.5 任务优先级标准

任务优先级标准讨论任务构造中的优先级因素，特别关注高优先级和低优先级任务。任务优先级通常在开发过程的后期处理，其目的是在任务构造期间确定作为单独任务的对象是时间关键型对象还是非时间关键的计算密集型对象。如第 17 章所述，在考虑实时调度时确定大多数任务的优先级。

13.5.1 时间关键任务

时间关键任务是要求在严格时间期限内完成的任务，这样的任务需要以高优先级运行。大多数实时系统都需要高优先级的时间关键任务。

考虑一个时间关键对象的执行后接着一个非时间关键对象的情况。为了确保时间关键对象得到快速服务，应该将其分配给高优先级任务。

作为时间关键任务的例子，考虑一个监测炉子温度的炉温控制对象。如果温度在 100℃

以上，炉子必须关掉。炉温控制映射到一个高优先级的任务，它必须在规定的时间内执行，否则，炉内的物品可能会损坏。

其他时间关键任务的例子是控制任务和事件驱动的 I/O 任务。控制任务执行状态机，而状态转换必须迅速完成，因此控制任务需要在高优先级执行。事件驱动的 I/O 任务也需要高优先级，以便它能快速地服务中断。否则，在危险发生时，可能会错过中断。图 13-1 中的到达传感器输入任务是高优先级事件驱动输入任务的例子。

13.5.2   非时间关键计算密集型任务

非时间关键计算密集型任务是可以运行在低优先级的任务，使用 CPU 的空闲周期。作为后台任务，计算密集型任务让位于高优先级时间关键任务。

图 13-3 给出了一个非时间关键计算密集型任务的例子。速度计算算法对象计算下一个显示的速度值，并把计算结果数据发给速度显示输出对象（图 13-3a）。由于传感器计算算法在低优先级执行，它映射到一个低优先级后台任务（图 13-3b），使用 CPU 的空闲时间。由需求激活的速度计算算法任务在并发通信图上用构造型 «demand»«algorithm»«swSchedulable-Resource» 描述。

计算密集型算法并不总是映射到低优先级任务。算法的优先级依赖于应用程序。因此，在某些应用中，一些计算密集型算法是时间关键型的，需要以高优先级执行。

13.6   任务聚簇标准

分析模型可以有大量的对象，每个对象都可能并发，并映射到候选任务。分析模型中的高度并发性为设计提供了相当大的灵活性。事实上，分析模型中的每个对象都可以映射到设计模型中的一个任务。然而，如果每个对象都成为一个任务，这将导致大量的小任务，从而增加系统复杂性和执行开销。

任务聚簇标准用于确定在第一阶段构造的任务是否可以进一步合并，以减少任务的总体数量。将在任务构造的第一阶段（使用前一部分中描述的 I/O、内部和优先级任务构造标准）确定的任务称为候选任务。根据本段中描述的任务聚簇标准，将候选任务合并到实际物理任务中。

聚簇标准提供了分析候选任务并发特性的方法，为确定两个或多个候选任务是否应该分组到单个物理任务提供了依据，并且提供了合并任务的方法。如果两个候选任务被限定为不能同时执行，必须按顺序执行，则将它们组合成一个物理任务通常会简化设计。这条一般标准有例外，将在后面说明。

虽然认为任务聚簇是任务构造的第二阶段，但经验丰富的设计者可以将两个阶段结合起来。

本章介绍了如何使用聚簇标准构造任务。而聚簇形成的任务内部设计将在第 14 章介绍。

13.6.1   时间聚簇

某些候选任务可能被同一事件激活，例如，被同一定时器事件激活。每次被唤醒时，任务都执行一些活动。如果候选任务之间没有连续性的依赖关系（也就是说，任务必须按所需的顺序执行），那么候选任务可以按**时间聚簇**标准分组到同一类任务中。被激活时，任务中每个类的活动依次执行。由于这些聚簇活动之间没有连续性的依赖关系，需要由设计者选择任意执行顺序。

时间聚簇通常应用于周期性激活的候选任务。通常情况下，由同一周期事件和相同频率激活的候选任务可以按时间聚簇标准分组到同一任务中。在这种情况下，时间聚集的任务用构造型 «timerResource»«temporal clustering»«swSchedulableResource» 描述。

1. 时间聚簇示例

图 13-12 给出了时间聚簇的例子。考虑两个 I/O 对象，其中一个接收温度传感器的输入，另一个接收压力传感器的输入。如果是事件驱动的 I/O 设备，每个设备都由单独的事件驱动 I/O 任务处理，每次有输入时任务会被中断激活。如果这两个传感器是被动的，那么系统感知传感器状态变化的唯一途径是周期性地对传感器进行采样。图 13-12a 中将每个输入对象构造为周期性的输入任务，在并行通信图上用构造型 «timerResource»«input»«swSchedulableResource» 描述。每个 «timerResource» 构造型的属性都设置为 {isPeriodic = 真，周期 = (100, 毫秒)}。

250

在图 13-12a 中，周期性输入任务温度传感器输入周期性地读取温度传感器的电流值，并更新传感器数据库对象中的当前温度。类似地，周期性输入任务压力传感器输入周期性地读取压力传感器的当前值，并更新传感器数据库对象中的当前压力。

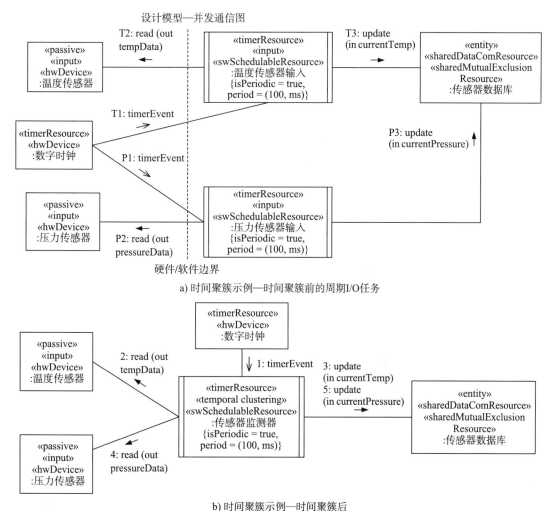

a) 时间聚簇示例—时间聚簇前的周期I/O任务

b) 时间聚簇示例—时间聚簇后

图 13-12　时间聚簇示例

假设两个传感器以相同的频率取样，例如每100毫秒一次。在这种情况下，根据时间聚簇标准，温度传感器输入和压力传感器输入任务归类力传感器监测任务（如图13-12b所示）。在并行通信图上，把传感器监测任务描述为一个周期时间聚簇任务，用构造型 «timerResource» «time clustering»«swSchedulableResource» 描绘。

传感器监测任务是被动实体对象，由外部定时器事件周期性地激活，然后采样温度和压力传感器的当前值，更新传感器数据库中当前温度和压力的值。该 «timerResource» 属性设置为 {isPeriodic = 真，周期 = (100, 毫秒)}，这意味着每个传感器的采样周期是100毫秒。

虽然这个示例中只有两个传感器，但如果考虑将相同采样周期的100个传感器聚为一个时间内聚的任务而不是100个周期任务，时间聚簇的好处就更明显了。

2. 时间聚簇中的问题

在决定是否将候选任务合并为时间聚簇任务时，需要进行一些权衡：

- 如果一个候选任务比另一个候选任务具有更强的时间关键性，则此两个任务不应该结合，给它们分配不同的优先级，以增加灵活性。
- 如果认为时间聚簇的两个候选任务可以在不同的处理器上执行，应该作为单独的任务，因为每个候选任务将在其自己的处理器上执行。
- 在时间聚簇时应优先功能相关的，且从调度的视角看可能是同等重要的任务。
- 周期或采样率。另一个问题是，是否有可能将功能上相互关联，但周期不同的两个周期性任务采用时间聚簇标准合为一类？如果周期是彼此的倍数，则可以使用此方法。然而，这种形式的时间聚簇弱于周期相同的情形。例如，如果一个任务每50毫秒取样传感器（A），第二个任务每隔100毫秒采样另一个传感器（B），那么两个周期I/O任务就可以合成一个任务，时间聚簇任务的周期为50毫秒，并且每次激活采样传感器A一次，每两次激活采样传感器B一次。然而，有些情况下，任务不应该根据采样率相结合。例如，如果有三个周期为15，20和25毫秒的周期性活动，那么合并的时间聚簇任务的周期将是5毫秒（最大公共因子），将导致开销大于三个单独的周期性任务。

简言之，在某些情况下推荐使用时间聚簇来处理相关任务。然而，将没有功能相关的周期任务分组到一个任务中，从设计的视角来看并不可取。当然如果考虑到任务开销过高，则可以为了优化目的而进行时间聚簇。

13.6.2 顺序聚簇

某些候选任务的执行可能受限于应用程序按顺序执行的需要。序列中的第一个候选任务是由非周期性或周期性事件触发的，然后依次执行其他候选任务。这些顺序相关的候选任务可以按**顺序聚簇**标准分到任务中。顺序聚簇任务用构造型 «sequential clustering»«swSchedulable-Resource»。

根据不同的应用，顺序聚簇任务可以根据需要或周期性地激活，在这种情况下，需要另外的构造型，«demand» 用于前者，而 «timerResource» 用于后者。

13.6.2.1 顺序聚簇示例

图13-13a是有两个候选任务的顺序聚簇示例。车辆定时器任务是一个周期性任务，定期激活后准备报告。被激活时，车辆定时器任务从实体对象车辆状态读取信息，准备报告，

然后将报告发送到状态显示输出任务，由该任务输出报告。状态显示输出任务是需求驱动的
输出任务，显示是被动输出设备，专门用于显示报告。如果报告生成频率低，也许每 500 毫
秒一次，则报告的生成与报告的显示不会重叠。这是因为报告的生成在显示之前完成，并在
生成下一个报告之前显示报告。在这种情况下，车辆定时器和状态显示输出候选任务可以合
并成一个顺序聚簇任务（图 13-13b）而不是构造为两个独立的任务。在并发通信图上，车辆
状态发生器任务是周期顺序聚簇任务，用构造型 «timerResource»«sequential clustering»«sw-
SchedulableResource» 描述。

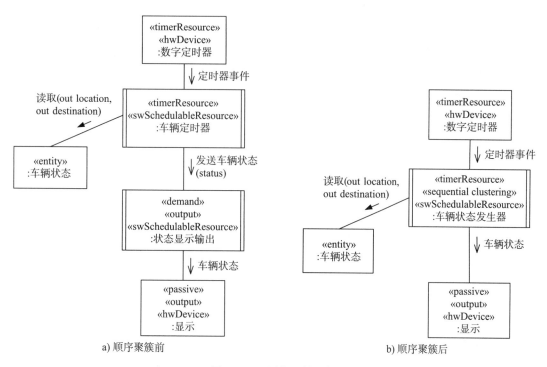

a) 顺序聚簇前   b) 顺序聚簇后

图 13-13　顺序聚簇示例

13.6.2.2　顺序聚簇中的问题

在使用顺序聚簇连续任务时，适用以下标准：

- 如果序列中最后一位候选任务不发送任务间的消息，则终止对任务进行顺序聚簇。当
图 13-13a 中状态显示输出候选任务以显示报告结束两个相连的候选任务序列时，会
发生这种情况。
- 如果序列中下一个候选任务也接收另一个来源的输入，也可以通过接收该来源的输入激
活，则该候选任务应该作为单独的任务。这种情况发生在微波炉控制任务（图 13-16b），
它可以从门传感器输入任务接收输入，也可以从重量传感器、键盘输入任务接收输入
（图 13-16b）。不能把这四个候选任务结合起来。
- 如果序列中的下一个候选任务可能会把前面的候选任务挂起，导致它们可能会错过
任何一个输入或状态的变化，则该候选任务应该作为一个独立的、低优先级的任务。
图 13-1 中到达传感器输入任务就是如此，它从外部到达传感器接收到达事件，然后
转发给列车控制任务。到达传感器输入任务一定不能错过任何高优先级的输入任务，
且与列车控制任务分开。

- 如果序列中的下一个候选任务的优先级较低，并且跟随着一个时间关键的任务，则这两个任务应该保持独立。在 13.5 节的任务优先级标准中对此进行了详细的讨论。

13.6.3   控制聚簇

状态依赖的控制对象，执行串行状态机，映射到状态依赖的控制任务。在某些情况下，状态依赖的控制任务可以与其他由状态机触发的对象结合，称为**控制聚簇**。控制聚簇任务需要由另一个任务的消息激活。需求驱动的控制聚簇任务用构造型 «demand»«control clustering» «swSchedulableResource» 描述。

在分析模型中，用串行状态机定义状态依赖控制对象。因为状态机的执行是严格按顺序的，所以将控制对象构建为独立的状态依赖控制任务（13.4.3 节）。此外，控制任务可能在其控制线程内执行其他与状态相关的操作。考虑以下两种情况：

- 状态转换引起控制对象触发**状态依赖的操作**。考虑一个操作（设计为单独对象提供的操作），该操作在状态转换中触发，并且在状态转换期间启动和完成执行。此类操作不与控制对象同时执行。当映射到任务时，操作在控制任务的控制线程中执行。如果在控制任务的控制线程中执行对象的所有操作，则可以根据**控制聚簇**任务构造标准将该对象与控制任务相结合。
- 状态转换引起控制对象启动或禁用**状态依赖的活动**。在状态转换中启动活动（由单独的对象执行），然后执行，直到在随后的状态转换中禁用。此活动应该作为一个单独的任务来构造，因为控制对象和活动都需要同时活动。

13.6.3.1   控制聚簇示例

从泵控制问题出发，给出了控制聚簇的一个实例。图 13-14a 显示，状态依赖控制任务泵控制发送启动泵和停止泵的消息给泵发动机输出任务。泵控制所发送的消息实际上是依赖于状态的动作，这些动作由引起泵控制内部状态机的状态转换的输入事件触发。因此，启动泵是在转换到抽水状态时执行的状态依赖动作，停止泵是在转换到退出泵工作状态时执行的状态依赖动作。当泵发动机输出接收启动或停止泵消息时，它将其转换为泵指令，立即发送到外部泵发动机。泵发动机输出装置是被动的。由于每个动作都是在状态转换中执行的，所以泵控制和泵发动机输出可以集于在同一个控制聚簇任务中。

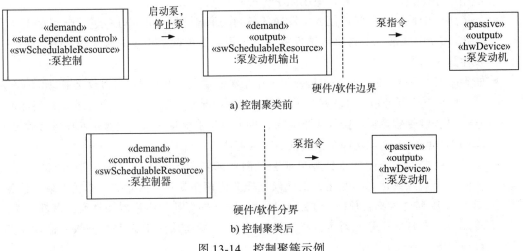

图 13-14   控制聚簇示例

因此，将状态依赖的控制对象泵控制和输出对象泵发动机输出合为需求驱动控制聚簇任务——泵控制器任务，用构造型 «demand»«control clustering»«swSchedulableResource» 在并行通信图上描述。

13.7　用任务反演进行设计重构

任务反演是一个源于 Jackson 结构化编程和 Jackson 系统开发（Jackson 1983）的概念，即采用系统化方法减少系统中的任务数量。极端情况是将并发解决方案映射到一个串行解决方案。

用任务反演标准合并任务以减少任务开销。如果预期任务开销过高，可以在初始任务构造阶段使用任务反演标准（尤其是多实例任务反演）；或者，在任务开销较高的情况下考虑设计重构，特别是，如果设计时性能分析表明任务开销过高，则使用任务反演。

13.7.1　多实例任务反演

在 13.4.6 节中描述了处理同一类型的多个控制任务的方法。通过这种方法，可以让每个对象使用一个任务实例而实现同一类型的几个对象建模，其中所有的任务都是同一类型的。问题是，对于给定的应用程序，采用单独的任务为每个对象建模可能导致系统开销过高。

使用**多实例任务反演**，将同一类型的所有相同任务都替换为执行相同功能的一个任务。例如，不是将每个控制对象映射到单独的任务，而是将同一类型的所有控件对象映射到同一个任务。每个对象的状态信息由单独的被动实体对象获取。多实例反演任务通常根据需要由反演任务消息激活。需求驱动的多实例反演用构造型 «demand»«multiple instance inversion» «swSchedulableResource» 描述。

在 13.4.6 节中描述了多实例任务反演的一个例子，其中每个电脑游戏角色控制对象映射到一个单独的游戏角色控制任务。如果有大量的计算机游戏角色，则系统开销太高以至于不能接受；另一种解决方案是只有一个游戏角色控制任务，为每一个称为角色状态信息的游戏角色设计独立的被动实体对象，它包含特定游戏角色的状态机信息（参见图 13-15）。通过任务反演，任务的主要过程是一个协调过程，它读取任务的所有输入，并决定是哪一个角色的数据，从而确保使用适当的游戏角色实体对象。还有其他可能的解决方案，例如有一个以上的角色控制任务，但应用多实例任务反演将游戏角色的一个子集（例如每十个或十五个角色）分配到一个请求中。这个例子在（Albassam and Gomaa 2014）有更详细的描述。

255
～
256

a) 设计模型—每个角色一个任务　　b) 设计模型—所有角色一个任务

图 13-15　多实例任务反演示例

13.8   开发任务体系结构

任务构造标准可以按照以下顺序应用到分析模型中。每一种情况下，首先必须决定将分析模型对象映射到设计模型中的主动对象（任务）还是被动对象。

1. I/O 任务

从与外部世界交互的 I/O 对象开始，确定对象是否应构造为事件驱动的 I/O 任务、周期 I/O 任务、需求驱动的 I/O 任务、资源监视任务或时间聚簇的周期 I/O 任务。

2. 控制任务

分析每个控制对象（与状态相关的控制对象或协调器对象），将对象构造为需求驱动的控制任务。执行由控制任务触发的动作（操作）的任何对象都可以根据控制聚簇标准（针对状态相关对象）或顺序聚簇标准（用于协调器对象）与控制任务结合。由控制任务启用并禁用的任何活动都应构造为一个单独的任务。

3. 周期性任务

分析作为周期任务的内部周期性活动，确定是否有由同一事件触发的候选周期任务。如果是，则可以基于时间聚簇标准将它们分到同一任务中。根据顺序聚簇标准，可以将按顺序执行的其他候选任务构造成同一个任务。

4. 其他内部任务

对于内部事件激活的每个内部候选任务，确定并发通信图中的任何相邻候选任务是否可以根据时间、顺序或多实例任务反演聚簇标准分组到同一任务中。

将分析模型对象映射到设计模型任务的指南汇总在表 13-1 中。在聚簇标准适用的情况下，将分析模型对象设计成嵌入在聚簇任务中的被动对象。对此，第 14 章中将有更详细的描述。

表 13-2 描述了本章所介绍的所有任务的构造型。

表 13-1   分析模型映射到设计模型任务

分析模型（对象）	设计模型（任务）
用户交互	事件驱动的用户交互
输入 / 输出（输入、输出、I/O）	事件驱动 I/O（输入、输出、I/O） 周期 I/O（输入、输出、I/O） 需求驱动 I/O（通常是输出任务） 需求驱动资源监视（通常是输出任务） 周期性时间聚簇（通常是输入对象） 顺序聚簇 控制聚簇（通常是输入对象）
代理	事件驱动代理 任何聚簇标准
实体	服务 任何聚簇标准 被动对象（不是任务）
定时器	周期性定时器 周期性时间聚簇 周期性顺序聚簇
状态依赖的控制	控制 控制聚簇
协调器	协调器 顺序聚簇
算法	事件驱动算法 周期性算法 任何聚簇标准

表 13-2   并发任务构造型

任 务	构 造 型
事件驱动用户交互任务	«eventdriven»«user interaction» «swSchedulableResource»
事件驱动输入 / 输出（输入、输出、I/O）	«eventdriven»«input» «swSchedulableResource»«eventdriven»«output» «swSchedulableResource»«event driven»«I/O» «swSchedulableResource»

（续）

任　务	构　造　型
周期性 I/O（输入、输出、I/O）任务	«timerResource»«input» «swSchedulableResource»«timerResource» «output»«swSchedulableResource»«timerResource» «I/O»«swSchedulableResource»
需求驱动 I/O（通常是输出）任务	«demand»«output»«swSchedulableResource»
需求驱动资源监视（通常是输出）任务	«demand»«output»«swSchedulableResource»
周期性时间聚簇任务	«timerResource»«temporal clustering» «swSchedulableResource»
需求驱动顺序聚簇任务	«demand»«sequential clustering» «swSchedulableResource»
周期性顺序聚簇任务	«timerResource»«sequential clustering» «swSchedulableResource»
需求驱动控制聚簇任务	«demand»«control clustering» «swSchedulableResource»
事件驱动代理任务	«eventdriven»«proxy»«swSchedulableResource»
需求驱动服务任务	«demand»«service»«swSchedulableResource»
周期（定时器）任务	«timerResource»«swSchedulableResource»
需求驱动的状态依赖控制任务	«demand»«state dependent control» «swSchedulableResource»
需求驱动协调任务	«demand»«coordinator»«swSchedulableResource»
需求驱动算法任务	«demand»«algorithm»«swSchedulableResource»
周期性算法任务	«timerResource»«algorithm» «swSchedulableResource»
需求驱动多实例反演任务	«demand»«multipleinstance inversion» «swSchedulableResource»

13.9　任务通信和同步

257
~
258

　　将系统构造成并发任务之后，下一步是设计任务接口。在此阶段，任务之间的默认接口采用异步消息方式，而与被动对象的接口则是通过同步通信，如第 9 章中分析模型交互图和第 10 章中综合通信图所述。需要确认或修改任务接口，以便满足消息通信、事件同步或访问信息隐藏对象的要求。

　　在第 2 章中介绍了描述消息通信的 UML 符号。如第 3 章和第 11 章中体系结构通信模式相关内容中所述，任务之间的消息接口有异步或同步两种选择。对于同步消息通信，存在两种可能的情况：有应答和无应答的同步消息通信。在设计建模阶段，设计任务接口并在修改后的并发通信图上表示。

　　第 3 章描述了提供消息通信服务的各种机制，包括操作系统内核、并发编程语言构造或者线程包。另外，如第 14 章所述，还可以使用消息通信连接器。接下来将描述各种形式的任务间通信，并举例说明它们的应用。

13.9.1　异步消息通信

通过**异步消息通信**模式（11.5.2 节），生产者不断给消费者发送消息，不需要等待消费者的响应。由于生产者和消费者任务的速度不同，所以需要在生产者和消费者之间建立先进先出（FIFO）消息队列。如果消费者请求时没有消息可用，则消费者任务挂起。

在并行通信图（图 13-16a）中，门传感器输入任务发送消息到微波炉控制任务。门传感器输入任务发送消息，不需等待消息被微波炉控制任务接受，从而保证了门传感器输入任务能够快速服务任何新的外部输入。异步消息通信还为微波炉控制任务提供了灵活性，因为它可以等待队列中来自不同消息源的消息。除了门传感器输入任务外，还有重量传感器输入和键盘输入任务，这些任务向微波炉控制发送控制请求消息（图 13-16b）。来自这些生产者任务的消息在微波炉控制 FIFO 消息队列中排队，微波炉控制任务按照消息到达的顺序进行处理。第 19 章将详细地介绍这个例子。

a) 生产者任务和消费者任务之间异步消息通信

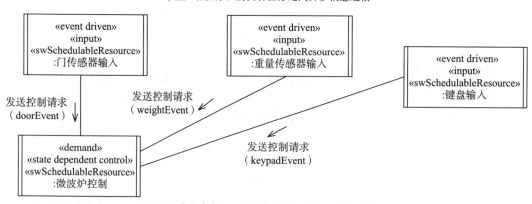

b) 三个生产者与一个消费者之间的异步消息通信

图 13-16　异步消息通信示例

13.9.2　具有应答的同步消息通信

在**具有应答的同步消息通信**模式中（11.5.4 节），生产者发送消息给消费者，然后等待消费者的应答。当消息到达时，消费者接收并处理消息，生成并发送应答。然后，生产者和消费者都继续。如果没有消息，则消费者将暂停。

除了在客户端／服务器系统中使用（参见第 12 章）外，带应答的同步消息通信也可以用于单个生产者向消费者发送消息然后等待应答的情况，此时生产者和消费者之间无需消息队列。图 13-17 并发通信图是生产者和消费者之间具有应答同步消息通信的一个例子。其中，生产者任务是车辆控制，它将启动和停止消息发送给消费者任务马达输出，并等待应答。生产者与消费者之间必须使用同步通信，生产者发送消息然后等待应答，消费者收到消息之后处理消息，准备应答并将应答发送给生产者。在具有应答的并发通信图上用同步消息通信符号（图 13-17）表示从生产者发送给消费者同步消息，虚线消息代表应答，由消费者返回给生产者。

图 13-17　带应答的同步消息通信示例

13.9.3　无应答同步消息通信

在**无应答同步消息通信**模式下（11.5.6 节），生产者发送消息给消费者，然后等待消息被消费者接受。当消息到达时，消费者接受信息，然后释放生产者。生产者和消费者都将继续。如果没有消息，则消费者将暂停。

图 13-18 是无应答同步消息通信的示例。速度显示输出是需求驱动的输出任务。它显示汽车的速度，同时速度计算算法任务计算汽车速度的下一个值。这里，计算与输出并行。 261

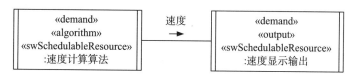

图 13-18　无应答的同步消息通信示例

在上述例子中，如果消费者任务速度显示输出的显示速度跟不上，则速度计算算法生产者任务计算的速度值就没有意义。因此，如图 13-18 所示，两个任务之间的接口被映射到没有应答接口的同步消息通信。速度计算算法计算速度值，发送消息，然后在恢复执行之前等待速度显示输出接受消息，速度计算算法挂起，直到速度显示输出完成当前消息显示为止。一旦速度显示输出接收新消息，速度计算算法就会从挂起中恢复，并在速度显示输出显示上一个值的同时计算下一个速度值。通过这种方式，计算速度新值（计算的活动）可以与显示当前速度值并行（一个 I/O 密集型活动），避免在显示任务中建立不必要的消息队列。可见，两个任务之间的无应答同步消息通信充当了生产者任务的一个制动器。

13.9.4　外部和定时器事件同步

有三种可能的**事件同步**类型：外部事件、定时器事件和内部事件。本节介绍与外部事件和定时器事件的同步。下一节介绍与内部事件的同步。

外部事件是来自外部实体的事件，通常是来自外部 I/O 设备的中断。定时器事件用于周期性地激活任务。在 UML 中，使用异步消息符号描述事件信号。

图 13-19 给出了外部事件的一个例子，是典型的来自输入设备的硬件中断。当有门输入时，门传感器 «interrupt Resource»«input»«hwDevice» 产生中断。中断激活门传感器输入 «event driven»«input»«swSchedulableResource» 任务，然后任务读取门输入。这种交互可以描述为从设备输入事件信号，然后任务读取信号。然而，如图 13-19 中的并发交互图所示，以输入数据作为参数，将交互描述为设备发送的异步事件信号会更为简洁。

图 13-20 是定时器事件的例子。数字定时器是定时器资源的硬件设备，生成定时器事件唤醒微波炉定时器 «timer Resource»«swSchedulableResource» 任务。然后，微波定时器任务 262 执行周期性的活动。该活动减少一秒烹调时间，并检查烹饪时间是否已到。生成定时器事件的时间间隔是固定的。

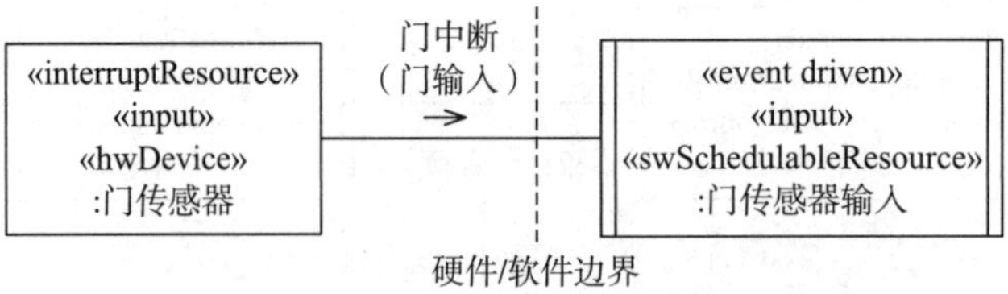

图 13-19 外部事件示例

图 13-20 定时器事件示例

13.9.5 内部事件同步

内部事件用于源任务和目标任务之间的内部同步。当两个任务之间只需要同步操作而没有传输数据时，使用内部事件。源任务执行发送事件的信号（事件）操作，目标任务执行等待（事件）操作。如果没有信号，目标任务操作将暂停直到源任务发出事件信号为止。如果源任务已发出信号，则目标任务继续。在 UML 中，事件信号用不包含任何数据的异步消息描述。在图 13-21 所示的例子中，装卸机器人任务发出零件准备就绪事件，唤醒了钻孔机器人；钻孔机器人在部件上操作，然后发出零件完成事件，接着装卸机器人接收零件。14.6.1节中将详细描述这个例子。

«demand» «state dependent control» «swSchedulableResource» :装卸机器人	1：零件就绪 ⟶ 2：零件完成 ⟵	«demand» «state dependent control» «swSchedulableResource» :钻孔机器人

图 13-21 两个任务之间的内部事件同步

13.9.6 利用信息隐藏对象的任务交互

类似于 3.7 节和 11.5.1 中介绍的**同步对象访问模式**，任务之间也可以通过被动信息隐藏对象交换信息。如果两个任务访问同一个被动实体对象，且至少有一个任务把数据写入对象，则必须强制执行互斥。因为共享实体对象是任务之间共享的通信数据源，因此用 MARTE 中的构造型 «sharedDataComResource» 表示它。此外，如果访问对象是互斥的，则用另一个 MARTE 的构造型 «sharedMutualExclusionResource» 表示对象，因为它保证互斥访问共享数据资源。因此，对于既是互斥又是共享数据通信资源的实体对象，用构造型 «entity» «sharedDataComResource» «swMutualExclusionResource» 描述。

图 13-22 给出了任务访问被动信息隐藏对象的示例。其中，传感器统计算法任务从传感器数据库实体对象读取数据，传感器输入任务更新实体对象数据。因为需要互斥访问传感器数据库，用构造型 «entity» «sharedDataComResource» «sharedMutualExclusionResource» 表示被动共享实体对象。在第 14 章中将更详细地描述这个被动对象同步访问的例子。

区分两个并发任务之间使用的同步消息符号与任务和被动对象之间使用的同步消息符号

之间的差别非常重要。在 UML 中，符号看起来都是一个带填充箭头的箭符，但语义不同。两个并发任务之间的同步消息表示在通信过程中生产者任务等待消费者任务，如图 13-17 和图 13-18 分别描述的使用应答和无应答模式同步通信所示。而任务和被动对象之间的同步通信符号表示操作调用（如图 13-22 所示）。调用请求对象的操作，使用同步对象的访问模式（见 11 章）执行任务的控制线程。

图 13-22　任务唤起的被动任务对象示例

13.10　任务接口与任务行为规范

任务接口规范（TIS）描述并发任务的接口，是类接口规范的扩展（Gomaa 2011）。它提供包括任务结构、时序特征、相对优先级和错误检测等与特定任务相关的更多信息。**任务行为规范（TBS）**描述任务的事件序列逻辑；任务接口部分定义了与其他任务交互的协议；任务的结构部分说明如何使用任务构造标准导出任务结构；任务的时间特征部分涉及用于任务实时调度的激活频率和执行时间（见第 17 章）。

用任务体系结构介绍任务接口规范，说明每个任务的特征。然后，在软件详细设计阶段（见第 14 章）定义任务行为规范，阐述了**任务事件序列逻辑**，说明任务对输入消息或事件的应答方式，尤其是每个输入所产生的输出。

任务（主动类）不同于被动类。被动类可以设计为仅有一个操作（在 Java 中，可以作为运行的方法实现）。由于这个原因，任务接口规范只有一个操作规范，而不是典型被动类的几个操作。下面是任务接口规范定义，其中前五个项与类接口规范相同：

- **名称**。
- **信息隐藏**。
- **构造标准**：需要描述角色标准（例如输入）和并发标准（例如，事件驱动）。
- **假设**。
- **预期变化**。
- **任务接口**：任务接口应该包括下列定义：

1）信息的输入和输出，对于每个消息接口（输入或输出），应该描述：

i. 接口类型：异步、有应答同步或无应答同步；

ii. 此接口支持的每个消息类型：消息名称和消息参数。

2）事件通知（输入和输出）、事件名称、事件类型：外部、内部或定时器。

3）外部输入或输出，定义输入和输出的外部环境。

4）被动对象引用。

- **错误检测**：说明在执行此任务期间可能检测到的错误。

铁路道口控制系统中任务接口规范示例将在第 20 章描述。

13.11　小结

在并发任务设计阶段，用并发任务构造系统，并设计任务接口。为了有助于确定并发任务，将系统面向对象的分析模型映射到并发任务体系结构中，本章提供了任务构造标准，使用 MARTE 构造型标记任务，设计任务通信和同步接口。

设计并发任务后，第 14 章将介绍软件的详细设计，其中包含嵌入被动对象任务设计，任务同步问题详细的解决方法，封装任务间通信细节的连接器类设计以及每个任务的内部事件时序逻辑设计。本章所描述的不同类型任务的任务事件序列逻辑的例子将在附录 C 中给出。如第 17 章所述，一旦完成任务体系结构设计，就开始进行并发实时设计的性能分析。在第 19 章～第 23 章中的案例研究中描述了几个任务构造和任务接口的例子。

实时软件详细设计

上一章将系统构造为任务后，本章将讨论实时软件的详细设计。主要内容包括：包含嵌入对象的组合任务的内部设计；解决任务访问被动类的详细同步问题；设计封装任务间通信细节的连接器类以及定义每个任务内部事件的序列逻辑。本章还给出任务同步机制的详细设计、任务间通讯连接器类和任务事件序列逻辑的详细设计伪码。

并发通信图描述了聚簇任务的内部设计和连接器对象的设计。在详细并发通信图上描述软件详细设计，为在任务构造期间开发的并发通信图增加了更多细节。

14.1 节介绍组合任务设计，包括时间和控制聚簇任务的内部设计；14.2 节描述了使用互斥算法以及多读者和作者算法等同步机制实现访问类的同步方法；14.3 节描述了使用监视器概念实现被动对象访问同步的方法；14.4 节介绍了用于任务间通信的连接器设计，特别是用于同步和异步消息通信的连接器设计；14.5 节描述了任务行为规范和事件序列逻辑任务的详细软件设计；14.6 节提供了实时机器人和视觉系统中任务通信和同步的详细软件设计示例；最后，14.7 节简要介绍了使用 Java 线程执行并行任务。

14.1 组合任务设计

组合任务是封装一个或多个嵌入对象的任务。本节介绍组合任务的详细设计，其中包括使用任务聚簇标准构造任务。将组合任务设计成包含嵌入被动类的组合主动类。在实时设计中，典型的嵌入类是实体类、输入或输出类和状态机类。

在讨论任务和类之间的关系后，本节说明了在哪些情况下任务和类之间的责任划分是有用的。接着，详细介绍了两个组合任务的设计：时间聚簇任务和控制聚簇任务。

14.1.1 任务与嵌套类之间关注点分离

这是任务和类之间关系的处理方式，主动对象或任务由外部、内部或定时器事件激活后调用被动对象提供的操作。这些被动对象可能内嵌在任务中（如本节所述），或者在任务外（如 14.2 节所述）。

应用关注点分离方法，在任务和嵌套类之间进行功能划分。将控制、排序和通信功能分配给任务，使用 3.2 节所述的信息隐藏概念设计类。在实时嵌入式软件设计中，可以用信息隐藏进行如下设计：

- 在 3.2.2 节中所提及的封装内部数据结构的实体类（也称为数据抽象类）；支持多任务访问的实体类（参见 11.5.1 节、13.9.5 节，详细内容见 14.2 节）。
- 隐藏与 I/O 设备接口细节的设备输入或输出类（参见 3.2.3 节，详细内容见 14.1.2 节）。
- 隐藏所封装状态转换表细节的状态机类（参见 14.1.3 节）。

考虑如何将关注点分离到输入或输出设备：组合任务封装了一个或多个内嵌的设备 I/O 对象。I/O 对象解决读取或写入真实世界设备的细节问题（如 14.1.2 节所述），而任务解决了何时、如何激活任务（决定是否为事件驱动、需求驱动或周期性）以及与其他主动或被动对象通信的问题。对于输入设备，任务被中断或定时器事件激活后调用被动对象提供的操作读取输入，然后以消息形式发送数据给消费者任务或者触发被动实体对象的更新操作。

另一个责任划分的情况发生在组合任务和内嵌的状态机对象之间。如14.1.3节中所述，对象封装了状态转换表并维护对象的当前状态。控制任务（参见第13章）接收包含来自多个生产者任务的事件的消息，从消息中提取事件，并以事件作为输入参数调用状态机对象。对象返回需要执行的动作，或者通过向消费者任务发送消息或调用另一个对象的操作来启动动作。

可以在详细并发通信图上描述具有多个嵌入对象的组合任务。每个组合任务都有一个协调器对象，它接收任务的输入消息，然后调用其他嵌入对象提供的操作。

14.1.2 设备 I/O 类设计

设备 I/O 类提供虚拟接口。虚拟接口隐藏了真实世界 I/O 设备的实际接口。在 3.2.3 节中介绍过使用信息隐藏技术设计设备 I/O 类的原理。本节介绍类操作的设计。

设备 I/O 类与真实世界设备接口，并提供读取和写入设备的操作。设备 I/O 类具有初始化操作。类实例化对象后，在设备初始化时调用初始化操作对设备和对象所使用的内部变量进行初始化。其他操作则取决于设备的特性。例如，设备输入类很可能有读操作，而设备输出类则可能有写或更新操作。提供输入和输出的设备接口类具有读写操作。

图 14-1a 给出了读取温度传感器的被动输入类示例。其中，温度传感器输入 TemperatureSensorInput 类包括两种操作：读取 read() 和初始化 initialize()。读取操作采样温度传感器的当前值，并将该值作为输出参数返回。

图 14-1b 给出了用于启动和停止电泵的被动输出类示例。其中，泵发动机输出类 PumpEngineOutput 提供初始化 initialize()、启动泵 Start() 和停止泵 stop() 操作。

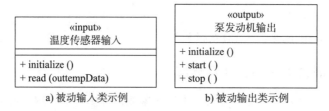

a) 被动输入类示例   b) 被动输出类示例

图 14-1 被动类示例

14.1.3 状态机设计

状态机类封装状态机中所包含的信息。状态机对象所执行的状态机封装在状态转换表中。在状态表中，每行对应一个事件，每列对应一个状态，每个元素都是事件和状态的交叉点，包含要执行的下一个状态和所执行动作的参数值。状态机类隐藏状态转换表的内容，并维护状态机的当前状态。

状态机类提供访问状态转换表并更改对象状态的操作，以及一个或多个操作处理导致状态转换的输入事件。设计状态机类操作的一种方法是使每个输入事件都有一个操作。这意味着每个状态机类都是为特定的状态机显式地设计的。然而，设计独立于应用，具有更高复用性的状态机类更有意义。

可复用的状态机类隐藏状态转换表的内容和机器的当前状态。它提供了三个独立于应用的可复用操作：

initializeSTM ()
processEvent (in event, out action)
currentState (): State

当要处理新的事件时，调用 processEvent 操作，并将新的事件作为输入参数传递给操作。根据状态机的当前状态和必须保持的任何指定条件，操作查找状态转换表条目 Table (new event, current state)（条目中包含的信息是下一个状态和动作），然后将当前状态更新到新状态，并将动作或动作列表作为输出参数返回。currentState 操作是可选的，它返回机器的状态，只有在使用状态机类的任务需要知道当前状态的应用中才需要。

状态机类是可复用类，可以用它封装任何状态转换表。表内容依赖于应用程序，在实例化和初始化状态机类时定义。在初始化时，调用 initializeSTM 操作，将应用程序的状态、事件、行为和条件（通常是从一个文件读取）填充到状态机中，并设置当前状态为状态机的初始状态。

如图 14-2 所示，微波状态机（Microwave State Machine）的状态机类是微波炉控制系统（Microwave Oven Control System）中状态机类的例子。该类封装了的微波状态转换表（从微波状态机映射过来，参见第 7 章和第 19 章），提供 initializeSTM、processEvent 和 currentState 操作。初始化时，将状态机的当前状态设置为门关闭（Door Closed），即微波炉的初始状态。

```
«state machine»
微波状态机

+ initializeSTM ()
+ processEvent (in event, out action)
+ currentState () : State
```

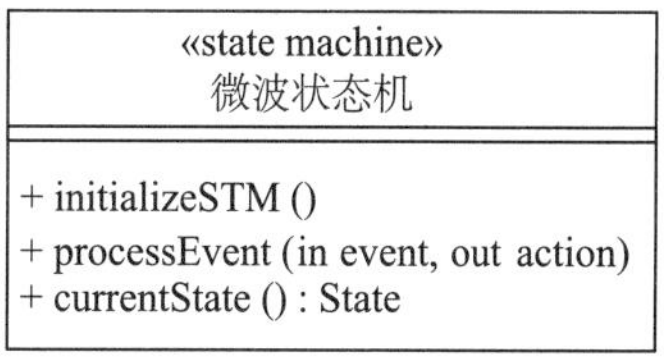

图 14-2　被动状态机示例

269

14.1.4　时间聚簇任务和设备接口对象

下面从任务构造和类构造的视角讨论轮询 I/O。根据周期性 I/O（一个 I/O 设备）或时间聚簇（两个或更多 I/O 设备）任务构造标准构造任务。在设备接口类中封装与特定被动 I/O 设备的接口的细节，定义设备接口类提供的操作，将设备接口类置于任务内。

在动态行为方面，任务被定时器事件激活后，调用设备接口对象提供的操作获取每个设备的最新状态，并将设备状态发送给消费者任务或将其写入被动实体对象。

图 14-3 是轮询 I/O 的示例。初始决策是设计两个周期输入任务，一个用于温度传感器输入，另一个用于压力传感器输入（图 14-3a），分别监测温度和压力。考虑到温度和压力传感器的采样频率相同，对最初的决策进行修改，用一个时间聚簇任务对温度和压力采样（参见 13.6.1 节和图 14-3b）。

在任务构造方面，依据时间聚簇标准将温度传感器输入和压力传感器输入对象组合到称为传感器监测的任务中。传感器监测任务（图 14-3b）由定时器事件周期性激活，读取传感器的电流值，然后使用最新的传感器值更新传感器数据库实体对象。

在类构造方面，为温度和压力传感器创建两个独立的输入类（图 14-3c），即温度传感器输入类和压力传感器输入类。每个输入类包括两种操作：读和初始化。对于温度传感器输入，操作为 read(out TempData) 和 initialize；对于压力传感器输入，操作为 read(out pressureData) 和 initialize。

在组合任务和类方面，将传感器监测任务构造为组合任务，它包含三个嵌入对象：协调器对象传感器协调器以及温度传感器输入和压力传感器输入两个输入对象。传感器数据库实体类在任务之外，具有更新和读取温度及压力传感器数据的操作，分别为：update(in currentPressure)、update(in currentTemp)、read(out pressureValue) 和 read(out temperature-Value)。

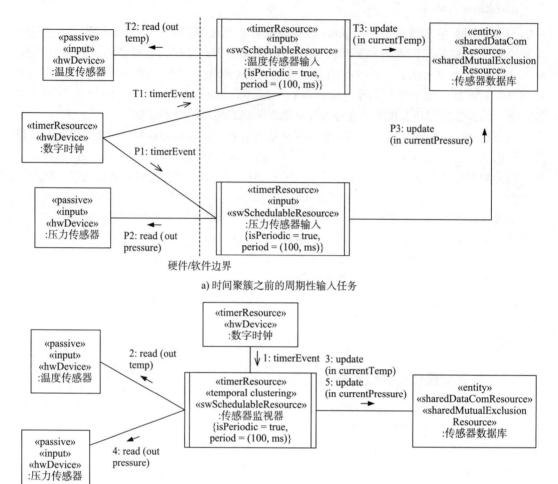

a) 时间聚簇之前的周期性输入任务

b) 具有一个时间聚簇任务的周期性输入

图 14-3   时间聚簇和输入对象的示例

在图 14-3d 所描绘的动态特性方面，定时器事件定期激活传感器监测任务，此时，传感器协调器调用温度传感器输入的 read(out TempData) 操作和压力传感器输入的 read(out pressure-Data) 操作读取传感器的电流值，然后调用传感器数据库实体对象的 update(in currentTemp) 和 update(in currentPressure) 操作更新数据。

270   将输入类中访问设备的**方式**与任务访问设备的**时间**这两个关注点分离，使得设计具有更大的灵活性和潜在的复用性。由此，温度输入类可以由事件驱动的输入任务、周期性输入任务或时间聚集的周期性 I/O 任务在不同的应用程序中使用。此外，不同温度传感器的特性可以隐藏在输入类中，保留相同的虚拟设备接口。

14.1.5   控制聚簇任务和信息隐藏对象

下一个讨论的问题是嵌入信息隐藏对象控制聚簇的设计。任务由需求启动，调用一个或多个被动对象提供的操作。

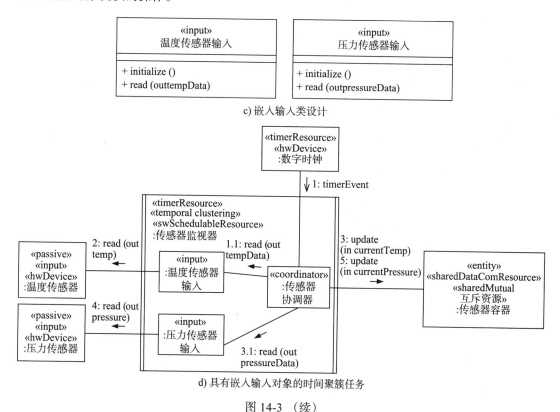

c) 嵌入输入类设计

d) 具有嵌入输入对象的时间聚簇任务

图 14-3 （续）

图 14-4 给出了一个控制聚簇任务及其接口的嵌入对象示例。初始设计决策（图 14-4a）是使封装状态机的控制任务泵控制发送启动和停止信息（在不同的状态转换）到泵发动机输出任务。

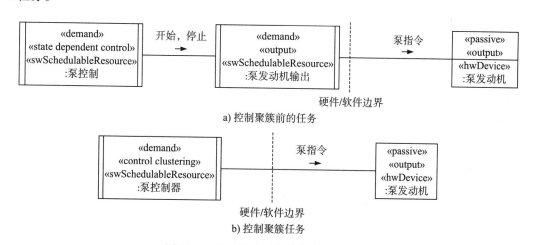

a) 控制聚簇前的任务

b) 控制聚簇任务

图 14-4 具有被动对象的控制聚簇任务

如 13.6.3 节所述，另一种设计决策是设计一个控制聚簇任务泵控制器（图 14-4b），它在控制线程中启动和停止状态相关的动作。在类构造（图 14-4c）方面，有状态机类泵控制和输出类泵发动机输出两个被动类。泵控制类隐藏了泵控制状态转换表的结构和内容，它提供处理事件 processEvent 操作，用于处理新的事件并返回要执行的动作。被动类泵发动机输出提供启动和停止动作，实现电动泵的启动和停止。

在组合任务和类构造方面（图 14-4d），只有泵控制器一个任务，它结构化为组合任务，包含三个嵌入对象：泵控制的状态机对象、泵发动机输出的被动输出对象和泵协调器的内嵌协调器对象。泵协调器提供任务中整体的内部协调。当新信息到达泵控制器，泵协调器接收信息，提取特定事件的请求并调用泵控制的操作 processEvent(in event, out action)。泵控制根据当前状态和新的事件查找状态转换表，从表中条目找出新的状态和将要执行的操作，更新当前状态并返回要执行的动作，然后泵协调器启动动作。如果动作是启动或停止泵，它将调用泵发动机输出的启动或停止操作。

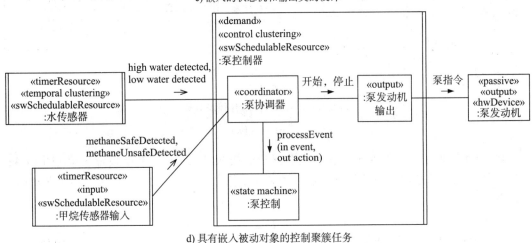

c) 嵌入的状态机和输出类的设计

d) 具有嵌入被动对象的控制聚簇任务

图 14-4 （续）

14.2 类访问同步

如 11.5.1 节中对象访问模式所述，如果多个任务访问同一个类，则类操作必须同步对其所封装数据的访问。本节介绍使用互斥算法和多读者和作者算法所实现的同步机制。

14.2.1 类访问同步示例

作为类访问同步的例子，讨论一个被动实体类——模拟传感器数据库类，该类封装了传感器数据库。在该类设计过程中，一个决策是用数组还是用链表来设计内部传感器数据结构，另一个决策是该类的对象是否同时支持多个任务访问，如果支持，是选择互斥算法还是多读者和作者算法。这些设计决策只与类的设计有关，而不需要关注类的用户。

将类的功能（类操作需求）与类的实现（类的内部设计）分开，保证类的内部变化对类的用户不会产生任何影响。类的内部可能的变化有：

- 内部数据结构变化，如链表数组；

- 数据访问的内部同步变化，比如将互斥算法改为多读者和多作者算法。

这些变化的影响仅限于类的内部结构，即内部数据结构和访问该数据结构的操作内部。

14.2.2 同步访问类操作

对于模拟传感器数据库实体类 AnalogSensorRepository 的同一外部接口，考虑两种用于同步访问传感器数据库的内部设计：互斥和多读者和作者。如 13.9.5 节和图 14-5 所示，用 MARTE 的构造型 «sharedDataComResource» 和 «sharedMutualExclusionResource» 表示实体对象，前者用于分享任务之间通信数据的资源，后者保证互斥访问共享数据的资源。互斥构造型意味着在必要时执行互斥，而不是每次访问数据都是互斥的。

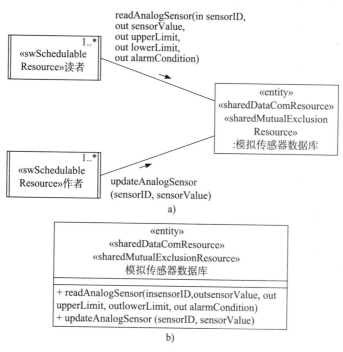

图 14-5 被动实体对象并行访问示例

在传感器数据库示例中，模拟传感器数据库实体类提供以下两个操作（参见图 14-5）。

readAnalogSensor (in sensorID, out sensorValue, out upperLimit, out lowerLimit, out alarmCondition)

从传感器数据库中读取数据的读者任务调用此操作。给定传感器 ID，该操作向希望操作或显示数据的用户返回当前传感器值、上限、下限和告警状态。如果传感器值在下限和上限之间正常范围内，此时传感器的值可以变化，但不会引起告警。如果传感器的值低于下限或高于上限，对应的 alarmCondition 分别为低或高。

写入传感器数据库的作者任务调用下列操作：

updateAnalogSensor (in sensorID, in sensorValue)

它用最新外部环境数值更新数据库中原有的数值，检查传感器的数值是否低于下限或高于上限，并设置 alarmCondition 分别为低或高值。如果传感器的数值在正常范围内，

274
～
275

alarmCondition 为正常。

14.2.3   基于互斥的同步

在使用二值信号量的互斥方案（见 3.6.1 节）中，操作系统提供获取和释放信号量的操作。为了确保传感器数据库实例中的互斥，每个任务在访问数据库前必须执行**获取**信号量操作 readWriteSemaphore（最初设置为 1），在完成访问数据库之后任务还必须执行**释放**信号量操作。读取和更新操作的伪代码如下：

```
class AnalogSensorRepository
private readWriteSemaphore : Semaphore = 1
public readAnalogSensor (in sensorID, out sensorValue, out upperLimit, out
lowerLimit, out alarmCondition)
   -- Critical section for read operation.
     acquire (readWriteSemaphore);
     sensorValue := sensorDataRepository (sensorID, value);
     upperLimit := sensorDataRepository (sensorID, upLim);
     lowerLimit := sensorDataRepository (sensorID, loLim);
     alarmCondition := sensorDataRepository (sensorID, alarm);
     release(readWriteSemaphore);
end readAnalogSensor;
```

在更新操作情况下，除了更新数据库中传感器的数值之外，还需要确定传感器的告警状态是高、低或正常。

```
public updateAnalogSensor (in sensorID, in sensorValue)
   -- Critical section for write operation.
     acquire (readWriteSemaphore);
     sensorDataRepository (sensorID, value) := sensorValue;
     if sensorValue ≥ sensorDataRepository (sensorID, upLim)
       then sensorDataRepository (sensorID, alarm) := high;
     elseif sensorValue ≤ sensorDataRepository (sensorID, loLim)
       then sensorDataRepository (sensorID, alarm) := low;
       else sensorDataRepository (sensorID, alarm) := normal;
     end if;
     release (readWriteSemaphore);
end updateAnalogSensor;
```

14.2.4   多读者和作者同步

使用多读者和作者解决方案，多个读者任务可以并发访问数据库，而作者任务则互斥访问数据库。使用两个二值信号量，readerSemaphore 和 readWriteSemaphore，将其初始值设置为 1；维护一个读者数量计数器 numberOfReaders，其初始值设置为 0。读者使用信号量 readerSemaphore 保证互斥更新读者计数器。作者使用信号量 readWriteSemaphore 保证互斥访问传感器数据库。读者也可以访问信号量 readWriteSemaphore，在读取数据库之前由第一个读者获取，在完成从数据库读取之后由最后一个读者释放。用于读取和更新操作的伪代码如下：

```
class AnalogSensorRepository
private numberOfReaders : Integer = 0;
     readerSemaphore: Semaphore = 1;
     readWriteSemaphore: Semaphore = 1;
public readAnalogSensor (in sensorID, out sensorValue, out upperLimit, out
lowerLimit, out alarmCondition)
     -- Read operation called by reader tasks. Several readers are
```

```
-- allowed to access the data repository providing there is no
-- writer accessing it.
  acquire (readerSemaphore);
  Increment numberOfReaders;
  if numberOfReaders = 1 then acquire (readWriteSemaphore);
  release (readerSemaphore);
  sensorValue := sensorDataRepository (sensorID, value);
  upperLimit := sensorDataRepository (sensorID, upLim);
  lowerLimit := sensorDataRepository (sensorID, loLim);
  alarmCondition := sensorDataRepository (sensorID, alarm);
  acquire (readerSemaphore);
  Decrement numberOfReaders;
  if numberOfReaders = 0 then release (readWriteSemaphore);
  release (readerSemaphore);
end readAnalogSensor;
```

　　更新操作的伪代码与互斥的例子类似，它要确保调用更新操作的作者任务互斥访问传感器数据库。

```
public updateAnalogSensor (in sensorID, in sensorValue)
  -- critical section for write operation.
  acquire (readWriteSemaphore);
  sensorDataRepository (sensorID, value) := sensorValue;
  if sensorValue ≥ sensorDataRepository (sensorID, upLim)
    then sensorDataRepository (sensorID, alarm) := high;
  elseif sensorValue ≤ sensorDataRepository (sensorID, loLim)
    then sensorDataRepository (sensorID, alarm) := low;
    else sensorDataRepository (sensorID, alarm) := normal;
  end if;
  release (readWriteSemaphore);
end updateAnalogSensor;
end AnalogSensorRepository;
```

　　上述方案解决了更新数据库的问题。然而，它与同步数据库访问相交织。下文将说明把这两个问题分离是可行的。

14.3　监视器设计

　　可以使用监视器实现同步访问被动对象。**监视器**将信息隐藏和同步的概念结合在一起，它是数据对象，封装数据并具有互斥执行的操作。用调用监视器操作替代任务的关键部分。称为监视器锁的隐式信号量与每个监视器关联，在任何时候监视器中只有一个任务处于活动状态。调用监视器操作将导致所调用任务获取相关联的信号量，如果信号量已经被锁定，任务将一直阻塞，直到获得监视器锁为止。退出监视器操作将释放信号量，即释放监视器锁，以便可以由其他任务获取。监视器的互斥操作也称为保护操作或者在 Java 中称为同步方法。

14.3.1　监视器互斥访问示例

　　下面介绍使用监视器互斥访问模拟传感器数据库的示例。监视器解决方案将传感器数据库封装在模拟传感器数据库 AnalogSensorRepository 信息隐藏对象中，该对象支持读取和更新操作。访问数据库的任何任务都调用这些操作。在调用任务时见不到同步访问数据库的细节。

277
~
278

　　监视器用于互斥访问模拟传感器数据库。有两个互斥操作，一个从数据库中读取，另一个更新模拟数据库的内容。14.2.2 节和图 14-5 给出了这两个操作的说明。互斥操作的伪代码如下：

```
monitor AnalogSensorRepository

readAnalogSensor (in sensorID, out sensorValue, out upperLimit, out
public lowerLimit, out alarmCondition)
    sensorValue := sensorDataRepository (sensorID, value);
    upperLimit := sensorDataRepository (sensorID, upLim);
    lowerLimit := sensorDataRepository (sensorID, loLim);
    alarmCondition := sensorDataRepository (sensorID, alarm);
end readAnalogSensor;

public updateAnalogSensor (in sensorID, in sensorValue)
    sensorDataRepository (sensorID, value) := sensorValue;
    if sensorValue ≥ sensorDataRepository (sensorID, upLim)
        then sensorDataRepository (sensorID, alarm) := high;
    elseif sensorValue ≤ sensorDataRepository (sensorID, loLim)
        then sensorDataRepository (sensorID, alarm) := low;
        else sensorDataRepository (sensorID, alarm) := normal;
    end if;
end updateAnalogSensor;
end AnalogSensorRepository;
```

14.3.2　监视器与条件同步

除了提供同步操作外，监视器还支持条件同步。这允许任务通过条件等待操作执行监视器互斥操作以阻塞任务。例如，任务在缓冲区变满或空时退出阻塞状态。当监视器中的某个任务阻塞时，它释放监视器锁，允许其他任务获取监视器锁。阻塞在监视器中的任务由其他任务执行信号操作唤醒（在 Java 中称为通知）。例如，如果读者任务需要从缓冲区读取条目，而缓冲区是空的，则它执行等待操作。在作者任务向缓冲区写入条目并执行通知操作之前，读者任务一直处于阻塞状态。

如果不支持信号量，可以通过条件同步监视器提供资源互斥访问。监视器封装的布尔变量 busy 表示资源的状态，希望获取资源的任务调用 aquire 操作。如果资源繁忙，则在 wait 操作时暂停该任务。在退出等待时，任务将设置 busy 状态为"true"，从而占用资源。当任务完成资源访问时，它调用 release 操作，该操作将 busy 设为"false"，并调用 notify 操作唤醒其他正在等待的任务。

下面是互斥访问资源的监视器设计：

```
monitor Semaphore
        -- Declare Boolean variable called busy, initialized to false.
private busy : Boolean = false;

-- acquire is called to take possession of the resource
-- the calling task is suspended if the resource is busy
public acquire ()
        while busy = true do wait;
        busy := true;
        end acquire;

-- release is called to relinquish possession of the resource
-- if a task is waiting for the resource, it will be awakened
public release ()
        busy := false;
        notify;
end release;
end Semaphore;
```

14.3.3 使用监视器的多读者和作者同步

本节介绍了多个读者和作者问题的监视器解决方案。如 14.3.1 节所述，因为监视器的操作是互斥执行的，所以容易用监视器实现传感器数据库问题的互斥解决方案。然而，由于需要多个读者并行执行 readAnalogSensor 操作，在设计 AnalogSensorRepository 类时不能用监视器实现多读者和作者方案。相反，将多读者和作者算法的同步部分封装在监视器中，用监视器重新设计 AnalogSensorRepository 类。这里给出了两种解决方案，第一种方案提供了与前一节方案相同的功能；第二个方案提供了一种额外的功能，即防止作者饥饿。

读写（ReadWrite）监视器使用两个信号量监视器，并提供四个互斥操作。信号量是 readerSemaphore 和 readWriteSemaphore。四个互斥操作是 startRead、endRead、startWrite 和 endWrite。读者任务在开始阅读前调用 startRead 操作，在完成阅读后调用 endRead 操作。作者任务在开始写之前调用 startWrite 操作，在完成写作之后调用 endWrite 操作。信号量监视器（见 14.3.2 节）提供 acquire 操作，通过调用该操作获得对资源的控制，如果资源繁忙，则可能延迟等待。release 操作释放所控制的资源。

startRead 操作必须先获得 readerSemaphore 信号量，增加读者的数量，然后释放信号量。如果在递增之前读者数为零，则 startRead 还要获得 readWriteSemaphore 信号量。该信号量由第一个读者获取，由最后的读者释放。尽管监视器操作的执行是互斥的，但仍然需要 readerSemaphore 信号量。这是因为读者可能被暂停，等待 ReadWriteSemaphore 信号量，从而释放 ReadWrite 监视器锁。如果此时另一个读者调用 startRead 或 endRead 获取监视器锁，它将被暂停，等待 readerSemaphore 信号量。

ReadWrite 监视器设计伪码下：

```
monitor ReadWrite
    -- Design for multiple readers/single writer access to resource
    -- Declare an integer counter for the number of readers.
    -- Declare semaphore for accessing count of number of readers
    -- Declare a semaphore for mutually exclusive access to buffer
private numberOfReaders : Integer = 0;
    readerSemaphore: Semaphore;
    readWriteSemaphore: Semaphore;

public startRead ()
    -- A reader calls this operation before it starts to read
    readerSemaphore.acquire;
    if numberOfReaders = 0 then readWriteSemaphore.acquire ();
    Increment numberOfReaders;
    readerSemaphore.release;
end startRead;

public endRead ()
    -- A reader calls this operation after it has finished reading
    readerSemaphore.acquire;
    Decrement numberOfReaders;
    if numberOfReaders = 0 then readWriteSemaphore.release ();
    readerSemaphore.release;
end endRead;

public startWrite ()
    -- A writer calls this operation before it starts to write
    readWriteSemaphore.acquire ();
end startRead;
```

```
public endWrite ()
  -- A writer calls this operation after it has finished writing
    readWriteSemaphore.release ();
end endWrite;
end ReadWrite;
```

为了利用读写（ReadWrite）监视器的优势，重新设计模拟传感器数据库，声明 ReadWrite 监视器的私有实例 multiReadSingleWrite。读取数据之前 readAnalogSensor 操作调用监视器的 startRead 操作，在完成读取后调用 endRead 操作。在更新前 updateAnalogSensor 操作调用监视器的 startWrite 操作，更新任务完成后调用 endWrite 操作。相应的伪码如下：

```
class AnalogSensorRepository
private multiReadSingleWrite : ReadWrite
public readAnalogSensor (in sensorID, out sensorValue, out upperLimit, out
lowerLimit, out alarmCondition)
    multiReadSingleWrite.startRead();
    sensorValue := sensorDataRepository (sensorID, value);
    upperLimit := sensorDataRepository (sensorID, upLim);
    lowerLimit := sensorDataRepository (sensorID, loLim);
    alarmCondition := sensorDataRepository (sensorID, alarm);
    multiReadSingleWrite.endRead();
end readAnalogSensor;

public updateAnalogSensor (in sensorID, in sensorValue)
  -- Critical section for write operation.
    multiReadSingleWrite.startWrite();
    sensorDataRepository (sensorID, value) := sensorValue;
    if sensorValue ≥ sensorDataRepository (sensorID, upLim)
      then sensorDataRepository (sensorID, alarm) := high;
    elseif sensorValue ≤ sensorDataRepository (sensorID, loLim)
      then sensorDataRepository (sensorID, alarm) := low;
      else sensorDataRepository (sensorID, alarm) := normal;
    end if;
    multiReadSingleWrite.endWrite();
end updateAnalogSensor;
end AnalogSensorRepository;
```

14.3.4　无写饥饿的多读者和作者同步

前述多读者和作者同步问题的解决方案有一个不足之处，即繁忙的读者群体可能无限期地阻止作者访问缓冲区，这个问题称为作者饥饿。在监视器方案中添加信号量 writerWaitingSemaphore 可以解决这一问题。在获得信号量 readWriteSemaphore 之前，startWrite 操作必须先获得信号量 writerWaitingSemaphore；在获得信号量 readerSemaphore 之前，startRead 必须获得（然后释放）信号量 writerWaitingSemaphore。

这些变化的原因将在下面场景中进行解释。假设在几个读者读取数据时一个作者尝试写入，它成功地获得了 writerWaitingSemaphore，但在试图获得 readWriteSemaphore 信号量时被挂起。因为此时 readWriteSemaphore 被读者保持住。如果新的读者试图从缓冲区读取，它调用 startRead 时被暂停，等待获取作者的 writeWaitingSemaphore。渐渐地，当前的读者完成读取，接着是下一个，到最后读者数为零并释放信号量 readWriteSemaphore。此时作者获得信号量 readWriteSemaphore，并释放信号量 writerWaitingSemaphore，而使读者或作者能够获取该信号量。与以前方案相比，下列监视器解决方案下中的 startRead 和 startWrite 操作已经发生改变。

```
monitor ReadWrite
    -- Prevent writer starvation by adding new semaphore.
    -- Design for multiple readers/single writer access to resource.
    -- Declare an integer counter for the number of readers.
    -- Declare semaphore for accessing count of number of readers
    -- Declare a semaphore for mutually exclusive access to buffer
    -- Declare a semaphore for writer waiting
private numberOfReaders : Integer = 0
    readerSemaphore: Semaphore
    readWriteSemaphore: Semaphore
    writerWaitingSemaphore: Semaphore

public startRead ()
    -- A reader calls this operation before it starts to read
    writerWaitingSemaphore.acquire
    writerWaitingSemaphore.release
    readerSemaphore.acquire;
    if numberOfReaders = 0 then readWriteSemaphore.acquire ();
    Increment numberOfReaders;
    readerSemaphore.release;
end startRead;

public endRead ()
    -- A reader calls this operation after it has finished reading
    readerSemaphore.acquire;
    Decrement numberOfReaders;
    if numberOfReaders = 0 then readWriteSemaphore.release ();
    readerSemaphore.release;
end endRead;

public startWrite ()
    -- A writer calls this operation before it starts to write
    writerWaitingSemaphore.acquire();
    readWriteSemaphore.acquire ();
    writerWaitingSemaphore.release();
end startRead;

public endWrite ()
    -- A writer calls this operation after it has finished writing
    readWriteSemaphore.release ();
end endWrite;
end ReadWrite;
```

可见，无须改变 AnalogSensorRepository 类的设计就可以利用该变化的优势解决作者饥饿问题。

14.4　任务间通信连接器设计

如第 3 章所述，多任务内核可以为任务间通信和同步提供服务。一些并行编程语言，Ada 和 Java，也提供了任务间的通信和同步机制。另一种实现任务间通信的方法是使用**连接器**封装任务间通信和同步的细节。

本节介绍了用于处理异步消息通信、无应答的同步消息通信以及具有应答的同步消息通信的三个连接器的设计。结合上一节中描述的信息隐藏和任务同步的概念，将每个连接器设计成监视器。这些监视器可用于单处理器系统或共享内存的多处理器系统。

因为连接器存储从发送者任务传送到接收者任务的数据（信息），并保证互斥访问任务，以便它们可以存储和删除消息，所以用构造型 «connector»«sharedDataComResource»«sw-

MutualExclusionResource» 描述每个连接器。

14.4.1 消息队列连接器设计

用**消息队列连接器**封装异步消息通信的通信机制。将连接器设计成封装消息队列的监视器，消息队列通常以链表方式实现。生产者任务调用连接器提供的同步操作发送消息，消费者则调用同步操作接收消息（参见图 14-6）。图 14-6a 描绘了生产者和消费者任务之间的异步消息通信。图 14-6b 描绘了生产者和消费者任务之间通过消息队列连接器的交互。图 14-6c 介绍了具有公开发送和接收操作，并封装消息队列数据结构的消息队列连接器接口规范。

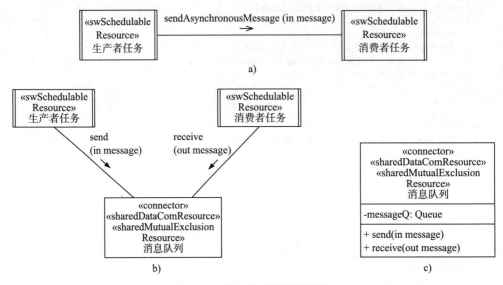

图 14-6　消息队列连接器设计

生产者调用发送操作发送消息。如果发送时队列已满（messageCount = maxCount），则进入等待状态。当队列可以接受消息时，生产者被重新激活。将消息添加到队列之后，生产者继续执行，并可能发送附加消息。消费者调用接收操作接收信息，如果消息队列为空（messageCount = 0），则进入等待状态。当新消息到达时，消费者被激活并得到消息。如果队列上有消息，则消费者不会被暂停。假定有几个生产者和一个消费者，此连接器的伪代码描述如下：

```
monitor MessageQueue
    -- Encapsulate message queue that holds max of maxCount messages
    -- Monitor operations are executed mutually exclusively;
private messageQ : Queue;
private maxCount : Integer;
private messageCount : Integer = 0;

public send (in message)
    while messageCount = maxCount do wait;
    place message in messageQ;
    Increment messageCount;
    if messageCount = 1 then notify;
end send;

public receive (out message)
    while messageCount = 0 do wait;
```

```
        remove message from messageQ;
        Decrement messageCount;
        if messageCount = maxCount-1 then notify;
    end receive;
end MessageQueue;
```

14.4.2　消息缓存连接器设计

用**消息缓存连接器**封装无应答的同步消息通信机制。将连接器设计成封装单个消息缓存的监视器，并提供用于发送和接收消息的同步操作（参见图 14-7）。图 14-7a 给出了生产者和消费者任务之间无应答的同步消息通信。图 14-7b 描绘了生产者和消费者任务之间通过消息缓存连接器进行的交互。图 14-7c 给出了具有公开发送和接收操作，并且封装消息缓存数据结构的消息缓存连接器规范。在图 14-7b 中，生产任务调用发送操作，消费者任务调用接收操作。

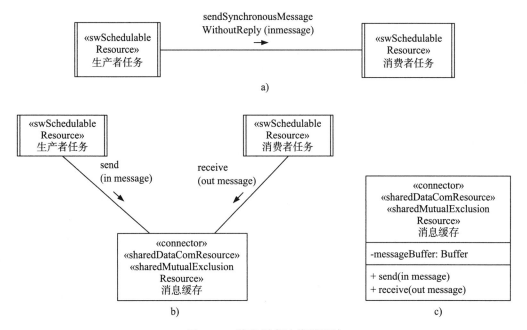

图 14-7　消息缓存连接器设计

生产者调用发送操作发送消息。将消息写入缓存后，生产者将暂停，直到消费者收到消息为止。消费者调用接收操作，如果消息缓存为空，则暂停。下列是只有一个生产者和一个消费者连接器的伪代码：

```
monitor MessageBuffer
    -- Encapsulate a message buffer that holds at most one message.
    -- Monitor operations are executed mutually exclusively
private messageBuffer : Buffer;
private messageBufferFull : Boolean = false;

public send (in message)
    place message in messageBuffer;
    messageBufferFull := true;
    notify;
    while messageBufferFull = true do wait;
end send;
```

```
public receive (out message)
    while messageBufferFull = false do wait;
    remove message from messageBuffer;
    messageBufferFull := false;
    notify;
end receive;
end MessageBuffer;
```

14.4.3　消息缓存和应答连接器设计

消息缓存和应答连接器用于封装具有应答的同步消息通信的通信机制。将连接器设计成封装单个消息缓存和单个响应缓存的监视器。该监视器为发送消息、接收消息和发送应答提供同步操作（参见图 14-8）。图 14-8a 描述了生产者和消费者任务之间具有应答的同步消息通信。图 14-8b 描绘了生产者和消费者任务之间通过消息缓存和响应的连接器交互。图 14-8c 描绘了具有公开发送、接收和应答操作，以及封装消息数据结构和应答缓存的连接器规范。

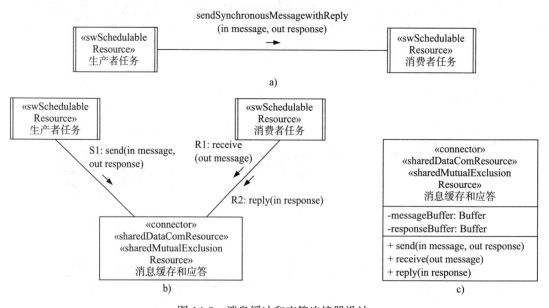

图 14-8　消息缓冲和应答连接器设计

生产者调用发送消息操作（见图 14-8b 中的 S1）。将消息写入消息缓存后，生产者将暂停，直到接收到消费者的应答为止。消费者调用接收消息操作（R1），如果消息缓存为空，消费者将被暂停。当消息有效时，消费者处理消息，准备应答，调用应答操作（R2）更新应答缓存中的内容。下列是只有一个生产者和一个消费者的连接器的伪代码：

285
~
287

```
monitor MessageBuffer&Response
    -- Encapsulates a message buffer that holds at most one message
    -- and a response buffer that holds at most one response.
    -- Monitor operations are executed mutually exclusively.
private messageBuffer : Buffer;
private responseBuffer : Buffer;
private messageBufferFull : Boolean = false;
private responseBufferFull : Boolean = false;

public send (in message, out response)
```

```
        place message in messageBuffer;
        messageBufferFull := true;
        notify;
        while responseBufferFull = false do wait;
        remove response from responseBuffer;
        responseBufferFull := false;
    end send;

    public receive (out message)
        while messageBufferFull = false do wait;
        remove message from messageBuffer;
        messageBufferFull := false;
    end receive;

    public reply (in response)
        Place response in responseBuffer;
        responseBufferFull := true;
        notify;
    end reply;
end MessageBuffer&Response;
```

14.4.4 用连接器设计协作任务

接下来，考虑通过连接器对象进行通信的一组协作任务的设计。这里，通过微波炉控制系统案例中的内容说明这个问题。在图 14-9a 中，系统有四个生产者任务给消费者任务微波炉控制发送异步消息。此外，微波炉控制又是生产者任务，发送异步消息到消费者任务微波炉定时器。可见，微波炉控制和微波炉定时器之间的异步通信是双向的。

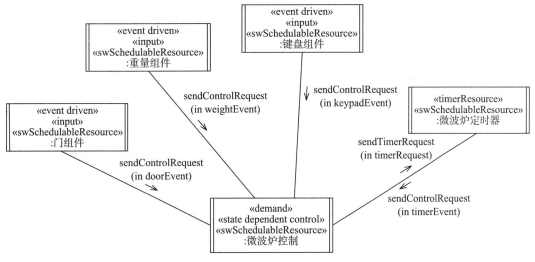

图 14-9a 采用异步消息通信和双向异步消息的协作任务示例

图 14-9b 描绘了微波炉控制任务连接器。微波炉控制消息 Q 封装了传入到微波炉控制消费者任务的输入消息队列。其中，消息队列有四个生产者。通常，生产者调用消息队列连接器对象的 **sendControlRequest** 操作，在连接器队列中插入消息；消费者调用 **receiveControlRequest** 操作，从队列中删除消息。此外，微波炉定时器消息 Q 消息队列连接器对象封装了微波炉控制生产者任务和微波炉定时器消费者任务之间的异步通信。其中，生产者调用连接器的 **sendTimerRequest** 操作，消费者调用 **receiveTimerRequest** 操作。

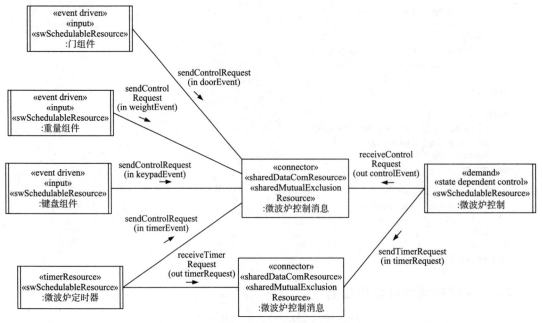

图 14-9b 采用消息队列协作任务示例

图 14-10 给出了消息缓存和响应连接器的示例。其中，生产者任务车辆控制发送同步消息 startMotor 到消费者任务马达输出，然后等待应答（图 14-10a）。如图 14-10b 所示，使用连接器，生产者任务车辆控制调用消息缓存和响应连接器的 send 操作，在连接器消息缓存中插入消息，然后等待响应。消费者马达输出调用 receive 操作，从缓冲区中删除消息，然后在应答准备好之后，调用 reply 操作将应答插入到连接器的响应缓存中。应答以发送操作的输出参数方式返回给车辆控制。

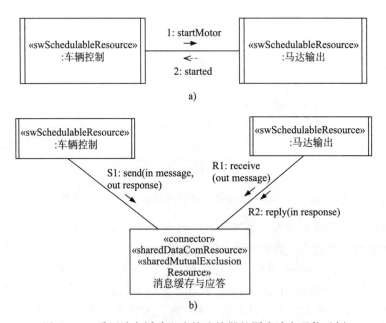

图 14-10 采用消息缓冲和应答连接器的同步消息通信示例

14.4.5　具有连接器的组件的详细设计

需要注意的是，如果所设计的任务属于简单组件（参见第 12 章），生产者任务将通过组件需求接口发送消息，而消费者任务则通过组件供给接口接收消息。供给接口中的操作将传入的消息放入消息缓冲区（用于同步通信）或消息队列（用于异步通信），消费者任务从中取出消息。采用这种方法时，在消费者组件中设计连接器，连接器的操作同步访问已封装的消息缓存或队列。在第 19 章的微波炉案例研究中将给出了该方法的示例。

288
～
290

14.5　任务事件序列逻辑

如第 13 章所述，在软件详细设计阶段确定任务行为规范的任务序列逻辑。任务的**事件序列逻辑**说明任务如何响应每个消息和输入事件，特别是说明每个输入所产的输出结果。用伪代码或精确的语句辅以图非正式地描述事件序列逻辑。例如，描述任务的状态机图或状态转换表。

对于具有多个嵌入对象的组合任务，嵌入协调器对象接收任务的输入消息，然后调用其他嵌入对象提供的操作。在这种情况下，协调器对象执行任务事件序列逻辑。

14.5.1　发送和接收任务事件序列逻辑示例

下面将给出发送者任务向其他任务发送消息的事件序列逻辑。如上一节所述，发送（消息）的确切形式取决于它是操作系统提供的服务还是它使用了连接器。

```
loop
     Prepare message containing message name (type) and optional message
parameters;
     send (message) to receiver;
endloop;
```

接收来自其他任务的输入消息的接收者任务事件序列逻辑是：

```
loop
   receive (message) from sender;
   Extract message name and any message parameters from message
   case message of
     message type 1:
        objectA.operationX (optional parameters);
        ….
     message type 2:
        objectB.operationY (optional parameters);
        …..
   endcase;
endloop;
```

如果采用连接器 aConnector，则发送消息为：

```
aConnector.send (message)
```

接收消息为：

```
aConnector.receive (message)
```

第 13 章中不同类型任务的任务事件序列逻辑的伪码模板在附录 C 中。在第 19 章微波炉控制案例中给出任务通信和同步的任务事件序列逻辑示例。

14.6 机器人和视觉系统中的实时软件详细设计

考虑下面的实时机器人和视觉系统中任务通信和同步的详细软件设计实例。将每个机器人和视觉系统设计成一个实时嵌入式系统。在机器人系统中，任务控制机器人手臂执行拿起零件、放置零件或者将两个部件焊接起来等工厂操作。视觉系统执行分析工厂零件图像，提取零件的类型和位置等重要属性的任务。本节示例中，通过为每个任务行为提供任务事件序列逻辑，详细解释任务之间的交互过程。

14.6.1 机器人任务之间的事件同步示例

第一个例子是两个机器人任务之间的事件同步（见 13.9.4 节）。其中，装卸机器人将零件拿到工作地点，以便钻孔机器人可以在零件上钻四个洞。在钻孔作业完成后，装卸机器人移开零件。

这里需要解决几个同步问题：首先，存在一个碰撞区域，其中，装卸和钻孔机器人手臂可能会碰撞；其次，在钻孔机器人开始钻孔之前，装卸机器人必须放好零件；第三，钻空机器人必须在装卸机器人取走零件前完成钻空作业。解决方案是使用下面所述的事件同步。

如图 14-11 所示，装卸机器人将零件放置到工作位置，离开碰撞区域，然后发出零件准备好的信号。被信号唤醒后，钻孔机器人移动到工作位置进行钻孔，完成钻孔作业后，离开碰撞区域，然后发出零件完成信号，等待装卸机器人接收。被唤醒后，装卸机器人取走零件。因为机器人重复执行操作，每个机器人执行循环任务，其任务事件序列逻辑描述如下：

装卸机器人：

```
loop
    while workAvailable do
    Pick up part;
    Move part to work location;
    Release part;
    Move to safe position;
    signal (partReady);
    wait (partCompleted);
    Pick up part;
    Remove part from work location;
    Place part;
    end while;
end loop;
```

钻孔机器人：

```
loop
    while workAvailable do
    wait (partReady);
    Move to work location;
    Drill four holes in part;
    Move to safe position;
    signal (partCompleted);
    end while;
end loop;
```

14.6.2 视觉和机器人任务之间的消息通信示例

下面讨论任务间的通信，特别是视觉任务和机器人任务之间有应答的同步消息通信

（见 13.9.2 节）。视觉任务必须通知机器人传送机上零件的类型，例如，车身框架是轿车的还是旅行车的。因为，机器人对不同的车体类型有不同的焊接程序。此外，视觉任务还必须将传送机上零件的位置和方向信息发送机器人。通常，位置和方向信息是相对于两个系统中已知点的偏移量（即相对位置）。视觉任务给机器人发送同步消息，包含汽车型号标识 carModelID 和车身偏移 carBodyOffset 的汽车标识 carIDMessage，然后等待机器人应答。机器人通过发送已完成应答 doneReply 表示完成焊接操作。消息交换过程如图 14-12 所示。

图 14-11　机器人之间的事件同步示例

图 14-12　视觉和机器人任务之间的通信示例

此外，还需要以下事件同步：首先传感器生成外部事件 carArrived 通知视觉任务，然后视觉任务给执行器发送信号 moveCar，传送机取走车。任务事件序列逻辑描述如下。

视觉任务：

```
loop
    while workAvailable do
    wait (carArrived) from arrival sensor;
    Take image of car body;
    Identify the model of car;
    Determine location and orientation of car body;
    send carIdMessage (carModelId, carBodyOffset) to Robot Task;
    wait for reply from Robot Task;
    signal (moveCar) to conveyor actuator;
    end while;
end loop;
```

机器人任务：

```
loop
    while
    workAvailable do
    wait for message from Vision Task;
    receive carIDMessage (carModelId, carBodyOffset);
    Select welding program for carModelId;
    Execute welding program using carBodyOffset for car position;
    send (doneReply) to Vision Task;
    end while;
end loop;
```

14.7　并发任务的 Java 实现

在 Java 中，用线程实现任务。Java 中设计线程类的最简单方法是继承 Java 线程类，它有一个方法，称为运行（run）。新的线程类必须实现 run 方法，调用时，它将独立于自己的控制线程而运行。在下面的示例中，将铁路道口控制类设计成线程。线程的主体包含在运行方法中。通常，任务的主体是一个循环，它将等待外部事件（来自外部设备或定时器）或来自生产者任务的消息。

```
public class RailroadCrossingControl extendsThread{}
public void run ()
while (true) {//task body/}
```

关于 Java 中实现任务的更多信息见关于 Java 中的并发及多线程（Carver 2006 ；Goetz 2006）和 Java 实时编程（Bruno and bollella 2009；Wellings 2004）的教材。

在 Java 中，可能封装了线程的对象中有其他线程可以调用的操作（Java 中的方法）。这些操作不必与内部线程同步。在这种情况下，对象具有主动和被动两种特性。本书中，将区分主动对象和被动对象。定义对象为主动或被动，但不是两者都是。

14.8 小结

继第 13 章对系统进行结构分析后，本章详细描述了系统的软件设计。在这个阶段，设计包含嵌入对象的组合任务内部；使用信号和监视器解决任务同步问题；设计封装任务间通信细节的连接器类；定义任务的内部事件序列逻辑。以伪码形式给出了任务同步机制详细设计、任务间通讯连接器类和任务事件序列逻辑的示例。给出了实时机器人和视觉系统中任务通信和同步的详细软件设计。不同类型任务的事件序列逻辑的伪码模板将在附录 C 中给出。本章最后简单介绍了 Java 中如何用线程实现并发任务。

实时软件产品线体系结构设计

软件产品线（SPL）是由一系列具有部分共有功能和部分差异化功能的软件系统组成（Parnas 1979；Clements 2002；Weiss 1999）。软件产品线工程涉及开发一系列系统的需求、体系结构和组件，并由此派生出产品（家族成员）。由于差异性管理增加了产品线工程的复杂性，从而增加了软件产品线中单个软件系统开发的难度。本章概述了基于 PLUS（产品线基于）UML 的软件工程设计软件产品线体系结构的方法。在作者的另一本书中（Gomaa 2005a）对这个主题进行了相当详细的讨论。

SPL 技术对开发实时嵌入式产品特别重要。在产品线中，一些外部设备，如传感器和执行器等，在家族成员中是可选的（即可以用也可以不用，如微波炉产品线中的灯或转盘）或者因家族成员的不同而变化（如只有开/关两个状态的加热元件或有高/中/低/关闭多个选项的加热元件）。为了管理 SPL 体系结构和实现的变化，需要开发功能模型用于确定成员之间的不同之处，以及开发包括核心、可选和选项（必须选择其中之一）组件的灵活的软件体系结构从而将变化映射到设计中。

与单个系统相同，从产品的需求模型、静态模型和动态模型等多视图考虑，可以更好地理解软件产品线。采用 UML 等可视化建模语言将有助于不同视图的开发、理解和交流。功能建模视图是软件产品线多视图中的关键视图。功能模型对于管理产品变化和差异至关重要，因为它从共性和差异性视角描述产品线的需求，定义产品线的依赖关系。此外，需要有一种促进软件演化的开发方法，使得原始开发和后续维护都使用功能驱动的演进方法来处理。

15.1 节描述了 SPL 工程的软件过程模型；15.2 节介绍了本章中所使用的 SPL 示例的问题描述；15.3 节描述了 SPL 的需求建模，特别是 SPL 用例建模和功能建模。15.4 节介绍了 SPL 分析建模，特别介绍如何在 SPL 静态模型、动态交互模型和动态状态机模型中处理差异性问题。15.5 节介绍了如何在 SPL 设计模型中解决差异性问题。

15.1 软件产品线工程

SPL 工程的软件过程模型是高度迭代的软件过程，它去除了软件开发和维护之间的传统区别。此外，由于新的软件系统从原有系统演进而来，此软件过程从软件产品线的视角来看问题。此软件过程包括两个主要步骤（见图 15-1）：

1. 软件产品线工程（也称为**领域工程**）

一个产品线多视图模型，该模型确定软件产品线的多个视图。开发产品线的需求模型、分析模型、体系结构和可以复用的组件类型（在（Clements 2002）中称为核心资源）并存储于产品线库中。

2. 软件应用工程

软件应用系统是从 SPL 存储库中的软件产品线模型和体系结构派生的单个产品线成员。用户为产品线的单个成员选择所需的功能，并根据这些功能对产品线模型和体系结构进行调整和定制，导出应用系统模型和体系结构。体系结构确定派生和配置可执行应用程序所需的

298 可复用组件类型。

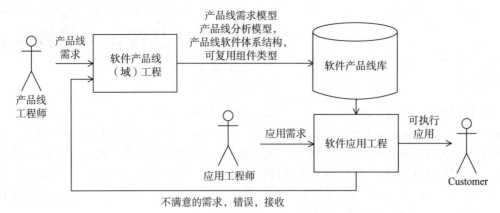

图 15-1　软件产品线工程软件过程模型

15.2 微波炉软件产品线问题描述

微波炉产品线的制造商是具有国际市场的原始设备制造商。微波炉形成这个产品线的基础，它提供了从基本型到高级型的选择。

基本型微波炉系统有**烹饪时间**、**启动**和**取消**输入按钮，以及数字键盘。它还能够显示剩余烹饪时间。此外，微波炉拥有用于烹饪食物的微波加热元件、用于检测门开着状态的门传感器以及用于检测微波炉中是否存在物体的重量传感器。

为高级微波炉选择的内容有通知烹饪完毕的蜂鸣器、开门时或烹饪食物时点亮的灯、烹饪时转动的转盘以及向用户显示提示和告警消息等。因为微波炉在世界各地销售，所以它必须能够改变显示语言。默认语言是英语，其他可能的语言是法语、西班牙语、德语和意大利语。基本型微波炉上只有单行显示，高级的微波炉可以有多行显示。其他还包括需要多行显示的时钟。

最高端的微波炉有食谱烹饪功能，它用模拟重量传感器取代基本型中的布尔重量传感器，具有多行显示功能以及用多等级功率的电源（高，中，低）代替基本型的开/关电源。尽管必须遵守功能依赖的约束，供应商可以从丰富的选项和多种功能中选择，配置其微波炉系统。

15.3 软件产品线需求建模

在设计单个系统过程中，用例建模（见第 6 章）是描述软件功能需求的主要手段。对于软件产品线，功能建模是需求建模的另一个重要部分。功能建模的优势是从共有功能、可选功能和选项功能方面区分产品线的不同成员。

15.3.1 软件产品线用例建模

根据用例和角色定义系统的功能需求。对于单个系统，需要所有的用例。对于软件产品线，只有哪些核心用例是所有家族成员所共有的。其他用例则为家族中的一部分成员所需要，是可选的。有些用例可能需要多个选项，不同成员选择用例的不同版本。在 UML 中，用构造型 «kernel»、«optional» 或 «alternative»（Gomaa 2005a）标记用例。此外，差异性可通过变化点引入到用例中，它指定在用例描述中引入变化的位置（Jacobson 1997；Webber and Gomaa 2004；Gomaa 2005a）。

299

通过分析微波炉 SPL 功能的共性和差异性可以看到，共性功能由核心用例烹饪食物获得，产品线中所有成员都提供核心用例。产品线中的一些差异性可以通过核心用例中反映小改变的变化点获得。然而，对于大的改变，需要通过不同的用例解决。设置时钟时间、显示时钟时间和食谱烹饪食物是三个可选的用例，只有产品线的一些成员实现了这些用例。图 15-2 中的用例图上描述了用例模型。

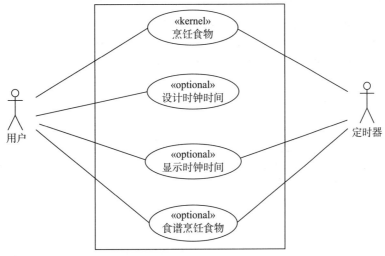

图 15-2 软件产品线用例

为核心和可选用例提供变化点。其中，一个变化点与显示提示语言有关。由于微波炉系统的家族成员将部署在不同国家，需要为给定微波炉产品选择适当的提示语言。默认语言是英语，其他语言为法语、西班牙语、意大利语和德语。下面是烹饪食物用例中涉及向客户显示信息的所有步骤的变化点示例。强制性选项意味着必须在备选方案中做出选择。

烹饪食物用例中的**变化点**：

名称：显示语言。

功能类型：强制选项。

用例的步数：3，8。

功能描述：可以选择显示消息的语言。默认是英语，选择的互斥语言有法语、西班牙语、意大利语和德语。

15.3.2 功能建模

因为处理 SPL 的差异性，功能建模是产品线工程的重要建模视图（Kang et al. 1990）。对功能进行分析，将其归类为共有功能（产品线的所有成员都支持）、可选功能（产品线中部分成员支持）、选项功能（产品线的成员必须选择其中之一）和前提功能（依赖于其他功能）。功能之间也可能存在依赖关系，例如互斥性。功能建模的重点是通过可选和选项功能实现产品线中产品的多样性，因为这些功能将产品线中的成员彼此区别开。

功能在产品线工程中被广泛使用，但在 UML 中不常用。为了对产品线进行有效建模，需要将功能建模概念集成到 UML 中。在 PLUS 中，采用元类概念将功能纳入 UML 中。其中，使用 UML 的静态建模符号对功能进行建模，并给出不同的构造型 «common feature»、«optional feature» 和 «alternative feature»（Gomaa 2005）。在描述功能依赖时将其与需求相关联。例如，TOD 时钟功能需要多行显示功能。此外，用功能组概念给出产品线的成员在选择功能时受到的约束，如互斥的功能。用元类为功能组建模，并给出诸如 «zero-or-one-of feature group» 或 «exactly-one-of feature group» 等构造型（Gomaa 2005a）。因为功能是功能组的一部分，所以将功能组建模为功能的聚合。

共有功能标明了 SPL 中的共有功能，例如核心用例所指定的功能。可选和选项功能代表了由可选用例和变化点所确定的产品线中产品的变化。微波炉 SPL 的共同特点是微波炉核心，它对应于烹饪食物核心用例中所描述的核心功能。

可变功能对应于可选或选项的功能需求，这些需求由用例模型决定。许多功能是由核心用例烹饪食物决定的。其中一些（如灯、转盘和蜂鸣器）是可选的功能，可以添加到核心功能中。有两个功能对应可选用例。TOD 时钟功能对应于包含设置时钟时间用例和显示时钟时间用例的用例包；食谱功能与食谱烹饪食物用例相对应。图 15-3 中描述了微波炉的功能。

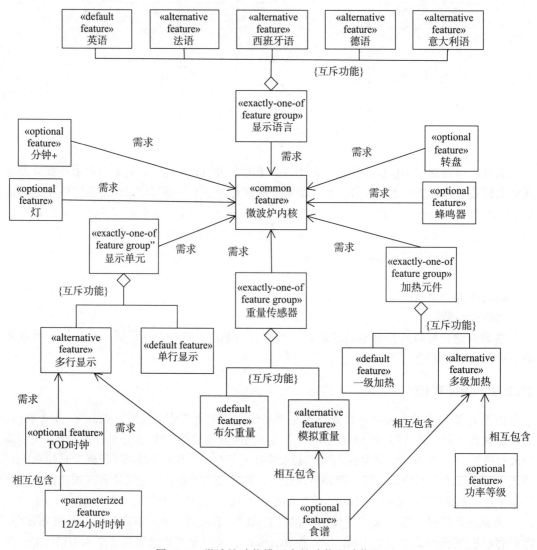

图 15-3　微波炉功能模型中的功能和功能组

某些功能具有先决功能，这意味着选择该功能时，还必须选择其先决功能。一些功能是选项功能，即必须选择选项功能组中的一项。如果没有对选项功能进行选择，则使用默认值。显示单元和加热元件功能组的选项功能分别是用于微波炉显示和加热单元的选项 I/O 设备（硬件和软件支持）。

在单个系统中，用例确定系统的功能需求，用例同样可以用于确定产品线的功能需求。Griss（1998）指出，用例分析的目的是为了很好地理解功能需求，功能分析的目标是为了功能的复用。用例与功能彼此相辅相成。可选和选项用例分别映射到可选和选项功能，用例的变化点也映射在功能中（Gomaa 2005a）。

表 15-1 是功能 / 用例关系表，它清晰说明了用例和功能之间的关系，描述了每个功能所涉及的用例。对于从变化点派生的功能，表中列出了变化点名称。

表 15-1　微波炉软件产品线功能与用例关系表

功 能 名 称	功 能 分 类	用 例 名 称	用例分类 / 变化点（vp）	变化点名称
Microwave Oven Kernel	common	Cook Food	kernel	
Light	optional	Cook Food	vp	Light
Turntable	optional	Cook Food	vp	Turntable
Beeper	optional	Cook Food	vp	Beeper
Minute Plus	optional	Cook Food	vp	Minute Plus
One-Line Display	default	Cook Food	vp	Display Unit
Multi-Line Display	alternative	Cook Food	vp	Display Unit
English	default	Cook Food	vp	Display Language
French	alternative	Cook Food	vp	Display Language
Spanish	alternative	Cook Food	vp	Display Language
German	alternative	Cook Food	vp	Display Language
Italian	alternative	Cook Food	vp	Display Language
Boolean Weight	default	Cook Food	vp	Weight Sensor
Analog Weight	alternative	Cook Food	vp	Weight Sensor
One-Level Heating	default	Cook Food	vp	Heating Element
Multi-Level Heating	alternative	Cook Food	vp	Heating Element
Power Level	optional	Cook Food	vp	Power Level
TOD Clock	optional	Set Time of Day	optional	
		Display Time of Day	optional	
12/24 Hour Clock	parameterized	Set Time of Day	vp	12/24 Hour Clock
		Display Time of Day		
Recipe	optional	Cook Food with Recipe	optional	

在表中，三个功能与用例相对应，其余的功能对应于用例中的变化点。例如，微波炉核心是由核心用例烹饪食物所决定的共有功能。灯是由烹饪食物用例确定的可选功能，它代表一个用例变化点，也称为灯。TOD 时钟是一个可选的功能，它对应于两个可选的时间用例。语言是一个功能组，它对应于用例模型中的语言变化点。这个功能组由默认的英语，以及西班牙语、法语、意大利语或德语等选项功能组成。

15.4　软件产品线分析建模

与单个系统一样，分析建模包括静态建模和动态建模。这两种建模方法都需要解决 SPL 建模的差异性问题。

15.4.1　软件产品线静态建模

在单个系统中，按照所扮演的角色对类进行归类。根据在应用中的角色，采用 «entity» «control» 和 «boundary»（见 8 章）等构造型对应用类进行归类。在软件产品线建模过程中，根据复用特性，使用构造型 «kernel» «optional» 和 «variant» 对类进行归类。在 UML 中，可以用多个构造型描述建模元素。因此，一个构造型可以表示复用功能，而另一个构造型用于表示建模元素的角色。类的角色和复用功能是正交的。

在完成用例和功能模型开发后，下一步是开发问题域的结构模型（见 5 章），并据此开发产品线软件的上下文图。该图定义了产品线系统（即产品线的任何成员），以及与产品线中成员所交互的外部环境（即外部实体，用 SysML 模块描述）之间的边界。如图 15-4 所示，在模块定义图上描述产品线软件的上下文模型，并显示了外部功能模块与产品线系统之间关联的差异性。图中，将产品线系统描述为一个聚合模块。

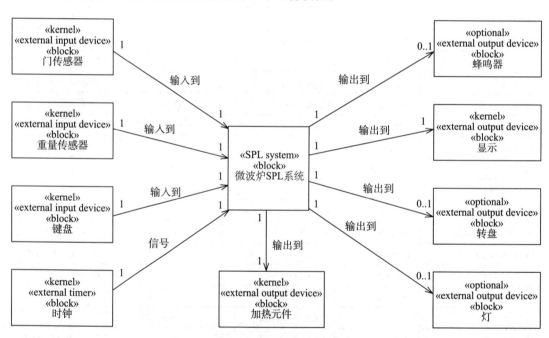

图 15-4　微波炉软件产品性软件上下文图

用三个构造型描述每个外部模块：第一个构造型表示复用类型，无论外部功能模块是产品线中的核心还是可选模块。第二个构造型表示外部功能模块的作用，例如，门传感器是外部输入设备。第三个构造型是 «block» 的 SysML 符号（如 5 章所述）。在图 15-4 案例中，门传感器、重量传感器和键盘都是外部输入设备，它们也是核心模块。加热元件和显示单元都是核心的外部输出设备。时钟是外部定时器，也属于核心。外部输出设备蜂鸣器、转盘和灯是可选的。核心外部功能模块与产品线系统有 1 对 1 的关联；可选的外部功能模块与产品线系统有 0 到 1 的关联。

15.4.2　软件产品线动态交互建模

软件产品线的动态交互建模使用了一种迭代策略，称为**进化动态分析**，以帮助确定每个 |304|
功能对软件体系结构的动态影响。功能将导致添加新组件或修改现有组件。**核心系统**是产品
线的最小成员。在某些产品系列中，核心系统只包含核心对象。对于其他产品线，核心系统
（产品）还需要包括一些默认对象。开发核心系统需要考虑产品线中所有成员都具有的核心
用例。为每个核心用例开发了交互图，描述了实现用例所需的对象。核心系统由所有这些对
象和用于实例化的类的集成组成。

软件产品线演化过程始于核心系统，考虑可选和选项功能的影响（Gomaa 2005a），在产
品线体系结构中添加可选或选项组件。分析过程是通过考虑可变（可选的和选项）用例以
及核心或可变用例中的任何变化点来完成的。为每一个可选或选项用例所开发的交互图都由
新的可选或变化对象组成。这些变化对象是必须进行调整以适应不同场景的核心和可选对象。

图 15-5 给出了微波炉 SPL 演化的动态分析示例，它基于用例烹饪食物的通信图描述了照
明功能的影响。照明功能要求在开门或在烹饪时打开灯，在关好门或停止烹饪时关闭灯。如
图 15-5 所示，功能的第一个影响是需要外部输出设备灯和灯输出对象。在图 15-5 中微波炉控
制对象负责发送打开和关闭消息到灯输出对象。在开门
（消息 1.2）和烹饪已经开始（消息 6.2b）时，微波炉控
制发送打开灯的消息。在门关闭（消息 3.2）和烹调停止
时（消息 8.4b），微波炉控制发送关闭灯的消息。灯输出
依次向灯的外部输出设备发送打开（消息 1.3 和 6.2b.1）
和关闭（消息 3.3 和 8.4b.1）灯的指令。在通信图上，打
开和关闭消息受到 [照明] 功能条件保护。对微波炉控
制状态机的影响则是增加了可选的打开和关闭动作，这
些动作也受到 [照明] 功能条件保护（见 15.5 节）。

可以用功能 / 类表描述功能和类之间的关系，它显
示了每个功能、实现功能的类、类的复用类型（核心、可
选的或选项）以及参数化类时的参数。在采用演化动态分
析完成动态影响分析后，给出下列产品功能与类关联表。

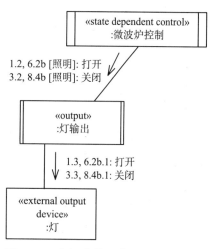

图 15-5　烹饪食物通信图中照明功能
的演化动态分析

15.4.3　软件产品线动态状态机建模

为了使组件适合于产品线，主要考虑定制化和参数化这两种方法。当需要更改的内容相
对较少时定制化方法是有效的，因为此时所定制类的数量是可控的。然而，在产品线中，可
能有很大程度的变化。实时产品线中状态机的变化可以通过参数化状态机或定制状态机来处
理。根据产品线采用集中还是分散的方法，可以有几种不同状态依赖的控制组件，每个组件
都由它自己的状态机建模。下面的讨论涉及给定状态依赖组件中的变化。

要捕获状态机的变化，必需指定可选状态、事件、转换和动作，还需确定使用状态机继
承还是参数化。使用继承的问题是不同的状态机需要对每一个可选的或选项功能，或者是功
能组合建模，从而导致继承状态机的组合数量的急剧增加而不可控。例如，三个可以影响状
态机的功能，将有八个可能的功能和功能组合，从而产生八个变异的状态机。如果有十个功
能，将有超过 1,000 个变异的状态机。然而，十个功能可以很容易地在参数化状态机上建模 |305 ∼ 306|
为十个功能依赖的转换、状态和事件。

表 15-2　微波炉软件产品功能与类关联表

功能名称	功能分类	类的名称	类的分类	类的参数
Microwave Oven Kernel	common	Door Sensor Interface	kernel	
		Weight Sensor Interface	kernel-abstract-vp	
		Keypad Interface	kernel-param-vp	
		Heating Element Interface	kernel-abstract-vp	
		Display Interface	kernel-abstract-vp	
		Microwave Oven Control	kernel-param-vp	
		Oven Timer	kernel-param-vp	
		Oven Data	kernel-param-vp	
		Display Prompts	kernel-abstract-vp	
Light	optional	Lamp Interface	optional	
		Microwave Oven Control	kernel-param-vp	light: Boolean
Turntable	optional	Turntable Interface	optional	
		Microwave Oven Control	kernel-param-vp	turntable: Boolean
Beeper	optional	Beeper Interface	optional	
		Microwave Oven Control	kernel-param-vp	beeper: Boolean
Minute Plus	optional	Keypad Interface	kernel-param-vp	minuteplus: Boolean
		Microwave Oven Control	kernel-param-vp	minuteplus: Boolean
		Oven Timer	kernel-param-vp	minuteplus: Boolean
		Oven Data	kernel-param-vp	minuteplus: Boolean
One-Line Display	default	One-Line Display Interface	default	
Multi-Line Display	alternative	Multi-Line Display Interface	variant	
English	default	English Display Prompts	default	

French	alternative	French Display Prompts	variant	
Spanish	alternative	Spanish Display Prompts	variant	
German	alternative	German Display Prompts	variant	
Italian	alternative	Italian Display Prompts	variant	
Boolean Weight	default	Boolean Weight Sensor Interface	default	
Analog Weight	alternative	Analog Weight Sensor Interface	variant	itemWeight: Real
		Oven Data	kernel-param-vp	
One-Level Heating	default	One-Level Heating Element Interface	default	
Multi-Level Heating	alternative	Multi-Level Heating Element Interface	variant	multi-levelHeating: Boolean
		Microwave Oven Control	kernel-param-vp	selectedPowerLevel: Integer
		Oven Data	kernel-param-vp	
Power Level	optional	Keypad Interface	kernel-param-VP	powerLevel: Boolean
		Microwave Oven Control	kernel-param-VP	powerLevel: Boolean
TOD Clock	optional	TOD Timer	optional	
		Keypad Interface	kernel-param-VP	TODClock: Boolean
		Microwave Oven Control	kernel-param-VP	TODClock: Boolean
		Oven Data	kernel-param-VP	TODvalue: Real
12/24 Hour Clock	parameterized	Oven Data	kernel-param-vp	TODmaxHour: Integer
Recipe	optional	Recipes	optional	
		Recipe	optional	
		Keypad Interface	kernel-param-vp	recipe: Boolean
		Microwave Oven Control	kernel-param-vp	recipe: Boolean
		Oven Data	kernel-param-vp	selectedRecipe: Integer
		Oven Timer	kernel-param-vp	recipe: Boolean

设计参数化状态机通常更有效，其中有功能相关的状态、事件和转换。可选的转换通过具有由布尔功能条件限定的事件来指定，该布尔功能条件防止进入状态。可选动作也可以由一个布尔功能条件保护。对于给定的产品线成员，如果选择了某个功能，则布尔功能条件设为"真"，反之则设为"假"。

在图 15-6 中，功能相关的事件和行为的例子取自于微波炉产品线。烹饪时间以分钟为单位，分钟＋是可选的微波炉功能。在状态机中，分钟按下是依赖于功能的转换，受到图 15-6 中的功能条件分钟＋限制。如果选择了功能，则功能条件为真。一些功能相关的动作，如图 15-6 中的打开和关闭，只有照明功能条件为真时启用；而蜂鸣动作只有在蜂鸣器功能条件为真时启用。因此，如果为产品线的给定成员选择了可选功能，则功能条件为真，反之则为假。通过引入替代状态或转换，可以使用状态机非常精确地模拟功能交互的影响。设计参数化状态机通常比设计专门的状态机更容易管理。

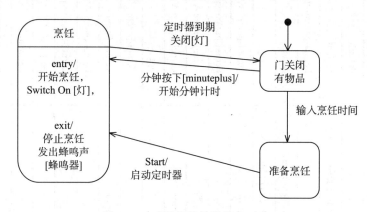

图 15-6   功能依赖的转换与动作

15.5   软件产品线设计建模

在设计建模中，差异性通过开发变体和参数化组件来处理。某些软件体系结构模式（见第 11 章）特别适用于 SPL，因为它们鼓励变化和演变。

15.5.1   基于组件的软件体系结构建模

软件组件接口的定义完全独立于软件实现。与类不同的是，组件的需求接口是在其供给接口之外显式地设计的（如第 12 章所述）。这对于以体系结构为中心的改变来说尤其重要，因了解组件变化对与其接口的所有组件带来的影响是非常必要的。

基于组件的软件体系结构建模在产品线工程中尤其有价值，它允许开发核心、可选组件、可变化组件、"插件兼容"组件和组件接口继承。在可能的情况下，非常希望设计兼容插件的组件，以便一个组件的所需端口与其需要连接的其他组件的端口兼容（请参阅第 12 章）。生产者组件必须能够连接到产品线内不同成员中的可选消费者组件（如图 15-7 所示）。最理想的方法是用相同的接口设计所有的消费组件，这样生产者就可以连接到任何消费者而不改变其需求接口。在图 15-7 中，微波炉显示输出可以连接到显示提示组件的任何变化的版本（对应于图 15-3 中的默认和选项功能）。图 15-7 所示的组件接口指定了两个操作，初始化组件和读取给出 ID 的文字提示。每个默认或变化的组件，如英语显示提示或法语显示提示，从变量显示提示组件继承组件接口并提供特定语言的实现。

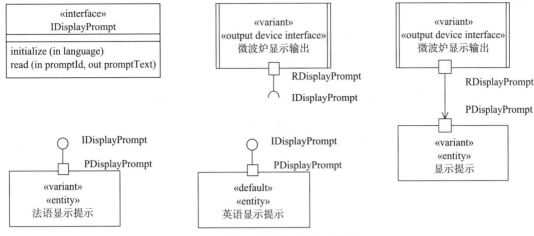

图 15-7　接口兼容的不同组件设计

组件以不同的方式连接到其他不同的组件。一种情况下，它与一个组件通信，在另一种情况下，它可能与两个不同的组件通信。这种灵活性有助于提供软件体系结构的变化。如果插件兼容的组件不适用时，**组件接口继承**是另一种可以采用的组件设计方法。可以修改组件体系结构，定制化两个组件通信的接口，使其能够支持额外的功能。在这种情况下，供给接口的组件和需求接口的组件都必须进行修改，前者用于实现新功能，而后者请求新功能。这些方法可以补充开发基于组件的软件体系结构的组合方法。

15.5.2　软件体系结构模式

软件体系结构模式（在第 11 章中描述）为整个软件体系结构或应用程序的高级设计提供了框架或模板。这些框架和模板包括客户 / 服务和分层体系结构等广泛使用的体系结构。在一个或多个软件体系结构模式基础上，基于产品线的软件体系结构有助于设计最初体系结构以及对体系结构进行修改。

大多数软件系统和产品线都可以基于非常熟悉的软件体系结构。例如，客户端 / 服务器软件体系结构在软件应用中很普遍。基本的客户端 / 服务体系结构模式包括一个服务和许多客户端。但是，该结构也有许多变化，例如多客户端 / 多服务体系结构模式和代理模式（参见第 11 章）。此外，使用客户端 / 服务模式，可以通过添加新服务进行改进。添加的新服务由客户发现并调用。也可以添加新客户端，以发现由一个或多个服务提供者提供的服务。

分层体系结构是软件产品线不可缺少的特性，它易于扩展和收缩（Parnas 1979）。体系结构中，使用低层组件提供的服务的上层组件可以容易地添加到上层中或从上层中删除。

除了上述体系结构模式，某些体系结构通信模式也支持演化。在软件产品线中，常常需要解耦组件。代理、发现和订阅 / 通知模式（见第 11 章）支持这种解耦。通过代理模式，服务注册到代理，客户端随后发现新服务。因此，产品线可以随着新客户端和服务的增加而发展。服务的新版本可以替换旧版本并向代理注册自己。通过代理进行通信的客户端将自动连接到新版本的服务。订阅 / 通知模式也将邮件收件人与邮件原始发件人隔开。

15.6   小结

本章概述了软件产品线体系结构的设计。扩展了 COMET/RTE 需求、分析和设计建模步骤并应用于 SPL 共性和差异性建模。具体内容如下：

1. 需求建模——开发用例模型和功能模型。

2. 分析建模——开发静态模型、动态交互模型和动态状态机模型；分析特征 / 类依赖。

3. 设计建模——应用软件体系结构模式开发基于组件的软件体系结构。

功能模型是一种统一的模型，用于将需求的差异性与 SPL 体系结构的变化联系起来。有关该主题的更多信息，在作者关于用 UML 设计软件产品线的书中有详细介绍（Gomaa 2005）。

实时软件设计分析

实时嵌入式系统的系统和软件质量属性

软件质量属性（Bass et al. 2013）是指软件的非功能需求，它对实时嵌入式系统的质量产生深远的影响。在需求规范中，将软件质量需求定义为非功能性需求。许多软件质量属性可以在软件体系结构开发时确定和评估。

有一些质量属性实际上指的是系统质量属性，因为要获得高质量，需要同时考虑硬件和软件。系统质量属性包括可伸缩性、性能、可用性、安全性（safety）和信息安全（security）。其他质量属性是纯粹的软件质量属性，因为它们完全依赖于软件的质量。软件质量属性包括可维护性、可修改性、可测试性、可跟踪性和可重用性。本章提供了系统和软件质量属性的概述，并讨论了 COMET/RTE 软件设计方法是如何支持这些质量属性的。

16.1 可扩展性

可扩展性是系统在初始部署后可扩展的程度。在可扩展性方面，需要考虑系统和软件因素。从系统视角来看，通过增加硬件来增加系统的容量是有问题的。在集中式系统中，可扩展性的范围是有限的，比如添加更多的内存、更多的磁盘容量或额外的 CPU。通过向配置中添加更多节点，分布式系统提供了更好的可扩展性。

从软件视角来看，系统需要以一种能够增长的方式设计。分布式基于组件的软件体系结构比集中式设计更能够向外扩展。将组件设计成使得每个组件的多个实例能够部署到分布式配置中的不同节点。支持多列车和多车站的轻轨控制系统可实施基于组件的软件设计，例如每辆列车对应列车组件的一个实例，每个车站对应车站组件的一个实例。这样一种软件体系结构可以在小城镇、大城市或宽广的地理区域部署执行。面向服务的体系结构可以通过添加更多服务或现有服务的其他实例来进行扩展。可以根据需要将新客户端添加到系统中。客户可以发现并享用新的服务。

COMET/RTE 通过提供设计分布式基于组件的软件体系结构和面向服务的体系结构的能力来解决扩展性的问题，所设计的体系结构可以在部署之后进行扩展。例如，轻轨控制系统可以通过添加更多的列车控制的实例（每个添加的列车对应一个）来扩展，如果铁路系统扩展，需要添加更多车站的实例（每个新车站对应一个）、更多铁路道口控制和路边监测的实例（分别为额外的铁路道口和传感器监控聚簇提供）以及更多铁路运营交互的实例（为额外的运营商提供）。此外，还可以增加更多铁路运营服务组件的实例，每个地区对应一个实例，以适应更大范围内的轻轨系统的扩展。扩展的轻轨控制系统的部署图（图 16-1）显示了基于组件的软件体系结构是如何扩展的。

可扩展性也可以通过层级来实现。这经常在工厂自动化系统中使用，在最低层是独立的机器人、自动化引导车辆、可编程的逻辑控制器等。上一层是工厂工作站，包括如拾取与放置机器人和装配机器人。接下来是一个工厂单元，由一群工厂工作站或者由顺序连接的工厂工作站组成的汇总列表组成。工厂中的每个区域都由区域控制器控制。不同的区域控制器连接到工厂管理系统，该系统对每个工厂区域的总体生产目标进行设置和跟踪。在一家跨国公司，每一家工厂都向企业层面的管理系统报告。有几层不同级别的网络，包括用于一般通信的互联网和内部通信的内部网。用于支持这种层次结构的体系结构模式包括分层模式、分层控制、客户端/服务器和代理模式。

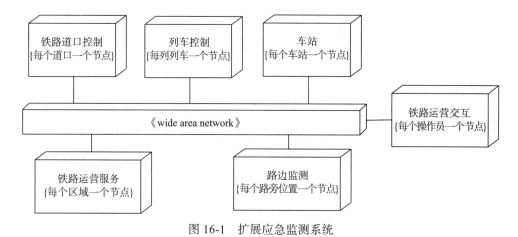

图 16-1　扩展应急监测系统

16.2　性能

在许多系统中，性能也是一个重要的考虑因素（menascé et al. 2004）。对于实时嵌入式系统，在设计期间的**性能分析**是对实时软件设计的定量分析，此时的实时软件设计概念上运行在给定的硬件配置上，并施加给定的外部工作负载。**性能建模**是对实际计算机系统行为的一种抽象，其目的是为了获得对系统性能的更深入的理解，尽管此时系统可能存在也可能不存在。在设计过程中对系统的性能建模非常重要，以确定系统是否能够满足其性能指标，例如吞吐量和响应时间。性能建模方法包括队列建模（Gomaa and Menascé 2001；Menascé and Gomaa 2000）和模拟建模（Jain 2015）。在实时系统中，性能建模尤其重要，因为如果不能按时完成任务，可能会造成灾难性的后果。

在 COMET/RTE 中，应用**实时调度**理论，实现了软件设计的性能分析。**实时调度**（Buttazzo 2011）是一种特别适合于具有截止期限的硬实时系统的方法。通过这种方法，对给定硬件配置的实时设计进行分析，以确定它是否能够满足截止期限。另一种分析设计性能的方法是使用**事件序列分析**，并与**实时调度**理论相结合。除了考虑对象间的通信和上下文切换的系统开销外，事件序列分析用于分析通信任务的场景，针对每个参与的任务用时间参数对场景进行描述。使用实时调度的实时设计性能分析在第 17 和 18 章中给予了非常详细的描述。

16.3　可用性

可用性是系统可以操作使用的程度。可用性解决系统故障及其对用户或其他系统的影响（Bass et al. 2013）。有时系统由于计划中的系统维护而无法使用，这种计划中的不可用性通常不作为可用性度量。然而，由于系统故障导致的意外系统维护总是计算在可用性度量内的。一些实时系统需要一直运行，因此，系统故障对飞机或航天器系统控制的影响可能是灾难性的。

容错系统内建有系统恢复机制，这样系统就可以自动地从故障中恢复。然而，这样的系统通常非常昂贵，需要三重冗余和表决系统等功能。其他更便宜的解决方案是可能的，比如热备份，这是一个在系统故障之后很快就可以使用的机器。热备份可以用于客户端 / 服务器系统中的服务器。设计没有单点故障的分布式系统是可能的，这种情况下，一个节点的故障就会导致系统以减少服务的方式在降级模式下继续运行，这通常比没有任何服务更可取。

从软件设计的视角来看，对可用性的支持需要设计系统不出现单点故障。COMET/RTE通过提供一种设计分布式基于组件的软件体系结构的方法来支持可用性，它可以部署到具有分布式控制、数据和服务的多个节点上，这样，如果单个节点宕机，可以在降级模式下运行，系统不至于停止运行。

对于案例研究示例中的情况，热备份可用于银行系统，它是一个集中式的客户端 / 服务器系统，其中银行服务器是一个单点故障系统。热备份是备份服务器，如果主服务器宕机，它可以快速部署。一个没有单一硬件故障点的分布式系统的例子是紧急监视系统（图 16-2），其中远程系统和传感器监视组件、监视与警报服务和操作人员交互组件都可以有相应的备份。每个客户端组件都有多个实例，因此如果一个组件宕机，系统仍然可以运行。可以备份服务以便有多个监视数据服务和警报服务的实例。图 16-2 的部署图说明了这一点。假设网络使用的是互联网，其中可能会出现局部故障，但不会出现全局故障，因此个别节点或区域子网有时可能无法使用，但其他区域仍然可以运行。

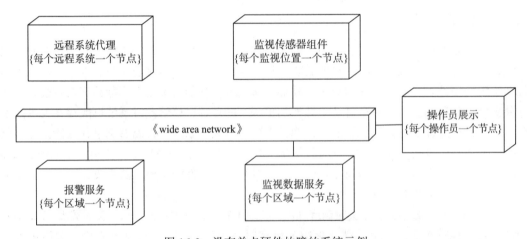

图 16-2　没有单点硬件故障的系统示例

16.4　安全性

联邦航空管理局（FAA）将系统安全描述为："系统安全的首要目标是事故预防。主动识别、评估、消除或控制与安全性有关的危险，达到可接受的水平，可实现事故预防。"根据 FAA 的说法，"危险是一种目前的状况、事件或情况，可能导致或参与导致意外或不希望发生的事件。"（FAA 2000）。

对于一个实时系统来说，安全性是一个需要考虑的非常重要的因素。在工业炉控制系统中，一个重要的安全性需求是炉温不能够超过预先规定的最高温度，如果超过，则必须关闭炉，使其冷却。在铁路道口控制系统（第 20 章）中，安全性需求是必须在规定的时间内放下护栏。此外，该系统还必须跟踪铁路道口的列车数量，这样，当第一列列车到达时，列车的护栏就会放下，而在最后一列列车离开后才会升起。在轻轨控制系统（第 21 章）中，有一项安全性要求，如果在铁轨前方发现了障碍物，列车必须减速至停车。

安全性要求苛刻的系统必须以这样一种方式设计，即在制定需求规范过程中识别与安全性相关的危险，并将其记录为非功能的安全性需求。软件设计必须确保这些危险被检测到，并且在系统中设计安全性机制以避免可能由这些危险引起的不希望发生的事件。

16.5　信息安全

在许多系统中，信息安全是一个需要考虑的重要的因素。分布式应用系统有很多潜在的威胁，例如电子商务和银行系统。有几本教科书涉及计算机和网络信息安全，包括（Bishop 2004）和（Pfleeger et al. 2015）。一些潜在的威胁是：

- 系统渗透——未经授权的人试图访问应用系统并执行未授权的事务。
- 违反授权——授权使用应用系统的人错误使用或滥用该授权。
- 保密信息披露——如卡号和银行账户等秘密信息被泄露给未经授权的人。
- 完整性损害——未经授权的人在数据库或通信数据中更改应用数据。
- 抵赖性——执行某些事务或通信活动的人后来错误地否认了事务或活动的发生。
- 拒绝服务——对应用系统的合法访问被故意干扰。

COMET/RTE 扩展了用例描述，以允许对非功能需求进行描述，其中包括 SECURITY 需求。在第 6 章中给出了用例的扩展以允许非功能需求。

对银行系统的问题来说，这些潜在的威胁可以用以下方式来解决，但不是所有的问题都可以通过软件来解决的：

- 系统渗透——消息必须在发送地进行加密，特别是来自 ATM 客户端的事务，以及由银行服务发送的响应，然后在目的地进行解密。
- 违反授权——授权使用应用系统的人错误使用或滥用该授权。必须维护对系统的所有访问的日志，这样就可以跟踪错误使用或滥用的情况，任何滥用都可以得到纠正。
- 保密信息披露——诸如卡号和银行账户等秘密信息必须通过访问控制方法来保护，这种方法只允许具有适当权限的用户访问数据。
- 完整性损害——访问控制方法强制性地保证将阻止未经授权的人员试图修改数据库中的应用数据或通信数据。
- 抵赖性——必须维护所有事务的日志，这样，如果声称事务或活动没有发生过，就可以通过分析日志来加以验证。
- 拒绝服务——入侵检测功能是必需的，这样系统就可以检测到未经授权的入侵，并采取行动拒绝它们。

随着网络信息安全威胁变得越来越危险和广泛，包括恶意软件、信息安全风险、漏洞和垃圾邮件，信息安全响应也必须变得更加复杂。在可预见的未来，信息安全攻击与信息安全防御之间的网络战很可能会继续进行。

16.6　可维护性

可维护性是软件在部署后能够被改变的程度。为什么需要修改软件？原因有：

- 解决剩余的错误。这些错误是在部署前的软件测试中没有检测到的。
- 解决性能问题。性能问题直到软件应用被部署并在实际环境中运行之后才会显现出来。
- 软件需求的变化。软件变更的最主要来源常常是由于软件需求的变更。

在许多情况下，软件维护实际上是软件演化的一个不恰当的名字。特别是，软件需求的意外变化需要对软件进行较大范围的修改。为了适应未来的发展，软件设计应该能够应对变化并适应变化。必须在原始产品构建时保证质量属性以使其可维护，这意味着要使用良好的软件开发过程并提供有关产品的全面文档。当软件被修改时，文档应该相应更新。应该提供设计原理来解释所做的设计决策。否则，维护人员将别无选择，只能使用无文档的代码，而这些代码的结构也可能不怎么好。

　　通过提供全面的设计文档，COMET/RTE 支持可维护性。设计决策实际上是通过使用原型设计而形成的，这允许设计中包含设计构造决策。任务接口和行为规范（第 13 和 14 章）中的任务的文本文档，以及具有类接口规范的类，可以包含在任务和类代码中，以便于在修改代码的同时更新文档。

　　使用基于用例的开发方法，变更对需求的影响可以从用例追溯到软件设计和实现（16.9节）。另外，COMET/RTE 对修改性（16.7 节）和可测试性（16.8 节）的支持会对产品的可维护性有很大的帮助。

16.7　可修改性

　　可修改性是指软件能够在初始开发阶段和之后进行修改的程度。包含定义良好的接口的模块设计是非常重要的。Parnas et al.（1984）提倡使用基于信息隐藏的概念进行变更设计，其中每一个信息隐藏模块都可以对变更进行预测和管理，隐藏可以独立于软件的其他部分对隐藏的内容进行更改。信息隐藏是一个基本概念，构成了 OOD 的基础。

　　COMET/RTE 通过支持类和组件级别的信息隐藏以及提供对子系统级别的关注点的隔离来支持可修改性。例如将每个有限状态机封装在一个单独的状态机类中，每个针对外部设备、系统或用户的接口封装在一个单独的边界类中，以及每个单独的数据结构封装在一个单独的数据抽象类中，这些都有助于建立可修改性。在体系结构级别上，COMET/RTE 基于组件的软件体系结构设计方法给出的是组件设计，这些组件可以在软件部署时部署到不同的分布式节点上，从而可以将相同的体系结构部署到许多不同的配置中，以支持不同的应用实例。

　　作为 COMET/RTE 提供可修改性的例子，考虑需求变更的情况，这能够使微波炉系统在南美、欧洲、亚洲和非洲都能使用，尤其需要考虑使用不同语言来显示提示信息，在为客户提供提示的每个用例中，都有可能受到这种变化的影响。对该设计进行分析后表明，与客户接口的唯一对象是微波炉显示输出。一个好的设计方案会考虑将设计的更改限制到最小。实现这一目标而做的更改是，由微波炉控制对象发送到微波炉显示输出对象的所有提示，都使用提示 ID，而不是提示文本内容。如果微波炉显示输出已经将提示消息硬编码到程序中，则需要删除该提示并将其放置到提示表中。提示表一列存放提示 ID，另一列存放对应的提示文本。一个简单的表查找操作将根据提示 ID 返回提示文本。在系统初始化时，将加载提示表所需的语言。默认的提示表语言是英语。对于南美市场（除了巴西）和西班牙市场，西班牙语的提示表将会载入。对于法国、魁北克和西非大部分地区来说，法语提示表将在初始化时加载。表 16-1 给出了一个带有英语提示的提示表的例子。

表 16-1　可修改性示例：带有特定语言提示的提示表

Prompt ID（提示 ID）	Prompt Text（提示文本）
time-prompt（时间 - 提示） end-Prompt（结束 - 提示） door-prompt（门 - 提示）	Please enter cooking time：（请输入烹饪时间：） Cooking food complete（烹饪食物完毕） Close door and press Start to resume cooking. （关门和按下开始以恢复烹饪。）

通过应用信息隐藏的概念，提示表应该封装在一个提示类中。因为对不同语言的支持是必要的，好的方法是设计一个名为微波炉提示的超类（父类），然后为每种语言设计子类，最初的需求是英语（默认）、法语、意大利语、西班牙语和德语提示（参见图 16-3）。然而，设计应该允许扩展到其他语言。解决方案是把微波炉提示设计为一个抽象类，它包含了提示表的封装数据结构，包含 readPrompt 操作的公共接口，它从提示表中根据提示 ID 读取提示信息，以及一个抽象的 initializeLanguage 操作。特定语言相关的提示子类继承了不需改变的数据结构和接口，然后提供特定语言的 initializeLanguage 操作实现，该操作使用特定的语言填充提示表。在第 15 章中描述了使用软件产品线技术解决该问题的另一种解决方案。

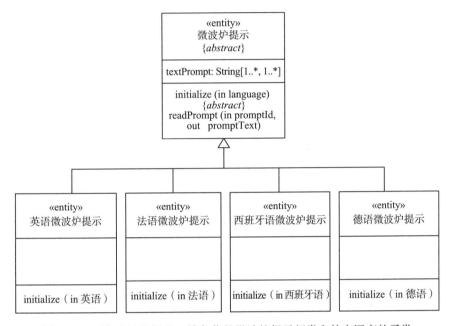

图 16-3　可修改性的例子：抽象化的微波炉提示超类和特定语言的子类

16.8　可测试性

可测试性是软件能够在其初始开发阶段和之后阶段进行测试的程度（Bass et al. 2013）。在软件生命周期的早期阶段考虑测试是很重要的，这包括指定软件测试计划，在软件开发的同时并行开发测试用例。以下几个段落描述了在软件测试的不同阶段是如何与 COMET/RTE 方法集成的。Ammann and Offutt（2008）给出了对软件测试方面的全面介绍。

在需求阶段，有必要开发功能（黑盒）测试用例。这些测试用例的开发可以来自用例模型，特别是用例描述部分。因为用例描述部分描述了用户与系统交互的序列，描述了测试用例必要的用户输入和期望的系统输出。必须为每个用例场景开发一个测试用例，包括主序列测试用例、每个分支序列的测试用例。使用这种方法，可以开发一个测试套件来测试系统的功能需求。

在软件体系结构设计中，有必要开发集成测试用例，这些测试用例测试彼此之间通信的组件之间的接口。一种称为基于场景的测试方法可以用来测试软件，它使用一系列的场景，这些场景对应于用例场景在交互模型（图）上的实现，它显示了对象相互通信的顺序，以及在对象之间传递的消息。因此，为每个对象通信场景开发一个或多个集成测试用例。

在详细设计和编码过程中，会为每个组件开发内部算法，可以开发白盒测试用例，使用众所周知的覆盖标准来测试组件内部结构，例如执行每一行代码和检验每个决策的结果。通过这种方式，可以开发单元测试用例来测试单个单元，例如组件。

在微波炉系统中，一个基于烹饪食物用例的黑盒测试用例将包括：打开微波炉门，把食物放在微波炉里，关上门，输入烹饪时间，然后按下开始按钮。最初，可以开发一个测试桩对象，它模拟客户完成的刚刚讨论过的序列。系统提示烹饪时间，在烹饪时间到期后，输出烹饪结束提示。测试环境可以用一个外部环境模拟器来模拟门和重量传感器将事件输入到系统，然后微波炉启动和停止烹饪。这将使烹饪食物用例的主序列和分支序列都得到测试（在烹饪开始后打开门，用户按下取消，在烹饪开始之前和之后按下分钟＋键，等等）。

16.9 可跟踪性

可跟踪性是指每个阶段的工件可以追溯到前一个阶段的产品的程度。需求可跟踪性确保每个软件需求都被设计和实现。每个需求都可以追溯到软件体系结构和实现的代码模块。在软件体系结构评审过程中，需求可跟踪性表格是一个有用的工具，用于分析软件体系结构是否满足了所有的软件需求。

可以在软件开发方法中构建可跟踪性，就像 COMET/RTE 方法所做的那样。COMET/RTE 是一种基于用例的开发方法，它从用例开始，然后确定实现每个用例所需的对象。软件需求中描述的每个用例都通过一个基于用例的交互图详细阐述，它描述了在用例中描述的外部输入到系统输出所产生的对象通信序列。这些交互图被集成到软件体系结构中。这意味着每个需求都可以从用例追溯到软件设计和实现。因此，需求变更的影响可以通过跟踪从需求到设计的轨迹来确定。

作为可跟踪性的一个例子，考虑一下微波炉系统的烹饪食物用例。该用例在动态交互模型中是由烹饪食物通信图实现的。添加提示语言需求所需要的变更可以通过影响分析来确定，这表明提示对象需要在显示提示之前被微波炉显示输出对象访问，如图 16-4a 所示。图 16-4a 显示了将微波炉显示输出直接输出到显示器上的原始设计，图 16-4b 显示了修改后的设计，显示了微波炉显示输出，在输出到显示之前，从微波炉提示对象读取提示文本。使用产品线概念解决该问题的方法在第 15 章中描述。

16.10 可重用性

软件**可重用性**是指软件能够被重用的程度。在传统的软件重用中，开发了可重用代码的组件库，例如一个统计子程序库。这种方法需要建立可重用组件库，并建立索引、定位和识别相似的组件（Jacobson et al. 1997）的方法。问题是，这种方法包括了管理重用库可能包含的大量组件，并在不同但相似的组件之间进行识别。

当开发出来一个新的设计时，设计师负责设计软件体系结构——也就是程序的整体结构和总体控制流程。在从库中找到并选择一个可重用组件之后，设计人员必须确定该组件如何适应新的体系结构。

与重用单个组件相比，更有利的做法是重用整个设计或子系统，包括组件及其相互连接。这意味着是在重用应用的控制结构。与组件重用相比，体系结构重用具有更大的潜力，因为它是大粒度的重用，重点是重用需求和设计。体系结构重用最有希望的方法是开发一个软件产品线（SPL）体系结构，它明确地捕获构成产品线的一系列系统的共性和差异性。

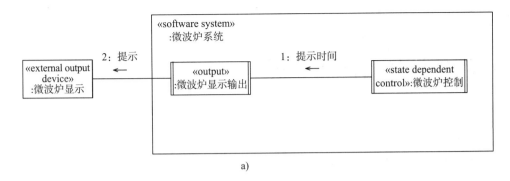

a)

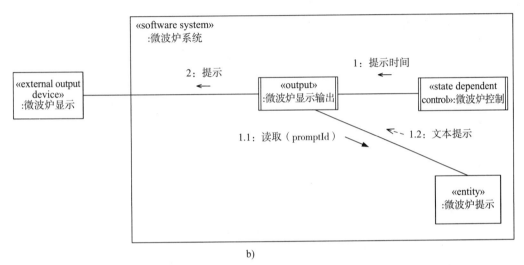

b)

图 16-4　引入微波炉提示之前和之后可跟踪性分析

COMET/PLUS 是 COMET 的扩展，用于设计软件产品线体系结构。关于 COMET/PLUS 的概述已在第 15 章中给出，其中详细描述了它如何应用于开发可重用的 SPL 体系结构，见（Gomaa 2005a）。第 15 章描述了如何使用软件产品线方法来设计微波炉提示超类和特定语言的子类的例子。

16.11　小结

本章概述了软件体系结构的系统和软件质量属性，以及它们是如何用来评估软件体系结构的质量的。本章描述的系统质量属性包括可扩展性、性能、可用性、安全性（safety）和信息安全（security）。本章描述的软件质量属性包括可维护性、可修改性、可测试性、可跟踪性和可重用性。Bass et al.（2013）和 Taylor et al.（2009）更详细地描述了软件质量属性。

实时软件设计的性能分析

软件设计的性能分析对于实时系统尤其重要。实时系统无法满足截止期限要求的后果可能是灾难性的。因此，在实现之前，分析实时软件设计的性能是很有必要的。由于性能分析是针对并发设计的，因此可以在设计任务体系结构时随即着手分析，如第 13 章所述。

对实时系统设计进行定量分析，可以及早发现潜在的性能问题。分析是指并发软件设计时从概念上在给定的硬件配置和外部工作负载下执行软件。早期发现潜在的性能问题，可以根据问题采用不同的软件设计和硬件配置，包括单处理器和多处理器系统。

本章描述软件设计的性能分析，将实时调度理论应用于软件设计。实时调度是一种特别适合于必须满足截止期限的硬实时系统的方法（Sha and Goodenough 1990）。用这种方法分析实时设计，以确定它是否满足截止期限要求。

本章描述了分析设计性能的两种方法。第一种方法使用**实时调度理论**，第二种方法使用**事件序列分析**，然后将这两种方法结合起来。实时调度理论和事件序列分析都适用于由一组并发任务组成的设计。17.1 节介绍了实时调度理论，特别是单调速率算法及其两个定理，即，利用率上限定理（utilization bound theorem）和完成时间定理（completion time theorem）。17.2 节描述了如何将实时调度理论扩展到处理非周期任务和任务同步。17.3 节描述了广义实时调度理论，这可以应用于那些不具有单调速率假设的情况。17.4 节描述了使用事件序列分析进行实时软件设计的性能分析。17.5 节描述了实时调度理论和事件序列分析如何结合起来分析实时软件设计的性能。17.6 节描述了高级实时调度算法，包括单调截止期限调度、动态优先级调度和多处理器系统调度。17.7 节描述了多处理器系统的性能分析，包括多核系统。最后，17.8 节描述了性能参数的估计和度量。

[324]

17.1 实时调度理论

实时调度理论解决了基于优先级的并发任务调度的问题。在该理论中讨论了如何确定一组任务，这些任务的 CPU 利用率是已知的，是否将在截止期限内完成。该理论假定优先抢占调度算法，如第 3 章所述。这一节是基于软件工程研究所的实时调度的报告和书籍（Sha and Goodenough 1990；SEI 1993），更多关于该主题的信息还会参考这些资料。

随着实时调度理论的发展，逐渐应用于越来越复杂的调度问题。所涉及的问题包括调度独立的周期任务，调度包括周期和非周期（例如：事件驱动和需求驱动）任务的情形，以及调度需要任务同步的情形。

17.1.1 调度周期任务

最初，实时调度算法是为彼此独立的周期任务而开发的——为那些不进行通信或同步的周期任务（Liu and Layland 1973）而开发的。从那时起，该理论就得到了很大的发展，现在它可以应用于其他的实际问题，如在后面例子中展示的那样。在本章中，我们有必要从基本的单调速率理论开始，以便理解它是如何扩展到处理更复杂的情形的。

周期任务具有周期 T（任务执行的频率）和执行时间 C（周期内所需的 CPU 时间），它的 CPU 利用率为 C/T。一个任务是可调度的是指它的所有截止期限都能够满足，也就是说，任务在其周期结束之前能够执行完毕。如果每个任务都能满足截止期限，那么这一组任务就被认为是可调度的。

对于一组彼此独立的周期任务，**单调速率算法**给每个任务分配一个基于周期的固定优先级，这样，任务周期越短，它的优先级就越高。考虑三个任务：t_a、t_b 和 t_c，其周期分别为 10、20 和 30。最高优先分配给 t_a，它具有最短的周期；中等优先级分配给任务 t_b；最低优先级的任务是 t_c，这是周期最长的任务。

在（Liu and Layland 1973）中正式证明了，对于一组独立的周期性实时任务，任务必须在对应的周期内执行完毕，在为每个任务分配独有的和固定的优先级的分配方案中，单调速率优先级分配是最优的。

17.1.2　利用率上限定理

按照单调速率调度理论（RMS），对于一组彼此独立的周期任务，假设所有任务 C/T 的总和低于 CPU 利用率的某个上限，这一组任务总能够满足截止期限要求。

表 17-1　利用率上限定理

任　务　数	利用率上限 U（n）
1	1.000
2	0.828
3	0.779
4	0.756
5	0.743
6	0.734
7	0.728
8	0.724
9	0.720
无穷大	ln 2（0.69）

利用率上限定理（Liu and Layland 1973）陈述为：

利用率上限定理（定理 1）：

由单调速率算法调度的一组 n 个彼此独立的周期任务，对所有任务阶段，在下述条件下都能够满足截止期限要求：

$$\frac{C_1}{T_1}+\cdots\cdots+\frac{C_n}{T_n}\leqslant n(2^{1/n}-1)=U(n)$$

这里的 C_i 和 T_i 分别是任务的执行时间和周期。

当任务数趋于无穷时，上界 U(n) 收敛到 69%（ln 2）。根据利用率上限定理，在表 17-1 中给出了前九个任务的利用率上限。这是一种最坏的估计，对于随机选择的一组任务，Lehoczky，Sha，and Ding（1989）表明，可能的上限是 88%。对于有调和周期的任务——周期是彼此的倍数——如果所有的任务都有调和周期，那么上限就会更高，并且可以达到 100%。

单调速率算法在短暂过载的条件下具有保持稳定的优点。换句话说，任务总数的一个子集——那些具有最高优先级（也就是最短周期）的任务——如果系统在相对较短的时间内超载，则仍然会满足它们的截止期限要求。较低的优先级任务，即那些具有较长周期的任务，可能会在处理器负载增加时偶尔错过它们的截止期限。

17.1.3   应用利用率上限定理的示例

作为应用利用率上限定理的示例，考虑三个具有以下特征的任务，其中所有时间都是毫秒，利用率为 $U_i=C_i/T_i$：

任务 t_1：$C_1=20$；$T_1=100$；$U_1=0.2$

任务 t_2：$C_2=30$；$T_2=150$；$U_2=0.2$

任务 t_3：$C_3=60$；$T_3=200$；$U_3=0.3$

假设在任务开始执行和执行结束时，上下文切换开销已被包含在 CPU 时间中。

这三个任务的总利用率为 0.7，小于这三个任务的利用率上限定理给出的值 0.779。因此，这三个任务在所有情况下都可以满足它们的截止期限。

但是，考虑用下列特征替代任务 t_3 的特征：

任务 t_3：$C_3=90$；$T_3=200$；$U_3=0.45$

该情况下，这三个任务的总利用率为 0.85，大于这三个任务的利用率上限定理给出的值 0.779。因此，利用率上限定理表明，可能无法满足这些任务的截止期限。接下来做一个检查，以确定前二个任务是否能够满足截止期限。

考虑到单调速率算法是稳定的，通过利用率上限定理可以对前二个任务进行检查。这二个任务的利用率是 0.4，远远低于这二个任务的利用率上限定理给出的值 0.828。因此，前二个任务总是能够满足截止期限要求。考虑到利用率上限定理是较为悲观的定理，可以通过应用更精确的完成时间定理来确定任务 t_3 是否能够满足截止期限要求。

17.1.4   完成时间定理

如果一组任务的利用率超过了利用率上限定理的上限，那么通过检查完成时间定理就可以得到一个更精确的调度能力标准（Lehoczky，Sha，and Ding 1989）。对于一组彼此独立的周期任务，完成时间定理能够精确地确定任务是否是可调度的。该定理假设最坏的情况，即所有周期任务准备同一时刻开始执行，这有时也被称为关键时刻。在这种最坏情况下，如果一个任务在第一个周期结束前完成执行，它将永远不会错过截止期限（Liu and Layland 1973；Lehoczky，Sha，and Ding 1989）。因此，完成时间定理检查每个任务是否可以在第一个周期结束前完成执行。

完成时间定理（定理 2）：

对于一组彼此独立的周期任务，当所有任务都在同一时刻开始执行时，如果每个任务都能够满足第一个截止期限要求，那么任意组合的开始时间都会满足截止期限要求。

要做到这一点，有必要检查给定任务 t_i 的第一个周期的结尾，以及时段 $[0，T_i]$ 中更高优先级的任务的所有周期结尾。按照单调速率理论，这些任务的周期比 t_i 要短。这些周期发生的位置被称为调度点。任务 t_i 将在周期 T_i 内执行一次，所占用的总 CPU 时间为 C_i。然而，期间具有更高优先级的任务将更频繁地执行，因此更高优先级任务至少会抢占 t_i 一次。因此，有必要考虑由更高优先级任务所占用的 CPU 时间。

完成时间定理可以用时序图来图解。**时序图**是基于 UML 序列图的**时间标注的序列图**，它明确地描述了一组并发任务按时间顺序的执行序列。有关时序图的更多细节，请参见 2.14 节。

17.1.5　应用完成时间定理的示例

在 17.1.3 节所描述的三个任务的例子中，考虑以下特征：

任务 t_1：$C_1=20$；$T_1=100$；$U_1=0.2$

任务 t_2：$C_2=30$；$T_2=150$；$U_2=0.2$

任务 t_3：$C_3=90$；$T_3=200$；$U_3=0.45$

图 17-1 所示的时序图显示了这三个任务的执行情况。任务在整个过程中都处于活动状态，阴影部分标识任务正在执行。因为在本例中只有一个 CPU，在任一时刻，只有一个任务在执行。

考虑到同时执行三个任务的最坏情况，t_1 首先执行，因为它的周期最短，因此具有最高优先级。它 20 毫秒之后执行结束，在此之后任务 t_2 执行 30 毫秒。在 t_2 执行结束时，t_3 执行。在第一个调度点的末尾，$T_1=100$，这对应于 T_1 的截止期限要求；此时 t_1 已经完成了执行，因此满足了它的截止期限要求。任务 t_2 也完成了执行，并且轻松地满足了 150 毫秒的截止期限要求，而 t_3 在必须执行的 90 毫秒中已经执行了 50 毫秒。

在任务 t_1 的第二个阶段，t_3 被任务 t_1 抢占。在执行 20 毫秒后，t_1 完成并将 CPU 再次释放给任务 t_3。任务 t_3 执行直到 T_2（150 毫秒）的结束，这是由 t_2 的截止期限而引起的第二个调度点。因为 t_2 在 T_1（小于 T_2）之前完成，所以轻松地满足了截止期限要求。此时，t_3 在必须执行的 90 毫秒中已经执行了 80 毫秒。任务 t_3 在 t_2 的第二个周期开始时被任务 t_2 抢占。在执行了 30 毫秒之后，t_2 完成了执行任务，再次将 CPU 交给任务 t_3。任务 t_3 将执行另外 10 毫秒，用尽分配给它的 90 毫秒的 CPU 时间，因此在截止期限之前完成任务。图 17-1 显示了第三个调度点，即 t_1 的第二个周期的结束（$2T_1=200$）和 t_3 的第一个周期结束（$T_3=200$）。图 17-1 还显示，这三个任务都在各自的第一个周期结束前完成了执行，因此它们成功地满足了截止期限要求。

值得注意的是，图 17-1 显示 CPU 在 t_1 的第三个周期开始之前（也就是 t_3 的第二个周期的开始）有 10 毫秒的空闲时间，也就是在 200 毫秒期间，总共使用了 190 毫秒的 CPU 时间，这 200 毫秒的 CPU 利用率为 0.95，尽管总体利用率是 0.85。在经过三个周期的最小公倍数（在本例中为 600 毫秒）时间段后，利用率平均值为 0.85。

17.1.6　完成时间定理的数学公式

单处理器系统的完成时间定理可以从数学上表述为如下定理 3（Sha and Goodenough 1990）：

完成时间定理的数学公式（定理 3）：

一组 n 个彼此独立的周期性任务由单调速率算法调度，在各阶段总能满足所有任务的截止期限，当且仅当：

$$\forall i, 1 \leqslant i \leqslant n, \min_{(k, p) \in R_i} \sum_{j=1}^{i} C_j \frac{1}{pT_k} \left\lceil \frac{pT_k}{T_j} \right\rceil \leqslant 1$$

这里 C_j 和 T_j 分别为周期性任务 t_j 的执行时间和周期，$R_i=\{(k, p)|1 \leqslant k \leqslant i, p=1, \cdots\cdots, \lfloor T_i/T_k \rfloor\}$。

在公式中，t_i 表示要检查的任务，而 t_k 表示每一个影响任务 t_i 完成时间的高优先级任务。对于给定的任务 t_i 和给定的任务 t_k，p 的每个值代表任务 t_k 的调度点。在每个调度点上，必

328
~
329
须考虑任务 t_i 的一次 CPU 执行时间 C_i，以及更高优先级任务使用的 CPU 时间，因此就可以确定 t_i 是否可以在调度点之前完成它的执行。

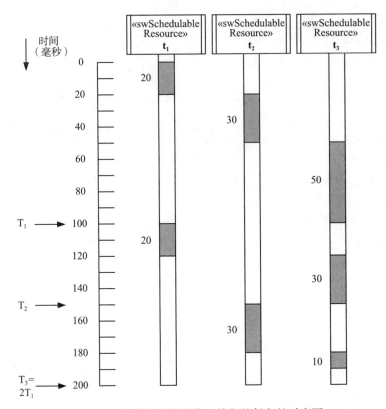

图 17-1　在单处理器系统上执行的任务的时序图

考虑将定理 3 应用于前面三个任务，图 17-1 描述了这三个任务的时序图。该时序图是定理 3 计算结果的图形化表示。同样，考虑最坏的情况，三个任务准备同时执行。第一个调度点 $T_1=100$ 的不等式由定理 3 给出：

$$C_1+C_2+C_3 \leqslant T_1 \quad 20+30+90>100 \quad p=1, \ k=1$$

为了满足该不等式，所有三个任务都需要在第一个任务 t_1 的周期 T_1 内完成执行。事实并非如此，因为在 t_3 完成之前，它在 t_1 的第二个周期开始时被 t_1 抢占。

第二个调度点 $T_2=150$ 的不等式由定理 3 给出：

$$2C_1+C_2+C_3 \leqslant T_2 \quad 40+30+90>150 \quad p=1, \ k=2$$

为了满足该不等式，任务 t_1 需要完成两次执行，而 t_2 和 t_3 则需要在第二个任务 t_2 的周期 T_2 内完成一次执行。事实并非如此，因为 t_3 在 t_2 的第二个周期开始时被任务 t_2 抢占。

第三个调度点即 t_1 的第二个周期的结束（$2T_1=200$）和 t_3 的第一个周期的结束（$T_3=200$）的不等式由定理 3 给出：

$$2C_1+2C_2+C_3 \leqslant 2T_1=T_3 \quad 40+60+90<200 \quad p=2, \ k=1 \ 或 \ p=1, \ k=3$$

这一次，不等式得到了满足，所有三个任务都满足了截止期限要求。只要所有三个任务至少在一个调度点满足截止期限要求，那么任务就是可调度的。

17.2　非周期任务和任务同步的实时调度

实时调度理论经扩展后可以处理非周期性任务以及需要任务同步的情景，如本节所述。

17.2.1　调度周期和非周期任务

为了能够同时处理非周期性的（事件驱动的）任务和周期性任务，必须扩展单调速率理论。非周期任务假定是随机的，并且在某个时间段 T_a 内执行一次，这个时间段是激活该任务的事件到达的最小时间间隔。由非周期任务来处理事件的 CPU 时间 C_a 被预留为时间段 T_a 内的具有数值 C_a 的标签。当事件到达时，非周期任务被激活，声明它的标签，并消耗 C_a 个 CPU 时间单元。如果任务在 T_a 期间未被激活，则该标签被丢弃。因此，基于这些假设，非周期任务的 CPU 利用率是 C_a/T_a。然而，这代表了 CPU 利用率最糟糕的情况，因为一般来说，并不总是需要预留标签。

如果在应用程序中有很多非周期任务，那么就可以使用不定期发生的服务器算法（sporadic server algorithm）（Sprunt，Lehoczy，and Sha 1989）。从可调度性分析视角看，一个非周期任务（称为不定期发生的服务器）相当于一个周期任务，它的周期等于激活非周期任务的事件的最小到达时间间隔。因此，非周期任务 t_a 的最小到达时间间隔 T_a 可以被认为是一个等价的周期任务的周期。每个非周期任务也分配了 C_a 单位的 CPU 时间的预算，这可以在其等价的周期 T_a 内的任何时间使用。通过这种方式，非周期任务可以根据等价的周期给予不同的优先级，并作为周期任务来处理。 330

17.2.2　有任务同步的调度

实时调度理论也被扩展到处理任务同步。这里的问题是，进入临界段的任务可以阻塞希望进入临界段的其他更高优先级任务。术语**优先级反转**是指低优先级任务阻止高优先级任务执行的情况，通常是由于低优先级任务获取高优先级任务所需要的资源引起的。

无界的优先级反转可能发生，因为较低优先级的任务，在其临界段本身可能会被其他中等优先级任务阻塞，从而增加了更高优先级任务的总延迟。解决该问题的一个方案是处于临界段的任务避免被抢占。这只有当临界段非常短时才可以被接受。对于长的临界段，较低优先级任务可能会阻塞需要访问共享资源的高优先级任务。

优先级天花板协议（Sha and Goodenough 1990）避免了互斥死锁，并提供了有界的优先级反转。也就是说，一个较低的优先级任务最多可以阻塞一个较高优先级的任务。这里只考虑最简单的一种临界段。

可调整优先级用于防止较低优先级任务在任意长时间内阻塞高优先级任务。低优先级任务 t_l 处于临界段时，更高的优先级任务可能会被它阻塞，因为它们希望获得相同的资源。如果发生这种情况，t_l 的优先级将增加到所有被阻塞的任务的最高优先级。其目的是加快执行低优先级任务，从而减少高优先级任务的阻塞时间。

二值信号量 S 的优先级天花板 P 是所有可能获得该信号量的任务的最高优先级。因此，获得 S 的低优先级任务可以将其优先级提高到 P，这取决于它阻塞了多高优先级的任务。

另一个可能发生的情况是**死锁**，在这种情况下，两个任务在完成之前需要获取两个资源。如果每个任务都获得一个资源，那么两个任务都不能完成，因为每个任务都在等待另一个任务释放它的资源——形成死锁场景。优先级天花板协议克服了这个问题（Sha and Goodenough 1990）。

为了解决优先级反转问题，需要扩展单调速率的调度定理，如下一节所述。

17.3　广义实时调度理论

331

在实际问题中，经常出现单调速率的假设不成立的情况。有许多实际的例子，任务必须在实际优先级上执行，这不同于它们的单调速率优先级。因此，有必要扩展基本的单调速率调度理论来解决这些问题。一种情况是前一节中介绍的关于低优先级任务阻止高优先级任务进入临界段的问题。

第二种情况经常发生在有非周期任务的情况下。正如 17.2.1 节所讨论的，非周期任务可以看作是周期性任务，而最坏情况下的到达时间间隔被认为是等效的周期任务的周期。按照单调速率调度算法，如果非周期任务的周期比周期任务长，那么它应该比周期任务的优先级低。然而，如果非周期任务是中断驱动的，即使在最坏情况下的到达时间间隔，也就是等价的周期比周期任务的周期长，在中断到达时，它也需要立即执行。

17.3.1　优先级反转

优先级反转是指在任何情况下，一个任务因被一个较低优先级的任务阻塞而不能执行的情况。在单调速率优先级反转的情况下，"优先级"一词指的是单调速率优先级；也就是说，分配给任务的优先级完全取决于其周期的长度，而不是相对于它的重要性。一个任务可能被分配与单调速率优先级不同的实际的优先级。单调速率的优先级反转指的是任务 A 被较高优先级任务 B 抢占，而实际上任务 B 的单调速率优先级低于任务 A 的单调速率优先级（即 B 的周期比 A 的长）。

下面的例子说明了单调速率优先级反转的例子，其中有一个周期为 25 毫秒的周期任务，一个中断驱动的任务，最坏情况到达时间为 50 毫秒。周期任务具有较高的单调速率优先级，因为它有较短的周期。然而在实际中，更好的做法是分配中断驱动的任务以更高的优先级，以便到达即可获得中断服务。当中断驱动的任务抢占周期任务时，这被认为是相对于单调速率优先级发生的优先级反转，因为如果中断驱动的任务被赋予单调速率优先级，它就不会抢占周期任务。

有必要将基本的单调速率调度理论扩展到处理单调速率优先级反转的实际情况。为了实现这一目标，对基本算法进行扩展，考虑低优先级任务的阻塞效应以及不遵守单调速率优先级的高优先级任务抢占（SEI 1993）的情况。因为单调速率的调度理论是基于单调速率优先级的假设，对不遵守单调速率优先级的高优先级任务抢占的处理类似于对低优先级任务的阻塞情况的处理。

考虑一个任务 t_i，周期为 T_i，期间它占用 C_i 单位 CPU 时间。定理 1、2 和 3 的扩展意味着有必要明确地考虑每一个任务，以确定它是否能够满足它的第一个截止期限要求。具体来说，每个任务必须考虑四个因素：

1. **被比任务 t_i 周期短的高优先级任务抢占的时间**。这些任务可以多次抢占任务 t_i。称这个集合为 H_n，并假设该集合有 j 个任务。C_j 为任务 j 占用的 CPU 时间，任务 j 的周期为 T_j，这里 $T_j < T_i$，T_i 为任务 t_i 的周期。H_n 集合中的任务 j 的利用率由 C_j/T_j 给出。

332

2. **任务 t_i 的执行时间**。任务 t_i 在其周期 T_i 内执行一次，占用 C_i 单位 CPU 时间。

3. **被更长周期的高优先级任务抢占**。这些任务属于非单调速率优先级类型的任务。它们可以抢占 t_i 一次，因为它们的周期比 t_i 的长。称这个集合为 H_1，并假设该集合有 k 个任务。C_k 为某个任务占用的 CPU 时间。H_1 集合中的任务 k 最坏情况下的利用率由 C_k/T_i 给出，之所以如此定义是因为 k 抢占了任务 t_i 并在周期 T_i 期间用尽所有属于 t_i 的 CPU 时间 C_k。

4. **低优先级任务的阻塞时间**，如前节所述。这些任务也只执行一次，因为它们有较长的周期。必须对每个任务进行分析，以确定其最坏情况下的阻塞情况，如优先级天花板协议所给出的。如果 B_i 是给定任务 t_i 的最坏情况阻塞时间，则周期 T_i 内最坏的情况阻塞利用率是 B_i/T_i。

17.3.2　广义利用率上限定理

因为对于任何给定的任务 t_i，前一节描述的因素 1 和 2 由定理 1、2 和 3 解决，为了考虑因素 3 和 4，这些定理的推广是必要的。定理 1，即利用率上限定理，被扩展以解决所有前述的四个因素，如下所述：

广义利用率上限定理（定理 4）：

$$U_i = \left(\sum_{j \in H_n} \frac{C_j}{T_j} \right) + \frac{1}{T_i} \left(C_i + B_i + \sum_{k \in H_1} C_k \right)$$

U_i 是任务 t_i 在 T_i 期间的利用率上限。**广义利用率上限定理**的第一项是由周期比 t_i 的短的高优先级任务抢占情形下总的抢占利用率。第二项是任务 t_i 的 CPU 利用率。第三项是由 t_i 所经历的最坏情况阻塞利用率。第四项是由周期比 t_i 的长的高优先级任务抢占情形下总的抢占利用率。

通过定理 4 的方程，可以确定一个给定任务的利用率 U_i。如果 U_i 小于最坏的上限，这意味着任务 t_i 将满足截止期限要求。重要的是，需要对每个任务进行利用率上限测试，因为在广义理论中，单调速率优先级不一定是可观察到的，事实上，一个给定的任务满足截止期限并不能保证一个更高优先级的任务也能满足截止期限。

17.3.3　广义完成时间定理

与前面一样，如果广义利用率上限定理失败，则可以使用更精确的测试来验证每个任务是否可以在其周期内完成执行。这是**完成时间定理**的广义化。**广义完成时间定理**确定了 t_i 在其周期结束前是否可以完成执行，其条件是任务被高优先级任务抢占，被低优先级任务阻塞。该定理假设了最坏的情况，即所有任务在任务 t_i 周期开始的时候都处于准备执行状态。**广义完成时间定理**可以通过为所有任务绘制任务 t_i 周期内的时序图来说明。与此相关的例子在 17.3.6 节中给出。 333

17.3.4　实时调度与设计

实时调度理论可以在设计阶段或者在任务实现之后应用于一组并发任务。在本书中，重点是在设计阶段应用实时调度理论。在设计期间，因为所有的 CPU 时间都是估计的，谨慎而为是最好的选择。对于有硬实时要求的实时任务来说，采用保守些的**利用率上限定理**是比较安全的。该定理在最坏情况下的利用率上限是 0.69。如果这个最坏的上限不能满足，那么就应该研究替代方案。从保守的设计人员的视角来看，假定超过 0.69 的利用率完全归因于较低的优先级软实时或非实时任务，则预期的上限利用率高于 0.69 是可以接受的。对于这些任务来说，偶尔错过截止期限是不严重的。

在设计时也会出现这种情况，设计人员可以自由地选择分配给任务的优先级。一般来说，在可能的情况下，应该根据单调速率理论来分配优先级。这是最容易应用于周期任务的。估计非周期任务的最坏到达时间间隔，并尝试将单调速率的优先级分配给这些任务。中断驱动的任务通常需要被给予最高的优先级，以便它们快速地获得中断服务。这意味着中断驱动的任务的优先级要高于其单调速率优先级。如果两个任务具有相同的周期，从而具有相同的单调速率优先级，则由设计师来解决这个问题。通常，应将高优先级的任务分配给从应用视角看更重要的任务。

本章描述的广义利用率上限定理可用于分析在单处理器系统上执行的软件设计的性能。正如前面所描述的，根据利用率上限定理，对时间要求苛刻的任务不能满足截止期限，则可以应用广义完成时间定理来进行更精确的分析。

17.3.5　使用广义利用率上限定理的示例

作为使用**广义利用率上限定理**（17.3.2 节）来应用广义实时调度理论的示例，考虑如下情况。有四个任务，其中两个是周期的，两个是非周期的。一个非周期任务 t_a 是中断驱动的，它必须在中断到达后 200 毫秒内执行，否则数据将丢失。另一个非周期的任务是 t_2，其最坏到达时间间隔为 T_2，这相当于一个等价周期任务的周期。详细特征如下，所有时间以毫秒计，利用率为 $U_i=C_i/T_i$：

周期任务 t_1：$C_1=20$；$T_1=100$；$U_1=0.2$

非周期任务 t_2：$C_2=15$；$T_2=150$；$U_2=0.1$

中断驱动非周期任务 t_a：$C_a=4$，$T_a=200$，$U_a=0.02$

334

周期任务 t_3：$C_3=30$；$T_3=300$；$U_3=0.1$

此外，t_1、t_2 和 t_3 都访问相同的数据存储，这由信号量 s 保护。假定在任务执行的开始和执行结束时的上下文切换开销都包含在 CPU 时间中。

如果严格按照任务的单调速率优先级分配优先级，那么 t_1 将具有最高优先级，其次是 t_2、t_a 和 t_3。然而，由于 t_a 的响应时间非常紧迫，所以它被赋予最高优先级。因此，任务 t_a 优先级是最高的，其次分别是 t_1、t_2 和 t_3。

总的 CPU 利用率是 0.42，低于最坏情况下的利用率 0.69。然而，因为不是按照单调速率优先级进行优先级分配，有必要单独研究每项任务。首先考虑中断驱动的任务 t_a。任务 t_a 是最高优先级的任务，当它需要时，它总是得到 CPU。t_a 的利用率是 0.04，所以它满足截止期限不会有任何困难。

接下来考虑任务 t_1，该任务在 T_1 周期 100 毫秒期间执行 20 毫秒。应用**广义利用率上限定理**，有必要考虑以下四个因素：

1. 被比 T_1 周期短的高优先级任务抢占的时间。没有任务其周期比 T_1 短。

2. 任务 t_1 的执行时间 $C_1=20$。执行利用率 $=U_1=0.2$。

3. 被更长周期的高优先级任务抢占。任务 t_a 满足这一分类。在周期 T_1 期间的抢占利用率 $=C_a/T_1=4/100=0.04$。

4. 低优先级任务的阻塞时间。t_2 和 t_3 都有可能阻塞 t_1。根据优先级天花板算法，最多有一个较低的优先级任务可能阻塞 t_1。最坏情况是 t_3，因为它占用 30 毫秒较长 CPU 时间。在周期 T_1 期间的阻塞利用率 $=B_3/T_1=30/100=0.3$。

最坏情况的利用率 = 抢占利用率 + 执行利用率 + 阻塞利用率 $=0.04+0.2+0.3=0.54 <$ 最坏

情况下的上限 0.69。因此，t_1 将满足截止期限。

接下来考虑任务 t_2，该任务在 T_2 周期 150 毫秒期间执行 15 毫秒。再一次应用**广义利用率上限定理**，有必要考虑以下四个因素：

1. **被比 T_2 周期短的高优先级任务抢占的时间**。只有一个任务 t_1 其周期比 T_2 短。它在周期 T_2 期间的抢占利用率 $=U_1=0.2$。

2. **任务 t_2 的执行时间 $C_2=15$**。执行利用率 $=U_2=0.1$。

3. **被更长周期的高优先级任务抢占**。任务 t_a 满足这一分类。在周期 T_2 期间的抢占利用率 $=C_a/T_2=4/150=0.03$。由 t_1 和 t_a 引起的总的抢占利用率 $=0.2+0.03=0.23$。

4. **低优先级任务的阻塞时间**。任务 t_3 可能阻塞 t_2。最坏情况下，t_3 阻塞 t_2 30 毫秒 CPU 时间。在周期 T_2 期间的阻塞利用率 $=B_3/T_2=30/150=0.2$。

最坏情况的利用率 = 抢占利用率 + 执行利用率 + 阻塞利用率 $=0.23+0.1+0.2=0.53<$ 最坏情况下的上限 0.69。因此，t_2 将满足截止期限。

最后考虑任务 t_3，该任务在 T_3 周期 300 毫秒期间执行 30 毫秒。再次应用广义利用率上限定理，有必要考虑以下四个因素：

1. **被比 T_3 周期短的高优先级任务抢占的时间**。三个高优先级任务都属于这一类，因此，总抢占利用率 $=U_1+U_2+U_a=0.2+0.1+0.02=0.32$。

2. **任务 t_3 的执行时间 $C_3=30$**。执行利用率 $=U_3=0.1$。

3. **被更长周期的高优先级任务抢占**。没有任务属于这一类。

4. **低优先级任务的阻塞时间**。没有任务属于这一类。

最坏情况的利用率 = 抢占利用率 + 执行利用率 $=0.32+0.1=0.42<$ 最坏情况下的上限 0.69。因此，t_3 将满足截止期限。

结论是，所有四个任务皆满足截止期限。

17.3.6　应用广义完成时间定理的示例

考虑如何将**广义完成时间定理**（17.3.3 节）应用到上一节的示例，其中有两个周期任务（t_1 和 t_3）和两个非周期任务（t_a 和 t_2）。其中三个任务（t_1、t_2 和 t_3）具有对临界段的互斥访问。给定一个非周期任务 t_a，需要被分配以最高优先级，这与它的单调速率优先级不同，t_a 优先级分配是最高的，其次是 t_1、t_2 和 t_3。在单处理器系统上执行这四个任务的过程，如图 17-2 所示，其中考虑了四个任务在同一时刻可以执行的最坏情况。最高优先级的任务 t_a 首先执行 4 毫秒，其次是任务的下一个最高优先级 t_1，执行 20 毫秒。接下来的两个任务 t_2 和 t_3，也按优先级次序执行，所有任务都满足截止期限。在这个例子中，互斥是由任务按顺序执行来保证的。

17.4　使用事件序列分析进行性能分析

在项目的需求阶段，需要指定系统对外部事件的响应时间。在构造任务之后，第一次尝试将时间预算分配给系统中的并发任务。事件序列分析用于确定需要执行的任务序列，为给定的外部事件提供服务。事件序列中的第一个任务等待启动序列的事件（例如外部事件），而事件序列中的其他任务严格按照序列顺序执行，因为每个任务都是由前面的任务发送消息激活的。如果一个给定的任务向多个等待任务发送消息，那么一个事件序列也可以被划分为多个事件序列。**时序图**用来描述外部事件到达后被激活的内部事件和任务的顺序。接下来将介绍该方法。

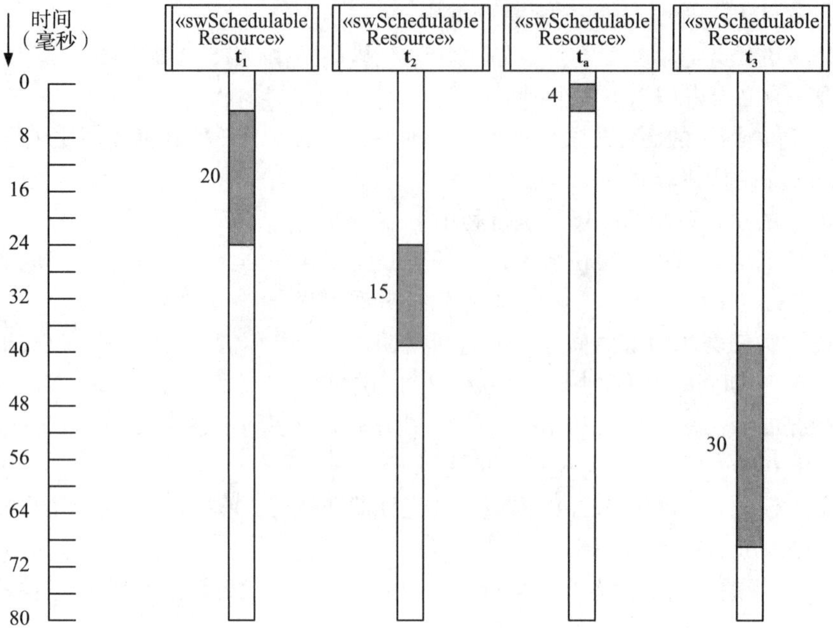

图 17-2   在一个单处理器系统上执行任务的时序图

考虑一个外部事件，确定由该事件激活了哪个 I/O 任务，然后确定随后的内部事件的顺序。这就需要识别被激活的任务，以及系统响应外部事件的 I/O 任务。估计每个任务的 CPU 时间。估计 CPU 开销，它由上下文切换开销、中断处理开销、任务间通信和同步开销组成。还需要考虑在此期间执行的其他任务。参与事件序列的任务的 CPU 时间总和，加上正在执行的其他任务，加上 CPU 开销，必须小于或等于指定的系统响应时间。如果每个任务的 CPU 时间存在一些不确定性，则分配最坏情况的上限。

为了估计总体的 CPU 利用率，需要在给定的时间间隔内估计每个任务的 CPU 时间。如果在任务执行中有多个路径，估计每个路径的 CPU 时间。接下来，估计任务的激活频率。对于周期性任务，这很容易计算。对于非周期任务，考虑平均和最大激活速率。将每个任务的 CPU 时间乘以它的激活率。计算所有任务 CPU 时间，然后计算 CPU 利用率。

下面给出了应用事件序列分析方法的示例。第 18 章将给出更详细的例子。

使用事件序列分析进行性能分析的示例

作为应用事件序列分析方法的一个例子，考虑四个任务，它们的 CPU 时间和周期与17.3.5 节中描述的相同。但是，这里考虑的情况是，其中有三个任务包含在一个事件序列中，任务以 t_1、t_2 和 t_3 的顺序执行，比如任务 t_1 被一个外部事件唤醒，任务 t_2 和 t_3 依次等待来自事件序列中前面任务的消息。与前面一样，优先级分配给任务 t_a 是最高的，其他按高低分别是 t_1、t_2 和 t_3。图 17-3 展示了在一个单处理器系统上执行这四个任务的过程，其中考虑了最坏情景，即所有任务都可以在同一时刻执行。

在这种情况下，最高优先级的任务 t_a 将首先执行 4 毫秒，其次是下一个最高优先级任务 t_1 将执行 20 毫秒。任务 t_1 在执行结束之前向任务 t_2 发送一条消息。然后，任务 t_2 被解除阻塞并开始执行。然而，较低优先级任务 t_3 仍然被阻塞，等待从 t_2 发出的消息。当任务 t_2 将消息发送到任务 t_3 时，t_3 将被解除阻塞，当 t_2 执行结束时，t_3 将开始执行直到结束。

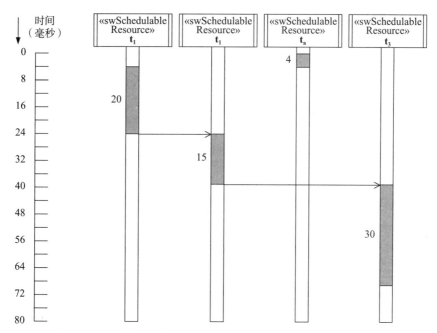

图 17-3　在单处理器系统上执行的事件序列中的任务的时序图

17.5　使用实时调度理论和事件序列分析进行性能分析

　　这部分描述了实时调度理论如何与事件序列分析方法相结合。必须考虑事件序列中的所有任务而不是只考虑其中的个体任务。由外部事件激活的任务首先执行，然后启动一系列的内部事件，这会激活其他内部任务并执行。有必要确定事件序列中的所有任务是否可以在截止期限前完成执行。

　　最初尝试将事件序列中的所有任务分配以相同的优先级。从实时调度的视角来看，这些任务可以共同地被看作是一个等效的任务。该等效任务的 CPU 时间等于事件序列中任务的 CPU 时间之和，加上上下文切换、消息通信或事件同步开销。启动事件序列的外部事件的最坏到达时间间隔用作该等效任务的周期。

　　为了确定等效任务是否能够满足其截止期限，需要应用实时调度定理。尤其有必要考虑较高优先级任务的抢占、较低优先级任务的阻塞以及该等效任务的执行时间。将事件序列分析与实时调度相结合使用等效任务方法的实例在第 18 章中给出，该实例为轻轨控制系统。

　　在某些情况下，不能假设事件序列中的所有任务都可以被等效任务替换，例如，如果其中一个任务在多个事件序列中出现，或者等效任务在其优先级上执行会阻止其他任务满足它们的截止期限。在这种情况下，事件序列中的任务需要单独分析，并分配以不同的优先级。在确定事件序列中的任务是否满足它们的截止期限时，有必要在每个任务的基础上考虑抢占和阻塞；然而，仍然有必要确定事件序列中的所有任务是否在截止期限之前完成。这种情况的例子也在第 18 章中描述。

17.6　高级实时调度算法

　　在本章中描述的实时设计性能分析的调度理论已经考虑了隐含的截止期限任务集，每个任务的相对截止期限与它下一个到达时间保持一致。虽然这代表了许多实时应用，但也有一

337
~
338

些情况下，截止期限可能比周期更短。对于这种情况，在所有固定优先级调度算法（Leung and Whitehead 1982）中，根据相对的截止期限分配固定优先级的单调截止期限算法被认为是最优的。

单调速率和单调截止期限优先级分配属于固定优先级调度算法的一般类型，在执行之前，所有任务都被分配以静态优先级。它的优点是可直接应用于大多数现有的具有有限的优先级的实时嵌入式系统。然而，在动态优先级系统中，任务的相对优先级可以在执行期间发生变化。例如，使用可抢占最早截止期限优先（Earliest-Deadline-First，EDF）调度算法，通过考虑它们的绝对截止期限，将优先级分配给当前的活动任务，单处理器系统中利用率上限可以达到100%（Liu and Layland 1973）。

本章到目前为止都集中在单处理器系统上。对于多处理器系统，在实时调度中有两种常规的方法。对于分区调度，任务首先在单个处理器上进行按区分配，然后在每个处理器上分别分析可调度性。但总的来说，做出最优的分区决策是一个 NP 难题。采用全局调度，允许任务迁移。也就是说，在任何时候，都可以将一个就绪的任务分配给任何空闲的处理器。然而问题是，一个给定的任务在一个时刻只能在多处理器系统中的一个处理器上执行，这对可调度性分析带来了很大的困难。例如，众所周知，对于固定优先级分配（例如 RMS），当任务同时被激活时，任务的最坏响应时间并不一定发生（Lauzac et al. 1998）。此外，只要负载中最大任务利用率不超过 1/3，一个由 m 个处理器组成的实时系统 RMS 的一般利用率上限就仅为 m/3（Baruah and Goossens 2003）。读者可参考一份综合调查（Davis and Burns 2011），该调查对多处理器可调度性理论的最新研究结果进行了分析，其中包括分区和全局调度方法。

考虑到将实时调度理论应用于多处理器系统上，一种方法是考虑使用分区调度，这样就可以将任务集合中的子集唯一地分配给每个处理器。然后，可以应用单个处理器的实时调度理论来分析分配在每个处理器上执行的任务的性能。基于此，对于两个 CPU 来说，分区调度算法将考虑分配给 CPU A 的任务，这完全独立于分配给 CPU B 的任务。这种方法在多核系统上的优点是，在上下文切换时可能比全局调度方法有更少的缓存刷新，过多的缓存刷新会对性能造成负面影响。

17.7 多处理器系统的性能分析

通过全局调度分析多处理器系统上执行的任务的性能，一个实际的方法是使用时序图。本节描述了使用时序图分析双处理器系统上并发任务性能的三个例子。然而，这种方法可以很容易地扩展到具有两个以上处理器的多处理器系统，正如在第 19 和 20 章中所描述的那样。

17.7.1 多处理器系统上的独立任务的性能分析

考虑执行在双处理器系统上的三个任务的例子，如 17.1.5 节所描述（图 17-1），可以在 CPU A 和 CPU B 中并行执行两个任务。图 17-4 所示的时序图显示了这三个任务的执行情况。任务的执行过程在图中由阴影部分表示，以标识任务在 CPU A 或 CPU B 上的执行过程。因为在这个例子中有两个 CPU，两个就绪的任务可以在任一时刻同时执行。

考虑在有两个 CPU 可用的情况下，准备在最坏情况下执行三个任务。该场景从 t_1 在 CPU A 上执行和 t_2 在 CPU B 上执行开始，因为 t_1 和 t_2 都有较短的周期，因此优先级高于

t_3。任务 t_1 在 20 毫秒后完成 CPU A 上的执行，从而满足截止期限。然后任务 t_3 开始在 CPU A 上执行，而任务 t_2 继续在 CPU B 上执行。在继续运行 10 毫秒之后，任务 t_2 完成了在 CPU B 上的执行（很容易地满足了截止期限），因为任务 t_1 还没有准备好重新执行，CPU B 变为空闲。〔340〕 在 t_1 的第二个周期 T_1=100 开始时，任务 t_1 恢复执行，但这次是执行在 CPU B 上。

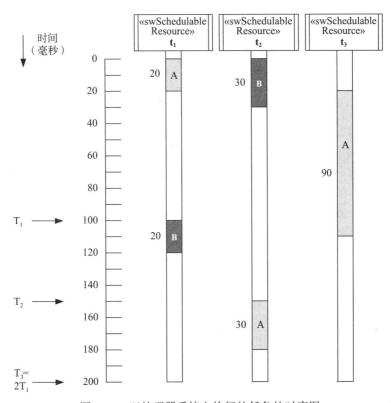

图 17-4　双处理器系统上执行的任务的时序图

继续执行 90 毫秒后，t_3 执行完毕，它共经历了 110 毫秒的运行时间，这比它的 200 毫秒截止期限要短。因为还没有任务可以执行，CPU A 变为空闲。执行 20 毫秒后，t_1 完成，同样，因没有任务可以执行，CPU B 变为空闲。在这一时刻，两个 CPU 都变为空闲。任务 t_2 在它的第二个周期 T_2=150 开始时再次在 CPU A 上执行，30 毫秒后执行结束。

现在考虑使用分区调度而不是全局调度来执行相同的任务。假设任务的分区是任务 t_1 和 t_3 分配给 CPU A，任务 t_2 分配给 CPU B，在 t_1 的第二个周期 t_1=100 开始之前，执行没有区别。在分区调度的情况下，任务 t_1 将在 CPU A（而不是 CPU B）上恢复执行，这是通过抢占任务 t_3 来完成的，任务 t_3 到目前已经执行了 80 毫秒。任务 t_1 在 20 毫秒后完成执行，此时任务 t_3 将恢复在 CPU A 上执行，并在 10 毫秒之后完成执行。任务 t_2 在第二个周期 T_2=150 开始时执行，但这次是在 CPU B 上而不是在 CPU A 上。因此，所有的任务都是在截止期限内完成的。在本例中，将分区调度与全局调度进行比较，所有任务在这两种情况下都满足了截止期限。事实上，任务 t_1 和 t_2 的经历时间并没有什么不同。然而，任务 t_3 的经历时间却从全局调度的 110 毫秒扩展到分区调度的 130 毫秒，仍小于其 200 毫秒的截止期限。（分区调度的时序图没有给出，这作为练习留给读者）。

这些示例展示了任务如何利用额外的处理器比 17.1.5 节中描述的单处理器系统更早地

满足它们的截止期限。然而，通常情况下，任务不能充分利用第二个（或多个）处理器，因为它们需要等待稀缺资源（如共享内存或 I/O）或来自另一个任务的消息。此外，内存争夺也会对多核系统的性能产生负面影响。

17.7.2   互斥条件下的多处理器系统的性能分析

考虑在 17.3.6 节中描述的四个任务的情况（图 17-2 中描述的），其中三个任务对一个临界段互斥访问，在一个双处理器系统上执行。我们同样假设所有任务在同一时刻可以执行的最坏情况。在这种情况下，两个最高优先级任务：t_a 和 t_1，分别在 CPU A 和 CPU B 上并行执行，如图 17-5 所示。任务 t_a 在 4 毫秒后完成 CPU A 上的执行。然而，由于任务 t_1 在执行期间需要对临界段互斥访问，所以 t_2 和 t_3 都不能执行，因为它们都被阻塞等待进入它们的临界段。结果是，CPU A 变为空闲。当任务 t_1 在 CPU B 刚好完成执行之前离开它的临界段时，任务 t_2 就会被解除阻塞，开始在 CPU A 上执行，并进入它的临界段。然而，最低优先级任务 t_3 仍然被阻塞，不能利用空闲 CPU。当任务 t_2 在 CPU A 上完成执行之前离开它的临界段时，t_3 被解除阻塞，开始在 CPU B 上执行，并进入它的临界段。

这个例子说明，在多处理器系统中，会出现并发任务无法充分利用可用的 CPU 的情况，这是因为任务因等待稀缺资源被阻塞。

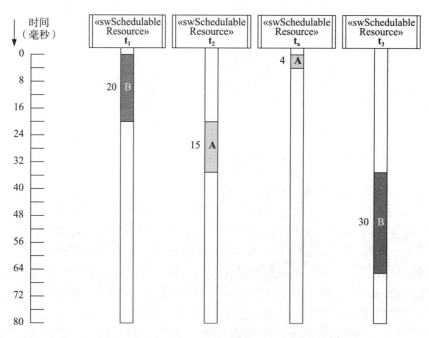

图 17-5   在双处理器系统上执行互斥任务的时序图

17.7.3   通过事件序列分析进行多处理器系统的性能分析

接下来考虑在双处理器系统上执行任务的事件序列分析方法。本例中使用了和 17.3.6 节以及图 17-3 中描述的相同的四个任务，使用了同样的 CPU 时间和周期。然而，这里考虑的情况是，三个任务参与到事件序列中，执行的顺序是 t_1、t_2 和 t_3，任务 t_1 是由外部事件唤醒的，任务 t_2 和 t_3 各自等待来自事件序列中之前相关任务的消息。与前面一样，t_a 的优先级分配是最高的，其他依次是 t_1、t_2 和 t_3。这四个任务在双处理器上的执行如图 17-6 所示，并假设所有任务可以在同一时刻执行的最坏情况。

在这种情况下，两个最高优先级任务 t_a 和 t_1，分别在 CPU A 和 CPU B 上并行执行。任务 t_a 在 4 毫秒后完成 CPU A 上的执行。然而，因为任务 t_2 和 t_3 在等待消息的阻塞状态，它们都不能执行，其结果是，CPU A 变为空闲。在完成 CPU B 上的执行之前，任务 t_1 向任务 t_2 发送一条消息。然后，任务 t_2 被解除阻塞，并在 CPU A 上执行。但是，较低优先级任务 t_3 仍然被阻塞，等待来自任务 t_2 的消息，并且不能利用空闲 CPU。当任务 t_2 将消息发送到任务 t_3 时，t_3 将被解除阻塞，并在 CPU B 上执行。

与上一节的例子一样，这一应用事件序列分析的例子表明，在多处理器系统中，会出现并发任务无法充分利用可用的 CPU 的情况，这是因为任务因等待来自其他任务的消息被阻塞。

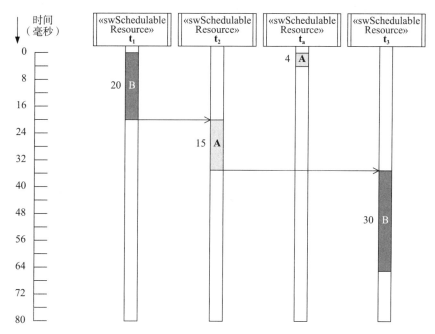

图 17-6　在双处理器系统上执行的事件序列中任务的时序图

17.8　性能参数的估计和测量

在进行实时性能分析之前，必须通过估计或测量来确定几个性能参数。这些参数是独立变量，其参数值将为性能分析提供输入。非独立变量的值是根据实时调度理论估计出来的。

实时调度的一个主要假设是，所有任务都被锁定在主内存中，因此不存在分页开销。分页开销增加了另一个不确定性和延迟，这在硬实时系统中是不可容忍的。

对于性能分析中涉及的每个任务，必须对以下参数进行估计：

1. 任务的周期 T_i，也就是任务执行的频率。对于一个周期任务，周期是固定的（了解关于周期性任务的更多细节，请参阅第 13 章）。对于一个非周期任务，使用输入任务的外部事件到达时间的最坏的情况（即最小值），然后推断事件序列中接下来的内部任务。

2. 执行时间 C_i，这是周期内所需的 CPU 时间。设计时给出一个估计值。估计任务的源代码行数，然后估计编译代码行数。使用选用的硬件和操作系统上运行的由所选编程语言开发的代码基准。将基准结果与任务的大小进行比较，以估计编译后的代码执行时间。当任务实现后，使用在硬件上执行的任务的性能测量值来替代前面的估计值。

性能分析还需要 CPU 系统开销参数。这些参数可以通过基准程序的性能测量来确定。这些程序需要使用实时系统选择的编程语言开发，在为 RT 系统选择的硬件平台和多任务操作系统或内核上执行。以下系统开销参数需要测量：

1. **上下文切换的开销**。操作系统从一个任务切换到另一个任务占用的 CPU 时间（见第 3 章）。

2. **中断处理开销**。处理中断的 CPU 时间。

3. **任务通信和同步开销**。将消息或信号从一个发送端任务发送到接收端任务的 CPU 时间。这将取决于在实时应用中任务所用的通信和同步原语。

4. **多核系统中内存竞争**。在不同的处理器上并行执行的任务的内存竞争引起的系统开销需要测量。

这些开销参数必须分解到任务 CPU 时间的计算，如本章所述，接下来会在下一章中应用。

17.9 小结

本章通过将实时调度理论应用于单处理器或多处理器系统并发任务设计，给出了软件设计中的性能分析。这种分析方法尤其适用于那些必须要满足截止期限的硬实时系统。本章描述了进行设计性能分析的两种方法：**实时调度理论**和**事件序列分析**，然后将这两种方法结合在一起。本章还简要描述了高级实时调度算法，包括单调截止期限调度、动态优先级调度和多处理器系统调度。由于性能分析被应用于由一组并发任务组成的设计，所以可以在任务体系结构设计完成后立即开始分析，如第 13 章所述。通过详细的软件设计和实现，可以将其细化为实时应用开发。第 18 章描述了一个实时软件设计性能分析的详细例子。在第 19 章和第 20 章的实时嵌入式系统的案例研究中，也描述了性能分析的其他例子。

性能分析应用于实时软件设计

本章将第 17 章所描述的实时性能分析概念和理论应用于一个实时嵌入式系统，即轻轨控制系统。完整的案例研究在第 21 章中描述。本章重点介绍使用实时调度理论和事件序列分析来进行实时性能分析。

18.1 节到 18.3 节给出了分析轻轨控制系统性能的详细例子。18.1 节描述了使用事件序列分析进行性能分析。18.2 节描述了使用实时调度理论进行性能分析。18.3 节描述了使用实时调度理论和事件序列分析进行性能分析。18.4 节描述了通过设计重构来达到性能目标。

18.1 使用事件序列分析进行性能分析的示例

使用事件序列分析进行性能分析的示例描述了列车靠近车站、到达车站和探测危险这三个实时性要求高的事件序列。假设第一个需要分析的情况是，靠近传感器探测到列车即将到达必须停靠的车站，然后是到达传感器检测到列车到达了车站。另外假设列车是以巡航速度运行的。性能要求是，系统必须在 200 毫秒内对靠近传感器和到达传感器的每个输入事件做出响应。靠近传感器输入之后的内部事件序列由图 18-1 的时序图上的事件序列描述，其中有两个硬件设备和四个软件任务通过对应的构造型显示在图中（见第 13 章）。在该场景图中，没有涉及的任务已被排除在外。

假设列车控制状态机处于巡航状态，接下来考虑靠近传感器输入的情况。事件序列如下，处理事件花费的 CPU 时间在括号中给出（C_i 是处理事件 i 所需的 CPU 时间）。

A0：靠近传感器发送靠近事件（即中断）到靠近传感器输入任务，表明列车正在靠近车站。

A1：靠近传感器输入任务接收到来自靠近传感器的中断，读取靠近传感器的输入。

A2：靠近传感器输入发送靠站消息给列车控制。

A3：列车控制接收消息，执行它的状态机，并从巡航状态变为靠近状态。

A4：列车控制发送减速消息到速度调整。

A5：速度调整接收减速消息并计算减速率。

A6：速度调整将减速消息和减速率发送到马达输出任务。

A7：马达输出任务接收消息并将减速率转换为电动马达的电单位（如：电压）并计算外部马达所需的渐进调整。

A8：马达输出任务将电动马达调整率发送给马达执行器。

现在考虑到达传感器输入之后的事件序列，在图 18-2 的时序图中显示，过程描述如下：

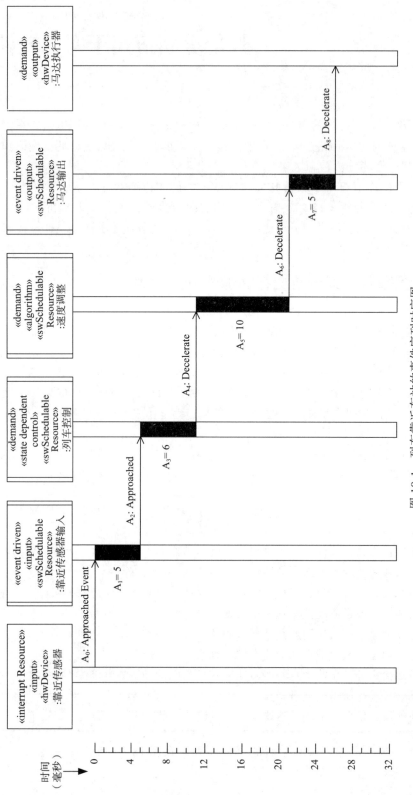

图 18-1 列车靠近车站的事件序列时序图

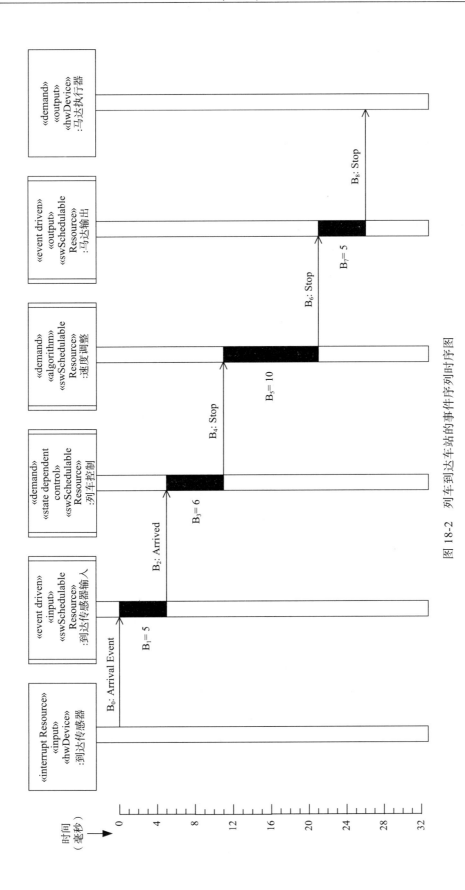

图 18-2 列车到达车站的事件序列时序图

B0：到达传感器发送到达事件（即中断）到到达传感器输入任务，指示列车正在进
入车站。

B1：到达传感器输入任务读取到达传感器的输入。

B2：到达传感器输入任务发送到站消息到列车控制。

B3：列车控制接收消息，执行它的状态机，并将靠近状态变为停止状态。

B4：列车控制发送停止消息到速度调整。

B5：速度调整接收停止消息。

B6：速度调整向马达输出任务发送停止消息。

B7：马达输出任务接收停止消息。

B8：马达输出发送停止指令到马达执行器来停止列车。

表 18-1 第一列展示了列车子系统中的每个任务，第二列展示了 CPU 时间 C_i。每当执行一个周期任务时，假设执行任务在周期的开始时有一次上下文切换，在周期结束时有另一次上下文切换，因此可以有两次上下文切换。对于周期任务，表中第三列描述了总执行时间 C_p，它等于 CPU 时间 C_i 加上任务执行前后的上下文切换时间 C_x，这是由方程 1 给出的：

$$C_p = C_i + 2 * C_x \qquad （方程 1）$$

对于事件序列中的任务，任务的执行时间必须考虑上下文切换时间和消息通信时间，如第四列中描述的任务到达传感器事件序列和第五列的任务靠近传感器事件序列所示。对于参与事件序列的任务，执行时间 C_e 是 CPU 时间 C_i、执行前的上下文切换时间 C_x 以及消息通信时间 C_m（以便将消息发送到事件序列中的下一个任务）的总和，这是由方程 2 给出的。（注意，C_m 不适用于事件序列中的最后一个任务）。

$$C_e = C_i + C_x + C_m \qquad （方程 2）$$

因靠近传感器和到达传感器场景非常相似，且在序列中相继发生，我们将考虑列车到达事件序列中的 B1 到 B8 事件，这是实时性要求更高的部分，因为它要求列车停靠在车站。为支持到达传感器外部事件，事件序列图（图 18-2）显示了所需的四个任务（到达传感器输入、列车控制、速度调整和马达输出）。假设执行事件 B_i 的 CPU 时间是 C_i。此外，还需最少四个上下文切换 $4 * C_x$，其中 C_x 是上下文切换开销，以及三个消息传输。

表 18-1　列车子系统 CPU 时间

任　务	C_i（毫秒）	周期任务（$C_i + 2*C_x$）（毫秒）	到达传感器事件序列任务（$C_i + C_x + C_m$）（毫秒）	近距离传感器事件序列任务（$C_i + C_x + C_m$）（毫秒）
靠近传感器输入（C_0）	4	5		
到达传感器输入（C_1）	4	5	5	
列车控制（C_3）	5	6	6	6
速度调整（C_5）	9	10	10	10
马达输出（C_7）	4	5	5	5
消息通信开销（C_m）	0.7			

（续）

任 务	C_i（毫秒）	周期任务（C_i+2*C_x）（毫秒）	到达传感器事件序列任务（$C_i+C_x+C_m$）（毫秒）	近距离传感器事件序列任务（$C_i+C_x+C_m$）（毫秒）
上下文切换开销（C_x）	0.3			
靠近传感器输入（C_8）	4	5		5
速度传感器输入（C_9）	2	3		
位置传感器输入（C_{10}）	5	6		
列车状态调度器（C_{11}）	10	11		
列车显示输出（C_{12}）	14	15		
列车音频输出（C_{13}）	11	12		
事件序列任务占用的总 CPU 时间			26	26

到达事件序列（C_e）中的任务总 CPU 时间是事件序列中四个任务的 CPU 时间总和（C_1、C_3、C_5、C_7）加上消息通信的 CPU 时间（C_2、C_4、C_6）和上下文切换开销（$4*C_x$）：

$$C_e=C_1+C_2+C_3+C_4+C_5+C_6+C_7+4*C_x$$

假设在所有情况下，消息通信开销 C_m 都是相同的。因此，消息通信的 C_2、C_4 和 C_6 应该都为 C_m。因此，执行时间 C_e 等于：

$$C_e=C_1+C_3+C_5+C_7+3*C_m+4*C_x \qquad \text{（方程 3）}$$

第二个值得注意的事件序列是展示在表 18-1 的第五列中任务的近距离传感器事件序列，它提前检测到铁轨上出现的危险，例如与前面的列车相距太近，危险信号会表明轨道上的问题，或有车辆停在铁路道口。近距离事件序列中任务的总 CPU 时间是基于事件序列中的四个任务，即近距离传感器输入、列车控制、速度调整和马达输出，其中三个任务也出现在到达事件序列中。因此，执行时间 C_p 为：

$$C_p=C_8+C_3+C_5+C_7+3*C_m+4*C_x \qquad \text{（方程 4）}$$

该事件序列由以下事件组成（如图 18-3 所示）：

P1，P2：近距离传感器输入任务接收到来自近距离传感器的中断，并读取近距离传感器的输入，这表明已经检测到在列车前方有危险。

P3：近距离传感器输入任务发送检测到危险消息到列车控制。

P4：列车控制接收消息，执行状态机，并将状态从巡航变为紧急停止。

P5：列车控制发送紧急停止消息到速度调整。

P6，P7：速度调整接收紧急停止消息，并将其发送到马达输出任务。

P8，P9：马达输出任务接收紧急停止消息，并将停止指令输出到马达执行器上，以停止列车。

18.2 用实时调度理论进行性能分析的示例

这一节将实时调度理论应用于轻轨控制系统。性能分析首先考虑最坏稳定状态的情况，即列车处在运行中并以最大的速度运行。在这种状态下，会执行一些周期及非周期任务。在非周期任务的情况下，分配等效的周期，这是激活该任务的事件的最小到达时间间隔。

349 ~ 351

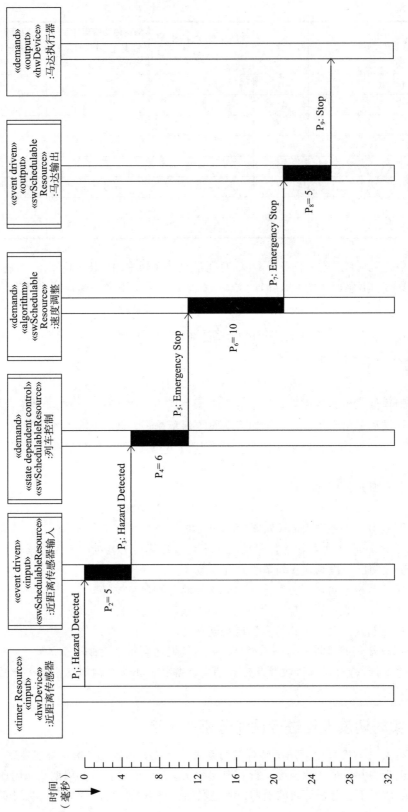

图 18-3   检测到的危险事件的事件列序列时序图

表 18-2 描述了稳定状态周期和非周期任务的实时调度参数，表中第 3 列是每个任务的周期，第 2 列是任务 C_i 所需要的 CPU 时间。每个周期任务的 CPU 时间包括两次上下文切换的 CPU 时间，如表 18-1 所示。每个任务的 CPU 利用率为 $U_i=C_i/T_i$，如第 4 列所示。在该表和随后的表中，计算 CPU 利用率的过程中会存在一定的舍入误差。接下来描述周期和非周期任务。

表 18-2　实时调度参数：稳定状态周期和非周期任务参数

任　务	CPU 时间 C_i	周期 T_i	利用率 U_i	优　先　级
速度传感器输入	3	10	0.30	1
位置传感器输入	6	50	0.12	2
近距离传感器输入	5	100	0.05	3
马达输出	5	100	0.05	4
速度调整	10	100	0.10	5
列车状态调度器	11	600	0.02	6
列车显示输出	15	600	0.03	7
列车音频输出	12	600	0.02	8
所有任务利用率			0.68	

- **速度传感器输入**。假设该任务是周期任务。它实际上是一个非周期的，因为它是由轴中断激活的。然而，由轴旋转引起的中断的到达是有规律的，因此从行为上假定为周期性任务。假设最坏情况 6 000 转 / 分钟，这意味着每 10 毫秒就会产生一次中断，因此将其视为等效周期任务的最小周期。因为该任务有最短的周期，所以它被分配以最高优先级，它的 CPU 时间是 3 毫秒。
- **近距离传感器输入**。该任务的周期为 100 毫秒，CPU 时间为 5 毫秒。
- **列车状态调度器**。该任务的周期为 600 毫秒，CPU 时间为 11 毫秒。
- **速度调整**。当在自动控制下被激活时，该任务周期性地每隔 100 毫秒执行一次，以计算所需的速度值，并有 10 毫秒的 CPU 时间。
- **马达输出**。该任务由来自速度调整周期任务的消息激活。因此，假定马达输出任务的周期等于速度调整任务的周期，即 100 毫秒，并执行 5 毫秒。
- **位置传感器输入**。该任务执行周期为 50 毫秒的任务，CPU 时间为 6 毫秒。它周期性地执行，以确定列车的位置。
- **列车显示输出**。该任务由列车状态调度器激活，因此与列车状态调度器有相同的周期（600 毫秒）。它的 CPU 时间是 15 毫秒。
- **列车音频输出**。该任务也是由列车状态调度器激活，因此与列车状态调度器有相同的周期（600 毫秒）。它的 CPU 时间是 12 毫秒。

352
～
353

任务的单调速率优先级分配与其周期成反比（如表 18-2 的第 5 列所示），这样就可以将较高优先级分配给周期较短的任务。因此，最高优先级任务是速度传感器输入，它的周期为 10 毫秒。次高优先级任务是位置传感器输入，它的周期为 50 毫秒。再下一个高优先级任务是近距离传感器输入，它的周期为 100 毫秒。两个任务有 100 毫秒的周期：速度调整和马达输出。尽管速度调整发送的消息是由马达输出所处理的，但由于马达输出与外部马达接口连接，所以给以马达输出更高的优先级。接下来的优先级分给列车状态调度器、列车显示输出和列车音频输出任务。由于这些任务具有相同的优先级，所以将较高优先级分配给列车状态调度器，它创建的消息由另外两个任务处理。

从表 18-2 看出，稳定状态周期和非周期任务的总利用率为 0.68，低于**利用率上限定理**给出的理论上最坏的上限值 0.69。因此，根据单调速率算法，所有的任务都能满足它们的截止期限。

18.3 用实时调度理论和事件序列分析进行性能分析的示例

接下来，考虑外部事件，例如来自靠近传感器、到达传感器或近距离传感器的事件，触发事件序列的情况。由于靠近传感器事件是在到达传感器事件之前发生的，具有足够长的时间差，因此靠近传感器事件序列和到达传感器事件序列不会在时间上重叠。因为这两个事件序列在行为上非常相似，所以只需要考虑其中一个即可。该分析除了考虑前一节中描述的稳定状态周期和非周期任务之外，还必须考虑事件序列中的任务。第一个方案是用一个等价的事件序列任务来替换事件序列中的任务。

18.3.1 等价的事件序列任务

有必要考虑由到达传感器事件序列或近距离传感器事件序列施加的额外负载对周期和非周期任务的稳定状态负载影响。这是通过考虑每个事件序列中的任务对 18.1 节中描述的稳定状态分析的影响来完成的。对于参与到达传感器事件序列的四个非周期任务（即到达传感器输入、列车控制、速度调整和马达输出），被认为是等效的非周期任务，也称为事件序列任务。

首先考虑来自到达传感器的输入。正如事件序列分析中所描述的以及事件序列图中所展示的，处理该输入所需要的任务是到达传感器输入、列车控制、速度调整和马达输出。尽管在事件序列中包含了四个任务，但是它们必须以严格的次序执行，因为每个任务都是由序列中所依赖的前一个任务发送的消息激活的。因此，我们可以假设，在第一级近似中，这四个任务等价于一个 CPU 时间为 C_e 的非周期任务。C_e 是这四个任务各自的 CPU 时间加上消息通信开销和上下文切换开销，如方程 3 所示。等效非周期任务被称为到达事件序列任务。从方程 3 和表 18-1 可知，C_e 等于 26 毫秒。

从实时调度理论出发，一个非周期任务可以看作是一个周期任务，其周期由非周期请求的最小到达时间间隔给出。设该等价周期事件序列任务的周期为 T_e，假设 T_e 也是到达传感器输入所必需的响应时间。例如，如果 T_e 是 200 毫秒，那么来自到达传感器的外部事件所需的响应是 200 毫秒。

现在考虑第二个事件序列任务，即近距离事件序列任务。该事件序列由近距离传感器探测到轨道上的危险时触发。然而，只有当近距离传感器输入任务实际检测到危险时，才会发生事件序列；如果没有检测到危险，那么它完成执行并等待下一个定时器事件。如果检测到危险，那么近距离传感器的输入可以以类似于到达事件序列的方式进行处理。在近距离传感器的情况下，事件序列中的任务是近距离传感器输入、列车控制、速度调整和马达输出，最后三个与到达传感器情况相同。与到达传感器情况相比主要的区别是，近距离传感器输入任务是周期性的，周期为 100 毫秒，因此被激活的频率更高。从表 18-1 中可知，估计的近距离传感器输入 CPU 时间是 5 毫秒。因此，从方程 4 和表 18-1 中，处理近距离传感器的输入的 CPU 时间是 26 毫秒。然而，近距离传感器输入的周期是 100 毫秒，这比到达传感器的周期要低。近距离传感器的采样率较高，是为了确保对危险的快速检测，危险是不可预料的，相比之下，列车到达车站是可预料的。这使得靠近传感器可以被放置在每个车站预先规划好的距离上，从而使列车能够减速到较慢的速度，并允许到达传感器安置在车站入口附近，让列车在车站停靠。

18.3.2 分配单调速率优先级

接下来考虑依次添加每个事件序列任务后，实时调度对之前考虑的稳定状态情形的影响。表 18-3 提供了实时调度参数，其中，在表 18-2 稳定状态任务的基础上添加了两个事件序列任务。除了分别在第 2 列和第 3 列给出的每个周期任务和事件序列任务的 CPU 时间和周期之外，还提供了三个场景的数据。第 4 列和第 5 列分别描述了参与到达事件序列的任务的 CPU 利用率和优先级。第 6 列和第 7 列为近距离事件序列中的任务的 CPU 利用率和优先级，而第 8 列和第 9 列为当到达和近距离事件序列同时发生时任务的 CPU 利用率和优先级。

在将优先级分配给事件序列任务时，首先给任务分配以单调速率优先级，这是由任务的周期决定的。首先考虑周期性的近距离事件序列任务。当检测到一个障碍物时，事件序列任务取代了独立执行的近距离传感器输入任务，该事件序列任务由四个任务组成，开始于近距离传感器输入任务（表 18-3）。近距离事件序列任务具有相同的周期，因此被分配与近距离传感器输入相同的单调速率优先级（速度传感器输入后的第三高优先级），并且 CPU 时间为 26 毫秒。假设这个周期是 100 毫秒，那么该事件序列任务的 CPU 利用率是 0.26。稳定状态任务和近距离事件序列任务的总 CPU 利用率是 0.89（表 18-3 中的第 6 列），这远远超过了**利用率上限定理**给出的最坏情况的上限 0.69。因此，近距离事件序列任务很可能会错过它的截止期限。

接下来考虑到达事件序列任务，它是非周期的。由于该任务的周期比速度传感器输入、近距离传感器输入、位置传感器输入、速度调整和马达输出这五个稳定状态任务的周期要长，因此其单调速率优先级比这五个任务的要低。该例中的实时调度参数，以及分配给任务的优先级，在表 18-3 中给出。如果到达事件序列任务的 CPU 时间 C_e 为 26 毫秒，等效周期 T_e 为 200 毫秒，则任务的 CPU 利用率为 0.13。稳定状态任务（表 18-3 列第 4 列）和到达事件序列任务的总 CPU 利用率是 0.81，这也超出了**利用率上限定理**给出的最坏情况的上限 0.69。因此，除了所有的周期性任务外，到达事件序列任务也可能错过它的截止期限。

应该注意，每个事件序列任务对稳定状态周期任务的影响是单独考虑的。如果两个事件序列任务是快速连续触发的，其影响会如何呢？该分析在表 18-3 的第 8 列和第 9 列中进行了描述。总的 CPU 利用率是 1.02，这显然是不可能的（超过了 100%），并且远高于**利用率上限定理**给出的 0.69。由于到达和近距离传感器的快速连续输入被交织在一起，所产生的影响需要更详细的分析。下一节将给出更详细的单调速率分析。

表 18-3 事件序列任务的实时调度参数

任　务	CPU 时间 C_i	周期 T_i	到达事件序列利用率 U_a	到达事件序列优先级	近距离事件序列利用率 U_p	近距离事件序列优先级	到达 & 近距离事件序列利用率 U_q	到达 & 近距离事件序列优先级
速度传感器输入	3	10	0.30	1	0.30	1	0.30	1
位置传感器输入	6	50	0.12	2	0.12	2	0.12	2
近距离传感器输入	5	100	0.05	3				
马达输出	5	100	0.05	4	0.05	4	0.05	4
速度调整	10	100	0.10	5	0.10	5	0.10	5
列车状态调度器	11	600	0.02	7	0.02	6	0.02	7
列车显示输出	15	600	0.03	8	0.03	7	0.03	8
列车音频输出	12	600	0.02	9	0.02	8	0.02	9

355

（续）

任 务	CPU 时间 C_i	周期 T_i	到达事件序列利用率 U_a	到达事件序列优先级	近距离事件序列利用率 U_p	近距离事件序列优先级	到达 & 近距离事件序列利用率 U_q	到达 & 近距离事件序列优先级
到达事件序列任务	26	200	0.13	6			0.13	6
近距离事件序列任务	26	100			0.26	3	0.26	3
所有任务总利用率			0.81		0.89		1.02	

18.3.3 详细的单调速率分析

通过对事件序列中的每个任务进行单独而不是混在一起的分析，可以获得对轻轨控制问题更全面的分析。每个任务的 CPU 参数，包括近距离和到达事件序列中的各个任务，显示在表 18-4 中，其中每个任务都有它的上下文切换和消息通信开销，并添加到各自的 CPU 时间中。表 18-4 给出了所有的周期和非周期任务的 CPU 时间、周期和利用率（分别在第 2、3 和 4 列中列出）。事件序列中的所有任务都被看作是周期任务，其周期为任务的最小到达时间间隔，对到达时间序列，间隔为 200 毫秒，而对近距离事件序列，间隔则为 100 毫秒。然而，由于其中三个任务（列车控制、速度调整和马达输出）出现在两个事件序列中，最坏的情况分析会将这三个任务分配 100 毫秒的较小周期。

详细分析中最初为每个任务分配以单调速率优先级（表 18-4 中的情形 1）。和以前一样，速度传感器输入被赋予最高的单调速率优先级，因为它的周期最短，为 10 毫秒，其次是位置传感器输入。第三个最高单调速率的优先级是近距离传感器输入（它启动近距离事件序列），因为它排在第三个最短周期，为 100 毫秒。接下来是近距离事件序列中的另外三个任务，即列车控制、速度调整和马达输出。因为这三个任务都参与了到达和近距离事件序列，它们本来有不同的周期，但作为最坏情况下的分析，将这三个任务分配以较短的近距离传感器的周期，即 100 毫秒。此外，当列车加速或巡航时，速度调整和马达输出也会在稳定状态下运行，周期为 100 毫秒。在最坏的情况下，这三个任务具有与近距离传感器输入相同的周期 100 毫秒。因此，它们被分配了相同的单调速率优先级。在三个任务中，给予马达输出最高优先级，是因为它需要输出到马达。然后是列车控制，因为它是控制任务。再然后是速度调整，这是一个算法任务，它在三个任务中拥有最长的 CPU 时间。之后，将单调速率优先级分配给剩下的任务，即到达传感器输入周期为 200 毫秒，列车状态调度器、列车显示输出和列车音频输出三个任务的周期都是 600 毫秒。

从表 18-4 的第 4 列可知，这些任务的总利用率为 0.77，超过了**利用率上限定理**给出的理论上的最坏情况的上限 0.69。因此，根据单调速率算法，在最坏情况下并且这些任务在近距离和到达事件序列中同时执行时，并不是所有的任务都能满足它们的截止期限。

18.3.4 分配非单调速率优先级

上一节中描述的详细分析假设每个任务都被分配以单调速率优先级，也就是说，任务优先级与它的周期成反比。最主要的问题是，到达传感器输入应该是一个高优先级的输入任务，以便及时响应到达传感器的中断，但因为它有 200 毫秒相对较长的周期，却被分配以较低的单调速率优先级。到达传感器输入任务被分配以单调速率优先级的一个问题是，如果它必须等待六个高优先级的任务（速度传感器输入、近距离传感器输入、速度调整、列车控制、位置传感器输入和马达输出）执行完毕，它可能会错过到达传感器的中断。

由于存在错过到达中断的风险，因此决定将到达传感器输入任务的优先级提高到调整速度优先级之上。分配到达传感器输入任务以最高优先级可能会导致速度传感器输入超过它的截止期限，因为它也是中断驱动的，而且它的周期是短得多的 10 毫秒。此外，位置传感器输入也是接收时间紧迫的外部输入的输入任务。为了避免延迟这两个输入任务，到达传感器输入任务的优先级应比这两个任务的优先级低，但是比所有其他任务的优先级要高，因此，这是排第三高的优先级任务。这意味着到达传感器输入任务的优先级要高于它的单调速率优先级，如表 18-4（情形 2）所示，接下来将描述任务具有非单调速率优先级的情况。

表 18-4 实时调度：周期和非周期任务参数（带 * 的是事件序列中的任务）

任 务	CPU 时间 C_i	周期 T_i	利用率 U_i	单调速率优先级（情形 1）	非单调速率优先级（情形 2）
速度传感器输入	3	10	0.30	1	1
位置传感器输入	6	50	0.12	2	2
近距离传感器输入 *	5	100	0.05	3	4
马达输出 *	5	100	0.05	4	5
速度调整 *	10	100	0.10	6	7
列车状态调度器	11	600	0.02	8	8
列车显示输出	15	600	0.03	9	9
列车音频输出	12	600	0.02	10	10
到达传感器输入 *	5	200	0.03	7	3
列车控制 *	6	100	0.06	5	6
所有任务总利用率			0.77		

18.3.5 广义实时调度理论应用到具有非单调速率优先级的任务

为了对非单调速率优先级的任务进行全面分析，需要应用广义实时调度理论，如 17.3 节所述。由于分配的是非单调速率优先级，每个任务必须明确地对其边界上限进行检查，以确定是否满足它的截止期限。本节分析表 18-4（情形 2）所示的任务的性能。

在此分析中，在近距离事件序列中考虑近距离传感器输入和其他任务，因为确定在 100 毫秒的截止期限之前完成所有四个任务是重点。类似地，在到达事件序列中考虑到达传感器输入和其他任务，以确定在 200 毫秒的截止期限之前完成所有四个任务。注意，尽管我们正在整体地考虑这四个任务，但是该分析与在 18.3.2 节给出的等效事件序列任务分析是不同的，因为在所有其他情况下，任务都是单独考虑的。

对近距离事件序列中的任务进行性能分析

在 100 毫秒周期 T_e 内考虑近距离事件序列中的四个任务（近距离传感器输入、列车控制、速度调整和马达输出）。目的是确定这四个任务能否在 100 毫秒截止期限之前完成执行。有必要应用广义利用率上限定理，并且有必要的话，应用广义完成时间定理来考虑以下四个因素：

1. **事件序列中的任务的执行时间**。事件序列中的四个任务的总执行时间，C_e=26 毫秒，T_e=100 毫秒的周期。执行利用率 =0.26。

2. 被具有较短周期的较高优先级任务抢占的时间。这里较短周期指的是小于事件序列中的任务周期100毫秒的周期。满足该条件的集合中有两个任务。

- 速度传感器输入，具有10毫秒的周期，可以在100毫秒内将这四个任务中的任何一个抢占10次，总的抢占时间为10*3毫秒=30毫秒，抢占利用率为0.3。
- 另一个任务是位置传感器输入，它的周期为50秒，可以在100毫秒内将这四个任务中的任何一个抢占2次，总的抢占时间为2*6毫秒=12毫秒，抢占利用率为0.12。
- 这两个高优先级任务的总抢占时间=30+12=42毫秒。
- 这两个高优先级任务在100毫秒周期内的总抢占利用率=0.3+0.12=0.42。

3. 被具有较长周期的较高优先级任务抢占。在该集合中有一个任务，即到达传感器输入，它可以对近距离事件序列的四个任务抢占一次，这四个任务为近距离传感器输入、列车控制、速度调整和马达输出。

- 总抢占时间=5毫秒。
- 在100毫秒周期内的总抢占利用率为0.05。
- 被具有较短和较长周期的高优先级任务抢占的时间=42+5=47毫秒。
- 在100毫秒周期内具有较短和较长周期的高优先级任务的抢占利用率=0.42+0.05=0.47。

4. 被低优先级任务阻塞的时间。速度调整任务有可能被访问共享被动实体对象列车数据的任务阻塞，这些任务是速度传感器输入、位置传感器输入和列车状态调度器。前两个任务已经在因素2中考虑了。

- 列车状态调度器最坏情况阻塞时间=11毫秒。
- 在100毫秒周期里，最坏情况阻塞利用率=0.11。

在考虑了以上四个因素后，我们现在来确定总运行时间和总利用率：

- 总运行时间=总执行时间+总抢占时间+最坏阻塞时间=26+47+11=84<100。
- 总利用率=执行利用率+抢占利用率+最坏阻塞利用率=0.26+0.47+0.11=0.84>0.69。

总利用率为0.84，大于广义利用率上限定理给出的上限0.69。然而，使用广义完成时间定理（它考虑任务的实际执行时间）进行更准确的时序分析，结果表明，近距离事件序列中的四个任务全部满足它们的截止期限，因为84毫秒的总运行时间小于100毫秒的周期。

到达事件序列中的任务的性能分析

采用广义利用率上限定理对到达事件序列的任务（到达传感器输入、列车控制、速度调整、马达输出）在200毫秒周期T_e内进行分析，如下所述。为了及时响应到达传感器的中断，分配给到达传感器输入的优先级比它的单调速率优先级要高，因此需要进行详细的单调速率分析。

与前面一样，目的是确定到达事件序列中的四个任务能否在200毫秒截止期限之前完成执行。有必要应用广义利用率上限定理，并考虑以下四个因素：

1. 事件序列中的任务的执行时间。事件序列中的四个任务的总执行时间，$C_e=26$毫秒，$T_e=200$毫秒。执行利用率=0.13。

2. 被具有较短周期的较高优先级任务抢占的时间。这里较短周期指的是小于事件序列中的任务周期200毫秒的周期。满足该条件的集合中有三个任务。

- 速度传感器输入，具有10毫秒的周期，可以将这四个任务中的任何一个抢占20次，总的抢占时间为20*3毫秒=60毫秒，抢占利用率为60/200=0.3。
- 位置传感器输入，具有50毫秒的周期，可以在200毫秒内将这四个任务中的任何一个抢占4次，总的抢占时间为4*6毫秒=24毫秒，抢占利用率为24/200=0.12。

- 近距离传感器输入，具有 100 毫秒的周期，可以在 200 毫秒内将这四个任务中的任何三个抢占 2 次，总的抢占时间为 2*5 毫秒 =10 毫秒，抢占利用率为 10/200=0.05。
- 具有较短周期的较高优先级任务的总抢占时间 =60+24+10=94 毫秒。
- 具有较短周期的较高优先级任务的总抢占利用率 =0.3+0.12+0.05=0.47。

3. 被具有较长周期的较高优先级任务抢占。不存在满足该条件的任务。

4. 被低优先级任务阻塞的时间。速度调整任务有可能被访问共享被动实体对象列车数据的任务阻塞，这些任务是速度传感器输入、位置传感器输入和列车状态调度器。前两个任务已经在因素 2 中考虑了。

- 列车状态调度器最坏情况阻塞时间 =11 毫秒。
- 在 200 毫秒周期里，最坏情况阻塞利用率 =0.06。

在考虑了以上四个因素后，我们现在来确定总运行时间和总利用率：

- 总运行时间 = 总执行时间 + 总抢占时间 + 最坏阻塞时间 =26+94+11=131<200。
- 总利用率 = 执行利用率 + 抢占利用率 + 最坏阻塞利用率 =0.13+0.47+0.06=0.66< 0.69。

总利用率为 0.66，小于广义利用率上限定理给出的上限 0.69，因此，事件序列中的四个任务都满足了它们的截止期限。这一结果得到了广义完成时间定理的证实。

最高优先级任务的性能分析

为了确定两个最高优先级的任务（速度传感器输入和位置传感器输入）是否分别在 10 毫秒和 50 毫秒内满足截止期限，有必要在 50 毫秒周期内检查抢占和执行时间。 |361|

1. 这两个任务的执行时间。在 50 毫秒的周期内，速度传感器输入将执行 5 次，每次 3 毫秒，而位置传感器输入将执行 1 次，每次 6 秒。总执行时间 =5*3+6=21 毫秒。执行利用率 =0.3+0.12=0.42。

2. 被具有较短周期的较高优先级任务抢占的时间。这里较短周期指的是周期小于 50 毫秒。不存在满足该条件的任务。

3. 被具有较长周期的较高优先级任务抢占。不存在满足该条件的任务。

4. 被低优先级任务阻塞的时间。速度传感器输入和位置传感器输入任务有可能被访问共享被动实体对象列车数据的任务阻塞，这些任务是速度调整和列车状态调度器。

- 速度调整和列车状态调度器最坏情况阻塞时间 =10+11=21 毫秒。假设在 50 毫秒周期里，每个任务执行一次。
- 在 50 毫秒周期里，最坏情况阻塞利用率 =21/50=0.42。

在考虑了以上四个因素后，我们现在来确定总运行时间和总利用率：

- 总运行时间 = 总执行时间 + 总抢占时间 + 最坏阻塞时间 =21+0+21=42<50。
- 总利用率 = 执行利用率 + 抢占利用率 + 最坏阻塞利用率 =0.42+0.00+0.42=0.84>0.69。

总利用率为 0.84，大于广义利用率上限定理给出的上限 0.69。使用广义完成时间定理进行更准确的时序，分析结果表明两个具有较短周期的高优先级任务能够满足它们的截止期限，因为 42 毫秒的总运行时间小于 50 毫秒的周期。

最低优先级任务的性能分析

剩下需要分析的任务是周期为 600 毫秒的三个最低优先级任务，即列车状态调度器、列车显示输出和列车音频输出任务。这三个任务具有最低优先级，因此会被其他所有任务抢占。

1. 这三个任务的执行时间。在 600 毫秒的周期内，每个任务将执行 1 次。

- 总执行时间 =11+15+12=38 毫秒。

- 执行利用率 =0.02+0.03+0.02=0.07。

2. 被具有周期小于 600 毫秒的较高优先级任务抢占的时间。 有七个高优先级将抢占这些任务。速度传感器输入将执行 60 次,而位置传感器输入将执行 12 次。近距离传感器输入、列车控制、速度调整和马达输出将执行 6 次,到达传感器输入将执行 3 次。

- 总利用率 =0.30+0.12+0.05+0.06+0.10+0.05+0.03=0.71。
- 总抢占时间 ==60*3+12*6+6*5+6*6+6*10+6*5+3*5=423 毫秒。

3. 被具有较长周期的较高优先级任务抢占。 不存在满足该条件的任务。

4. 被低优先级任务阻塞的时间。 列车状态调度器任务有可能被访问共享被动实体对象列车数据的任务阻塞,这些任务是速度传感器输入、位置传感器输入和速度调整。然而,这三个任务都已经在因素 2 中考虑了。

在考虑了以上四个因素后,我们现在来确定总运行时间和总利用率:

- 总运行时间 = 总执行时间 + 总抢占时间 =38+423=461<600。
- 总利用率 = 执行利用率 + 抢占利用率 =0.07+0.71=0.78>0.69。

总利用率为 0.78,大于广义利用率上限定理给出的上限 0.69。因此,根据该理论,这三个任务可能错过截止期限。然而,广义完成时间定理(它考虑任务的实际执行时间)表明,这三个任务的确满足它们的截止期限,因为 461 毫秒的总运行时间小于 600 毫秒的周期。

18.3.6　将广义完成时间定理应用于非单调速率优先级的任务

正如 17.3.6 节中所描述的,广义完成时间定理也被应用于评估前面描述的多任务设计的性能。该性能分析的结果在图 18-4 的时序图上给出了描述,图中显示了在单个处理器上,表 18-4 中的七个最高优先级的任务的执行过程。

图 18-4 中描述的场景是列车到达车站,除了速度传感器输入任务、位置传感器输入任务和近距离传感器输入任务(没有检测到危险),到达传感器输入任务还启动了到达事件序列(也包括列车控制、速度调整和马达输出)。假设最坏的情况是,所有任务都可以在该场景开始时执行,但是到达事件序列中的任务必须按照序列顺序执行。

速度传感器输入是最高优先级的任务,周期为 10 毫秒。因此,它首先执行 3 毫秒,如图 18-4 所示。当速度传感器输入需要执行时,它会抢占所有其他任务,因此总是会满足它的截止期限。完成后,第二个最高优先级任务位置传感器输入开始执行,执行时间为 6 毫秒。继续执行的下一个最高优先级任务是到达传感器输入,这是到达事件序列中的第一个任务。它开始执行 1 毫秒后,被速度传感器输入(在它的第二个周期开始)抢占 3 毫秒,然后,到达传感器输入将继续执行剩余的 4 毫秒,并在结束之前发送一条消息到列车控制。再下一个最高优先级的任务是近距离传感器输入,在它执行 3 毫秒后,被速度传感器输入(第三个周期)抢占 3 毫秒,然后,近距离传感器输入将继续执行剩余的 2 毫秒。在此之后,列车控制(到达事件序列中的第二个任务)执行 5 毫秒后,被速度传感器输入(第四个周期)抢占 3 毫秒,然后,列车控制将继续执行剩余的 1 毫秒,并在结束之前发送一条消息到速度调整。接下来执行的是速度调整(到达事件序列中的第三个任务),在它执行 6 毫秒后,被速度传感器输入(第五个周期)抢占 3 毫秒,然后,速度调整将继续执行剩余的 4 毫秒,并在结束之前发送一条消息到马达输出。然后马达输出(到达事件序列中第四个也是最后一个任务)开始执行,它执行 3 毫秒后,被速度传感器输入(第六个周期)和位置传感器输入(第二个周期)分别抢占 3 毫秒和 6 毫秒。在此之后,马达输出恢复执行 1 毫秒后,再次被速度传感器输入(第 7 周期)抢占,在此之后,它执行完成剩余的时间。

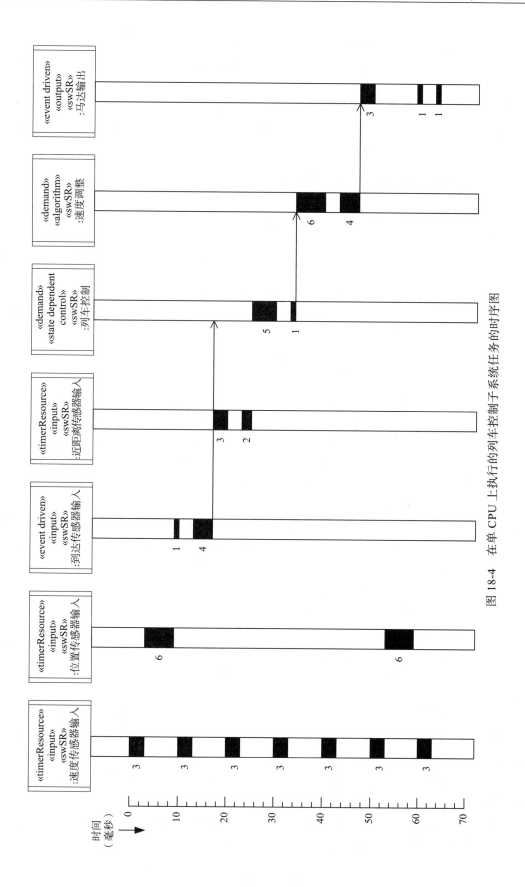

图 18-4　在单 CPU 上执行的列车控制子系统任务的时序图

总之，在该场景中，到达事件序列中的任务总的经历时间（从场景开始计时）为64毫秒，在此期间，速度传感器输入执行了7次，位置传感器输入执行了2次，而近距离传感器输入执行了1次。因此，到达事件序列中的所有四个任务在200毫秒截止期限之前完成。类似地，如果近距离传感器输入检测到一个危险，它将启动检测到危险事件序列，它也能够在100毫秒的截止期限之前完成执行。注意，本节中描述的时间分析只考虑了70毫秒的场景，而上一节中的实时调度分析则考虑了超过200毫秒的时间段。

18.3.7 多处理器系统上执行的任务的性能分析

如果软件设计中的并发任务是在多处理器系统上执行的，那么可以使用时序图分析性能，以评估增加处理器数量的影响，如17.7节所述。

考虑在一个双处理器系统上执行的事件序列中的任务，如18.3.6节所描述，时序图描述如图18-5所示，采用了全局调度。该场景是，列车到达车站，到达传感器输入启动到达事件序列，该序列还包括列车控制、速度调整和马达输出以及近距离传感器输入，没有检测到危险。与前面一样，假设最坏情况，即在场景开始时，所有任务都可以执行，但是在到达事件序列中的任务必须按照序列顺序执行。

有了双处理器系统，两个最高优先级的任务可以并行执行。因此，该场景起始于速度传感器输入和位置传感器输入分别在CPU A和CPU B上并行执行。速度传感器输入在3毫秒后完成执行，并释放CPU A给最高优先级的就绪任务，即到达传感器输入。在执行了6毫秒之后，位置传感器输入完成执行，并释放CPU B给最高优先级的就绪任务，即近距离传感器输入。到达传感器输入在5毫秒后完成执行并在释放CPU A之前，发送一条消息到列车控制，列车控制在CPU A上执行2毫秒，然后被速度传感器输入在第二个周期（经历时间为10毫秒）开始时抢占。近距离传感器输入在6毫秒后完成执行，并释放CPU B。列车控制现在可以在CPU B上继续执行剩余的4毫秒。速度传感器输入完成第二个执行周期3毫秒的执行，并释放CPU A，由于其他任务等待消息被阻塞或等待下一个周期，CPU A变为空闲。列车控制在完成执行和释放CPU B之前将消息发送到事件序列的下一个任务，即速度调整。消息的到达使速度调整解除阻塞，并开始在CPU A上执行10毫秒。速度传感器输入准备在它的第三个周期（经历时间为20毫秒）的开始执行，并被分配以空闲的CPU B，它执行3毫秒后释放CPU。在完成10毫秒的执行之前，速度调整向事件序列中的最后一个任务马达输出发送一条消息，马达输出立即开始在空闲的CPU B上执行5毫秒。在经历时间为30毫秒时，速度传感器输入可以从其第四个周期的开始处在空闲CPU A上执行3毫秒。在经历时间为31毫秒时，马达输出完成了5毫秒的执行时间。

总之，在该场景中，到达事件序列中的四个任务完成执行的总运行时间是31毫秒。在此期间，速度传感器输入执行了4次，而位置传感器输入和近距离传感器输入均执行1次。因此，到达事件序列中的所有四个任务都远在200毫秒的截止期限之前完成，而周期执行的任务也都在截止期限之前完成。类似地，如果近距离传感器输入检测到危险，它将启动检测到危险事件序列，并且也能够在100毫秒的截止期限之前完成执行。

多处理性能分析也可以使用分区调度来完成，如第17章所述。在17.7节中曾指出了一个警告，即内存竞争会对多核系统的性能造成负面影响。

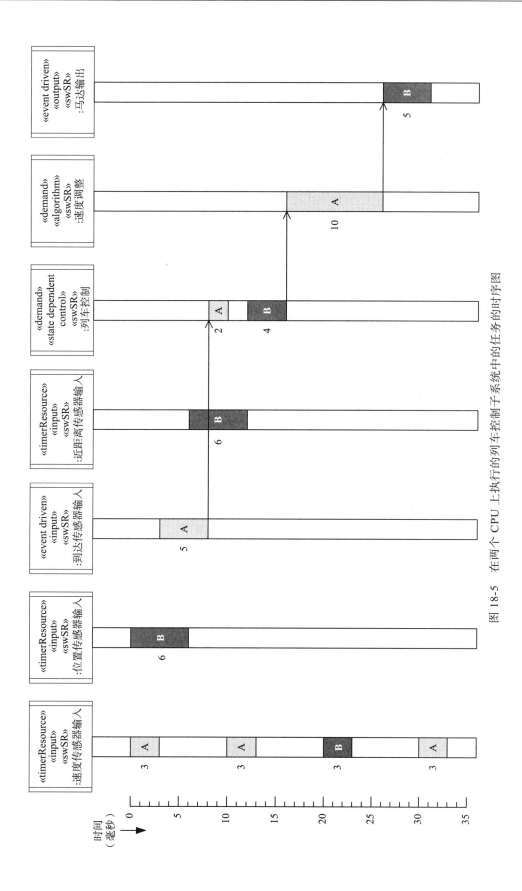

图 18-5　在两个 CPU 上执行的列车控制子系统中的任务的时序图

18.4   设计重构

如果性能分析确定实时设计不能满足性能目标，那么就需要对设计进行重构。这可以通过应用**任务聚簇标准**（task clustering criteria）来实现。在这个标准中，两个或多个任务组合在一起执行同一个任务。具体来说可以应用**时间任务聚簇**（temporal task clustering）、**顺序任务聚簇**（sequential task clustering）和**多实例任务反演**（multiple instance task inversion）。这可能会减少任务开销。

如果在轻轨控制系统的例子中存在性能问题，那么设计重构的一个选择就是应用顺序聚簇。列车控制任务将速度指令消息发送给速度调整任务，该任务又将速度消息发送给马达输出任务。这三个任务可以结合起来使用顺序聚簇，即列车控制任务与被动对象速度调整和马达输出进行聚簇。这消除了任务之间的消息通信开销以及上下文切换开销。将该聚簇任务的 CPU 时间记为 C_v。然后，引用表 18-1：

$$C_v=C_3+C_5+C_7 \tag{方程 5}$$

新的事件序列 C_{ee} 中的两个任务的 CPU 时间现在由下式给出：

$$C_{ee}=C_1+C_v+C_m+2*C_x \tag{方程 6}$$

通过比较方程 6（事件序列中有两个任务）和 18.1 节中的方程 3（事件序列中有四个任务）可以看到，消息通信开销从 $3*C_m$ 减小到 C_m，上下文切换开销从 $4*C_x$ 减小到 $2*C_x$。考虑到表 18-1 中估计的时间参数，并在方程 3 和方程 6 中替换它们，其结果将总 CPU 时间从 26 毫秒减少到 24 毫秒。如果消息通信和上下文切换开销较大，则节省的时间将更多。当然，开销时间越短，节省的时间就越少。

一项多核系统上的多任务性能研究（Albassam and Gomaa 2014）表明，尽管必要性比早期系统要小，但在多任务情况下，当有大量任务时，任务聚簇在多核系统中仍然是有用的。

18.5   小结

本章就如何应用实时调度理论和事件序列分析来分析实时软件设计的性能描述了一个详细实例。对轻轨控制系统的列车控制子系统进行了详细且逐步的性能分析。该实时嵌入式系统设计的案例研究在第 21 章中给出。其他带有分析并发实时设计性能的例子的案例研究见第 19 章中描述的微波炉控制系统和第 20 章中描述的铁路道口控制系统。

366
~
367

368

实时嵌入式系统软件设计案例研究

微波炉控制系统案例研究

本章描述了微波炉控制系统案例研究。这是许多消费类产品嵌入式系统软件设计的典型案例。因此，微波炉嵌入式系统通过若干个传感器和执行器与外部环境连接，支持简单的用户界面，提供计时功能和状态机设计必需的集中式控制。由于微波炉是嵌入式系统，从包含整个硬件和软件的系统工程视角出发设计系统，然后再考虑软件建模和设计是有益的。

19.1 节给出了问题描述。19.2 节描述了微波炉嵌入式系统的结构化建模，其中开发了系统和软件上下文模块定义图。19.3 节描述了微波炉系统的用例模型。19.4 节描述了对象和类构造标准是如何应用于该系统的。19.5 节描述了控制微波炉的状态机的设计。19.6 节描述了如何用动态交互建模从用例中开发序列图。19.7 节描述了微波炉软件系统的设计建模，该系统基于总体结构和通信模式，设计为并发的、基于组件的体系结构。19.8 节描述了实时设计的性能分析。19.9 节描述了基于组件的软件体系结构的组件、接口和连接器的设计。19.10节描述了详细的软件设计。19.11 节描述了系统部署。

19.1 问题描述

微波炉有输入按钮，可以选择**烹饪时间**、**开始**、**分钟 +**、**TOD（Time of Day）**和**取消**，还有一个数字小键盘。它还可以显示剩余烹饪时间和当前时间。此外，还有用于烹饪食物的微波炉加热元件，用于感知开门的门传感器，以及用来检测微波炉里是否有物品的重量传感器。只有门关上以及微波炉里有东西时，才允许烹饪。微波炉有几个执行器。除了加热元件外，还有灯、蜂鸣器和转盘执行器。微波炉显示的是烹饪时间、TOD 时钟以及展示给用户的消息，比如提示和警告消息。

为了能够在全球销售，微波炉系统必须是可配置的。尤其是显示语言和 TOD 时钟类型，如 12 小时或 24 小时时钟，必须在系统配置（生成）时可供选择。

19.2 结构化建模

系统和软件建模的一个重要步骤是确定系统的边界。使用系统工程建模方法，第一步是开发问题域的概念结构模型，从这个模型中开发系统和软件上下文模块定义图。这些图分别定义了总（硬件 / 软件）系统和软件系统的边界。SysML 模块定义图用于系统的结构化建模。

19.2.1 问题域的概念结构模型

通过对问题域的结构化建模确定了组成微波炉嵌入式系统的物理实体。微波炉包含许多设备，有若干个与外部环境进行交互的传感器和执行器。问题域的概念结构模型在图 19-1 的模块定义图中进行了描述。

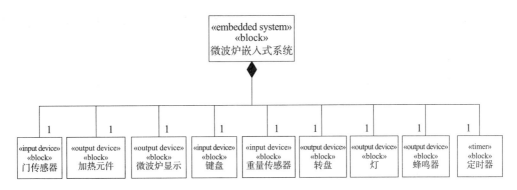

图 19-1 微波炉嵌入式系统的概念结构模型——SysML 模块定义图

微波炉嵌入式系统建模为一个组合模块,由构造型 «embedded system» 表示,该组合模块由多个模块组成,包括传感器和执行器。微波炉由三个输入设备组成:一个是门传感器,当用户打开和关闭门时,可以感知门的打开和关闭;一个重量传感器用来称重食物以及一个输入用户指令的键盘。有五个输出设备:一个加热元件,用于烹饪食物;一盏灯,在开门和烹饪时灯会亮;一个转盘,烹饪食物时会旋转;一个蜂鸣器,食物烹饪完毕会发出嘟嘟声;一个显示板,用于给用户显示消息和提示。还有一个定时器模块,即实时定时器。

372

19.2.2　系统上下文模型

系统上下文模型,也称为系统上下文图,是由问题域的结构模型决定的。系统上下文图定义了总硬件 / 软件系统和外部环境之间的边界,将后者建模为与系统相连的外部模块。在 SysML 模块定义图(图 19-2)中描述了上下文模型,它显示了嵌入式系统、外部模块以及外部模块和系统之间的多重关联。微波炉嵌入式系统被建模为单一的组合模块,标记为构造型 «embedded system»«block»。微波炉嵌入式系统的系统上下文图非常简单,因为只有一个外部实体,微波炉用户(描述为一个角色),他与嵌入式系统模块——微波炉嵌入式系统之间是一对一的关联关系。原因在于嵌入式系统是一个硬件 / 软件系统,它包含所有硬件的微波传感器和执行器以及物理定时器。

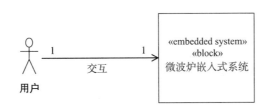

图 19-2 微波炉嵌入式系统的系统上下文图——SysML 模块定义图

19.2.3　软件系统上下文模型

软件系统(即微波炉系统)的上下文图如图 19-3 所示。系统上下文图中的用户被外部输入设备、外部输出设备和外部定时器所取代,用户通过输入设备与系统交互,外部输出设备由软件系统控制,外部定时器为系统提供定时器事件。

软件上下文图中的每个外部模块都用一个表示外部设备角色的构造型来描述。在该案例研究中,门传感器、重量传感器和键盘都是外部输入设备。加热元件、灯、转盘、蜂鸣器和显示器都是外部输出设备。还有一个叫作定时器的外部定时器。外部模块与软件系统聚合模块都是一对一的关联关系。

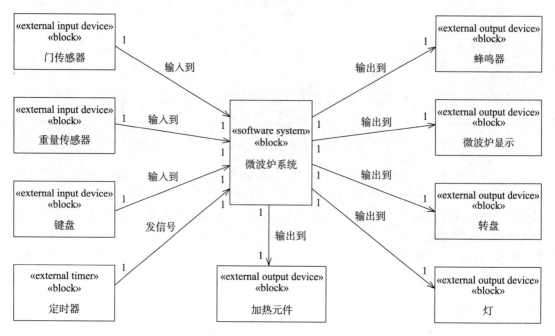

图 19-3   微波炉软件系统的软件上下文图

19.3   用例建模

正如第 6 章所述,用例建模可以应用于系统或软件工程层面。在前一种情况下,用户是主要的角色,而在后一种情况下,各种 I/O 设备是角色。对于这个问题,我们决定在用例模型中结合使用系统工程和软件工程方法。尤其从系统工程视角来看,我们认为用户是一个角色,而不是他使用的各种输入设备(特别是门传感器、重量传感器和键盘)。从软件工程视角来看,定时器也被认为是一个角色。这是因为定时器在用例模型中扮演了非常重要的角色,它会通过计数减少烹饪时间,并在烹饪时间到期时通知系统。

微波炉系统的功能从三个用例获得:烹饪食物、设定时间和显示时间。在图 19-4 的用例图中描述了用例模型。用户是用例烹饪食物和设定时间的主要角色,是用例显示时间的次要角色。定时器是用例显示时间的主要角色,是用例烹饪食物的次要角色。

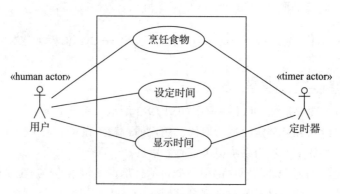

图 19-4   用于微波炉软件系统的用例模型

19.3.1 烹饪食物用例

烹饪食物用例是系统的主要用例，因为该用例的主序列和分支序列描述了微波炉烹饪食物的不同场景。用户是主要角色，因为是用户通过打开门并将食物放入微波炉来启动用例的。定时器是次要角色，因为它通过计数减少烹饪时间，并在时间到期时通知系统。此外，还有一个非功能的配置需求，即显示语言的选择。

用例：烹饪食物。

摘要：用户将食物放入微波炉，微波炉烹饪食物。

角色：用户（主要角色）、定时器（次要角色）。

前置条件：微波炉是空闲的。

主序列：

1. 用户开门。

2. 系统开灯。

3. 用户把食物放进微波炉并关门。

4. 系统关灯。

5. 用户按下**烹饪时间**按钮。

6. 系统提示输入烹饪时间。

7. 用户在数字键盘上输入烹饪时间，然后按下**开始**按钮。

8. 系统开始烹饪食物，启动转盘，开灯。

9. 系统持续显示剩余的烹饪时间。

10. 烹饪时间到期，定时器通知系统。

11. 系统停止烹饪食物，关灯，停止转盘，发出蜂鸣声，显示结束消息。

12. 用户开门。

13. 系统开灯。

14. 用户从微波炉中取出食物并关门。

15. 系统关闭微波炉灯，清除显示屏。

分支序列：

步骤 3：当门开着时，用户按下**开始**按钮，系统不会开始烹饪。

步骤 5：当门关着并且微波炉内没有物品时，用户按下**开始**按钮，系统不会开始烹饪。

步骤 5：当门关着并且烹饪时间为 0 时，用户按下**开始**按钮，系统不会开始烹饪。

步骤 5：用户按**分钟 +**，导致系统把烹饪时间增加 1 分钟。如果烹饪时间在这之前为 0，**系统就开始烹饪，启动定时器，启动转盘，并开灯。**

步骤 7：用户在按下**开始**按钮之前开门，系统开灯。

步骤 9：用户按下**分钟 +**，这导致系统把烹饪时间增加 1 分钟。

步骤 9：用户在烹饪时开门，系统停止烹饪，停止转盘，停止定时器。用户关上门（系统此时会关灯），然后按下**开始**按钮，**系统恢复烹饪，恢复定时器，启动转盘，开灯**。

步骤 9：用户按下**取消**。系统停止烹饪，停止定时器，关灯，停止转盘。用户可以按下**开始**按钮恢复烹饪。或者，用户可以再次按下**取消**，然后系统取消定时器并清除显示。

374
～
375

配置需求：

名称： 显示语言。

描述： 显示消息的语言是可选择的。默认是英语。可替代的语言是法语、西班牙语、德语和意大利语。

后置条件： 微波炉烹饪好食物。

19.3.2 设置 TOD 用例

设置 TOD 和显示 TOD 是不同的用例，因为它们有不同的主要角色和交互序列。用户是设置 TOD 用例唯一的角色。设置 TOD 也有与时钟类型相关的配置要求：12 小时或 24 小时制。

用例： 设定 TOD。

摘要： 用户设置 TOD 时钟。

角色： 用户。

前置条件： 微波炉是空闲的。

主序列：

1. 用户按下 TOD 按钮。

2. 系统提示 TOD。

3. 用户在数字键盘上输入 TOD（小时和分钟）。

4. 系统存储并显示输入的 TOD。

5. 用户按下**开始**按钮。

6. 系统启动 TOD 定时器。

分支序列：

步骤 1、步骤 3：如果微波炉忙，系统将不接受用户输入。

步骤 5：如果输入了错误的时间，用户可以按下**取消**，系统清除显示。

配置要求：

名称： 12/24 小时制时钟。

描述： TOD 时钟显示可以选择 12 小时制（美国民用风格），或者 24 小时制（美国军方和欧洲风格）。默认值选择是 12 小时制。

后置条件： TOD 时钟已设置好。

19.3.3 显示 TOD 用例

定时器是用例显示 TOD 的主要角色，而用户是次要角色。该用例由定时器角色触发并周期性地执行，周期为 1 秒。

用例： 显示 TOD。

摘要： 系统显示 TOD。

角色： 定时器（主要角色）、用户（次要角色）。

前置条件： TOD 时钟已设置好（由设置 TOD 用例设置）。

主序列：

1. 定时器通知系统, 1 秒钟已经过去了。
2. 系统每秒钟增加一次 TOD 时钟计数, 调整分钟和小时计数。
3. 系统每分钟更新 TOD 显示。

后置条件: TOD 时钟已被更新 (每秒钟一次) 且时间已显示 (每分钟一次)。

19.4　构造对象和类

下一步是确定实现用例所需的软件类和对象。嵌入式系统的软件系统上下文图也有助于完成这一步, 因为每个外部设备都有助于确定需要与之交互的软件类。软件类主要是由烹饪食物用例确定的。按照对象和类的构造标准对这些类进行分类。正如在第 8 章中所描述的, 除了实体类之外的所有类都是并发的, 因此被建模为活动 (即并发) 类。

软件输入类是通过软件系统上下文图中的外部设备类来确定的。在这种情况下, 门传感器输入、重量传感器输入和键盘输入都是与相应的外部设备类通信的软件输入类。加热元件输出、灯输出、转盘输出、蜂鸣器输出和微波炉显示输出是与相应的外部输出设备通信的软件输出类。时钟是上下文图中的外部定时器。软件定时器对象, 即微波炉定时器, 从时钟接收定时器事件。微波炉定时器需要记录剩余的烹饪时间、到期的烹饪时间以及当前时间。

此外, 还需要一个实体类来存储微波炉数据, 比如烹饪时间, 这个类被称为微波炉数据。另外, 因为需要为用户提供显示提示, 可在不同的语言中进行配置, 因此决定将文本提示从微波炉显示输出对象中分离出来。提示被存储在一个名为微波炉提示的实体类中。最后, 由于微波炉需要进行复杂的排序和控制, 需要一个依赖于状态的控制类——微波炉控制——它执行微波炉的状态机。因此, 软件类被分类如下。 |377|

- 输入类:
  - 门传感器输入
  - 重量传感器输入
  - 键盘输入
- 输出类:
  - 加热元件输出
  - 灯输出
  - 转盘输出
  - 蜂鸣器输出
  - 微波炉显示输出
- 状态依赖控制类:
  - 微波炉控制
- 定时器类:
  - 微波炉定时器 (应该注意到, 该类是一个定时器, 因为它是由硬件定时器的定时器事件激活的, 但是它也是依赖于状态的, 因此它是按照下一节所描述的状态机来设计的)
- 实体类:
  - 微波炉数据
  - 微波炉提示

软件类在类图中给出了描述,如图 19-5 所示。

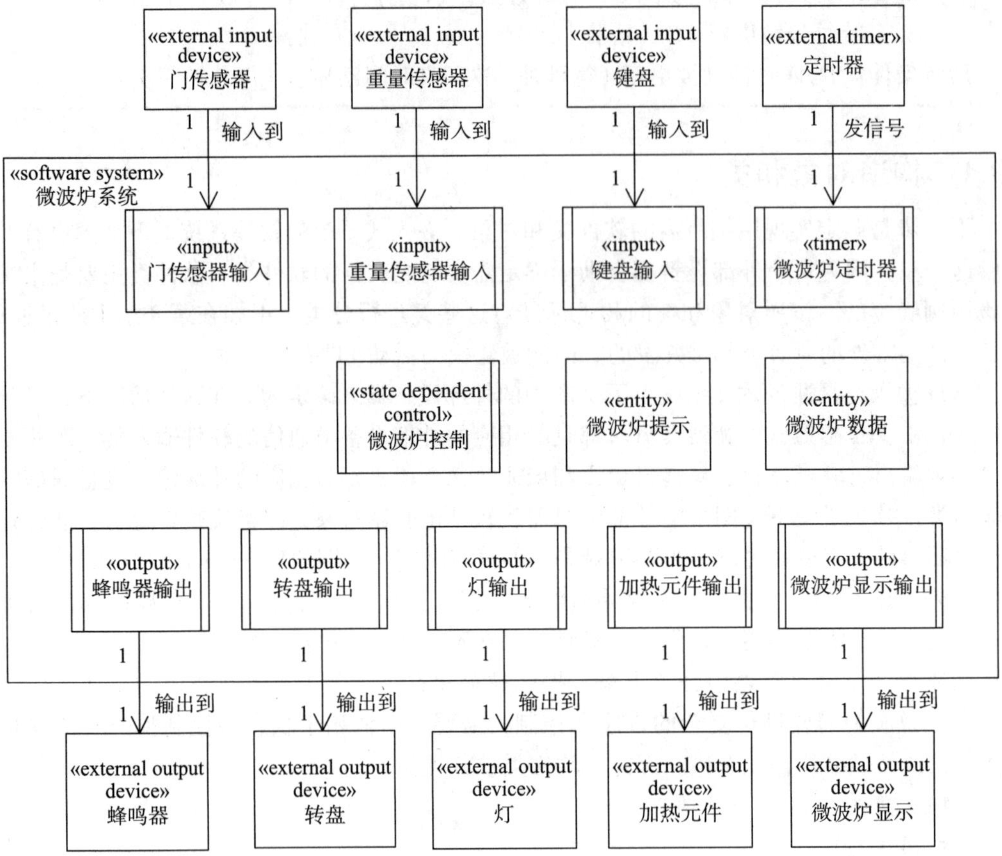

图 19-5 微波炉软件系统中的软件类

19.5 动态状态机建模

这一节描述了微波炉控制系统的状态机。开发了两种状态机,一种用于微波炉控制,另一种用于微波炉定时器。第 7 章中曾描述了如何从烹饪食物用例中开发微波炉控制状态机。

19.5.1 微波炉控制状态机模型

微波炉控制状态机(图 19-6)由两个正交有限状态机组成。一个是微波炉排序(它进一步分解为一些子状态,如图 19-7 所示);另一个是烹饪时间调节,它由两个连续的子状态组成:无剩余时间和有剩余时间。这种设计是为了明确地模拟时间调节,否则,微波炉控制要复杂得多。因此,烹饪时间调节的无剩余时间和有剩余时间子状态是微波炉排序状态机的保护条件(图 19-6)。烹饪食物主场景的序列号也在图中显示。该状态机也在第 7 章中用作一个例子。

微波炉排序是分层结构的,由以下几个子状态组成(见图 19-7):

- 门关着。这是初始的状态,微波炉关着门,处于空闲状态,微波炉里没有食物。
- 门开着。在该状态下,门是开着的,微波炉里没有食物。
- 门开着有物品。把物品放入微波炉后进入该状态。

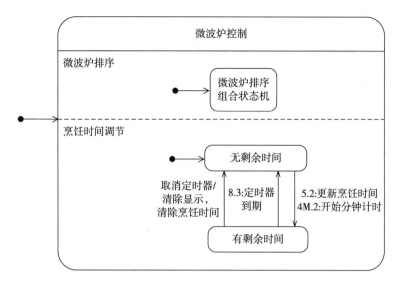

图 19-6　用于微波炉控制的状态机：顶层状态机

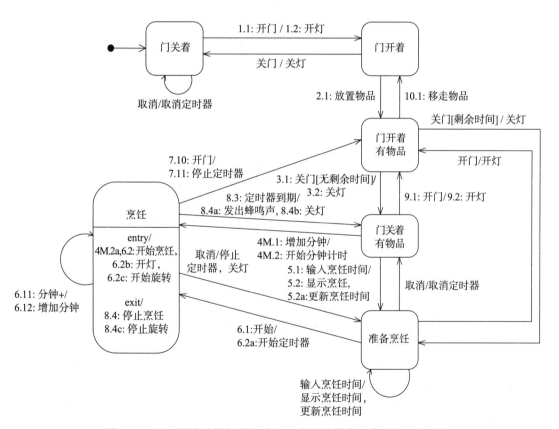

图 19-7　用于微波炉控制的状态机：微波炉排序组合状态机的分解

- 门关着有物品。微波炉中有物品并关门后进入该状态。该状态是由以下子状态组成的组合状态（参见图 19-8）：
  - 等待用户。等待用户按下**烹饪时间**按钮。
  - 等待输入烹饪时间。等待用户输入烹饪时间。

由于开关门的影响，门关着有物品组合状态的两个子状态是通过历史状态 H 进入的，如第 7 章所述。这种机制是用来确保当门打开（例如，在等待输入烹饪时间子状态时）然后再次关闭的时候，先前活动的子状态（在该示例中是等待输入烹饪时间）能够重新进入。

- 准备烹饪。微波炉已经准备好开始烹饪食物了。
- 烹饪。食物正在烹饪。当**开始**按钮被按下时将从准备烹饪状态进入该状态。如果定时器到期、门打开或按下**取消**，将退出该状态。

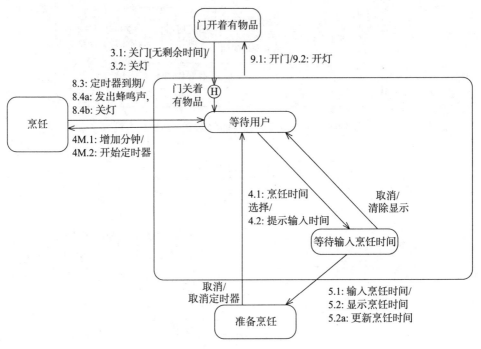

图 19-8   微波炉控制状态机：门关着有物品组合状态分解

19.5.2   微波炉定时器和烹饪定时器的状态机

在微波炉中，由时间引发的决策是依赖于状态的，因此，微波炉定时器对象的设计包含状态机。由于两种不同的时间度量需要在微波炉中进行控制，微波炉定时器对象由两个正交定时器状态机组成，一个是用来记录烹饪时间（在烹饪开始后），另一个是记录 TOD。由于这个原因，将微波炉定时器设计成具有两个正交区域的正交状态机，一个用于烹饪定时器状态机，另一个用于 TOD 定时器，如图 19-9 所示。本节描述了烹饪定时器状态机，19.6.2 节中将描述 TOD 定时器状态机。

由于时间在微波炉的操作中是一个影响面大的重要角色，因此有必要考虑微波炉定时器经历的不同状态。在烹饪食物的过程中，烹饪定时器状态机有以下几个状态（图 19-10）：

- 烹饪时间空闲。这是初始状态，微波炉是空闲的。
- 烹饪食物。定时器跟踪烹饪时间。当定时器启动时，进入该状态。
- 更新烹饪时间。每当接收到一个定时器事件时，每隔 1 秒钟，就会进入该状态。它是一个临时状态，如果定时器尚未过期，则进入该状态，或在定时器到期时进入**烹饪时间空闲**。

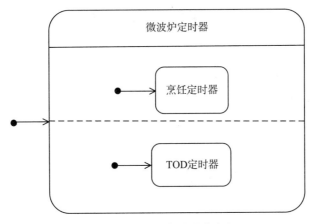

图 19-9 微波炉定时器状态机

烹饪定时器状态机的状态转换序列号（如图 19-10 所示）对应于 19.6.1 节所描述的烹饪食物场景，尤其是启动定时器、定时器事件、时间剩余和完成状态的转换。开始分钟计时和增加分钟的状态转换对应于下一节中描述的分钟＋场景。

382

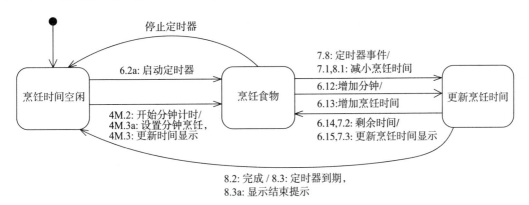

图 19-10 烹饪定时器状态机

19.5.3 分钟＋可选场景的影响

微波炉键盘上的**分钟＋**按钮为用户提供了一种增加 1 分钟烹饪时间的快捷方式。然而，当按下按钮的时候，系统的行为会有不同的表现，这依赖于当前是否在烹饪食物。这就需要在状态机图和序列图上考虑两种不同的场景，分别在 7.7 节和 9.7 节中给出了它们的详细描述。

分钟＋可选场景特征的影响是依赖于状态的，并在微波炉控制状态机中产生额外的转换（图 19-7）。当微波炉处在门关着有物品状态时，可以按下**分钟＋**，在这种情况下，系统进入烹饪状态，除了烹饪状态的进入动作外，退出动作是开始分钟计时。当微波炉处于烹饪状态时，**分钟＋**也可以被按下，在这种情况下，状态不发生改变，内部转换会导致增加分钟动作。这些退出动作被发送到微波炉定时器，如下所述。

分钟＋可选场景的影响导致烹饪定时器状态机上的两个额外的状态转换，如图 19-10 所示。如果定时器在烹饪时间空闲状态，当**分钟＋**按下时，输入事件（由微波炉控制发送）开始分钟计时，定时器转换到烹饪食物状态。但是，当**分钟＋**按下时，如果状态机在烹饪食物状态下，输入事件是增加分钟，而定时器转换到更新烹饪时间状态。图 19-10 中描述了对应于每个转换的动作。

19.6 动态交互建模

使用动态交互建模方法可为每个用例开发一个序列图。对于依赖于状态的场景，为依赖于状态的对象开发了状态机。本节描述了图 19-4 中三个用例的序列图，它们是烹饪食物、设置 TOD 和显示 TOD。

19.6.1 烹饪食物用例的动态交互建模

首先考虑一下烹饪食物用例。由于包含较多的细节，开发了三个序列图来描述实现用例的对象之间的事件序列。第一个序列图（图 19-11）从黑盒视角描述了外部输入和输出设备与微波炉软件系统之间的交互序列（描述为一个组合并发对象）。第二个和第三个序列图（图 19-12 和图 19-13）描述了除外部输入设备之外的软件对象之间的交互。由于这些交互是依赖于状态的，所以在状态机中也会显示出依赖于状态的对象的场景：它们是微波炉控制和微波炉定时器，如前一节所述（分别为图 19-7、图 19-8 和图 19-10）。有关如何从烹饪食物用例结合微波炉控制状态机开发对象交互序列的更多信息，请参阅第 9 章的 9.7 节。

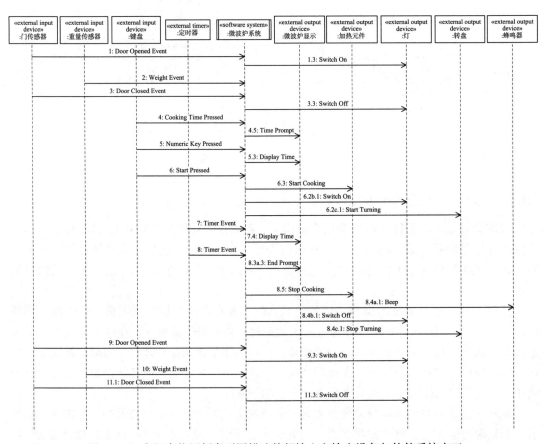

图 19-11　烹饪食物用例序列图描述外部输入和输出设备与软件系统交互

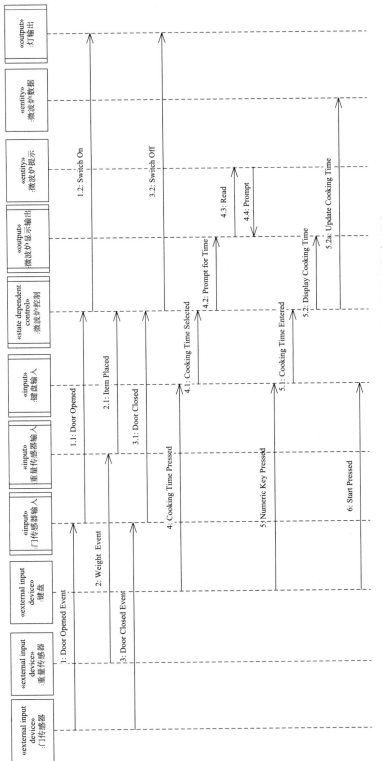

图 19-12　用于描述软件对象之间交互的烹饪食物用例序列图

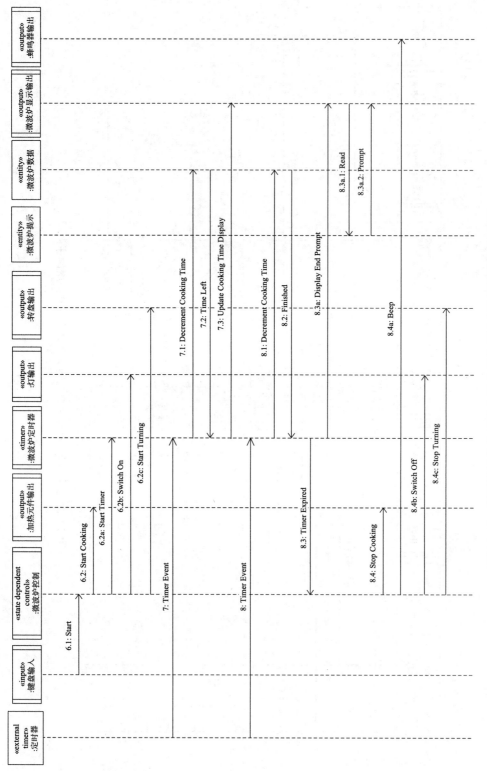

图 19-13　用于描述软件对象之间交互的烹饪食物用例序列图（续）

下面是基于 19.2.1 节所述的烹饪食物用例主序列的序列图和状态机的消息序列。序列编号对应于图 19-11 到图 19-13 中描述的序列图上的消息，以及图 19-7 到图 19-10 所示的状态机中的事件和动作。

1：开门事件。用户开门。外部门传感器对象将此输入发送到门传感器输入对象。

1.1：开门。门传感器输入将开门消息发送给微波炉控制对象，这改变了状态。

1.2，1.3：开灯。微波炉控制将开灯消息发送到灯输出对象，灯输出对象然后将开灯消息发送到外部的灯。

2：重量事件。用户将要烹饪的物品放入微波炉中。外部重量传感器对象将此输入发送给重量传感器输入对象。

2.1：放置物品。重量传感器输入将放置物品消息发送到微波炉控制对象，这改变了状态。

3：关门事件。用户关门。外部门传感器对象将此输入发送到门传感器输入对象。

3.1：关门。门传感器输入将关门消息发送到微波炉控制对象，这改变了状态。

3.2，3.3：关灯。微波炉控制将关灯消息发送到灯输出对象，灯输出对象然后将关灯消息发送到外部灯。

4：按下烹饪时间。用户按下键盘上的**烹饪时间**按钮。外部键盘对象将该输入发送给键盘输入对象。

4.1：选择烹饪时间。键盘输入将选择烹饪时间消息发送到微波炉控制对象，这改变了状态。

4.2：提示输入时间。由于状态的变化，微波炉控制将提示输入时间消息发送到微波炉显示输出对象。

4.3：读取。到达微波炉显示输出的消息包含一个提示 ID，因此，微波炉显示输出将读取消息发送到微波炉提示，以获得相应的提示消息。

4.4：提示。微波炉提示返回时间提示消息的文本。

4.5：时间提示。微波炉显示输出将时间提示输出发送到外部显示对象。

5：按下数字键。用户在键盘上输入时间的数值。键盘将数字键输入的值发送给键盘输入。

5.1：输入烹饪时间。键盘输入将每个数字键的内部值发送到微波炉控制。

5.2：显示烹饪时间。微波炉控制将每个数字键的值发送到微波炉显示输出，以确保这些值只在合适的状态下发送。

384
～
387

5.2a：更新烹饪时间。微波炉控制并发地将每个数字键的数值发送到微波炉数据，以更新烹饪时间。

5.3：显示时间。微波炉显示输出将前一个数字移到左边，并增加新的数字。然后，将新的烹饪时间数值发送到外部显示对象。

6：按下开始。用户按下开始按钮。外部键盘对象将该输入发送给键盘输入对象。

6.1：启动。键盘输入将开始消息发送到微波炉控制，这改变了状态。

6.2：开始烹饪。由于状态的变化，微波炉控制将开始烹饪消息发送给加热元件输出对象。

6.2a：启动定时器。微波炉控制并发地通知微波炉定时器启动微波炉定时器。

6.2b，6.2b.1：开灯。微波炉控制并发地将开灯消息发送到灯输出，灯输出然后将开灯消息发送到外部的灯。

6.2c，6.2c.1：开始旋转。同时，微波炉控制将开始消息发送到转盘输出，从而将开始信号发送到外部转盘。

6.3：开始烹饪。加热元件输出将该输出发送给加热元件，开始烹饪食物。

7：定时器事件。外部时钟对象每秒钟发送一个定时器事件到微波炉定时器。

7.1：递减烹饪时间。随着微波炉定时器计数，它发送计数消息到微波炉数据对象来维持烹饪时间。

7.2：剩余时间。烹饪时间减小后，在这一场景步骤中假定烹饪时间大于 0，微波炉数据将剩余时间消息发送到微波炉定时器。

7.3：更新烹饪时间显示。微波炉定时器将剩余烹饪时间发送至微波炉显示输出。

7.4：显示时间。微波炉显示输出将新的烹饪时间值发送给外部显示对象。

8：定时器事件。外部时钟对象每秒钟发送一个定时器事件到微波炉定时器。

8.1：递减烹饪时间。随着微波炉定时器计数，它发送计数消息到微波炉数据对象来维持烹饪时间。

8.2：完成。烹饪时间减小之后，在这一场景步骤中烹饪时间应该已减小到 0，微波炉数据发送完成消息到微波炉定时器。

8.3：定时器到期。微波炉定时器发送定时器到期消息到微波炉控制，这改变了状态。

8.3a：显示结束提示。微波炉定时器并发地发送显示结束提示消息到微波炉显示输出。

8.3a.1：读取。到达微波炉显示输出的消息包含提示 ID，由此，微波炉显示输出发送读取消息到微波炉提示来获取对应的提示消息。

8.3a.2：提示。微波炉提示返回结束提示的文本消息。

8.3a.3：结束提示。微波炉显示输出将结束提示消息发送到外部显示对象。

8.4，8.5：停止烹饪。由于状态的变化（步骤 8.3），微波炉控制将停止烹饪消息发送给加热元件输出对象，然后将该消息发送给加热元件对象停止烹饪食物。

8.4a，8.4a.1：发出蜂鸣声。微波炉控制发送发出蜂鸣声消息到蜂鸣器输出对象，然后该对象将此消息发送给外部蜂鸣器。

8.4b，8.4b.1：关灯。微波炉控制将关灯消息发送到灯输出对象，然后该对象将关灯消息发送到外部的灯。

8.4c，8.4c.1：停止旋转。微波炉控制将停止旋转消息发送到转盘输出对象，然后该对象将此消息发送到外部转盘上，

8.5：停止烹饪。加热元件输出将此消息发送给加热元件对象来停止烹饪食物。

由于篇幅有限，剩下的消息仅在描述外部对象的序列图上（图 19-11）以及状态机的事件和动作（图 19-7）上给予描述：

9：开门事件。用户开门。外部门传感器对象将此输入发送到门传感器输入对象。

9.1：**开门**。门传感器输入将开门的消息发送给微波炉控制对象，这改变了状态。

9.2，9.3：**开灯**。微波炉控制将开灯消息发送到灯输出对象，然后该对象将开灯消息发送到外部灯。

10：**重量事件**。用户从微波炉中取出烹饪过的食物。外部重量传感器对象将此消息发送给重量传感器输入对象。

10.1：**移除物品**。重量传感器输入将移除物品消息发送到微波炉控制对象，这改变了状态。

11.1：**关门事件**。门传感器输入将关门消息发送到微波炉控制对象，这改变了状态。

11.2，11.3：**关灯**、微波炉控制将关灯消息发送到灯输出对象，然后该对象将关灯消息发送到外部灯。

19.6.2 TOD 时钟用例的动态建模

TOD 时钟用例包括设置 TOD 和显示 TOD 用例。因为这些是不同的用例，所以有必要确定支持每个用例所需的对象，并为这些用例开发新的序列图描述其对象的动态执行。

对于设置 TOD 用例，需要的对象是键盘输入（从 **TOD 时钟**按钮接收输入）、微波炉控制（因为只有在微波炉空闲时才可以设置 TOD）、微波炉数据（存储当前的 TOD）、微波炉显示输出（显示 TOD）和微波炉定时器（特别是它内部的正交状态机（参见图 19-9），TOD 定时器）。 |389|

对于显示 TOD 用例，需要的对象是微波炉定时器（接收定时器事件）、微波炉数据（用来存储必须递增的 TOD）和微波炉显示输出（显示新时间）。

图 19-14 和 19-15 分别描述了设置 TOD 图和显示 TOD 用例的序列图。下面是为这些用例开发的序列图和状态机的消息序列。序列号对应序列图 19-14 和图 19-15 中的消息以及图 19-16 中 TOD 定时器状态机和图 19-17 中门关闭组合状态的状态机中的事件和动作，门关闭组合状态又是图 19-7 所示的微波炉控制状态机的子状态，这在 19.5.1 节中给予了描述。

设置 TOD 用例的消息序列如下所示。

C1：TOD 时钟键。用户按下键盘上的 **TOD 时钟**按钮。外部键盘对象将这个输入发送给键盘输入对象。

C1.1：TOD 时钟选择。键盘输入将 TOD 时钟选择消息发送到微波炉控制对象，这改变了状态。

C1.2：TOD 提示。由于状态的变化导致的一个动作是微波炉控制将 TOD 提示消息发送给微波炉显示输出对象。

C1.2a：停止 TOD 定时器。由于状态的变化导致的第二个并发动作是微波炉控制将停止 TOD 定时器消息发送到 TOD 定时器对象（在微波炉定时器内）。

C1.2b：清除 TOD。由于状态的改变导致的第三个并发动作是微波炉控制将清除 TOD 消息发送给微波炉数据对象。

C1.3：读取。到达微波炉显示输出的消息包含一个提示 ID，因此，微波炉显示输出将一个读取消息发送到微波炉提示，以获得相应的提示消息。

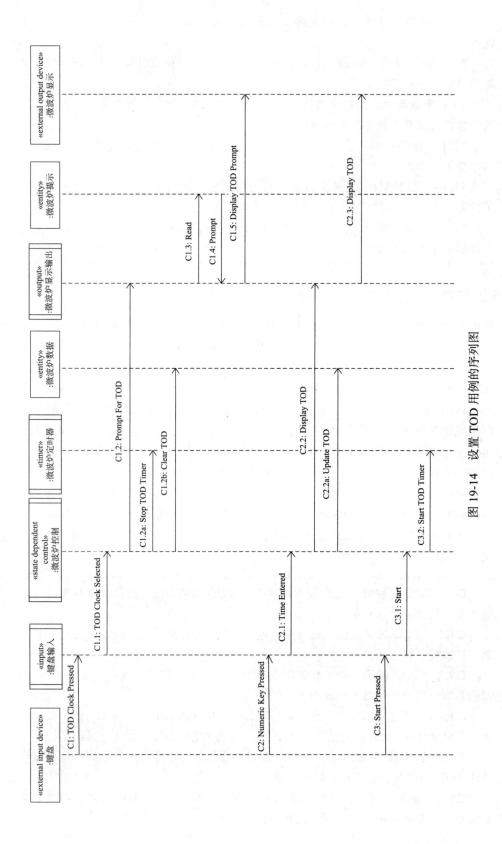

图 19-14 设置 TOD 用例的序列图

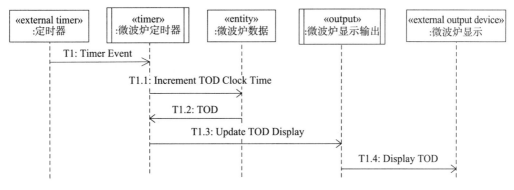

图 19-15　显示 TOD 用例序列图

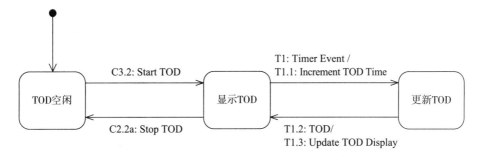

图 19-16　用于 TOD 定时器的状态机（微波炉定时器状态机内的正交状态机）

C1.4：提示。微波炉提示返回输入 TOD 提示消息的文本。

C1.5：输入 TOD 提示。微波炉显示输出将输入 TOD 提示消息发送到外部显示对象。

C2：数字键输入。用户在键盘上输入时间的数值。键盘将数字键输入的值发送给键盘输入。

C2.1：输入时间。键盘输入将每个数字键的内部值发送到微波炉控制。

C2.2：显示 TOD。微波炉控制将每个数字键的值发送到微波炉显示输出，以确保这些值只在适当的状态下发送。

C2.2a：更新 TOD。微波炉控制并发地将每个数字键的数值发送到微波炉数据，以更新 TOD。

C2.3：显示 TOD。微波炉显示输出将前一个数字移到左边，并增加新的数字。然后，将新的时间发送到外部显示。

C3：开始键。用户按下**开始**按钮。外部键盘对象将这个输入发送给键盘输入对象。

C3.1：开始。键盘输入将起始消息发送到微波炉控制，这改变了状态。

C3.2：开始 TOD 定时器。由于状态的改变，微波炉控制通知 TOD 定时器（在微波炉定时器内）启动 TOD 定时器。

390

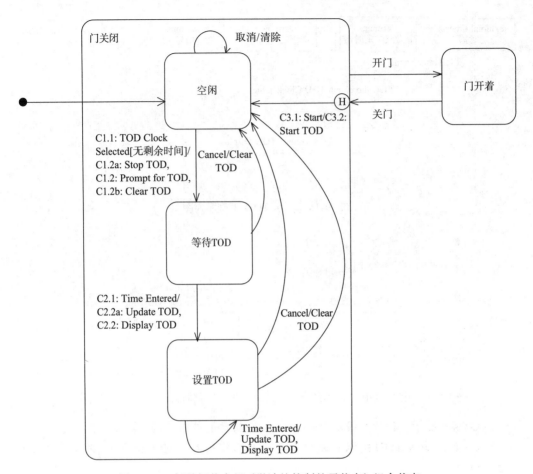

图 19-17 门关闭状态机（微波炉控制的子状态）组合状态

显示 TOD 用例的消息序列如下：

T1：定时器事件。外部时钟每秒钟发送一个定时器事件到 TOD 定时器（在微波炉定时器内）。

T1.1：递增 TOD 时钟时间。TOD 定时器（在微波炉定时器内）将此消息发送到微波炉数据对象，该对象将 TOD 增加一秒。

T1.2：TOD。在增加 TOD 后，微波炉数据将 TOD 消息发送到 TOD 定时器（在微波炉定时器内）。

T1.3：更新 TOD 显示。TOD 定时器（在微波炉定时器内）将当前的时间发送到微波炉显示输出。

T1.4：显示 TOD。微波炉显示输出将新的 TOD 值发送给外部的多行显示。

19.6.3 TOD 定时器的状态机和门关闭

TOD 定时器是一个在微波炉定时器状态机内的正交状态机，如图 19-10 所示。图 19-16 中描述的 TOD 定时器的状态机有以下三个状态：

- **TOD 空闲。**

- **显示 TOD**。TOD 时钟是活动的。当 TOD 时钟接收到启动 TOD 事件时，将进入这个状态。
- **更新 TOD**。这是一个暂时状态，当接收到一个定时器事件时，将进入这个状态，这会导致 TOD 的增加（存储在微波炉数据中）。

图 19-17 描述了组合状态门关闭的状态机，它是微波炉控制状态机的子状态。在门关闭状态，微波炉处于门关闭空闲状态，微波炉里没有食物。在这个状态下设置 TOD 时钟是允许的。为了控制 TOD 时钟，门关闭状态是一个由以下子状态组成的组合状态：

- 空闲。
- 等待 TOD。
- 设置 TOD。

这些子状态通过历史状态 H 进入。通过历史状态进入使得具有连续子状态的组合状态会记住最后进入的子状态，当重新进入该组合状态时会返回到被记住的子状态。这一机制用于门关闭组合状态，以便当门打开（如在等待输入 TOD 子状态的时候）然后再次关闭时，会重新进入先前活动的子状态（在这个示例中是等待输入 TOD）。

19.6.4　实体类的设计

实体类的实例在前面描述的三个序列图中给予了描述，实体类设计如下：

微波炉数据，这个实体类包含所有需要存储的数据，用于烹饪食物和显示 TOD。将该类设计为具有三个属性的类，即：

- cookingTime（烹饪食物的剩余时间）。该属性的值必须是大于等于 0 的，因为安全原因还需要有一个上限，通常设置为 20 分钟。
- TODvalue。该属性是一个时间变量，初始化为 12:00。
- TODmaxHour。该属性是系统配置中的参数化常量，配置为 12:00 或 24:00，以表示时钟最大小时数。

微波炉数据类所保存的属性如图 19-18 所示，其中显示了变量名、变量类型、变量的范围和允许的值。配置参数，例如 TODmaxHour，被描述为静态变量，因为一旦参数在配置时被设置，它就不能更改了。当 TODvalue 每分钟增加时，需要检查确定 12:59 之后，时钟应该设置为 1:00 还是 13:00。

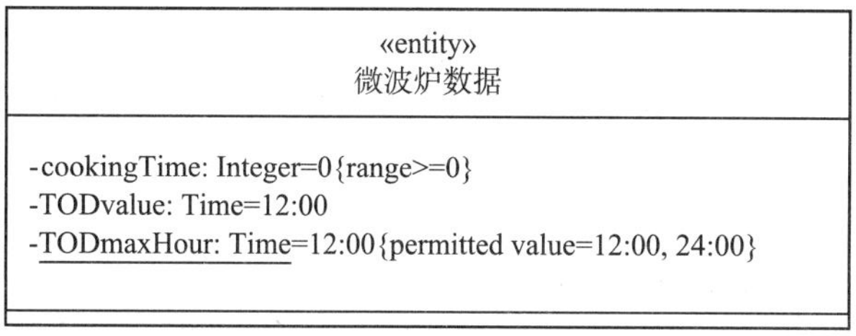

393
~
394

```
                    «entity»
                    微波炉数据

-cookingTime: Integer=0{range>=0}
-TODvalue: Time=12:00
-TODmaxHour: Time=12:00{permitted value=12:00, 24:00}

```

图 19-18　微波炉数据实体类

微波炉提示。这个类是需要的，因为在系统配置时需要选择提示语言。每一组语言提示都存储在一个单独的子类中，如图 19-19 所示。

- **抽象类**：«entity» 微波炉提示。
- **默认的子类**：«entity» 英语微波炉提示。

- **变量子类：**
  - «entity» 法语微波炉提示。
  - «entity» 西班牙语微波炉提示。
  - «entity» 德语微波炉提示。
  - «entity» 意大利语微波炉提示。

每个提示对应一个提示 ID，它是一个封装在微波炉提示类中的提示表的一个索引，该类中包含了对应于每个提示 ID 的提示文本。每个子类都有一个初始化操作，用于在初始化时在提示表中填充选定语言的文本提示。微波炉提示类及其子类的设计在第 16 章中给出。

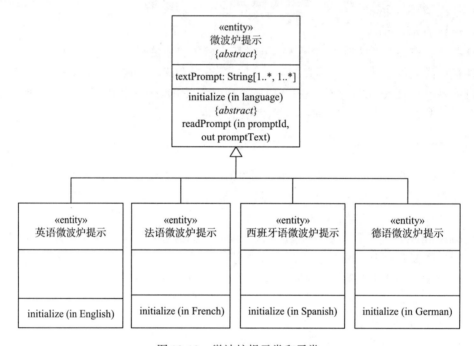

图 19-19　微波炉提示类和子类

19.7　设计建模

把微波炉软件系统设计为基于组件的软件体系结构，将较为简单的组件设计为并发任务，并使用 COMET 和 MARTE 构造型来描述。该体系结构基于集中式控制模式（参见第 11 章）。因此，有一个控制任务提供系统的总体控制，接收来自其他任务的消息，其中包含的事件导致控制任务改变状态并发送动作消息到其他任务。

开发软件设计模型的步骤是：

1. 集成基于用例的交互图，开发综合通信图。
2. 通过应用任务构造标准设计并发软件体系结构（基于集中式控制模式）。
3. 根据体系结构通信模式设计任务接口。
4. 分析并发实时软件设计的性能。
5. 设计基于组件的软件体系结构，允许将组件部署到不同的系统配置中。
6. 使用伪代码开发详细的任务设计。
7. 将基于组件的软件体系结构部署到目标系统配置中。

19.7.1 综合交互图

设计建模的最初尝试是为微波炉系统开发综合通信图,这需要集成三个基于用例的交互图,包括烹饪食物(图 19-12 和图 19-13)、设置 TOD(图 19-14)和显示 TOD(图 19-15)。由于这些图是序列图,所以必须在综合通信图中描述对象和对象的交互,如图 19-20 所示。图 19-20 描述了 12 个对象,它们是图 19-5 中描述的 12 个类的实例,以及从序列图中确定的它们之间的交互。由于序列图实现了每个用例的主序列,因此也有必要考虑在三个用例序列图中没有描述的分支序列。这包括**分钟 +** 的交互序列(第 9 章中图 9-10 所示),以及其他分支序列,例如在烹饪时开门。综合通信图描述了对象间所有可能的交互。

19.7.2 并发软件体系结构

在并发实时设计中,应用任务构造标准来确定微波炉系统中的并发任务。并发软件体系结构(图 19-21)的开发从图 19-20 的综合通信图开始,其中显示了系统中的所有对象。除了被动实体对象之外,所有对象都是活动的,并设计成任务,因为它们需要异步操作。每个任务由 MARTE 构造型描述:«swSchedulableResource»。

这一节描述了从图 19-20 的综合通信图到图 19-21 所示的基于组件的软件体系结构的映射。有两个简单的组件,微波炉控制和微波炉显示组件,其中包含任务和被动对象。所有其他组件都作为简单组件设计成任务。

- **设计为任务的输入组件**。将每个输入组件都设计成一个并发任务,它接收来自外部输入设备的输入,并向控制组件发送相应的消息。门组件(Door Component)、重量组件(Weight Component)和键盘组件(Keypad Component)(见图 19-21)是由综合通信图中描述的输入对象所确定的简单组件(参见图 19-20),这些输入对象是门传感器输入、重量传感器输入和键盘传感器输入。每个输入组件都设计成事件驱动的输入任务,由传感器或键盘输入事件唤醒。这三个输入任务分别用构造型 «event driven»«input»«swSchedulableResource» 来描述。

- **包含两个任务和一个被动对象的控制组件**。微波炉控制组件是系统的集中控制组件。它包含两个并发任务,微波炉控制和微波炉定时器,以及一个被动实体对象,微波炉数据,如图 19-21 所示。所有三个内部对象都是由综合通信图确定的(参见图 19-20)。这三个对象被分组到微波炉控制组件中,因为微波炉的整体控制既需要依赖于状态的控制任务——微波炉控制和定时器任务——微波炉定时器,又需要实体对象——微波炉数据,用来存储基础数据。微波炉控制是需求驱动和状态相关的控制任务,通过构造型 «demand»«state dependent control»«swSchedulableResource» 描述。微波炉定时器是软件周期任务,因此用 MARTE 构造型 «timerResource»«swSchedulableResource» 描述。微波炉数据是一个实体对象,它既是共享的(因此由 MARTE 构造型 «sharedDataComResource» 描述)又是由两个任务互斥访问(因此由 MARTE 构造型 «sharedMutualExclusionResource» 描述)的对象。因此,一个实体对象,即一个互斥共享数据通信资源的完整构造型描述是 «entity»«sharedDataComResource»«swMutualExclusionResource»。

396

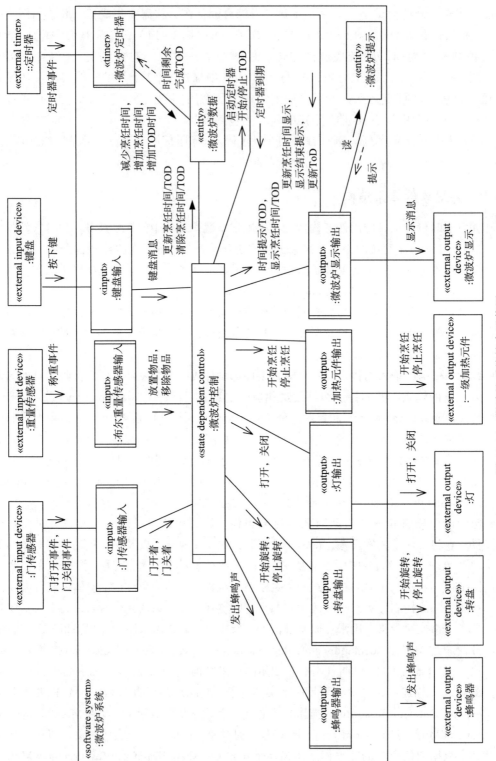

图 19-20 微波炉系统综合通信图

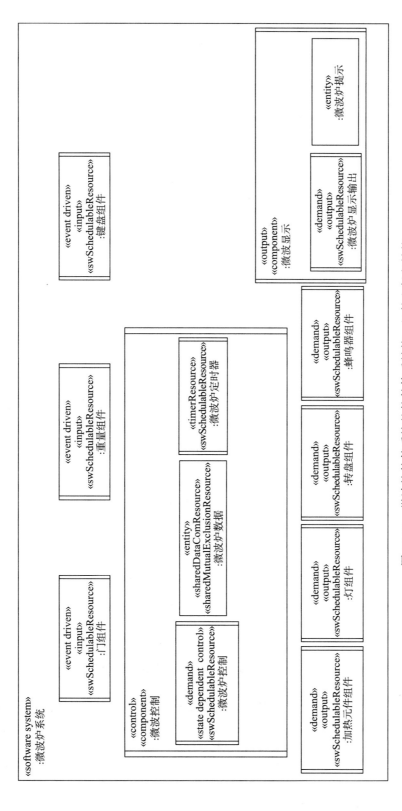

图 19-21 微波炉软件系统的软件体系结构：组件和任务结构

- **设计为任务的输出组件**。把加热元件组件设计成与外部加热元件相连接的并发任务。将加热元件输出对象（图 19-20）设计为一个简单的输出组件，加热元件组件（见图 19-21）。其他的输出组件采用同样的方式设计，即转盘组件、蜂鸣器组件和灯组件，分别与外部转盘、蜂鸣器和灯输出设备进行交互。将输出组件设计成由需求驱动的输出任务，这些任务被来自微波炉控制的消息所唤醒。这四个输出任务由构造型 «demand» «output» «swSchedulableResource» 描述。

- **包含一个任务和一个被动对象的输出组件**。微波炉显示组件包含微波炉显示输出任务和微波炉提示被动实体对象，如图 19-21 所示。这两个对象被组合在一起，因为它们必须一起使用。微波炉显示输出接收指令以显示提示，其中每个提示都由提示 ID 标识。提示文本由微波炉提示实体对象维护。这设计意味着提示语言和提示文本可以独立于其他对象进行更改。输出任务由构造型 «demand» «output» «swSchedulableResource» 描述。因为它只被一个任务访问，因此不被共享，实体对象仅用构造型 «entity» 描述。

19.7.3   体系结构通信模式

在微波炉系统中的组件之间发送的消息是由图 19-20 中的综合通信图确定的。消息通信的实际类型——同步的或异步的——仍然需要确定。为了处理体系结构中组件之间的各种通信，采用了以下三种通信模式。

- **异步消息通信**。异步消息通信模式在微波炉软件系统中得到了广泛的应用，因为大多数通信都是单向的，而这种模式的优点是不需要让消费者对生产者进行控制。由四个生产者（三个输入和一个定时器）组成的组件发送到微波炉控制组件（见图 19-22 和图 19-23）的消息的顺序是不确定的，因为它是基于用户的动作的。微波炉控制组件需要能够以任何顺序从它的四个生产者中接收消息。处理这种灵活性需求的最佳方法是采用异步消息通信，附带一个用于微波炉控制组件的输入消息队列。微波炉控制组件接收来自三个输入组件和微波炉定时器组件的消息（参见图 19-23），消息到达后存储在同一个消息队列中。

  微波炉显示组件还接收来自两个生产者微波炉控制组件和微波炉定时器组件（见图 19-23 和图 19-24）的消息，它们显示在同一行上。为了避免竞争发生，将两个生产者组件设计为在不同的状态发送显示时间消息。微波炉控制组件只在微波炉不烹饪时发送显示时间消息。微波炉定时器组件在微波炉烹饪时发送显示时间消息。微波炉定时器组件也会将显示 TOD 消息发送到微波炉显示，不管微波炉是否在烹饪。然而，这些消息将显示在不同行中，因此不会与其他消息相互干扰。微波炉显示输出组件（图 19-24）接收消息队列上的所有显示消息，并从消息中确定该消息应该显示在哪一行上。

- **双向异步消息通信**。当生产者向消费者发送异步消息，需要最终回应，但不需要等待回应时，使用此模式。这种模式在微波炉控制和微波炉定时器组件之间使用（见图 19-23），两者都在微波控制组件内。微波炉控制组件将启动定时器和取消定时器消息作为定时器请求发送到微波炉定时器组件。在发送启动定时器请求后，微波炉控制组件需要继续执行，因为在微波炉定时器响应定时器到期之前可能需要经历相对较长的时间，在此期间用户可能会开门或取消定时器。在定时器到期时，微波炉定时器将异步定时器的到期消息作为控制请求发送到微波炉控制。

- **同步对象访问**。此模式用于由多个任务访问操作共享被动实体对象的场合，尤其是访问操作微波炉数据（见图 19-23）实体对象的场合。微波炉控制和微波炉定时器任务对这个共享对象的访问必须是互斥的。

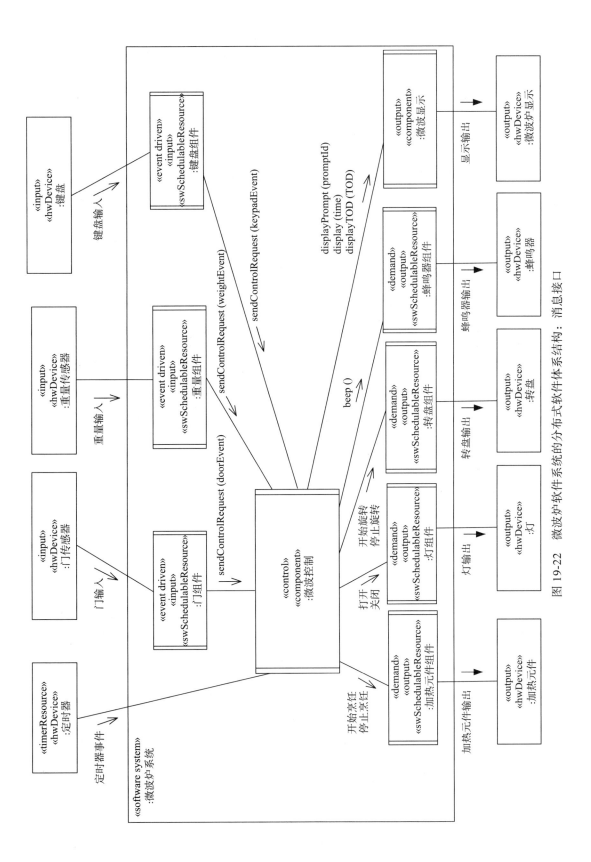

图 19-22　微波炉软件系统的分布式软件体系结构：消息接口

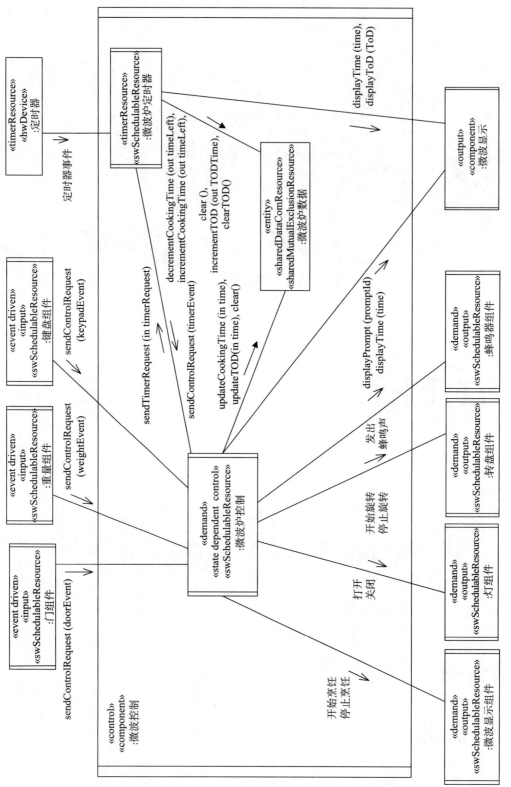

图 19-23   微波炉控制组件的并发通信图

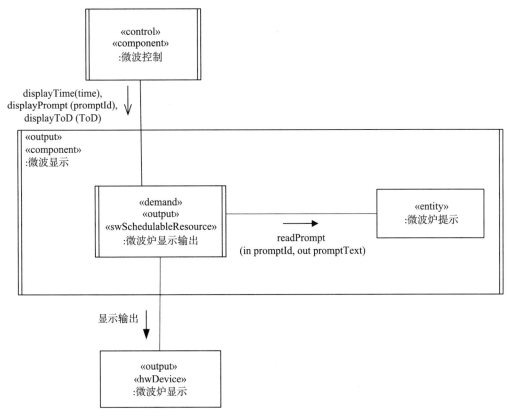

图 19-24　微波显示组件的并发通信图

19.8　实时软件设计的性能分析

本节描述了微波炉控制系统的实时性能分析。软件系统既是事件驱动的（因为它需要对外部事件做出响应）又是周期性的（因为某些事件是定期发生的）。为了分析性能，有必要考虑时间紧迫的场景，使用时序图对每个场景进行事件序列分析，如第 17 章和第 18 章所述。

一个时间紧迫的场景是，微波炉定时器倒计时烹饪时间，并在烹饪时间到期时提醒微波炉控制。该事件序列在 19.6 节中给予了完整的描述。参与此场景的七个任务在表 19-1 的第一列中列出，第二列是 CPU 时间 C_i，第三列是任务的执行时间。事件序列中的每个任务的执行时间是它的 CPU 时间、上下文切换时间和消息通信时间（除了事件序列中的最后一个任务）的总和。任务优先级在第四列中给出。加热元件输出赋以最高的优先级，其次是其他三个输出任务，因为它们是时间紧迫的任务，如果需要的话，可以先抢占优先级紧排其后的微波炉控制，接下来的优先级排序是微波炉定时器和微波炉显示输出。

401
~
403

表 19-1　微波炉控制 CPU 时间

任　　务	任务的 CPU 时间 C_i（毫秒）	定时器事件序列任务（ $C_i+C_x+C_m$ ）（毫秒）	任务的优先级
微波炉定时器	6	7	6
微波炉控制（从微波炉定时器消息到第一个发送的消息）	5	6	5

（续）

任 务	任务的 CPU 时间 C_i（毫秒）	定时器事件序列任务（$C_i+C_x+C_m$）（毫秒）	任务的优先级
微波炉控制（针对随后发送的每一条消息）	1	2	
加热元件输出	4	5	1
微波炉显示输出	6	7	7
灯输出	5	6	3
转盘输出	4	5	2
蜂鸣器输出	3	4	4
消息通信开销（C_m）	0.7		
上下文切换开销（C_x）	0.3		

19.8.1　单处理器系统性能分析

在图 19-25 的时序图上描述了单个处理器上事件序列的任务执行。在这个由定时器驱动的场景中，事件序列从外部定时器发送定时器事件开始，该事件激活了微波炉定时器任务，然后该任务执行 7 毫秒的时间，期间它会减少烹饪时间。在这个场景中，微波炉定时器会确定剩余时间变为 0，然后向微波炉控制任务发送定时器到期消息。此时，所有其他任务都被阻塞了，因此即使微波炉控制的优先级低于输出任务，它也是在消息到达时可以执行的最高优先级任务，并抢占微波炉定时器任务。

定时器到期事件导致内部微波炉控制状态机从烹饪状态转换到门关着有物品状态（图 19-7）。状态转换的效果是触发了四个同步动作：停止烹饪、停止转动、关灯和发出蜂鸣声。这在时序图上显示为：在执行 6 毫秒后，微波炉控制将停止烹饪消息发送到加热元件组件。因为这个输出任务的优先级比微波炉控制要高，当它接收到消息时，它会解除阻塞并抢占微波炉控制，在它执行了 5 毫秒之后，将停止烹饪指令发送到外部加热元件并终止。

在将发出蜂鸣声消息发送到蜂鸣器组件之前，微波炉控制恢复执行 2 毫秒。因为它的优先级更高，当接收到消息时，蜂鸣器组件抢占了微波炉控制，执行 4 毫秒，将发出蜂鸣声指令发送到外部的蜂鸣器设备，然后终止。接下来，同样的流程是微波炉控制恢复执行，并将消息发送到灯组件和转盘组件，这两个组件依次执行所分配的时间。在转盘组件完成执行后，唯一就绪的任务微波炉定时器恢复执行，并发送提示消息到微波炉显示输出。从图 19-25 可以看到，这个场景的总运行时间是 48 毫秒。

19.8.2　多处理器系统性能分析

现在，考虑同一事件序列在有四个 CPU 的多处理器系统上的执行过程，如图 19-26 所示。

该场景以同样的方式开始，定时器事件激活微波炉定时器，在 CPU A 上执行 7 毫秒，并发送一个定时器到期消息到微波炉控制。在这个多处理器场景中，微波炉定时器在 CPU A 上继续执行 2 毫秒，并在终止前发送显示结束提示消息到微波炉显示输出。在接收到定时器到期消息后，微波炉控制在 CPU B 上执行 6 毫秒（一开始在 CPU A 上与微波炉定时器并行，然后在 CPU C 上与微波炉显示输出并行），然后将停止烹饪消息发送给加热元件组件。

404

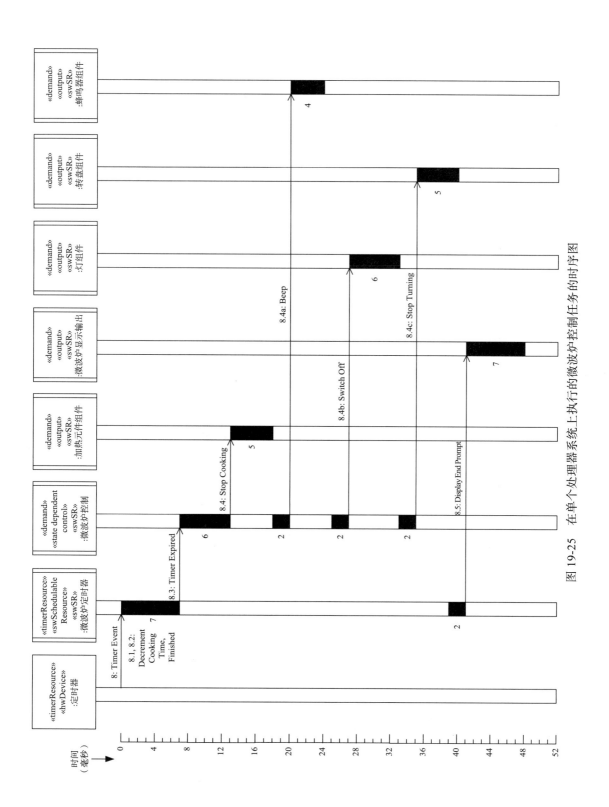

图 19-25 在单个处理器系统上执行的微波炉控制任务的时序图

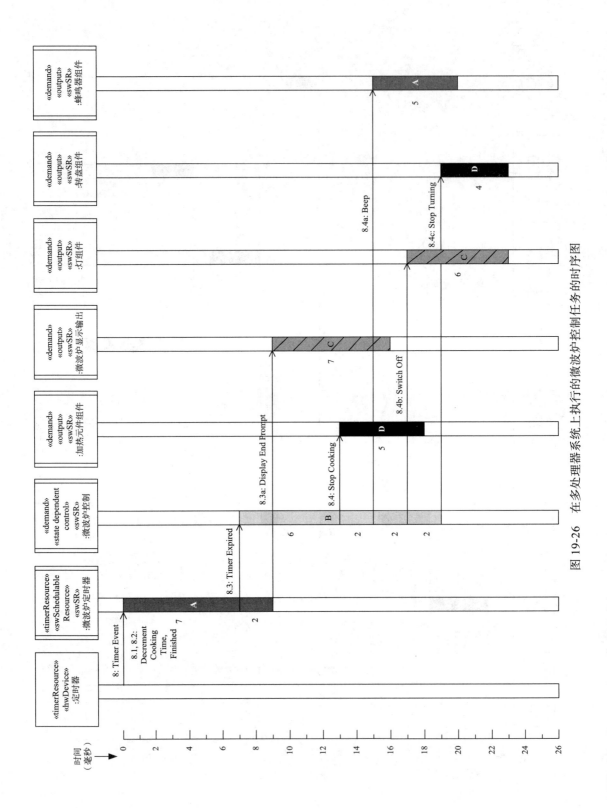

图 19-26 在多处理器系统上执行的微波炉控制任务的时序图

在这个多处理器场景中,微波炉控制继续在 CPU B 与 CPU D 上的加热元件组件和 CPU C 上的微波炉显示输出并行执行。继续执行 2 毫秒后,微波炉控制发送发出蜂鸣声消息到蜂鸣器组件,然后蜂鸣器组件在 CPU A 上并行执行。微波炉控制继续在 CPU B 上执行 2 毫秒后,发送关灯消息到灯组件,灯组件开始在 CPU C(此时已由微波炉显示输出释放)上并行执行。此时,任务在所有四个 CPU 上并行执行。在进一步执行 2 毫秒之后,微波炉控制向转盘组件发送一个停止旋转消息,然后,转盘组件在 CPU D 上执行,替换刚刚被终止的加热元件组件。

如图 19-26 所示,这个多处理器场景的总运行时间是 23 毫秒,比单处理器场景少了 25 毫秒。这一比较表明,的确存在多处理器系统发挥优势的场合,特别是当多个任务同时独立执行操作的时候。然而,应该指出的是,刚刚展现的是一个最好的场景,由于内存竞争,在多核系统上实际运行时间可能更长些。

19.9 基于组件的软件体系结构

图 19-27 描述了 UML 组合结构图,显示了整个基于微波炉组件的软件体系结构、组件接口和连接器。所有组件都是并发的,并且通过端口与其他组件通信。图 19-27 中所示的组件体系结构的复合结构和组件之间的连接性是由图 19-22 中所示的并发通信设计确定的。

405 ~ 406

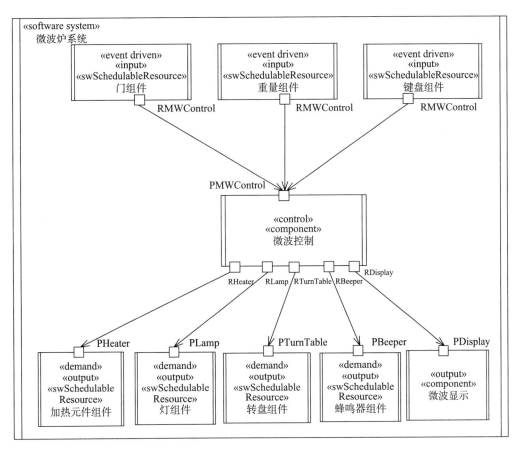

图 19-27 基于组件的微波炉软件体系结构

19.9.1 将组件构建为任务的设计

因为三个输入组件（门组件、重量组件和键盘组件）将消息发送到图 19-22 中的微波炉控制组件，把每个输入组件设计成有一个输出端口，称为需求端口，需求端口通过连接器连接到控制组件的输入端口，该输入端口称为供给端口，如图 19-27 所示。每个输入组件需求端口的名称都是 RMWControl，根据 COMET/RTE 约定，端口名称的第一个字母是 R，以强调该组件有一个需求端口。微波炉控制组件的供给端口名称是 PMWControl，端口名称的第一个字母是 P，以强调该组件有一个供给端口。连接器将三个输入组件的需求端口连接到控制组件的供给端口。因为所有的连接器都是单向的，所以图 19-27 的组合结构图中显示了消息发送的方向。

每个组件端口都是根据其提供的或需求的接口来定义的。特别是一些生产者组件，输入组件不提供软件接口，因为它们直接从外部硬件输入设备接收输入。但是，它们需要控制组件提供接口，以便向控制组件发送消息。图 19-28 描述了图 19-27 的三个输入组件（门组件、重量组件和键盘组件）的端口和所需的接口。这三个输入组件中的每一个都有相同的需求接口 IMWControl，这是由微波炉控制组件提供的。

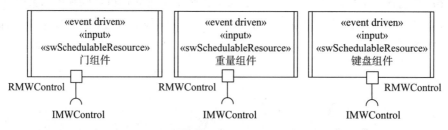

图 19-28 输入组件的端口和需求接口

微波炉控制组件有几个需求端口，通过这些端口将消息发送到图 19-27 中所示的五个输出组件（加热元件组件、灯组件、转盘组件、蜂鸣器组件和微波炉显示）供给端口。

输出组件不需要软件接口，因为它们直接输出到外部硬件输出设备。但是，它们需要供给接口来接收由控制组件发送的消息。图 19-29 描述了系统的所有输出组件的端口和供给接口。图 19-29 还显示了根据它们提供的操作的接口规范。灯组件、转盘组件和蜂鸣器组件都是输出组件，每个组件都有一个供给端口，例如用于灯组件的 PLamp，它提供了一个接口（例如 ILamp）。

考虑一下加热元件组件，它有一个供给端口，叫作 PHeater，PHeater 又提供了一个名为 IHeatingElement 的接口。供给接口（IHeatingElement）有一个供给端口（PHeater）。该接口指定了三个操作，称为初始化、开始烹饪和停止烹饪。

微波炉显示组件有一个名为 PDisplay 的供给端口，后者又提供了一个名为 IDisplay 的接口。该接口指定了四个操作：显示提示、显示时间、清除屏幕以及显示 TOD。图 19-29 显示了接口规范。

一些组件，例如控制组件，需要为输入组件供给接口，并使用由输出组件提供的接口。微波炉控制组件有几个端口——一个供给端口和五个需求端口，如图 19-30 所示。每个需求端口都被用来连接到不同的输出组件，并给出前缀 R，例如 RLamp。供给端口，称为 PMWControl，提供了接口 IMWControl，这是输入组件所需要的。该接口是在图 19-30 中指定的。为简单起见，它只用一个操作（发送控制请求），用一个参数指定请求类型，而不是为每个请求类型提供一个操作。将每个控制请求设计为单独的操作将使接口更加复杂。它还使得修改微波炉控制组件的设计变得更加容易，因为一个额外的请求类型只需要为该请求类型参数提供一个新的值，而不需要对接口进行更改以添加新的操作。

407 ~ 409

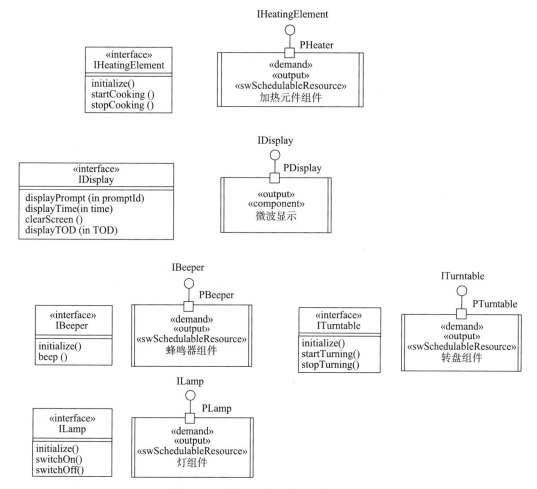

图 19-29　输出组件的端口和供给接口

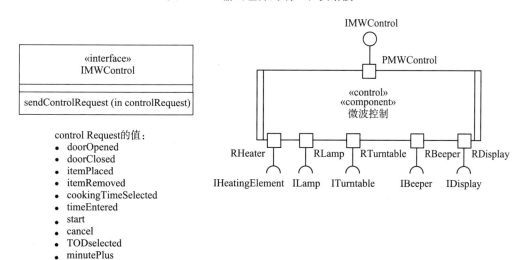

图 19-30　微波炉控制组件的端口和接口

19.9.2 包含多个对象的组件的设计

微波炉控制组件设计为包含两个并发任务（微波炉控制和微波炉定时器）和一个被动实体对象（微波炉数据）。由于实体对象是被动的，如图 19-23 所示，直接访问它的两个并发任务，微波炉控制和微波炉定时器，不能作为分立的组件部署到不同的节点。因此，部署单元就是微波炉控制组件，正因如此，它是一个没有内部组件结构的简单组件。

将被动对象微波炉数据设计为一个包含两个供给接口的信息隐藏对象，一个用来指定与更新烹饪时间有关的操作，ICookingTimeData，另一个用来指定与更新 TOD 时钟有关的操作，ITODData，如图 19-31 所示。

把微波炉显示组件设计为包含一个任务和一个被动实体对象，如图 19-24 所示：一个并发任务叫作微波炉显示输出，一个被动实体对象称为微波炉提示。与微波炉控制组件一样，由于实体对象是被动的，直接访问它的微波炉显示输出任务不能作为分立的组件部署到它自己的节点上。所以，部署单元是微波显示组件，是一个没有内部组件结构的简单组件。

微波炉显示输出任务接收来自其生产者的异步消息（图 19-24）。对于需要显示文本提示的每条消息，给定提示 ID，通过调用被动的微波炉提示实体对象所提供的读操作（图 19-24），微波炉显示输出检索出适当的提示文本。把微波炉提示对象设计为一个信息隐藏对象，带有如图 19-31 所示的供给接口。

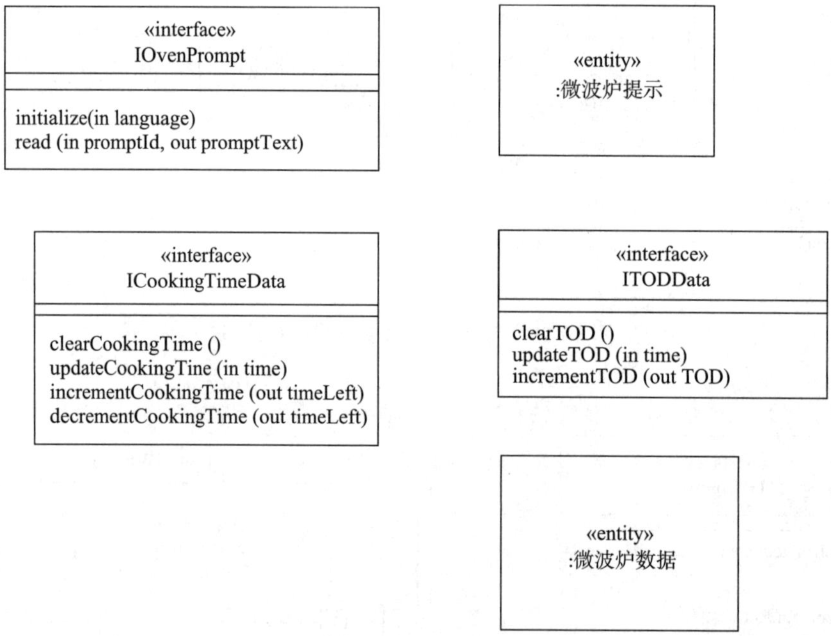

图 19-31 被动对象接口

19.9.3 连接器的设计

图 19-22 和图 19-23 中所描述的组件之间的所有通信都是异步的。这就需要像第 14 章所描述的那样，在组件之间设计消息队列连接器。本节描述由微波炉控制组件使用的两个消息队列连接器的设计，这是一个简单的组件，被设计成一个任务。

微波炉控制任务（参见图 19-23）在概念上执行微波炉状态机，它接收来自几个生产者任务的异步控制请求消息，如图 19-23 所示。使用微波炉控制消息队列连接器，这些消息由生产者放置在消息队列中，由唯一的使用者——微波炉控制任务——从队列中删除，如图 19-32 所示。每条消息都有一个输入参数，该参数包含单个控制请求的名称和内容。

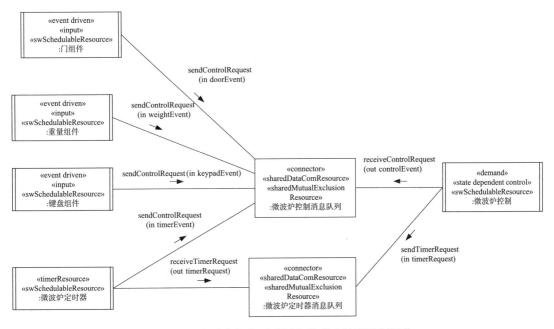

图 19-32　微波炉任务通过消息队列连接器进行通信

当微波炉控制通过微波炉控制消息队列连接器接收来自四个生产者任务的控制请求消息时，它是一个消费者任务。然而，当它通过一个名为微波炉定时器消息队列的消息队列连接器将定时器请求消息发送到微波炉定时器时，微波炉控制就成了一个生产者。

410
~
412

如输入组件通过微波炉控制消息队列连接器所做的那样，当微波炉定时器将控制请求消息发送到微波炉控制时，它是一个生产者任务。然而，当微波炉定时器从生产者微波炉控制任务接收异步定时器请求消息时，它是一个消费者任务。这就需要设计一个不同的连接器，即微波炉定时器消息队列连接器（如图 19-32 所示）来保存定时器请求消息。每个消息都有一个名为 timerRequest 的参数，该参数包含单个消息的名称，例如：startOvenTimer、stopOvenTimer、addMinute 和 startMinute。

19.10　详细的软件设计

详细的软件设计涉及为单线程组件（例如门组件）以及包含多个对象的组件中的任务（例如微波炉控制组件内部的微波炉控制和微波炉定时器任务）开发伪代码，如图 19-23 所示。

门组件设计为一个生产者任务，通过一个名为微波炉控制消息队列的消息队列连接器，将开门和关门控制请求消息发送到微波炉控制，如图 19-32 所示。然而，该连接器位于微波炉控制组件内，因此可以通过门组件的需求端口 RMWControl 来访问，该任务调用由

IMWControl 接口提供的 sendControlRequest 操作。门组件伪代码中描述的任务事件排序逻辑如下所示。

```
Initialize door sensor;
loop
-- Wait for external asynchronous event from door sensor;
wait (inputEvent);
Read door event;
if event = doorOpened
    then
        -- send message to Microwave Oven Control task through connector;
        RMWControl.sendControlRequest (in doorOpened);
elseif event = doorClosed;
    then
        -- send message to Microwave Oven Control task through connector;
        RMWControl.sendControlRequest (in doorClosed);
    else
        Handle error case;
end if;
end loop;
```

对微波炉控制任务的任务事件排序逻辑如下。注意，动作是由微波炉控制状态机（图 19-7 和图 19-8 所示）确定的，它被封装为 MOCStateMachine 对象中的一个状态转换表，如第 14 章所述。还要注意的是，微波炉控制通过微波炉控制消息队列连接器接收来自四个生产者的控制请求消息，并通过微波炉定时器消息队列连接器发送定时器消息到微波炉定时器；这两个连接器都在微波炉控制组件中。然而，微波炉控制将消息发送到输出组件，如加热元件组件，通过调用微波炉控制组件的需求端口的接口来连接该组件（如图 19-27 和图 19-30 所示）。例如，为了开始烹饪食物，微波炉控制将通过需求端口 RHeater（见图 19-30）调用 startCooking 操作（从图 19-29 中加热元件组件提供的 IHeatingElement 接口），如下所述。

```
loop
    -- Messages from all senders are received on Oven Control Message Q
    OvenControlMessageQ.receiveControlRequest (out controlEvent);
    -- Extract the event name and any message parameters
    newEvent = controlEvent
    -- Assume state machine is encapsulated in object MOCStateMachine;
    -- Given the incoming event, lookup state transition table;
    -- change state if required; return action to be performed;
    MOCStateMachine.processEvent (in newEvent, out action);
    -- Execute state dependent action(s) given by MOC state machine;
    case action of
        Start Actions:
            OvenTimerMessageQ.sendTimerRequest (in startTimer);
            RHeater.startCooking ();
            RLamp.switchOn ();
            RTurntable.startTurning ();
            exit;
        Timer Expired Actions:
            RHeater.stopCooking ();
            RTurntable.stopTurning ();
            RLamp.switchOff ();
            RBeeper.beep ();
            exit;
        Door Opened while Cooking Actions:
            RHeater.stopCooking ();
            RTurntable.stopTurning ();
            OvenTimerMessageQ.sendTimerRequest (in stopTimer);
```

413

```
        exit;
    Switch On Action:
      RLamp.switchOn ();
        exit;
    Switch Off Action:
      RLamp.switchOff ();
        exit;
    Cancel Timer Action:
      OvenTimerMessageQ.sendTimerRequest (in cancelTimer);
        exit;
    Add Minute:
      OvenTimerMessageQ.sendTimerRequest (in addMinute);
        exit;
    Start Minute:
      OvenTimerMessageQ.sendTimerRequest (in startMinute);
        exit;
    Display Cooking Time Actions:
      RDisplay.displayTime (in time);
      OvenData.updateCookingTime (in time)
        exit;
-- other actions not shown
    end case;
end loop;
```

接下来将给出加热元件组件任务的任务事件排序逻辑。假设传入的消息到达它的消息队列，它们由加热元组件的 startCooking 和 stopCooking 操作放置到队列中。

```
    Initialize heating element actuator;
    loop
    -- Wait for message from Microwave Oven Control task arriving via
    connector;
    heatingElementMessageQ.receive (in message);
    Extract action event from message;
    -- Process message;
    if action = startCooking
        then
            Send startCookingCommand to heating element actuator;
    elseif action = stopCooking
        then
            Send stopCookingCommand to heating element actuator
        else error condition;
    end if;
    end loop;
```

19.11　系统配置和部署

在系统部署时，需要决定集中式或分布式的配置类型。图 19-33 显示了一个可能的配置，其中每个基于组件的子系统被分配到分布式配置中的一个分立节点上。节点间通过高速总线物理连接。

只有分布式组件可以部署到分布式配置的物理节点上。被动对象（如图 19-31 中的微波炉数据）不能独立地部署，任何直接调用被动组件的操作（如图 19-23 中的微波炉控制和微波炉定时器）的任务也不能独立部署。在这种情况下，只有分布式组件（包括被动对象和调用被动对象操作的并发任务）才可以部署。因此，只有微波炉控制复合组件可被部署，如图 19-33 所示。注意，该图描述了一个简化的配置，只有两个输出组件，加热元件组件和微波显示。

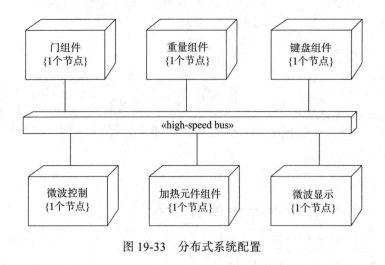

图 19-33 分布式系统配置

414
~
416

铁路道口控制系统案例研究

本章描述了铁路道口控制系统的案例研究。这一软件设计用于安全性关键的系统，在这个系统中，必须安全且及时地升起和放下铁路护栏。与典型的嵌入式系统一样，系统通过几个传感器和执行器来与外部环境连接。它还必须向铁路运营服务发送状态消息。对铁路的控制是依赖于状态的，这需要状态机的设计来提供对软件系统的总体控制。由于铁路道口控制系统是嵌入式系统，从包含整个硬件和软件的系统工程视角出发设计系统是有益的，然后考虑软件建模和设计。

20.1 节给出了问题描述。20.2 节描述了系统的结构化建模，包括问题域的结构模型，接着是系统和软件系统的上下文模型，以及硬件/软件边界模型。20.3 节从软件工程视角描述了用例模型，描述了安全性关键的系统的功能性和非功能性需求。20.4 节描述了动态状态机建模，这对于嵌入式系统依赖于状态的复杂建模特别重要。20.5 节描述了对象和类构造标准是如何应用到这个系统的。20.6 节描述了如何使用动态交互建模从用例中开发序列图。20.7 节描述了软件系统的设计模型，将其设计为一个基于软件体系结构模式的并发软件体系结构。20.8 节描述了在单处理器和多处理器系统上执行的实时设计的性能分析。20.9 节描述了基于组件的软件体系结构的设计，它是更大的分布式轻轨系统的一部分，将在第 21 章中给予描述。

20.1 问题描述

铁路道口由两个护栏组成，每一个护栏都有闪烁的警告灯和一个音频警告信号。这些护栏通常情况下处于升起状态。当列车靠近时，护栏就会放下，警告灯开始闪烁，也会发出音频警告。当列车离开时，护栏被升起，警告灯停止闪烁，停止音频警告。由于有两组铁轨，两列列车有可能在铁路道口汇聚，在这种情况下，当第一列列车到达时，护栏就会放下，而只有当第二列列车离开时才会升起。

20.2 结构化建模

开发的系统是铁路道口控制系统（RXCS）。从结构化建模的视角，在 SysML 模块定义图上开发和描述了四个图。第一个是问题域的概念静态模型，它从物理世界的视角来看待 RXCS。然后开发了整个 RXCS 硬件/软件系统的结构模型。从这两个图继而开发了系统上下文模块定义图，用来描述包含整个 RXCS 硬件/软件系统的外部实体。最后，开发了软件系统上下文模块定义图，描述了嵌入式系统的软件部分和与之交互的外部实体。

20.2.1 问题域的结构模型

问题域的概念静态模型在图 20-1 的 SysML 模块定义图中给予了描述。从整个系统的视角来看，铁路道口嵌入式系统的问题域由以下几个模块组成：

- 铁路道口嵌入式系统，这是一个要开发的嵌入式系统。

- 列车，它是由系统探测的物理实体。
- 护栏，它是由系统控制的一个物理实体，由护栏执行器和护栏传感器组成。
- 警报，由警告灯和警告音频构成，它们是由系统控制的物理实体。
- 观察者，可以是一个司机、骑自行车的人或者行人，他会在铁路道口停下来，是系统的人类观察者。
- 铁路运营服务，这是一个外部系统，会收到铁路道口的状态。

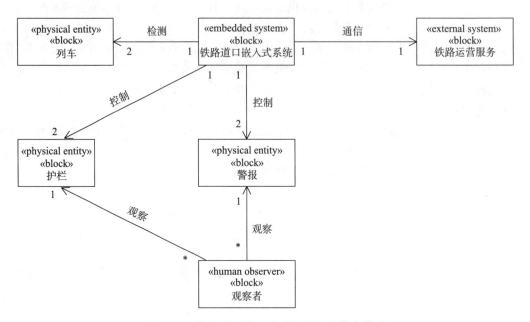

图 20-1　铁路道口嵌入式系统的概念静态模型

20.2.2　整个系统的结构模型

使用 SysML 表示法，在图 20-2 的模块定义图中描述了整个系统的结构模型。铁路道口嵌入式系统被描述为一个组合模块，由以下部分组成：

- 两个护栏，由系统控制上下移动。每个护栏由护栏执行器、护栏检测传感器和定时器组成。
  - 护栏执行器执行放下和升起护栏的命令。
  - 护栏检测传感器检测到护栏被放下和升起，并发送放下和升起护栏消息。
  - 如果一个护栏超过了预先指定的放下和升起时间，护栏定时器会超时。
- 两个警告信号。每个警告信号由一个警告灯执行器和警告音频执行器产生。
  - 警告灯执行器由系统指令控制，可以打开和关闭警告灯。
  - 警告音频执行器由系统指令控制，可以打开和关闭音频警告。
- 列车到达和离开铁路道口时，由两组传感器检测。列车传感器特例化为到达传感器和离开传感器。
  - 到达传感器会检测到列车到达铁路道口。
  - 离开传感器会检测到列车离开铁路道口。
- 此外，该系统还向铁路运营服务发送通知和安全信息，这是一个外部系统。

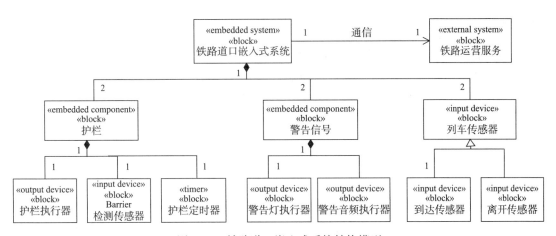

图 20-2 铁路道口嵌入式系统结构模型

20.2.3 系统上下文模型

系统上下文模型从整个系统的视角描述了铁路道口嵌入式系统，如图 20-3 所示的 SysML
模块定义图所示。它是由问题域的概念静态模型派生而来的。有五个外部模块：

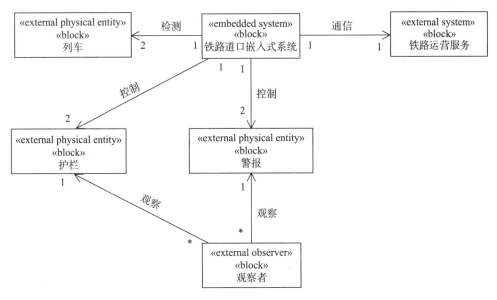

图 20-3 铁路道口嵌入式系统的系统上下文模型

- 列车，它是由系统检测到的外部物理实体。
- 护栏，它是由系统控制的一个外部物理实体（护栏执行器 + 护栏传感器）。
- 警报，是由系统控制的外部物理实体，由警告灯和警告音频组成。
- 铁路运营服务，它是一个外部系统，接收由系统发出的铁路道口状态通知。
- 观察者（在铁路道口停下），他是系统的外部观察者。

在系统上下文模型中，将列车描述为一个外部物理实体（图 20-3），该实体由系统检测。
观察者，特别是汽车司机，是系统的外部观察者。值得注意的是，系统上下文图中的两个外
部类，即列车和观察者，不与系统进行物理上的交互。列车的到达和离开是由到达传感器和
离开传感器检测到的。通过关闭护栏、警告灯和警告音频告知观察者列车即将到来。

419

20.2.4　软件系统上下文模型

在图 20-4 的 SysML 模块定义图中，描述了软件系统上下文模型。嵌入式系统的典型组成是，包含若干外部输入和输出设备，它们通过 SysML 模块来描述。这些 I/O 设备是嵌入式硬件 / 软件系统的一部分，因此在图 20-3 中没有描述。然而，它们是软件系统的外部单元，因此需要在软件系统的上下文中描述。

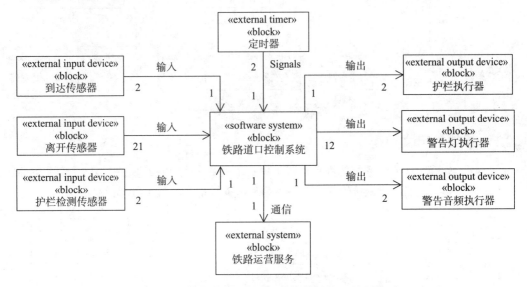

图 20-4　铁路道口控制系统的软件系统上下文模型

由于列车到达和离开是由到达和离开传感器检测到的，系统上下文模型中的列车外部物理实体模块（图 20-3）由软件系统上下文模型上（图 20-4）的到达传感器和离开传感器外部输入设备模块所取代。由于外部物理实体——护栏的升起和放下由执行器控制，由传感器检测，它被外部输出设备——护栏执行器和外部输入设备——护栏检测传感器所取代。此外，还有一个定时器来帮助确定是否在升起和放下护栏时有延迟。由于外部物理实体——警报由执行器开关激活，因此它被外部输出设备——警告灯执行器和警告音频执行器所取代。由于系统上下文图中的观察者不与软件系统交互，所以不需要出现在软件系统上下文图中。最后，系统上下文图上的外部铁路运营服务也在软件系统上下文图中给予描述。

接下来考虑软件系统和外部设备之间的多重性。软件系统接口连接两个护栏以及每个到达和离开传感器的两个实例，每个铁轨有一对实例。每个护栏由护栏执行器、护栏检测传感器、护栏定时器、警告灯执行器和警告音频执行器组成。因此，如图 20-4 所示，软件系统接口连接到每个外部设备的两个实例和外部系统的一个实例。

20.2.5　硬件 / 软件边界模型

在表 20-1 中给出了 I/O 设备，特别是三个输入传感器和三个输出执行器的规范。制定了从三个输入传感器输入到软件系统和从软件系统输出到三个输出执行器的规范。输入设备的一个例子是护栏检测传感器，它向软件系统发送护栏升起和护栏降下事件。输出设备的一个例子是护栏执行器，它接收来自软件系统的升起护栏和降下护栏指令。

I/O 设备的硬件特性是所有的传感器都是由事件驱动的，也就是说，当从这些设备发出输入信号时，就会产生一个中断。输出设备是被动的，也就是说，它们不会产生中断。

20.3　用例建模

对于像 RXCS 这样的嵌入式系统来说，没有由人构成的外部角色。用例反映了系统的需求，即到达铁路道口和离开铁路道口。用例模型可以从系统工程视角或者软件工程视角来开发。从系统工程视角来看，列车是两个用例的主要角色，这是因为，是列车的到达触发了到达铁路道口用例，列车的离开触发了离开铁路道口用例。然而，从软件工程视角来看，列车在软件层面由传感器替代，传感器用来检测列车到达和离开。因此，软件工程视图中的角色是输入设备角色（对应于传感器）、输出设备角色（对应于执行器）、定时器和外部系统。到达传感器是到达铁路道口用例的主要角色（图 20-5a），因为是列车的到达启动了该用例。类似地，离开传感器是离开铁路道口用例的主要角色（图 20-5b）。用例规范如下，包括功能性需求和非功能性需求。从软件工程视角进行用例建模，以充分考虑传感器和执行器的作用。

表 20-1　I/O 设备边界规范

设备名称	设备类型	设备功能	来自设备的输入	到设备的输出
到达传感器	输入	列车到达时发出信号	到达事件	
离开传感器	输入	列车离开时发出信号	离开事件	
护栏检测传感器	输入	护栏升起或降下时发出信号	护栏降下事件，护栏升起事件	
护栏执行器	输出	升起和降下护栏		升起护栏，降下护栏
警告灯执行器	输出	警告灯开关		打开，关闭
警告音频执行器	输出	警告音频开关		打开，关闭

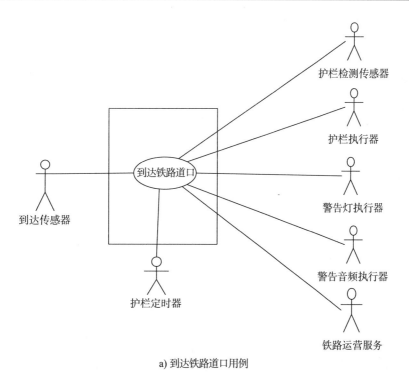

a) 到达铁路道口用例

图 20-5　铁路道口控制系统用例模型

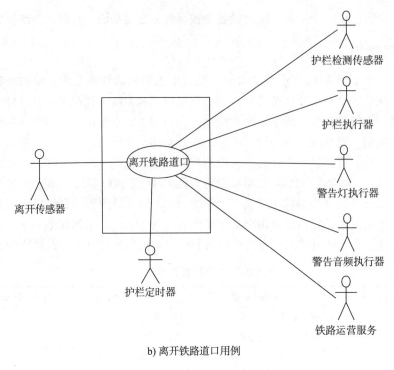

b) 离开铁路道口用例

图 20-5 （续）

20.3.1   到达铁路道口用例

到达铁路道口用例从到达传感器角色的输入开始

用例：到达铁路道口。

摘要：列车靠近铁路道口。系统降下护栏，打开警告灯，并打开警告音频。

角色：

- **主要角色**：到达传感器。

- **次要角色**：护栏检测传感器、护栏执行器、警告灯执行器、警告音频执行器、铁路运营服务、护栏定时器。

前置条件：在铁路道口要么没有列车或者有一列列车。

主序列：

1. 到达传感器检测到列车到达并通知系统。

2. 系统命令每个护栏执行器降下护栏，每一个警告灯执行器打开灯光闪烁开关，每一个警告音频执行器打开音频警示开关。

3. 护栏检测传感器检测到护栏已经降下并通知系统。

4. 系统将列车到达信息发送到铁路运营服务。

分支序列：

步骤 2：如果在铁路道口已经有了另一列列车，跳过步骤 2 和步骤 3。

步骤 3：如果护栏降下定时器超时，系统会向铁路运营服务发送安全警告信息。

非功能需求：

- **安全性需求**：
  - 护栏降下时间不应超过预先规定的时间。如果护栏定时器超时，系统将通知铁路运营服务。
  - 系统必须跟踪铁路道口的列车数量，这样一来，只有第一列列车到达时，护栏才会降下。
- **性能需求**：从检测到列车到达到将指令发送到护栏执行器的时间，不应超过预先规定的响应时间。

后置条件：护栏已关闭，警告灯闪烁，警告音频响起。

20.3.2 离开铁路道口用例

离开铁路道口用例从离开传感器角色的输入开始：

用例：离开铁路道口。

摘要：列车从铁路道口离开。系统升起护栏，关闭警告灯，关闭警告音频。

角色：

- 主要角色：离开传感器。
- 次要角色：护栏检测传感器、护栏执行器、警告灯执行器、警告音频执行器、铁路运营服务、护栏定时器。

前置条件：在铁路道口至少有一列列车。

主序列：

1. 离开传感器检测到列车已经离开并通知系统。
2. 系统指令每个护栏执行器升起护栏。
3. 护栏检测传感器检测到护栏已升起并通知系统。
4. 系统指令每个警告灯执行器关闭闪烁的灯光和每个警告音频执行器关闭音频警告。
5. 系统向铁路运营服务发送一列列车离开的信息。

分支序列：

步骤 2：如果在铁路道口处有另一列列车，跳过步骤 2、3 和 4。

步骤 3：如果护栏升起定时器超时，系统会向铁路运营服务发送安全信息。

非功能需求：

- **安全性需求**：
  - 护栏升起时间不能超过预先规定的时间。如果定时器超时，将通知铁路运营服务。
  - 系统必须跟踪铁路道口的列车数量，如在铁路道口有超过一列的列车，直到最后一列列车离开时，不得升起护栏。
- **性能需求**：从检测到列车离开至发送指令到护栏执行器的间隔时间不得超过预先规定的响应时间。

后置条件：已经升高了护栏，警告灯和警告音频信号已经关闭。

424
～
425

20.4 动态状态机建模

RXCS 的状态机是一个正交状态机，由两个正交区域组成，即护栏控制和列车计数，如图 20-6a 所示。这是因为护栏控制动作取决于在铁路道口是否有一列或两列列车。图 20-6b

中描述了用于护栏控制的状态机，并在图 20-6c 中显示了用于列车计数的状态机。在护栏控制中有如下四个状态：

- 升起（Up）——这是铁路道口放开的初始状态。当护栏传感器检测到护栏已升起时，也会进入该状态。相关的转换（进入该状态）的动作是关闭警告灯和警告音频，发送离开消息，并取消护栏定时器。
- 降低（Lowering）——当第一列列车到达时进入该状态。相关的转换动作是降低护栏，发出音频警报信号，打开闪烁灯，启动护栏定时器。如果在该状态下定时器到期，这表明降低物理护栏的速度太慢了，就会发出警告消息。
- 放下（Down）——当护栏传感器检测到第一道护栏被降下时，进入这个状态。相关的转换动作是发送已到达的消息并取消护栏定时器。如果一个护栏降低事件表示第二个护栏已被降低，或者一个定时器到期事件表示降低第二个物理护栏的速度太慢，则状态没有变化。
- 升高（Raising）——当最后一列列车离开时，进入了这个状态。相关的转换动作是升高护栏并启动护栏定时器。如果在该状态下定时器到期，这表明升高物理护栏的速度太慢了，就会发出警告消息。

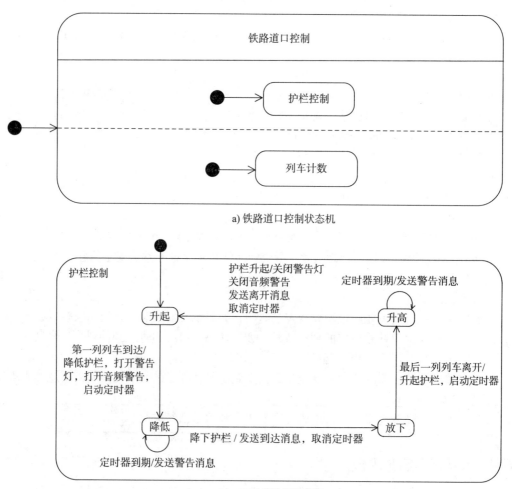

图 20-6   铁路道口控制系统的状态机模型

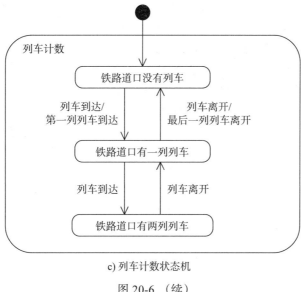

c) 列车计数状态机

图 20-6 （续）

因为两列列车在同一时间通过铁路道口是有可能的，所以在第二列列车离开之前，确保护栏不会被升高是至关重要的。因此，有必要对铁路道口的列车数量进行跟踪，以便在第一列列车到达时降下护栏，在最后一列列车离开时升起护栏。因此，设计第二个正交区域用来保持列车计数，如图 20-6c 所示。每一列列车计数都有一个状态。

- 铁路道口没有列车。这是在铁路道口没有列车时的初始状态。当最后一列列车离开铁路时，也会进入这个状态，在这种情况下，状态转换的动作是最后一列列车离开。
- 铁路道口有一列列车。当第一列列车到达铁路道口时，就进入了这个状态。转换动作是第一列列车到达。
- 铁路道口有两列列车。当第二列列车到达铁路道口时，就进入了这个状态。当两列列车中的第一辆离开铁路道口时，状态机就会离开这个状态。

为了避免两个正交区域的竞争条件发生，列车到达和列车离开传感器输入到列车计数状态机。第一列列车到达输入引起铁路道口没有列车到铁路道口有一列列车状态的转换。这一转换的动作是第一列列车到达。这个动作作为一个输入事件传播到护栏控制状态机（图 20-6b），它会导致从升起到降低状态的转换，从而触发降下护栏和相关的动作。在列车计数状态机上，第二列列车到达事件引起到铁路道口有两列列车的状态转换，但对护栏控制状态机没有影响。在列车离开时也采用了类似的分析方法。在列车计数状态机上，第一列列车离开输入引起铁路道口有两列列车到铁路道口有一列列车状态的转换，但对护栏控制状态机没有影响。在列车计数状态机上，第二列列车离开输入导致了铁路道口有一列列车到铁路道口没有列车状态的转换。此转换的动作是最后一列列车离开，它将作为输入事件传播到护栏控制状态机（图 20-6b），并导致从放下状态到升高状态的转换，从而触发了升起护栏和启动定时器动作。

427
~
428

20.5 构造对象和类

为了动态交互建模，进行了软件类的结构设计。假定要开发的系统是一个实时嵌入式系统，假设除了实体类，所有的类都是并发的，因此将被建模为活动（即，并发）类。

系统中的软件边界类可以通过仔细考虑软件上下文关系图中的外部类来确定。必须有一个软件输入类来与软件上下文图中描述的每个外部输入设备接口连接与通信。由于有三个外部输入设备，相应的输入类是到达传感器输入、离开传感器输入和护栏检测传感器输入类。类似地，需要有一个软件输出类来与软件上下文图上的每个外部输出设备进行接口连接与通信。由于有三个外部输出设备，相应的输出类是护栏执行器输出、警告灯输出和警告音频输出类。还需要一个依赖于状态的控制类，即铁路道口控制，它执行其封装的状态机来控制其他类。还有一个代理类，即铁路运营代理，用于与外部铁路运营服务进行接口连接与通信。由于没有实体类，所以这些软件类都被认为是活动的，这意味着从活动类中实例化的每个对象都有自己的控制线程，并且可以与其他活动对象并发执行。

系统中的软件类在代表软件系统的外部框中被描绘成如图 20-7 所示。与边界类（输入、输出和代理）接口连接与通信的外部模块也在图 20-7 中代表软件系统的方框外进行了描述。图中还描述了外部模块和软件类的多重性。因此，这三个外部传感器和三个外部执行器分别有两个实例。相应地，每个接口连接到这些外部设备的软件输入类和输出类都有两个实例。

20.6　动态交互建模

接下来，开发了动态交互模型，描述了实现两个用例到达铁路道口和离开铁路道口的对象之间的交互。由于实现每个用例都需要大量的对象，为清楚起见，对于每个用例，使用了两个序列图来显示对象交互序列。第一个描述外部对象和软件系统之间的交互，第二个描述外部输入对象和软件对象之间的交互。序列图描述了每个用例主序列的实现。

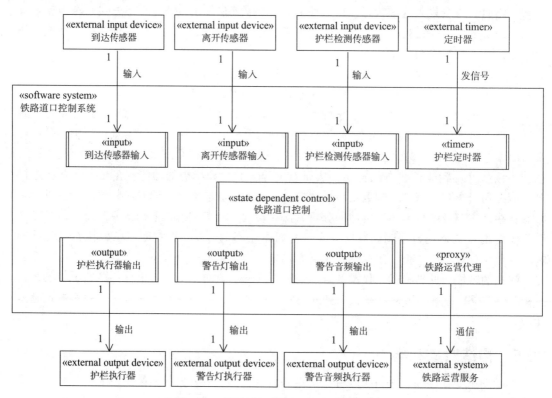

图 20-7　铁路道口控制系统中的软件类

20.6.1 到达铁路道口的序列图

第一个序列图描述了外部对象与软件系统之间的交互，如图 20-8 所示。在该序列图中，除了 RXCS 软件系统外，还有两个外部输入设备、三个外部输出设备和一个外部系统，它们被描述为组合对象。该序列图如实地遵循到达铁路道口软件层面用例所描述的交互序列。该序列从来自到达传感器外部输入设备（消息 #1）的到达输入事件开始，这导致系统放下护栏，打开警告灯和警告音频。当护栏放下时，护栏检测传感器向系统发送一个护栏放下事件（消息 #2），这导致系统向外部的铁路运营服务发送状态消息。

第二个序列图描述了外部输入对象和软件系统中的软件对象之间的交互，如图 20-9 所示。该序列中的第一个对象是外部到达传感器。交互序列（图 20-9 所示的所有消息和图 20-8 所示的外部输出对象的消息）描述如下：

430

 1：到达传感器检测列车到达并将到达事件发送到到达传感器输入对象。

 1.1：到达传感器输入将列车到达信息发送到铁路道口控制。

 1.2：铁路道口控制指令护栏执行器输出对象放下护栏。

 1.2a：铁路道口控制指令警告灯输出对象激活（即打开）警告灯。

 1.2b：铁路道口控制指令警告音频输出对象打开音频警告信号。

 1.2c：铁路道口控制指令定时器启动护栏降低定时器。

1.2a.1：警告灯输出将打开消息发送到外部警告灯执行器（参见图 20-8）。

1.2a.2：警告音频输出将打开消息发送到外部警告音频执行器（参见图 20-8）。

 1.3：护栏执行器输出将降低护栏信息发送给外部护栏执行器（参见图 20-8）。

 2：护栏检测传感器检测到护栏已经放下，将护栏放下事件发送到护栏检测传感器输入对象。

 2.1：护栏检测传感器输入发送护栏放下消息到铁路道口控制。

 2.2：铁路道口控制发送列车到达消息到铁路运营代理。

 2.2a：铁路道口控制取消护栏降低定时器。

 2.3：铁路运营代理将列车到达消息发送到外部铁路运营服务（参见图 20-8）。

应该注意的是，在图 20-8 到图 20-11 中，铁路道口控制发送了并发消息（对应于其封装的状态机上的并发动作），如消息 1.2、1.2a、1.2b 和 1.2c。#1.2 的后续消息是 #1.3，#1.2a 的后续消息是 #1.2a.1，等等（参见附录 A 关于消息序列编号的约定）。

20.6.2 离开铁路道口的序列图

这里也通过两个序列图描述了离开铁路道口交互序列。图 20-10 描述了外部对象与软件系统之间的交互，该系统从来自外部的离开传感器（消息 1）的离开事件开始，消息导致系统升高护栏。当护栏检测传感器检测到护栏已经升起时，它会向系统发送护栏升起事件（消息 2）。然后，系统关闭警告灯，关闭警告音频信号，并将列车状态信息发送给铁路运营服务。

431
～
433

第二个序列图描述了外部输入对象和软件系统中的软件对象之间的交互，如图 20-11 所示。该序列中的第一个对象是离开传感器。交互序列（图 20-11 中描述的所有消息，以及图 20-10 所示的到外部输出对象的消息）描述如下：

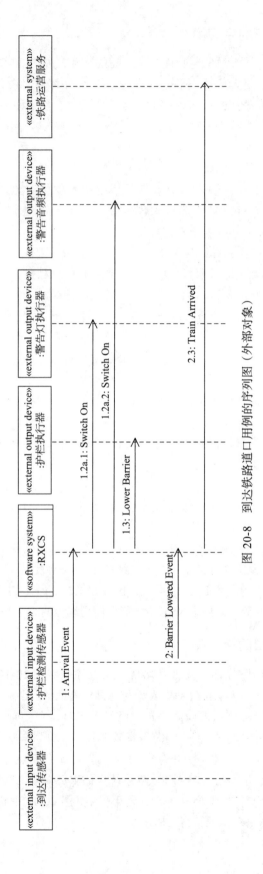

图 20-8 到达铁路道口用例的序列图（外部对象）

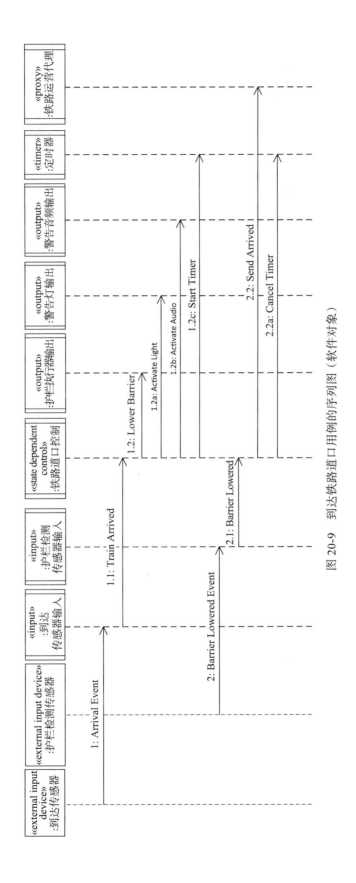

图 20-9　到达铁路道口用例的序列图（软件对象）

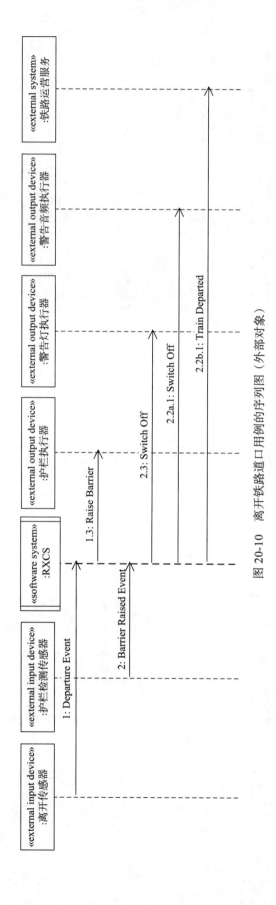

图 20-10 离开铁路路口用例的序列图（外部对象）

1：离开传感器将离开事件发送到离开传感器输入。

1.1：离开传感器输入发送列车离开信息到铁路道口控制。

1.2：铁路道口控制发送升起护栏指令到护栏执行器输出。

1.2a：铁路道口控制指令定时器启动护栏升高定时器。

1.3：护栏执行器输出向外部护栏执行器（参见图 20-10）发送护栏升起消息。

2：护栏检测传感器检测到护栏升高，将护栏升起事件发送到护栏检测传感器输入对象。

2.1：护栏检测传感器输入将护栏升起发送到铁路道口控制。

2.2：铁路道口控制指令警告灯输出关闭警告灯。

2.2a：铁路道口控制指令警告音频输出关闭音频警报信号。

2.2b：铁路道口控制向铁路运营代理发送列车离开消息。

2.2c：铁路道口控制取消护栏提升定时器。

2.3：警告灯输出将关闭消息发送到警告灯执行器（参见图 20-10）。

2.2a.1：警告音频输出将关闭消息发送给警告音频执行器（参见图 20-10）。

2.2b.1：铁路运营代理将列车离开消息发送到铁路运营服务（参见图 20-10）。

20.7 设计建模

铁路道口控制系统的软件体系结构是围绕集中控制模式设计的。通过输入对象接收来自到达、离开和护栏检测传感器的输入以及通过输出对象由护栏、警告灯和警告音频执行器控制外部环境，铁路道口控制组件提供集中控制。然而，从更大的分布式轻轨系统（第 21 章）来看，铁路道口控制系统也是分布式独立控制模式的一个示例，因为控制系统的每个实例都独立于其他实例，并将状态消息发送到铁路运营服务。最初的软件体系结构是通过集成基于用例的通信图来设计的。

434
~
435

20.7.1 综合通信图

设计建模的最初尝试是为铁路道口控制系统开发综合通信图，这就需要将图 20-8 到图 20-11 所示的基于用例的交互图集成起来。由于这些图是序列图，所以对象和对象的交互必须被映射到一个综合通信图，如图 20-12 所示。此外，有必要对序列图中没有描述的分支序列进行处理，特别是护栏放下和升起定时器。集成其实比较简单，因为大多数对象都支持用例。然而，到达传感器输入对象仅支持到达用例，而离开传感器输入对象仅支持离开用例。综合通信图是一个通用的并发通信图，它描述了对象之间所有可能的通信。

20.7.2 并发软件体系结构

在这种并行实时设计中，应用并行任务构造标准来确定铁路道口控制系统中的任务。图 20-13 显示了铁路道口控制系统的并发通信图，它描述了软件体系结构中的并发任务。并发任务设计是从图 20-12 中的综合通信图开始开发的，它描述了系统中的所有对象。最灵活的设计是将所有的对象设计为并发执行的任务。每个任务都被描述为 MARTE 构造型：«swSchedulableResource»。并发任务描述如下：

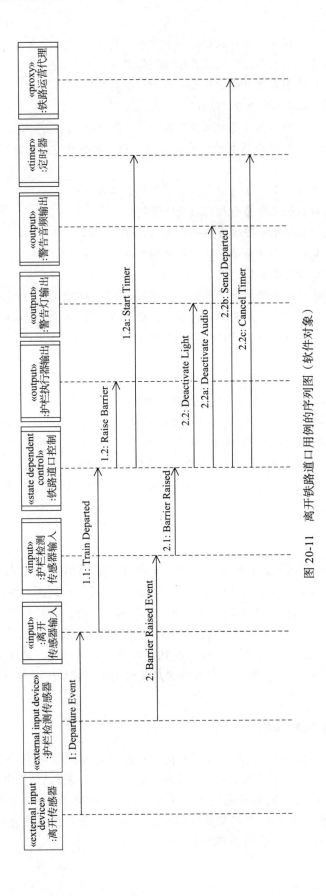

图 20-11 离开铁路道口用例的序列图（软件对象）

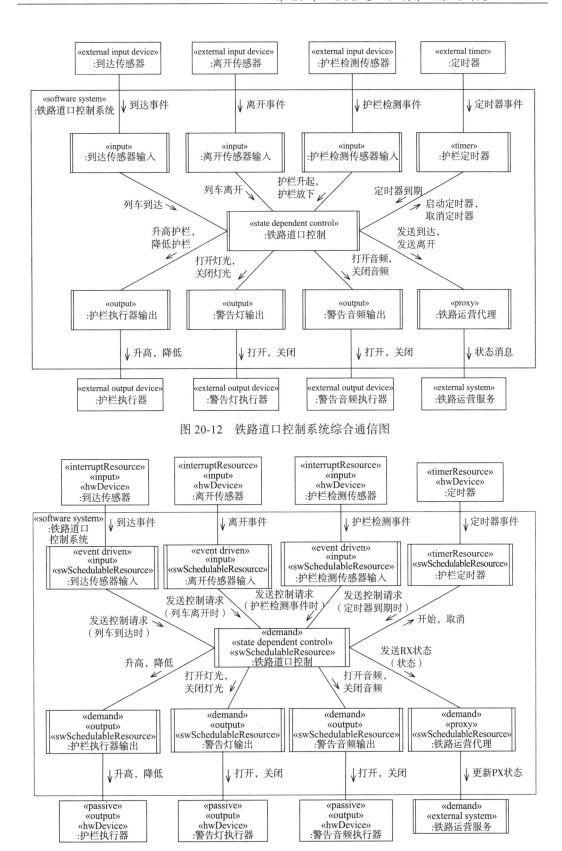

图 20-12 铁路道口控制系统综合通信图

图 20-13 铁路道口控制系统并发通信图

- **输入任务**。并发输入任务接收来自外部环境的输入，并将相应的消息发送到控制任务。有三个输入任务——到达传感器输入、离开传感器输入和护栏检测传感器输入，将每个传感器输入设计为一个事件驱动的输入任务，由对应的传感器输入唤醒。因此，这三个输入任务都用构造型 «event driven»«input»«swSchedulableResource» 来描述。
- **控制任务**。铁路道口控制是铁路道口控制系统中心依赖于状态的控制任务。它执行铁路道口控制状态机，接收来自输入设备和定时器任务的消息，并向输出设备、代理和定时器任务发送动作消息。将铁路道口控制设计成一个需求驱动的任务，由输入任务或定时器任务消息唤醒。控制任务用构造型 «demand»«state dependent control»«swSchedulableResource» 来描述。
- **输出任务**。有三个输出对象，每个输出对象都设计成需求驱动的任务，由来自铁路道口控制任务的消息唤醒，然后输出到外部执行器。这三种需求驱动的输出任务是护栏执行器输出，它与外部护栏执行器接口连接，警告灯输出，它与外部警告灯执行器接口连接，警告音频输出，它与外部警告音频执行器接口连接。这三个输出任务都是用构造型 «demand»«output»«swSchedulableResource» 来描述的。
- **代理任务**。铁路运营代理是将铁路道口状态消息发送到铁路运营服务的代理任务。铁路运营代理设计成由铁路道口控制消息唤醒的需求驱动任务。代理任务用构造型 «event driven»«proxy»«swSchedulableResource» 来描述。
- **定时器任务**。护栏定时器设计成周期性的任务，由来自外部定时器的定时器事件唤醒。它的时间由来自铁路道口控制的起始定时器消息初始化。当超时发生时，它会向铁路道口控制发送超时信息来警告护栏升高或降低比预期的要慢。周期性任务用构造型 «timerResource»«swSchedulableResource» 来描述。

20.7.3　体系结构通信模式

接下来将考虑任务之间的通信模式。在 RXCS 系统中的任务之间发送的消息（图 20-13）是由综合通信图（图 20-12）决定的，在该图中，任务之间的所有消息最初都假定为异步的，消息通信的实际类型是同步的或是异步的，此时需要确定。为解决铁路道口控制系统中任务之间的通信问题，应用了两种通信模式：

异步消息通信。异步消息通信模式在 RXCS 系统中得到了广泛的应用，因为大多数通信都是单向的，这种模式的好处是防止消费者阻塞生产者。铁路道口控制消费者任务需要接收来自到达传感器输入、离开传感器输入、护栏检测传感器输入以及护栏定时器四个生产者中任何一个生产者的信息，不管它们以什么顺序到达。处理这种灵活性需求的最佳方法是通过异步消息通信，铁路道口控制任务使用一个输入消息队列，以便控制任务能够接收先发出来的消息。异步消息通信也被用于作为生产者的铁路道口控制与四个消费者之间的通信，这四个消费者包括三个输出任务和一个代理任务。这样做的原因是，在这种情况下，生产者通常会并发地向多个消费者发送消息，而不需要响应。铁路运营代理任务和铁路运营服务子系统之间的消息通信也是异步的，因为前者向后者发送状态消息，而不需要响应。

双向异步通信。这种通信模式在铁路道口控制和护栏定时器之间使用。当铁路道口控制发送启动定时器消息到护栏定时器时，它会等待来自护栏检测传感器输入的消息（护栏放下或者护栏升起消息），或者是来自护栏定时器的定时器到期的消息（指示超时），并接受第一个到达的消息。

20.7.4 任务接口规范的示例

本节提供两个任务接口规范的示例（参见第 13 章）。第一个任务接口规范（TIS）是针对铁路道口控制任务的，描述如下：

名称：铁路道口控制。

信息隐藏：封装的铁路道口控制状态机的详细信息。

构造标准：角色标准——依赖于状态的控制；并发性标准——需求驱动。

假设：最多两列列车可以同时在铁路道口处。

预期的更改：可能添加更多的传感器和执行器，要求对封装状态机进行更改，并与添加的任务通信。

任务接口：

任务输入：异步消息通信，sendControlRequest（eventRX）——eventRX 的值有 trainArrived（列车到达）、trainDeparted（列车离开）、barrierRaised（护栏升起）、barrierLowered（护栏放下）、timerExpired（定时器到期）。

任务输出：异步消息通信有 raise（升高）、lower（降低）、activateLight（打开灯光）、deactivateLight（关闭灯光）、activateAudio（打开音频）、deactivateAudio（关闭音频）、start（开始）、cancel（取消）、sendRXstatus（status）（发送 RX 状态（状态））。

错误检测：无法识别的消息。

第二个任务接口规范是用于到达传感器输入任务的：

名称：到达传感器输入。

信息隐藏：处理来自硬件到达传感器的输入的细节。

构造标准：角色标准——输入；并发性标准——事件驱动。

假设：一次只处理一个到达传感器的输入。

预期的更改：可能的附加信息将由到达传感器发送。

任务接口：

任务输入：事件输入——到达传感器外部中断表明已检测到列车到达。外部输入——到达事件。

任务输出：异步消息通信——sendControlRequest（train Arrived)（发送控制请求（列车到达））

错误检测：未被识别的输入事件；传感器故障。

任务行为规范的开发，描述了这些任务的事件排序逻辑，这作为练习留给读者。

440

表 20-2 铁路道口控制 CPU 时间

任　　　务	任务的 CPU 时间 C_i（毫秒）	到达传感器事件序列任务（$C_i+C_x+C_m$）（毫秒）	任务的优先级
到达传感器输入	4	5	1
铁路道口控制（从定时器消息到第一个消息发送）	5	6	6

（续）

任 务	任务的 CPU 时间 C_i（毫秒）	到达传感器事件序列任务（$C_i+C_x+C_m$）（毫秒）	任务的优先级
铁路道口控制（针对随后发送的每一条消息）	1	2	
护栏执行器输出	4	5	2
警告灯输出	6	7	4
警告音频输出	5	6	5
定时器	3	4	7
护栏传感器输入	4		3
铁路运营代理	5		8
消息通信开销（Cm）	0.7		
上下文切换开销（Cx）	0.3		

20.8 实时软件设计的性能分析

这一节描述了铁路道口控制系统的实时性能分析。系统是事件驱动的，因为它要对到达系统的外部事件做出反应。因此，将事件序列分析和时序图组合起来用于系统分析，如第 17 和第 18 章所述。

一个时间关键的场景是列车到达铁路道口，这是由到达传感器检测到的，这会导致系统放下护栏。放下护栏事件序列在 20.6 节中得到了完整的描述。在表 20-2 中描述了参与该场景的任务，在第二列中描述了 CPU 时间 C_i。在第三列中描述了参与到达事件序列的六个任务的执行时间。事件序列中的每个任务的执行时间是 CPU 时间、上下文切换时间和消息通信时间的总和。任务优先级在第四列中描述。到达传感器输入和护栏执行器输出被给予最高优先级，因为它们是最重要的任务。其他的输入和输出任务被赋予次高优先级，这样它们就可以在必要时抢占较低优先级的铁路道口控制。

20.8.1 单处理器系统性能分析

图 20-14 中的时序图描述了单个处理器上事件序列的任务执行。在该事件驱动的场景中，分析开始时系统处于空闲状态，等待外部事件的到达。事件序列开始于到达传感器发送到达事件到到达传感器输入，这是由中断激活的，执行时间 5 毫秒，发送列车到达消息到铁路道口控制，然后终止。当消息到达铁路道口控制时，尽管它的优先级比大多数其他任务低，但它是唯一可以执行的任务，因为所有其他任务都被阻塞了。假设这是铁路道口上的唯一的列车，列车到达事件会导致内部护栏控制状态机（图 20-6）从升起到降低的状态转换。状态转换的结果是触发了四个并发动作：放下护栏、打开灯光、打开音频和启动定时器。

在时序图上，执行了 6 毫秒之后，铁路道口控制发送了放下护栏消息到护栏执行器输出。当它接收到消息时，由于护栏执行器输出比铁路道口控制有更高的优先级，它解除阻塞并抢占铁路道口控制。在执行 5 毫秒后，护栏执行器输出将放下护栏指令发送到外部护栏执行器并终止。然后，铁路道口控制将恢复执行 2 毫秒，随后将打开灯光消息发送到警告灯输出。由于警告灯输出具有较高的优先级，当接收到消息时，它将抢占铁路道口控制，执行 7 毫秒，将打开指令发送到警告灯，然后终止。接下来相同的步骤是铁路道口控制恢复执行，并将消息发送到警告音频执行器和护栏定时器。从图 20-14 可以看到，这个场景的总运行时间是 39 毫秒。

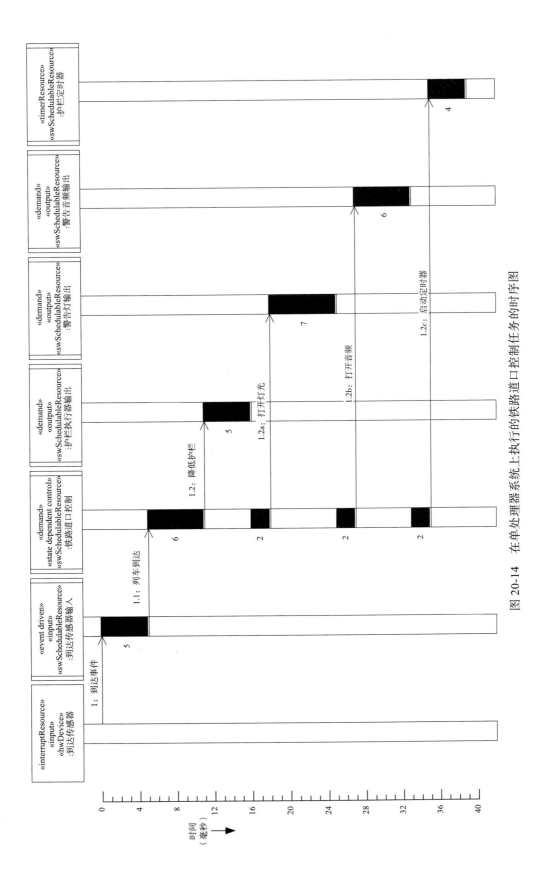

图 20-14　在单处理器系统上执行的铁路道口控制任务的时序图

20.8.2 多处理机系统性能分析

现在，考虑在四个 CPU 多处理器系统上执行的相同事件序列，如图 20-15 中的时序图所示。该场景从中断激活的到达传感器输入开始，在 CPU A 上执行 5 毫秒，发送列车到达消息。铁路道口控制接收消息并在 CPU B 上执行 6 毫秒，然后发送放下护栏消息到护栏执行器输出。然而，在这个多处理器场景中，铁路道口控制在 CPU B 上继续与在 CPU C 上执行的护栏执行器输出并行执行 2 毫秒，铁路道口控制发送打开消息到警告灯输出，警告灯输出然后开始在 CPU D 上执行。铁路道口控制在 CPU B 上继续执行，进一步执行 2 毫秒之后，将打开消息发送到警告音频输出，并开始在 CPU A 上执行。此时，在所有四个 CPU 上都有任务并行执行。

2 毫秒之后，铁路道口控制将启动定时器消息发送到护栏定时器，护栏定时器随后在 CPU C 上执行，替换刚刚终止的护栏执行器输出。如图 20-15 所示，这个多处理器场景的总运行时间是 21 毫秒，比单处理器场景少了 18 毫秒。这一比较表明，在某些情况下，多处理器系统可以显著地发挥优势，特别是当多个任务同时执行独立的操作时。但应该指出，在多核系统中，内存竞争会对性能造成负面影响，从而影响运行时间。

442
~
443

20.9 基于组件的软件体系结构

图 20-16 给出了铁路道口控制系统基于组件的软件体系结构的设计，用 UML 组合结构图来显示 RXCS 组件、端口和连接器。所有组件都是并发的，并且通过端口与其他组件进行通信。组件的总体体系结构和连接最初是由 RXCS 并发通信图确定的，如图 20-13 所示。然而，创建复合组件时还需要考虑其他因素，特别是创建的复合组件可能部署到分布式配置中的不同节点上来执行的时候。

20.9.1 组件设计

将 RXCS 设计成一个包含六个组件的复合组件，其中四个组件是简单的组件，二个是复合组件，如图 20-16 所示。每一个简单的组件都有一个独立的控制线程（到达传感器输入，离开传感器输入，铁路道口控制和铁路运营代理）。这些简单的组件对应于图 20-13 并发通信图中所确定的并发任务，并使用 MARTE 构造型 «swSchedulableResource» 来描述。两个复合组件是护栏组件（其中包含了简单的组件：护栏执行器输出、护栏检测输入和护栏定时器）和警报组件（其中包含简单组件：警告灯输出和警告音频输出）。复合组件用组件

444
~
445

构造型来描述。这种设计使得组件可以被部署到与它们监控或控制的设备非常接近的地方，特别是护栏传感器监控和护栏执行器控制组件（在护栏组件内）以及警示视频和音频警报组件（在警报组件内）。到达传感器输入和离开传感器输入的任务没有组合成一个组件，因为它们不可能在物理上处于同一位置，到达传感器会位于铁路道口入口之前，而离开传感器位于铁路道口出口处。

在图 20-16 中，执行状态机的铁路道口控制，有一个供给端口 PRXControl，通过它接收来自生产者的所有传入消息，这些生产者是到达传感器输入（列车到达）、离开传感器输入（列车离开）、护栏检测输入（护栏升起、护栏放下）以及护栏定时器（定时器到期）。通过这种方式，铁路道口以 FIFO 方式接收所有输入的消息。

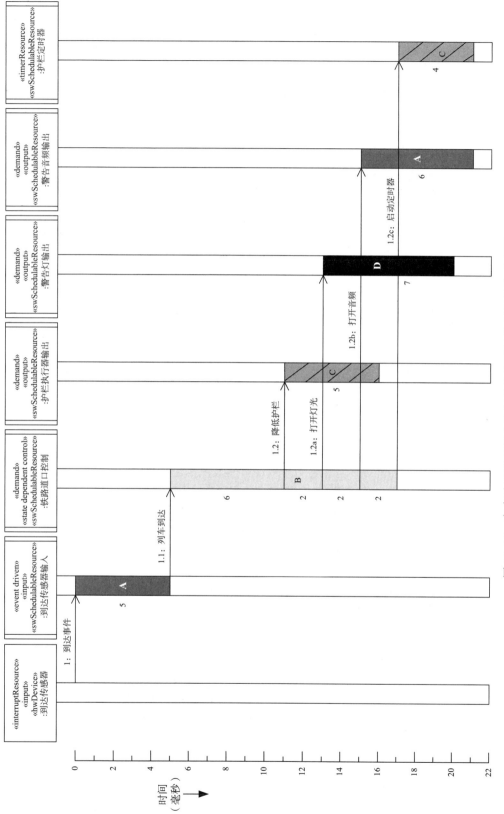

图 20-15　在多处理器系统上执行的铁路道口控制任务的时序图

　　因为三个生产者组件（到达传感器输入，离开传感器输入，护栏组件（来自内部护栏检测输入和护栏定时器组件））将消息发送到图 20-13 中的铁路道口控制组件，将每个生产者组件设计为有一个输出端口，称为需求端口，它通过连接器连接到控制组件输入端口，称为供给端口，如图 20-16 所示。每个生产者组件需求端口的名称是 RRXCtrl。通过 COMET/RTE 约定，端口名称的第一个字母是 R，以强调该组件有一个需求端口。铁路道口控制的供给端口名称是 PRXCtrl。端口名称的第一个字母是 P，以强调该组件有一个供给端口。连接器将三个生产者组件的需求端口连接到控制组件的供给端口。

　　铁路道口控制也有五个需求端口，通过它们与铁路运营代理、护栏组件（特别是内部护栏执行器输出和护栏定时器组件）和警报（特别是内部简单组件警告灯输出和警告音频输出）进行通信。例如，铁路道口控制的需求端口 RLight 和 RAudio 分别与警报复合组件的 PLight 和 PAudio 端口相连接。

　　应该注意的是，代理连接器将护栏检测输入和护栏定时器内部组件的 RRXCtrl 端口连接到复合组件护栏组件的同名端口。还需注意，代理连接器将警报复合组件的 PLight 和 PAudio 端口分别连接到两个内部组件警告灯输出和警告音频输出的同名端口。这意味着，PLight 外部端口将其接收到的消息转发给 PLight 内部端口。这两个端口具有相同的名称，因为它们提供相同的接口。

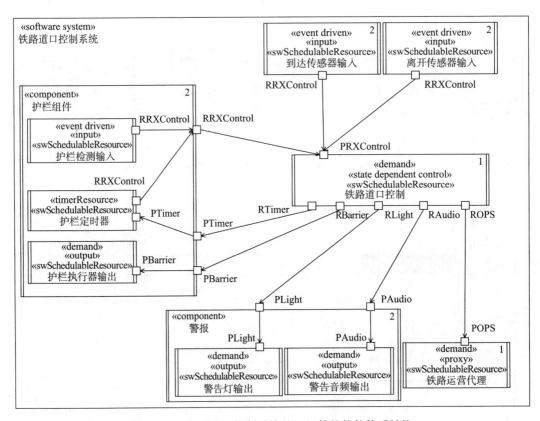

图 20-16　铁路道口控制系统基于组件的软件体系结构

20.9.2　组件接口设计

　　每个组件端口都是根据其供给和 / 或需求接口来定义的。特别是一些生产者组件，输入组件不提供软件接口，因为它们直接从外部硬件输入设备接收输入。然而，它们需要一个接口（由控制组件提供），以便向控制组件发送消息。图 20-17 描述了输入组件到达传感器输入和离开传感器输入的端口和需求接口。这些输入组件以及护栏组件（在内部护栏检测输入和护栏定时器组件之外）具有相同的需求接口——IRXControl——这是由铁路道口控制组件提供的。

控制组件需要为生产者组件供给接口，以便使用输出组件提供的接口。铁路道口控制组件（参见图 20-16 和图 20-18）在概念上执行铁路道口控制状态机，从它的生产者组件接收异步控制请求消息，如图 20-13 所示。供给接口 IRXControl 是在图 20-18 中指定的，为简单起见，它只有一个操作（sendcontrolRequest），该操作有一个输入参数（eventRX），该参数包含单个消息的名称和内容。把每个控制请求作为单独的操作将使接口更加复杂，因为可能需要五个操作，而不是一个。此外，系统的演进可能需要添加或删除操作，而不是保持接口不变，那么通过修改 sendcontrolRequest 操作的 eventRX 参数值反映接口的变化将使得接口设计更简单。

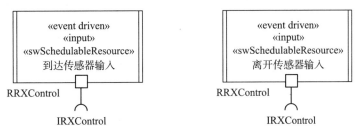

图 20-17　用于输入组件的组件端口和接口

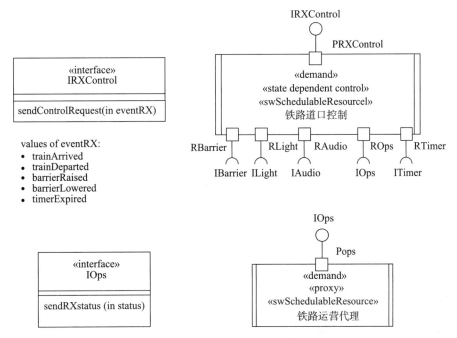

图 20-18　用于控制和代理组件的组件端口和接口

图 20-18 还描述了用于铁路运营代理的端口和供给接口。供给接口 IOps 是铁路道口控制组件的需求接口。

图 20-19 描述了用于警告灯输出和警告音频输出组件的端口和供给接口，它们是警报组件中的简单组件。图 20-19 还显示了根据它们提供的操作而制定的组件接口规范。每个输出组件提供一个接口来接收由控制组件发送的消息。然而，它不需要软件接口，因为它直接将输出发送到外部硬件输出设备。

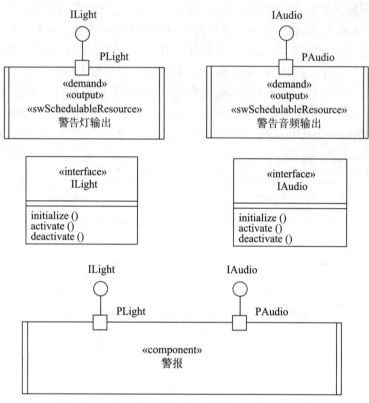

图 20-19　用于输出和复合组件的组件端口和接口

每个输出组件都有一个供给端口：
- PLight 用于警告灯输出，它提供了接口 ILight。所提供的操作是打开和关闭警告灯。
- PAudio 用于警告音频输出，它供给接口 IAudio。所提供的操作是打开和关闭音频警告设备。

图 20-20 中描述了护栏组件复合组件和所包含的简单组件。周期定时器内部组件的端口和接口也显示在图 20-20 中。封装的护栏定时器简单组件有一个带有供给接口的供给端口，一个带有需求接口的需求端口。供给接口是 ITimer，它允许通过来自复合护栏组件的代理连接器从铁路道口控制中接收启动和取消定时器请求。需求接口是 IRXControl，它允许护栏定时器通过连接到复合护栏组件的代理连接器将定时器到期消息发送到铁路道口控制。护栏检测输入的内部组件以同样的方式，通过 IRXControl 需求接口与铁路道口控制通信。护栏执行器输出内部组件有一个端口 PBarrier，它提供接口 IBarrier。所提供的操作是升起和放下护栏。

447
～
449

20.10　系统配置和部署

在系统配置和部署期间，组件被部署在分布式配置中的不同节点上执行。在图 20-21 的部署图中显示了系统部署的一个示例，其中有五个节点由一个局域网连接。护栏组件、警报组件、到达传感器输入和离开传感器输入组件都被部署到不同的节点。这样，每个软件组件都可以非常接近硬件传感器，可从这些硬件传感器接收输入和 / 或硬件执行器发送输出到这些硬件传感器。因此，护栏组件靠近护栏执行器和护栏检测传感器；警报组件靠近警告灯和音频执行器；到达传感器输入和离开传感器输入分别位于到达和离开传感器附近。其余的组件，即铁路道口控制和铁路运营代理组件，都被部署到同一个节点上。

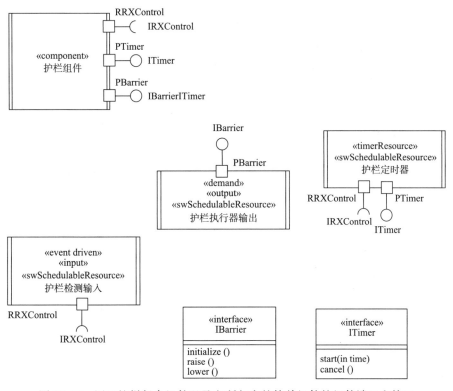

图 20-20　用于护栏复合组件以及它所包含的简单组件的组件端口和接口

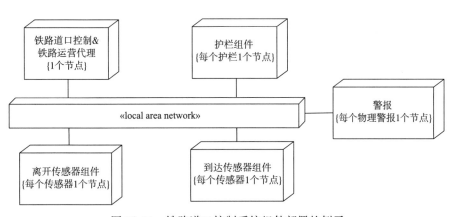

图 20-21　铁路道口控制系统组件部署的例子

从探测到列车到达 / 离开到给护栏执行器发送指令的经过时间不超过预先确定的响应时间方面的性能需求在 20.8 节的性能分析中描述。系统跟踪铁路道口列车数量的安全性需求，例如第一列列车到达时放下护栏和最后一列列车离开时升起护栏，在铁路道口控制状态机的设计中描述。系统测量放下和升起护栏的时间以及超出预先确定的经过时间而发出警告方面的安全性需求在护栏定时器对象和铁路道口控制状态机设计中描述。

轻轨控制系统案例研究

本章描述了嵌入式**轻轨控制系统**的案例研究。这一软件设计是针对安全性关键系统的，在该系统中，无人驾驶列车的自动控制必须安全且及时地完成。与典型的嵌入式系统一样，系统通过若干个传感器和执行器来与外部环境进行接口连接。每列列车的控制都是依赖于状态的，必须设计状态机来提供对列车的控制。由于该系统是嵌入式系统，从包含整个硬件和软件的系统工程视角出发设计系统是有益的，然后再考虑实时软件建模和设计。**轻轨嵌入式系统**是指整个硬件/软件系统，而**轻轨控制系统**则是指软件系统。

21.1 节给出了问题描述。21.2 节描述了系统的结构化建模，包括问题域的结构模型，然后是系统和软件系统上下文模型。21.3 节从软件工程视角描述了用例模型，描述了安全性关键系统的功能和非功能需求。21.4 节描述了动态状态机建模，这对该嵌入式系统依赖于状态的复杂性建模尤为重要。21.5 节描述了系统构造标准是如何应用到这个系统的，接下来是21.6 节，它描述了对象和类构造标准是如何应用于每个子系统的。21.7 节描述了如何使用动态交互建模来从用例中开发序列图。21.8 节概述了软件系统的设计模型。21.9 节描述了综合通信图开发，这引出了在 21.10 节中的分布式软件体系结构的设计，以及 21.11 节中基于组件的软件体系结构设计。

21.1 问题描述

轻轨控制系统由几列列车组成，这些列车在车站之间在双向轨道上行驶，每一端都是半圆形回环。列车必须在每个车站停下来。如果近距离传感器探测到前方有危险，列车就会在停止之前减速。如果出现服务故障，列车在下一站停靠，让乘客下车，然后关门停运。

对于每一列**列车**，都有下列 I/O 设备：

- **马达执行器**。通过指令进行加速、巡航、减速和停止控制。
- **门执行器**。每个门执行器都由指令控制，以开启和关闭门。
- **门传感器**。对于每个门执行器，也有一个门传感器来检测门是否打开。
- **靠近传感器**。当列车靠近车站时进行检测。用于启动列车减速。
- **到达传感器**。当列车到达车站时进行检测。用于停止列车。
- **离开传感器**。当列车离开车站时检测。
- **近距离传感器**。检测列车前方或列车前方跨越铁轨是否有危险，以及是否解除危险。
- **GPS 定位传感器**，定期地确定列车的坐标。
- **速度传感器**，确定列车的当前速度。
- **列车显示**。在列车上显示下一个车站。
- **列车音频设备**。向列车乘客播放音频信息，通知他们列车到站。

对于每个**车站**，都有下列 I/O 设备：

- **车站显示**。按顺序显示下一列列车到达和预计到达的时间。

- **车站音频设备**。向车站乘客广播音频信息。

有几条穿越轨道的**铁路道口**，其操作在第 20 章中给予了描述。

I/O 设备的硬件特性是，除了近距离传感器外的所有传感器都是事件驱动的。也就是说，当有来自这些设备的输入时，就会产生中断。近距离传感器和所有输出设备都是被动的。

21.2　结构化建模

从问题域的静态结构模型得到结构实体（建模为 SysML 模块）和**轻轨嵌入式系统**中的关系，如图 21-1 所示。**轻轨嵌入式系统**被建模为嵌入式系统组合模块，由多个列车和车站模块组成。列车被建模为嵌入式子系统组合模块，由输入和输出设备模块组成。因此，有几个输出设备模块：一个马达、许多门执行器、许多列车显示以及许多列车音频设备模块。还有几个列车传感器，这被统称为传感器输入设备模块。专用传感器模块是靠近传感器、到达传感器、离开传感器、近距离传感器、位置传感器、速度传感器和门传感器。车站也被建模为嵌入式子系统组合模块，由车站显示和车站音频设备模块组成。列车模块与车站模块是多对多的关联，因为任何一列列车都可以在任何车站停靠。嵌入式系统铁路道口系统和路旁监视系统与**轻轨嵌入式系统**通信。 |452|

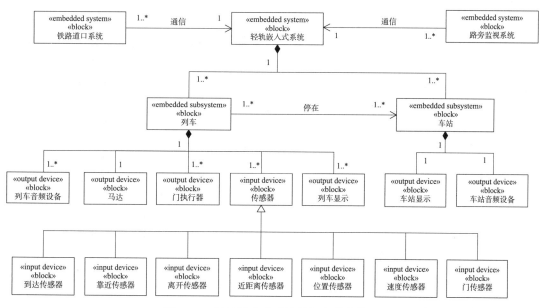

图 21-1　轻轨嵌入式系统的概念静态模型

接下来，**为轻轨嵌入式系统**开发了系统上下文模块图，该系统将外部实体建模为硬件 / 软件系统，如图 21-2 所示。从系统的视角来看，所有的传感器和执行器都是系统的一部分。外部实体是列车（它是由系统检测和控制的外部物理实体模块）、危险（它是一个外部物理实体模块，比如系统检测到的前方列车或车辆）、铁路运营商（一个与系统相互作用的外部用户模块）、外部观察者模块列车乘客、车站用户和铁路运营观察者、外部系统模块铁路道口系统和路旁监视系统。

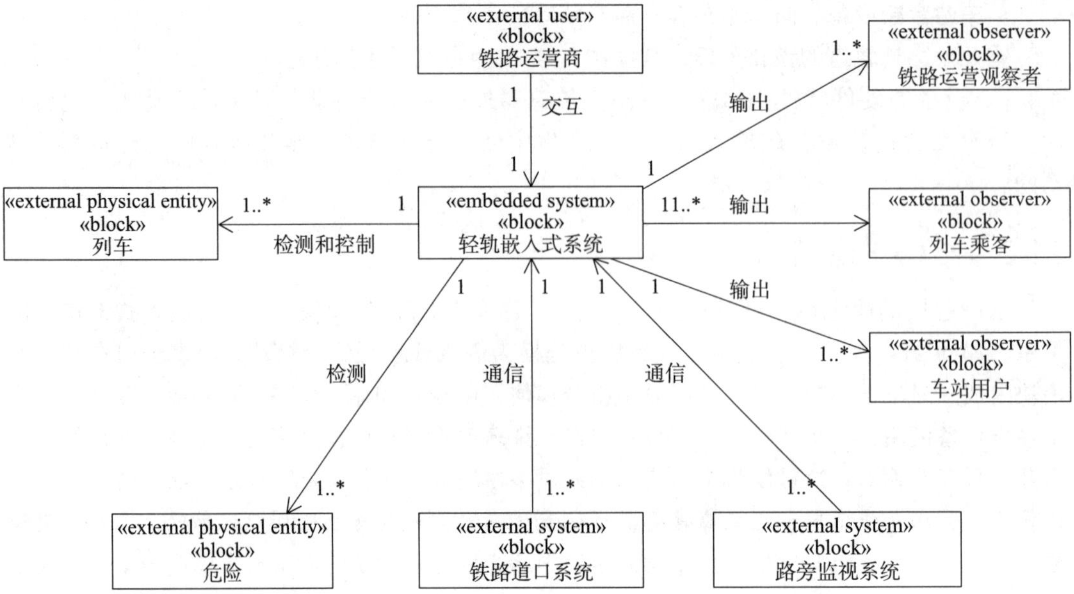

图 21-2 轻轨控制系统上下文模块图

完成系统上下文建模后，下一步是开发软件系统框图，如图 21-3 所示，其中**轻轨控制系统**作为软件系统模块接口连接几个外部输入和输出设备模块、两个外部系统模块和一个外部用户模块。在图 21-1 的概念静态模型中，列车和车站组合模块的输入和输出设备模块实际上是**轻轨控制系统**的外部输入和输出设备。系统上下文模块图（图 21-2）中的列车和危险的外部物理实体通过检测它们的传感器和 / 或控制它们执行器在软件上下文框图上给出了表示。因此，列车的到达和离开是通过靠近传感器检测到的，它检测到列车正在靠近车站，到达传感器检测列车即将到达车站，离开传感器检测出列车已经离开车站。列车的位置和速度分别由位置传感器和速度传感器来测量。列车车门的状态是由门传感器检测到的。在列车前方物理上的危险是由近距离传感器检测到的。该系统由马达执行器和许多门执行器的输出控制。外部传感器和执行器分别在软件系统上下文框图上被描述为外部输入或输出设备类，它们与**轻轨控制系统**接口连接。在系统框图中，外部列车和车站分别被列车显示和车站显示所取代，铁路运营观察人员被所看见的铁路运营显示以及所听到的列车音频设备和车站音频设备所取代。剩余的外部模块从系统上下文图中继承，这些外部模块为人类外部用户、铁路运营商和两个外部系统，铁路道口系统和路旁监视系统。

21.3 用例建模

下一步是开发**轻轨控制系统**的用例模型。由于这是一个包含许多外部传感器和执行器的嵌入式系统，所以我们希望从软件工程视角开发一个更详细的用例模型，其中将有许多角色。有一个人类角色，即铁路运营商、几个 I/O 设备角色和两个外部系统角色。有九个输入和 / 或输出设备，即靠近传感器、到达传感器、离开传感器、近距离传感器、马达、门执行器、门传感器、位置传感器和速度传感器。输入和输出角色对应于软件上下文模块图上的外部输入和输出设备模块。有一个广义的角色代表铁路媒体。有两个外部系统角色，铁路道口系统和路旁监视系统。

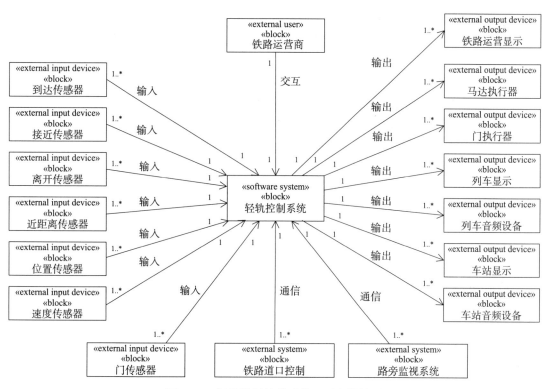

图 21-3　轻轨控制软件系统上下文模块图

由于**轻轨控制系统**的用例模型有许多用例和角色，所以最好将用例模型组织到用例包中，用例包将相关的用例组合在一起。因此，根据它们的功能用例被分组到四个用例包中。由于用例和角色的数量较多，每个用例包及其对应的用例和角色都显示在一个单独的用例图中。用例包和其中的用例根据问题的定义被一一确定，下面给出了用例描述。

21.3.1　用于轻轨运营的用例包

该用例包中的用例在正常操作过程中处理列车到达和离开。这些用例被分组到一个名为轻轨运营的用例包中，如图 21-4 所示。

- 到达车站。一列列车到达车站。角色是靠近传感器（主要角色）、到达传感器、马达和门执行器。
- 控制在站列车。处理在站列车车门打开和关闭。角色是门传感器（主要角色）和门执行器。
- 离开车站。一列列车离开车站。角色是门传感器（主要角色）、离开传感器和马达。
- 控制列车运营，是一种高层次用例，包括到达车站、控制在站列车和离开车站用例。它描述了正常情况列车操作的用例序列。该用例的角色是铁路媒体，它也是所有内含用例的角色。

接下来是用例描述。到达车站用例从靠近传感器角色的输入开始。

用例：到达车站。

角色：靠近传感器（主要角色）、到达传感器、马达、门执行器。

前置条件：列车正向下一个车站行驶。

主序列：

    1. 靠近传感器发送信号告知列车正在靠近车站。

    2. 系统发送减速指令到马达。

    3. 系统发送列车靠近信息到铁路媒体。

    4. 系统继续减速和监控列车的速度。

    5. 到达传感器发送信号告知列车正在进入车站。

    6. 系统发送停止马达指令到马达。

    7. 马达发出列车停止的响应。

    8. 系统向门执行器发送开门的指令。

    9. 系统发送列车到达信息到铁路媒体。

分支序列：

步骤1到步骤4：如果探测到危险，就使用检测危险存在用例进行扩展。当危险被移除并且列车是静止的时候，用检测危险移除用例进行扩展。

后置条件：列车在车站停止，车门打开。

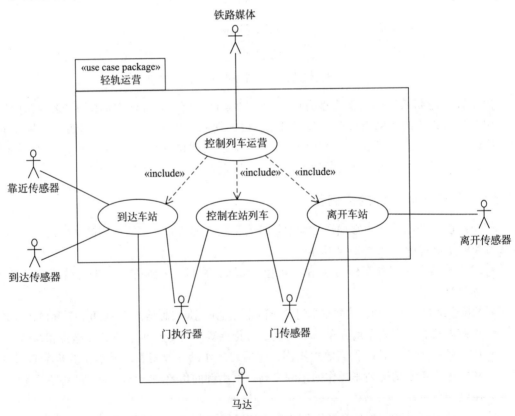

图 21-4 轻轨控制系统的角色和用例：轻轨运营用例包

控制在站列车用例从门传感器角色的输入开始。

用例：控制在站列车。

角色：门传感器（主要角色），门执行器。

前置条件：列车停在车站，车门打开。

主序列：

　　1. 门传感器发送门打开消息。

　　2. 在一定时间间隔后，系统将关门的指令发送到门执行器。

　　3. 系统发送列车离开的消息到铁路媒体。

分支序列：

步骤 2：如果前方有危险，列车将继续停在车站，直到危险被移除。

后置条件：列车停在车站，车门关闭。

离开车站用例从门传感器角色输入开始。

用例：离开车站。

角色：门传感器（主要角色）、离开传感器、马达。

前置条件：列车停在车站，车门关闭。

主序列：

　　1. 门传感器发送门关闭消息到系统。

　　2. 系统指令马达加速列车到巡航速度。

　　3. 离开传感器检测到列车已离开车站并通知系统。

　　4. 系统向铁路媒体发送列车离开消息。

　　5. 系统继续加速列车和监控列车的运行速度。

　　6. 当列车达到巡航速度时，系统指令马达停止加速，并以恒定的速度开始巡航。

　　7. 系统以预定的巡航速度保持列车速度。

分支序列：

步骤 5 到步骤 7：如果发现了危险，就使用检测危险存在用例进行扩展。当危险被移除并且列车是静止的，用检测危险移除用例进行扩展。

后置条件：列车以巡航速度向下一站行驶。

控制列车运营是一个高层用例，包括了三个用例。

用例：控制列车运营。

角色：铁路媒体。

依赖性：包括到达车站用例、控制在站列车用例、离开车站用例。

前置条件：列车正在向下一个车站行驶。

主序列：

　　1. 包括到达车站用例。

　　2. 包括控制在站列车用例。

　　3. 包括离开车站用例。

后置条件：列车以巡航速度向下一站行驶。

|459|

21.3.2　用于列车调度和暂停的用例包

处理列车停止服务和恢复服务的用例组成了列车调度和暂停用例包，其中还包括来自轻轨运营用例包的用例，如图 21-5 所示。列车通过调度列车用例恢复服务，并如控制列车运营用例所描述的那样保持列车正常运行。然后，可以使用暂停列车用例暂停列车服务。

- 调度列车。铁路运营商指令一列列车开始或恢复服务。该用例包括控制在站列车和离开车站用例。该用例的角色是铁路运营商（主要角色）、门执行器和铁路媒体。
- 暂停列车。铁路运营商指令一列列车暂停服务。该用例包括到达车站和控制在站列车用例。该用例的角色是铁路运营商（主要角色）、门传感器和铁路媒体。

接下来将给出用例描述。暂停列车用例从铁路运营商角色的输入开始。

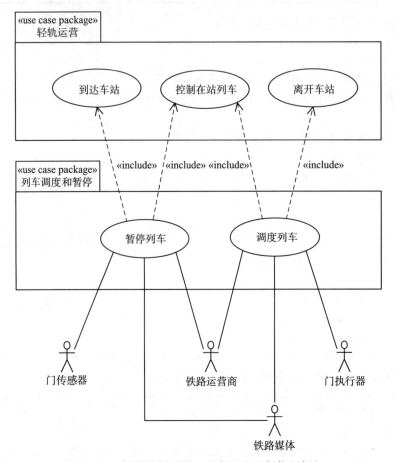

图 21-5　轻轨控制系统：列车调度和暂停用例包

用例：暂停列车。

角色：铁路运营商（主要角色）、门传感器、铁路媒体。

依赖性：包括到达车站用例，控制在站列车用例。

前置条件：列车在运营中并向下一站行驶。

主序列：

　　1. 铁路运营商发送暂停列车服务指令到系统。

　　2. 系统发送到达列车准备暂停服务的消息到铁路媒体。

　　3. 包括到达车站用例。

　　4. 包括控制在站列车用例。

　　5. 门传感器发送门已关闭的消息到系统。

　　6. 系统确认列车已经暂停服务。

分支序列：

步骤 3：如果列车已经在车站并打开了门，那么，在一定时间间隔之后，系统会向门执行器发送关闭门消息，重新执行步骤 5。

后置条件：选择的列车已被指令退出服务。

调度列车用例从铁路运营商的一个输入开始。

用例：调度列车。

角色：铁路运营商（主要角色）、门执行器、铁路媒体。

依赖：包括控制在站列车，离开车站用例。

前置条件：列车停止服务，停靠在车站，车门关闭。

主序列：

　　1. 铁路运营商发送指令，让列车恢复运营。

　　2. 系统向门执行器发送开门的指令。

　　3. 系统发送列车运营消息到铁路媒体。

　　4. 包括控制在站列车用例。

　　5. 包括离开车站用例。

后置条件：列车已恢复运营。

458
～
459

21.3.3　用于铁路危险检测的用例包

　　列车检测危险和消除危险的用例被分组到铁路危险检测用例包中，如图 21-6 所示。这些用例扩展了来自轻轨运营用例包的用例。两个用例的角色都是近距离传感器（主要角色）和马达：

- 检测危险存在。当检测到前方的危险时，列车就会减速直到停车。这个用例是一个扩展用例，它扩展了遇到危险时到达车站和离开开站用例。

- 检测危险移除。当危险被移除时，列车开始行驶。这个用例是一个扩展用例，前面遇到的危险被移除时它扩展了到达车站和离开开站用例。

接下来给出用例描述。检测危险存在用例从近距离传感器角色的输入开始。

用例：检测危险存在。

角色：近距离传感器（主要角色），马达。

依赖：扩展到达车站和离开开站用例。

前置条件：列车正在向下一个车站行驶。

主序列：

　　1. 近距离传感器检测到前方的危险，并将消息发送给系统。

　　2. 系统发送减速直到停止指令到马达。

　　3. 当列车停止时，马达响应系统。

　　4. 退出用例并返回到基本用例。

分支序列：

步骤 3： 如果在列车停止之前，在近距离范围内（超过 100 米）变为安全，系统指令马达开始加速。退出用例并返回到基本用例。

后置条件： 由于前面的危险存在，列车已经停止。

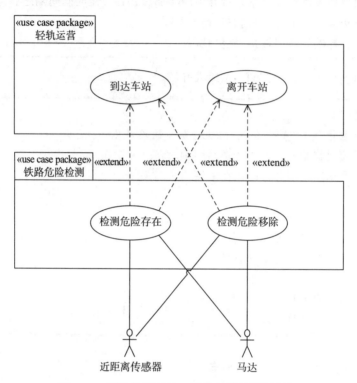

图 21-6   轻轨控制系统：铁路危险检测用例包

检测危险移除用例从近距离传感器角色的输入开始。

用例： 检测危险移除。

角色： 近距离传感器（主要角色），马达。

依赖： 扩展到达车站和离开开站用例。

前置条件： 由于发现危险，列车已经停止。

主序列：

　　1. 近距离传感器检测到危险移除，并向系统发送消息。

　　2. 系统指令马达开始加速。

　　3. 退出用例并返回到基本用例。

后置条件： 在移除危险后，列车已恢复运营。

21.3.4   用于铁路监视的用例包

监视列车进度和轻轨系统的用例被分组到铁路监控用例包中，如图 21-7 所示。

● 监视列车位置。GPS 定位传感器角色告知列车当前位置。

- 监视列车速度。速度传感器角色告知列车当前的速度。
- 监视铁路运营。外部铁路道口系统和路旁监视系统（建模为角色）将状态信息，例如铁路轨道和铁路道口状态发送给系统。

460
~
461

此外，角色铁路媒体是专门被实例化为接收铁路状态消息的五个角色，如图 21-8 所示。这五个角色是列车显示、列车音频设备、车站显示、车站音频设备以及铁路运营显示。

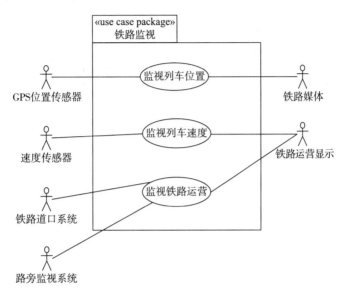

图 21-7　轻轨控制系统：铁路监视用例包

接下来给出用例描述。监视列车速度用例从速度传感器角色的输入开始。

用例： 监视列车速度。
角色： 速度传感器（主要角色），铁路运营显示。
前置条件： 列车在行驶中。
主序列：
　　1. 速度传感器通知系统当前的列车速度。
　　2. 系统将当前速度转换为工程单位并存储当前的值。
　　3. 系统输出当前速度到铁路运营显示。
后置条件： 当前速度已更新并显示。

监视列车位置用例从 GPS 位置传感器角色的输入开始。

用例： 监视列车位置。
角色： GPS 定位传感器（主要角色），铁路媒体。
前置条件： 列车行驶中。
主序列：
　　1. GPS 位置传感器发送列车的物理位置。
　　2. 系统使用列车位置和当前速度来估计列车到站时间
　　3. 系统将列车位置发送给铁路媒体。
后置条件： 位置和速度信息已被存储和分发。

监视铁路运营用例从铁路道口系统或路旁监视系统角色的输入开始。

用例：监视铁路运营。

角色：铁路道口系统，路旁监视系统，铁路运营显示。

前置条件：系统是可运营的。

主序列：

　　1. 铁路道口系统或路旁监视系统通知系统铁路设备状态。

　　2. 系统储存铁路设备的当前状态。

　　3. 系统在轨道运营显示上显示正常范围外的或出故障的铁路设备的警告消息。

后置条件：铁路设备的状态已被保存并显示。

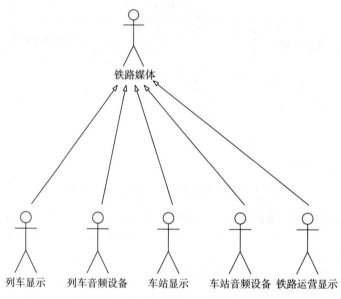

图 21-8　轻轨控制系统：铁路媒体一般化的和特殊化的角色

21.4　动态状态机建模

状态机建模首先考虑基于用例的状态和转换，如 21.4.1 节所描述，然后组合成完整的状态机，如 21.4.2 节所述。以下内容描述包括传入的事件、状态转换和导致的动作（转换、进入或退出动作）。在圆括号中（因为它们没有在状态机中描述）是发送事件或接收动作的角色（参见 21.3 节）。

21.4.1　基于用例的状态机

到达车站用例的状态机从列车巡航状态开始，如图 21-9 所示。靠近事件（源自于靠近传感器）使状态机转换为靠近状态，产生减速转换动作（发送到马达）和发送靠近消息（发向铁路媒体）的进入动作。下一个事件是到达事件（来自到达传感器），它会导致状态转换到停止状态，并产生停止指令（发向马达）的操作。接下来是停止事件（来自马达），它会导致向正在打开车门状态的转换、打开车门的进入动作以及发送到达消息（发向铁路媒体）的转换动作。

　　控制在站列车用例的状态机从正在打开车门状态开始，如图 21-10 所示。打开事件（来自门传感器）使状态机转换为车门打开状态，并引起启动定时器转换动作（到本地定时器）。在超时事件发生之后，并假设前方没有危险（例如：[警报解除] 保护条件为真），状态机从车门打开状态转换为车门关闭状态，并引起退出动作：向关闭车门（到门执行器）发送一个指令和转换动作：发送离开消息（到铁路媒体）。

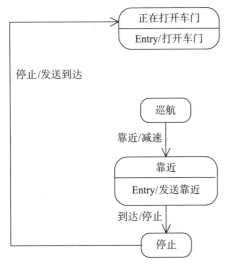

图 21-9　到达车站用例的状态机

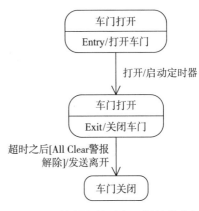

图 21-10　控制在站列车用例的状态机

　　离开车站用例的状态机从图 21-11 所示的车门关闭状态开始。关闭事件（来自门传感器）使状态机转换为加速状态，并引起进入动作：发送加速指令（到马达）。离开事件（来自离开传感器）导致向加速状态的转换以及转换动作：发送离开消息（到铁路媒体）。当系统检测到列车已经达到巡航速度时，状态机就会转换到巡航状态，并发送巡航指令（到马达）。

　　暂停列车用例的状态机从超时情况下正在打开车门状态开始。如果列车得到指令停止运营（即：[暂停] 保护条件为真），状态机将转换为停止运营状态，这将产生退出动作：关闭车门（到门执行器）和转换动作：发送停止运营消息（到铁路媒体），如图 21-12 所示。

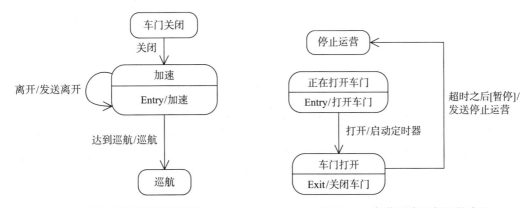

图 21-11　离开车站用例的状态机　　　　　　图 21-12　暂停列车用例的状态机

　　当调度消息到达（从铁路运营商）时，调度列车用例的状态机从停止运营状态开始。状态机转换为正在打开门状态，这将产生进入动作向门执行器发送打开车门指令，以及转换动作发送进入运营消息（到铁路媒体），如图 21-13 所示。

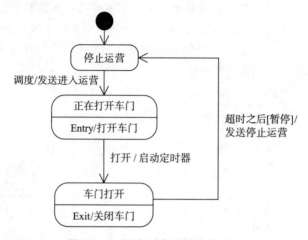

图 21-13 调度列车用例的状态机

检测危险存在用例是从列车所处的加速、巡航或靠近状态中任一状态开始的。当近距离传感器发送检测到危险消息时，状态机将转换到紧急停止状态，导致进入动作，发送紧急停止消息（到马达），发送检测到危险消息（到铁路媒体），如图 21-14 所示。如果马达发送停止事件，状态机转换到紧急暂停状态，这产生了转换动作：发送停止消息（到铁路媒体）。

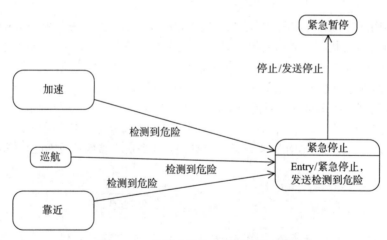

图 21-14 检测危险存在用例的状态机

用于检测危险移除用例的状态机，从紧急停止或紧急暂停状态开始。如果近距离传感器发送危险移除消息（如图 21-15 所示），这将导致状态机转换到：（a）靠近状态，如果列车靠近车站，在这种情况下，转换动作是慢慢地加速，发送危险移除消息；或（b）加速状态，如果列车不是在靠近车站，在这种情况下，转换动作是加速和发送危险移除消息。

21.4.2 集成列车控制状态机

因为状态机建模涉及七个依赖于状态的用例，所以有必要集成来自这些用例的部分状态机，并考虑可选分支来创建初始集成列车控制状态机，如图 21-16 所示。

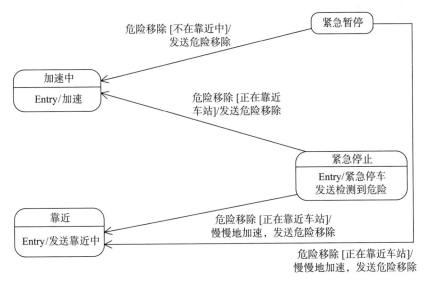

图 21-15　检测危险移除用例的状态机

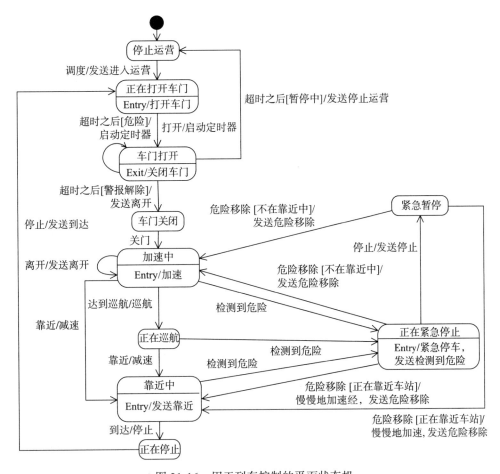

图 21-16　用于列车控制的平面状态机

初始集成状态机是一种没有任何层次结构的扁平状态机。因此，通过定义组合状态来表示列车的主要状态，就有可能设计出分层状态机。可以将图 21-16 中的某些状态分组到一个组合状态中。特别是，加速、巡航和靠近状态可以组合后成为被称作行驶中的组合状态的子状态。其原因是，来自每一个加速、巡航和靠近子状态的探测到危险的转换，都可以被从行驶中的探测到危险转换所取代。类似地，紧急停止和紧急暂停可以被归类为称为紧急组合状态的子状态。其原因是，在紧急状态下，从紧急停止和紧急暂停子状态下的危险移除转换，可以被紧急组合状态的危险移除转换所取代。

466
~
468

接下来将描述列车控制分层状态机的组合状态和子状态，如图 21-17 所示。最初的状态是停止运营：

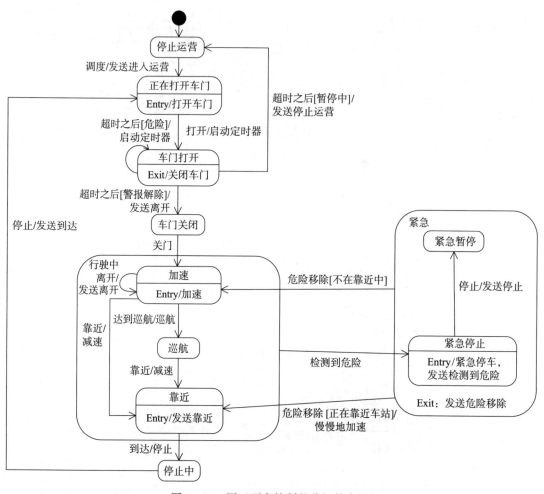

图 21-17　用于列车控制的分级状态机

- 停止运营。列车停在车站静止不动，车门关闭。
- 正在打开车门。当列车停在车站，并且正在打开车门过程中，就进入了这个状态。当列车被调度运营时，也会进入该状态。在状态机上，车门打开动作被显示为进入动作，因为可以从运营状态或停止状态转换到正在打开车门状态。可以更简明地采用状态机中的进入动作描述，而不是在两个转入状态转换上进行转换动作描述。
- 车门打开。当列车车门已经完全打开时，就进入了这个状态。在该状态转换中，有一个启动定时器的动作。当超时的时候，有三种可能的转换。如果危险条件为真，则重新进入该状态。如果暂停为真，状态机将转换为停止运营状态。如果 All Clear 条件为真，状态机就会转换到车门关闭状态。在从这个状态退出到车门关闭或停止运营状态的时候，有一个退出动作关闭车门。需要注意的是，All Clear 条件是根据 Hazard 和 Suspending 条件用以下布尔表达式来定义的：

All Clear = NOT Hazard AND NOT Suspending。

- 车门关闭。为了满足驶向下一站的请求，列车的车门处于关闭过程中时，就进入了这个状态。
- 行驶中。这是一个组合状态，当列车行驶并包含以下的子状态时进入：
  - 加速。一列列车正在加速，直到它到达巡航状态。
  - 巡航。列车以恒定的速度行驶。
  - 靠近。一列列车正靠近车站。
- 停止中。当列车到达车站时，就进入了这个状态。
- 紧急情况。这是一个组合状态，当检测到危险并包含以下几个子状态时进入：
  - 紧急停止。如果前面发现了危险，列车就会减速，如果危险没有消除，最终会进入紧急停止状态。这个子状态可以从任何一个行驶中子状态中进入，这些子状态是：加速、巡航或靠近。如果危险移除，列车就会转换到靠近子状态（如果它靠近车站）或加速子状态（如果不是靠近车站）。
  - 紧急暂停。由于紧急情况，列车已经停止了并关上了门。这个子状态是从紧急停止子状态进入的。

469 ～ 470

21.5 构造子系统

由于**轻轨控制系统**是一个具有许多对象的大型系统，因此有必要考虑系统是如何结构化成子系统的。因为这是一个分布式应用，所以它的地理位置和聚合/组合方面是需要优先考虑的。从地理的视角来看，列车和车站是截然不同的分布式的实体。图 21-1 中的概念式的静态模型显示，有多个列车和多个车站，各由多个部分组成。因此，列车和车站可以在结构上被建模为地理上的分布式子系统。

由于列车子系统的主要目的是控制物理上的列车，子系统被命名为列车控制子系统，其中每个列车都有一个实例。还有一个车站子系统，系统中每个车站都有一个实例，该子系统是一个输出子系统，它的主要功能是输出列车状态信息到车站的视觉显示和音频设备。

由于该系统需要一个运营商来查看列车和车站的状态，以及指令列车停止运营和恢复运营，并通知车站列车延迟状况，设计了一个用户交互子系统被称为铁路运营交互。最后，铁路运营服务是一个只有一个实例的服务子系统。它独立于列车和车站的数量，负责维护系统的状态，并在铁路运营中心的大屏幕上动态输出实时列车和车站状态。

因此，**轻轨控制系统**由四个子系统组成，如图 21-18 所示。它们是列车控制子系统、车站子系统、铁路运营服务子系统和铁路运营交互子系统。从图 21-3 中描述的软件上下文图开始，图 21-18 描述了这四个子系统以及它们所接口的外部实体。

21.6 构造对象和类

因为这是一个实时嵌入式系统，所以有许多外部设备，因此也有许多软件边界类。使用 COMET/RTE 对象和类构造标准来确定每个子系统中的对象和类。这些对象的行为在 21.7 节中详细描述。

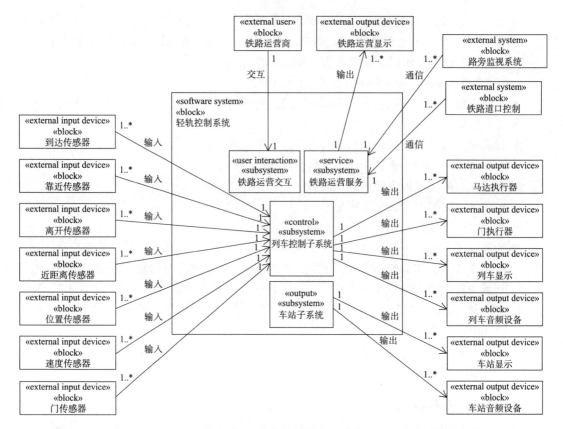

图 21-18   轻轨控制软件子系统

所有与列车相关的类，如列车的近距离传感器和马达，都是列车控制子系统的一部分。边界类是通过考虑与外部实体交互的软件类来确定的。需要输入类来接收图 21-18 所示的七个外部输入设备的输入。如图 21-19 所示，相应的七个输入类都在列车控制子系统中，它们是靠近传感器输入、到达传感器输入、离开传感器输入、近距离传感器输入、门传感器输入、位置传感器输入和速度传感器输入。

接下来，输出到外部输出设备的输出类将被确定。图 21-3 显示有七个外部输出设备。在列车控制子系统中，有四个对应的输出类，如所示图 21-19。这些是门执行器输出，马达输出，列车显示输出和列车音频输出。

现在考虑列车控制子系统需要的控制对象。每列列车都需要一个列车控制对象。这必须是一个依赖于状态的控制对象，它执行在 21.4 节中描述的状态机。由于控制列车的速度是系统中的一个重要因素，因此需要有一个单独的速度调整算法对象，它将速度指令发送给马达输出对象，而后者又将通过接口与外部马达连接。此外，还必须有一个列车定时器来处理周期型的事件，比如在车站需要开着车门的时间。

需要一个实体对象来保存列车数据，包括列车的当前速度和位置。由于列车状态需要定期发送到不同的列车和车站对象，因此，一个协调器对象，即列车状态调度器，就是为这个目的而设计的。

接下来考虑车站子系统需要的类。两个输出类在车站子系统中，即车站显示输出和车站音频输出，如图 21-20 所示。对于每个车站，还需要一个协调器对象，即车站协调器，和一个实体对象，即车站状态。

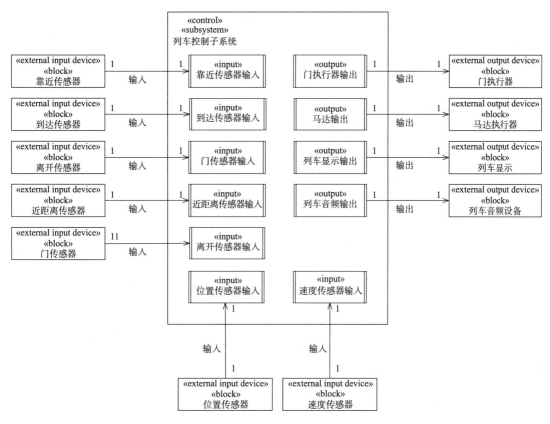

图 21-19　列车控制子系统的输入和输出类

铁路运营交互子系统包含一个用户交互对象，即运营商交互，它与外部用户，即铁路运营商进行交互。

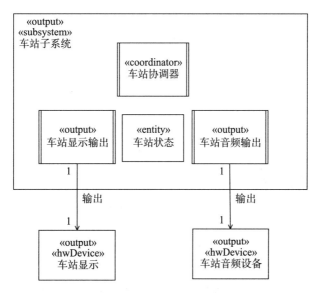

图 21-20　车站子系统的类

铁路运营服务子系统包含一个协调器对象，即铁路运营协调器、一个被动实体对象，即铁路运营状态，以及一个输出对象，即铁路运营显示输出，它输出到外部的铁路运营显示。

472尽管有两个外部系统，即铁路道口系统和路旁监视系统，与铁路运营服务通信，它们实际上是作为一个更大的轻轨基于组件的系统的子系统而设计的（见 21.11 节），因此不需要代理对象来与它们进行通信。

21.7　动态交互建模

下一步是设计与每个用例相对应的对象交互。为每个用例开发了序列图来描述参与用例的对象和对象交互序列。在每个序列图中也给出了消息描述。另外，如果交互涉及列车控制状态相关的控制对象，则对列车控制状态机内部的事件和动作给予了描述。注意，21.4 节描述了状态机如何接收来自角色的输入，并向角色发送输出，这与用例描述相对应。在构造对象之后，本节描述了依赖于状态的控制对象（它执行状态机）与软件对象（比如输入和输出对象）之间的交互，而这些软件对象又与对应于角色的输入和输出设备交互。

序列号用整数表示。对于某些用例，一个可选的字母（用例标识符）放在序列号前面。有关消息序列编号约定的更多信息，请参阅附录 A。

21.7.1　到达车站的序列图

由于涉及的对象数量较多，该用例用两个序列图实现，一个用于与系统交互的外部对象，另一个描述软件对象之间的交互。图 21-21 描述了前者的序列图，并首先给予描述：

参与这个用例的外部对象是：

1：靠近传感器向系统发送靠近事件。

2：系统将一个减速消息发送给马达执行器。

3：到达传感器向系统发送到达事件。

4：系统向马达执行器发送停止消息。

5：当列车停止时，马达执行器会向系统发送已停止事件。

6：系统向门执行器发送打开车门消息。

7：系统将已到达消息发送到列车显示和列车音频设备（事件 8）。

第二个序列图（图 21-22）描述了软件对象和它们之间的内部消息交互，跟随来自靠近传感器的输入：

1：靠近传感器发送靠近事件到靠近传感器输入对象。靠近传感器输入对象将已靠近消息中的车站序号发送到列车控制对象。在接收到这条消息时，列车控制从巡航状态转换到靠近状态。

473
~
4742：由于向靠近状态的转换，列车控制对象发送减速指令到速度调整对象。

3：通过读取当前速度和巡航速度，速度调整对象计算减速度，并把以减速度为参数的减速消息发送给马达输出。马达输出对象将减速度转化为电能单位，并将电压发送给现实世界的马达。

4：（与事件 2 并行的序列，因为这两个都是与状态转换相关的动作）：列车控制发送一个发送已靠近消息到列车状态调度器。

5：到达传感器输入对象接收到来自外部到达传感器的到达事件，表明列车已经到达了车站。到达传感器输入对象将已到达消息发送到列车控制对象。当接收到这个消息时，列车控制从靠近状态转换到停止状态。

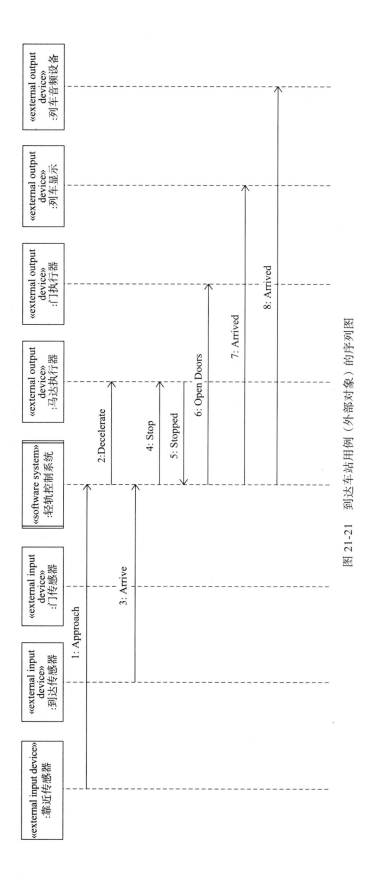

图 21-21　到达车站用例（外部对象）的序列图

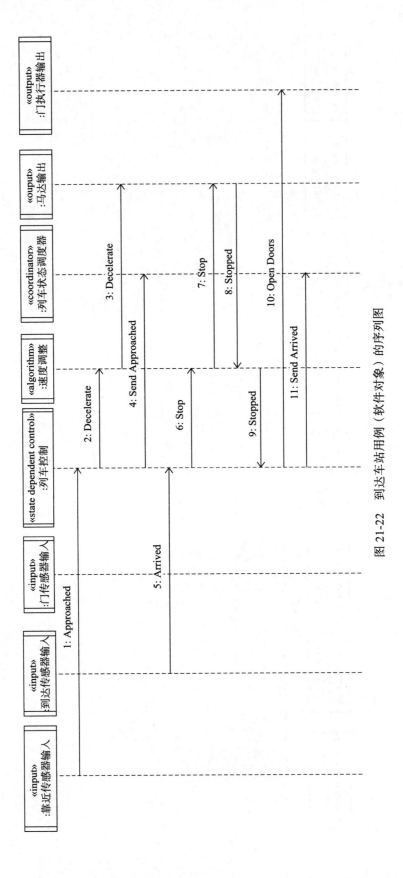

图 21-22   到达车站用例（软件对象）的序列图

6：列车控制发送停止消息到速度调整对象。

7：速度调整对象将停止消息发送到马达输出，马达输出继而将停止消息发送给物理世界的马达。

8：当列车停止时，马达会对马达输出对象发出停止响应。马达输出对象向速度调整对象发送已停止消息。

9：速度调整对象发送已停止消息到列车控制对象，列车控制然后转换到正在打开车门状态。

10：（并行序列，因为有两个与状态转换相关的动作）在向正在打开车门状态的转换过程中，列车控制对象发送门执行器输出对象的一个指令到打开车门。在状态机上，打开车门事件被显示为进入动作，因为向正在打开车门状态的转换可以来自于停止运营状态或停止中状态。更简明的做法是描述状态机中的一个进入动作，而不是来自每个转入状态转换的两个动作。

11.（并行序列，因为有两个与状态转换相关的动作）列车控制对象向列车状态调度器发送一个发送已到达消息。

21.7.2 列车状态调度器序列图

列车状态调度器向图 21-23 中描述的所有铁路媒体角色发送多播状态消息。接收状态消息的相应对象是：列车显示输出、列车音频输出、车站子系统（用于车站显示输出和车站音频输出）、铁路运营服务（用于铁路运营显示），以及列车状态实体对象，如图 21-23 所示。

475
～
477

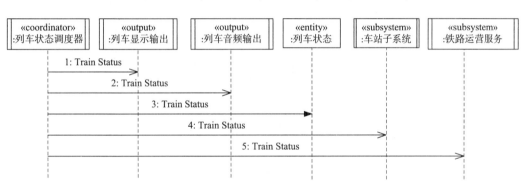

图 21-23　列车状态调度器序列图

1：列车状态调度器向列车显示输出发送列车状态消息，从而更新列车显示。

2：列车状态调度器向列车音频输出发送列车状态消息，列车音频输出将该消息发送到列车音频设备。

3：列车状态调度器根据到达的状态更新列车状态实体对象。

4：列车状态调度器发送多播消息已到达车站的 n 条消息到车站子系统对象的所有实例。车站子系统中的车站管理者对象接收多播到站消息，通过对象车站显示输出和车站音频输出来更新车站显示和音频设备，以及更新车站状态实体对象。

5：列车状态调度器向列车运营服务子系统发送列车状态消息。

21.7.3 控制在站列车序列图

该序列图（图 21-24）描述了软件对象和内部消息交互，它们是在门传感器检测到车门已打开之后进行的：

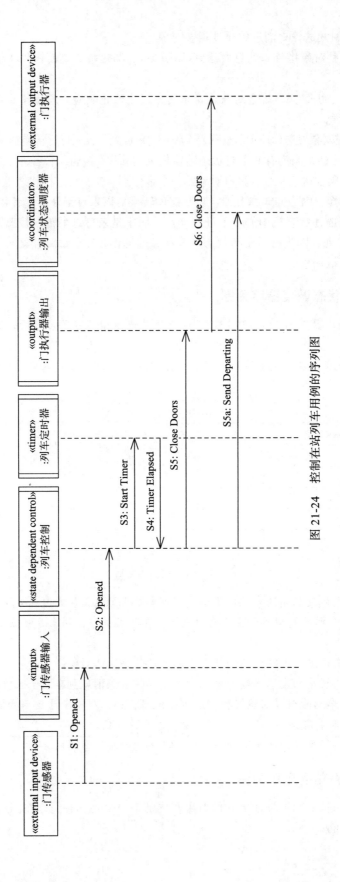

图 21-24　控制在站列车用例的序列图

S1：门传感器将已打开消息发送到门传感器输入对象。

S2：门传感器输入对象向列车控制对象发送已打开消息，然后转换到车门打开状态。

S3：列车控制对象向列车定时器发送一个启动定时器消息，以启动定时器。

S4：定时器事件是在等待超时后生成的。定时器对象发送定时器到期事件到列车控制。

S5：如果跟踪条件是 All Clear，则列车控制对象转换到车门关闭中状态，并向门执行器输出发送关门指令。

（注意，如果前方有危险，列车将继续停留在车站，并定期检查是否已清除了危险。一旦危险被清除，列车将恢复它的运行）。

S6：门执行器输出向物理世界的门执行器发送关门指令。

S5a：（与 S5 并行的序列，因为有两个与状态转换相关的动作）：列车控制对象将发送离开消息发送给列车状态调度器。

478

21.7.4 离开车站序列图

该序列图（图 21-25）描述了软件对象和内部消息交互，它们是在门传感器检测车门已关闭之后进行的。

D1：当所有的门都关闭时，物理世界的门传感器会发出已关闭消息。门传感器输入反过来发送已关闭消息到列车控制，列车控制转换到加速状态。

D2：列车控制向速度调整对象发送加速指令。

D3：速度调整对象计算加速度，并将加速度作为参数的加速消息发送到马达输出，这样，加速度就会逐渐增加列车的速度。

D4：马达输出对象将加速指令发送到物理世界的马达。

D5：离开传感器输入发送一个已离开消息到列车控制，这表明列车已经离开了车站。

D6：列车控制对象向列车状态调度器发送发送已离开消息。

D7：通过比较当前的速度和巡航速度，速度调整对象确定列车何时达到巡航速度。速度调整对象发送已到达巡航消息到列车控制，列车控制转换为巡航状态。

D8：列车控制发送巡航指令到速度调整对象。

D9：通过比较当前的速度和巡航速度，速度调整对象确定对列车速度的加或减量的调整。然后，它将带有增减量的巡航消息发送到马达输出对象。

D10：马达输出对象将增减量转化为电能单位，并将电压设置发送给物理世界的马达。

21.7.5 检测危险存在的序列图

该序列图（图 21-26）描述了软件对象和内部消息交互，它们是在靠近传感器检测前方危险的情况下进行的：

P1：近距离传感器检测到危险的存在，并将消息发送到近距离传感器输入。

P2：近距离传感器输入发送检测到危险消息到列车控制。如果列车处于行驶中组合状态，列车控制就会转换到正在紧急停车状态。状态机危害条件设置为真。

P3：列车控制向速度调整对象发送紧急停止消息。

479
~
480

P4：速度调整对象计算马达的快速减速值，并以减速度作为参数发送紧急停止消息到马达。

P5：马达输出将减速量转化为电能单位，并将停止消息发送给马达。

P6：（与 P3 并行的序列，因为有两个与状态转换相关联的动作）：列车控制对象向列车状态调度器发送检测到危险消息。

P7：马达响应，列车已经停了。

P8，P9：马达输出发送已停止消息到速度调整，速度调整将已停止消息转发给列车控制。列车控制转换到紧急暂停状态。

P10：列车控制动作是将发送发送已停止消息到列车状态调度器。

21.7.6 检测危险移除的序列图

该序列图（图 21-27）描述了软件对象和内部消息交互，它们是在近距离传感器检测前方危险移除的情况下进行的：

R1：近距离传感器检测到危险的移除，并将消息发送到近距离传感器输入。

R2：近距离传感器输入发送危险移除消息来进行控制。列车控制从其当前状态（紧急停止中或紧急暂停）到加速或靠近状态。列车控制状态机的危险条件设置为假。

R3：假设列车控制转换到加速状态，所产生的动作是列车控制将加速消息发送到速度调整对象。

R4：速度调整对象计算加速度，并将以加速度作为参数的加速消息发送给马达输出进行加速，这样，加速度就会逐渐增加列车的速度。

R5：马达输出对象将加速指令发送给物理世界的马达。

R6：（与 R3 并行的序列，因为有两个与状态转换相关的动作）：列车控制动作是将发送危险移除消息发送给列车状态调度器。

21.7.7 调度列车序列图

481
~
483

该序列图（图 21-28）描述了软件对象和内部消息交互，它们是在运营商向列车发送分派消息后进行的：

I1：运营商向运营商交互对象发送调度列车消息。

I2：运营商交互对象向选定的列车控制对象发送调度列车消息。列车控制从停止运营转换到车门正在打开状态。列车控制状态机的 Suspending 条件设置为假。

I3：在向车门正在打开状态的转换过程中，列车控制对象向门执行器输出发送打开车门指令。

I3a（与 I3 并行的序列）：列车控制对象向列车状态调度器发送运营中消息。

I4：门执行器输出对象向物理世界的门执行器发送打开车门指令。

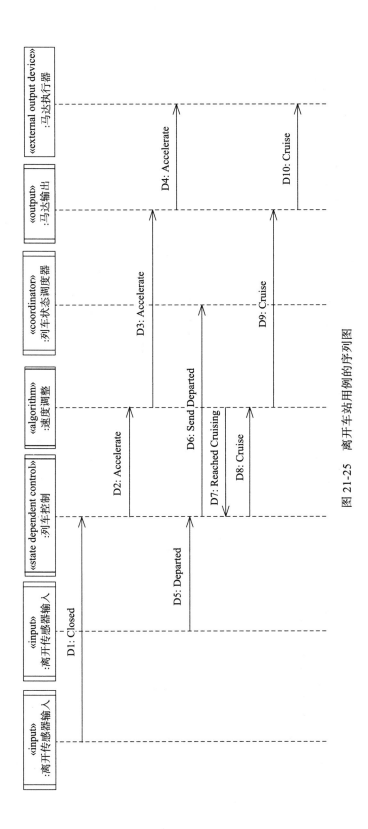

图 21-25 离开车站用例的序列图

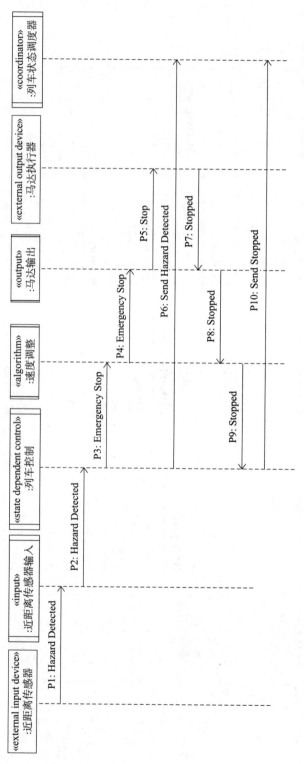

图 21-26 检测危险存在用例的序列图

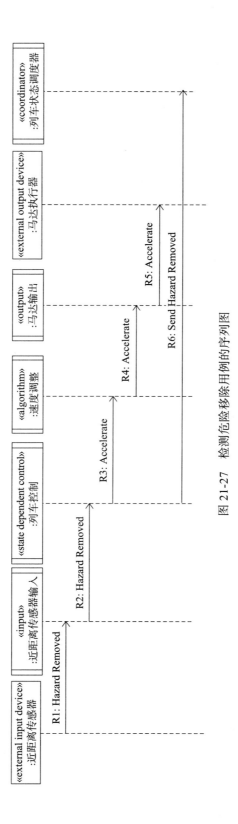

图 21-27　检测危险移除用例的序列图

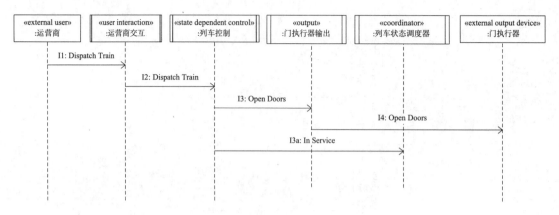

图 21-28　调度列车用例的序列图

21.7.8　其他事件序列

下面的事件序列非常简单，因此，没有提供序列图。

暂停列车的事件序列：

1：运营商向运营商交互对象发送暂停列车消息。

2：运营商交互对象向指定的列车控制对象发送暂停列车消息。列车控制状态机的 Suspending 条件设置为真。

3：当状态机处于车门打开状态以及 Suspending 条件设置为真时，列车控制接收到超时。其结果是状态机转换为停止运营状态。

监控列车速度的事件序列：

1：速度传感器对象向速度传感器输入对象发送当前列车的速度。

2：速度传感器输入对象将速度转换为工程单位，更新列车数据对象。

21.8　设计建模

在开发了轻轨控制系统的分析模型后，下一步主要是开发软件设计模型。这个过程中的步骤是：

1. 集成基于用例的序列图，并为每个子系统开发一个综合通信图。

2. 基于体系结构模式，将轻轨控制系统结构化为子系统，并基于体系结构通信模式设计子系统接口。

3. 对于每个子系统，使用任务构造标准和设计任务接口来将子系统构造成并发任务。

4. 分析并发实时软件设计的性能。这一步已在第 18 章的轻轨控制系统中给予了详细的描述。

5. 设计一个分布式的基于组件的软件体系结构，允许将组件部署到分布式系统配置中。

21.9　子系统综合通信图

软件设计建模的第一步包括为每个子系统开发综合通信图。子系统首先在 21.6 节中给予了确定。这就需要集成来自基于用例的序列图中的对象和交互，并将它们分配给子系统。图 21-29 描述了列车控制子系统的综合通信图。由于这个子系统中有大量的对象，所以该图关注软件对象和这些对象之间以及与其他子系统之间的交互。

图 21-29 描述了依赖于状态的控制对象列车控制，它接收来自多个输入对象的消息，这些输入对象包括靠近传感器输入、到达传感器输入、近距离传感器输入、离开传感器输入和门传感器输入。这些消息中包含的事件会导致由列车控制封装的状态机的状态转换（图 21-17）。由此产生的状态机动作作为速度指令消息发送到速度调整，作为门指令消息发送到门执行器输出，作为列车状态消息发送到列车状态调度器。列车位置和速度数据存储在列车数据实体对象中，该对象定期通过位置传感器输入和速度传感器输入对象进行更新。列车状态调度器读取并将这些数据与列车状态消息相结合，将其发送到列车显示输出和列车音频输出对象以及车站子系统和铁路运营服务。

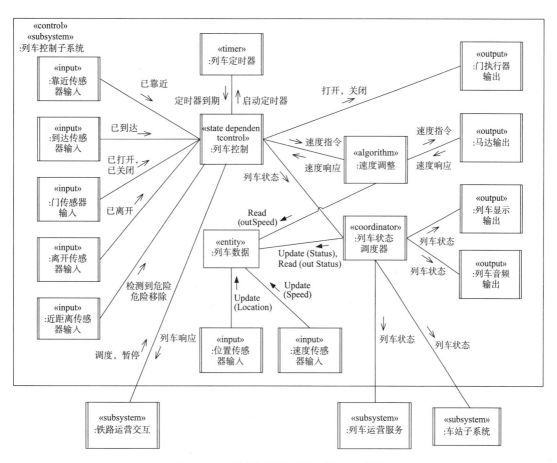

图 21-29　列车控制子系统：综合通信图

图 21-30 描述了车站子系统的综合通信图。该车站子系统由协调器对象车站协调器组成，除了更新车站状态实体对象，它从列车控制子系统中的列车状态调度器接收列车状态，并将该状态信息转发到车站显示输出和车站音频输出。除了更新车站状态实体对象，车站协调器还从铁路运营交互子系统中的运营商交互中接收车站指令，这是输出车站状态信息（如列车延迟）到车站显示输出和车站音频输出对象的指令。

图 21-31 描述了铁路运营交互和铁路运营服务子系统的综合通信图。铁路运营交互子系统由称为运营交互的用户交互对象组成，它向列车控制子系统发送列车指令来调度和暂停列车，向车站子系统发送车站指令。铁路运营服务由三个对象组成。协调对象铁路运营

486

协调从列车控制子系统和车站子系统以及外部系统铁路道口系统和路旁监视系统接收铁路状态消息。它使用该铁路状态信息更新铁路运营状态实体对象，并将铁路状态发送到输出对象铁路运营显示输出，在铁路运营中心的大屏幕上动态输出实时列车和车站状态。

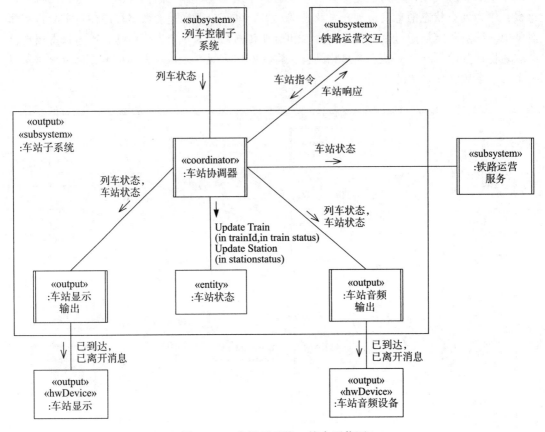

图 21-30　车站子系统：综合通信图

21.10　分布式轻轨系统设计

除了铁路道口系统（作为一个单独的案例研究已在第 20 章中描述）和路旁监视系统（它监控插入在铁轨中的轨道传感器），分布式轻轨系统的总体软件设计包括轻轨控制系统的四个子系统（列车控制子系统、车站子系统、铁路运营交互和铁路运营服务）。铁路道口系统和路旁监视系统都是将状态消息发送到铁路运营服务的嵌入式系统。本节描述了整个分布式软件体系结构，然后描述了轻轨控制系统中的每个子系统的任务体系结构。该设计的出发点是图 21-29 到图 21-31 所描述的四个子系统的综合通信图。

21.10.1　分布式软件体系结构的设计

在第 10 章中描述了子系统构造标准的应用：列车控制子系统是一个控制子系统，因为每个实例自动控制无人驾驶列车；车站子系统是一个输出子系统，因为它接收来自其他子系统的状态消息，这些子系统输出到音频设备和视频显示；铁路运营交互是一个用户交互子系统，因为它允许铁路运营商发送列车指令到列车控制子系统和车站指令到车站子系统；铁路运营服务是一个服务子系统，它维护从其他子系统接收到的铁路状态，并对铁路运营交互中的铁路状态请求做出响应。从分布式轻轨系统的视角来看，铁路道口系统是一个控制子系统，因为它控制铁路道口，路旁监视系统是一个数据采集子系统，因为它从几个铁路轨道传感器采集数据，追踪它们的状态和发送状态和故障警告综述到铁路运营服务。

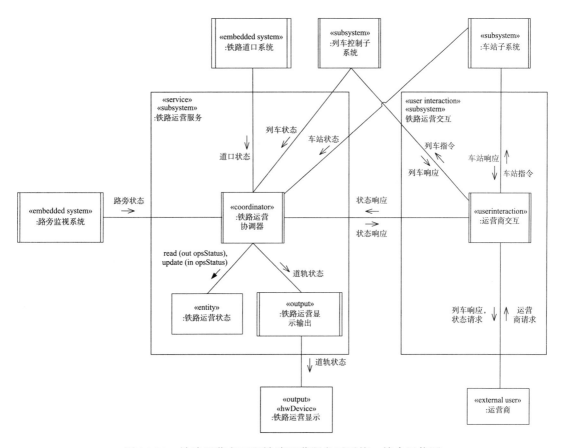

图 21-31　铁路运营交互和铁路运营服务子系统：综合通信图

在分布式软件体系结构中，有必要强化规则，即分布式子系统之间的所有通信都是通过消息完成的。总体分布式软件体系结构在图 21-32 中的并发通信图中给予了描述，图中显示了列车控制子系统的多个实例（每列列车一个实例），车站子系统的多个实例（每个车站一个实例），铁路运营交互的多个实例（每个运营商一个实例），铁路道口系统的多个实例（每个铁路道口一个实例），路旁监视系统的多个实例（每个监测区域一个实例），和铁路运营服务子系统的一个实例。

分布式轻轨系统所使用的体系结构模式是：

- **集中控制模式**。用于列车控制子系统和铁路道口系统的每一个实例。
- **分布式独立控制模式**。每个控制子系统独立于其他控制子系统，但需要将状态数据作为异步消息发送到铁路运营服务。
- **客户 / 服务模式**。铁路运营交互子系统从铁路运营服务请求数据。

487
〜
488

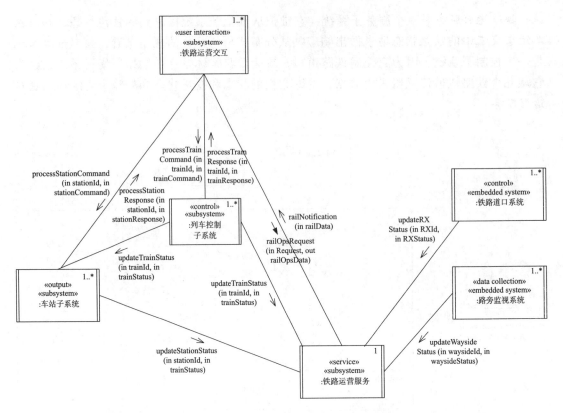

图 21-32　分布式轻轨系统的软件体系结构

21.10.2　子系统消息通信设计

　　子系统之间的所有通信都是通过异步消息通信的（有一个例外）。异步消息通信模式用于所有单向通信，例如所有状态消息由四个生产者（列车控制子系统、车站子系统、铁路道口系统和路旁监视系统）的多个实例发送给消费者——铁路运营服务。异步通信也用于从列车控制子系统的多个实例发送消息到车站子系统的多个实例。双向异步消息通信模式用于铁路运营交互与列车控制子系统和车站子系统的信息交互。

　　对异步消息通信的强调有两个原因：第一，生产者任务不会被一个消费者任务延迟。其次，如果在单个 FIFO 消息队上接收来自多个生产者的异步消息，那么消费者任务的设计就不那么复杂了，然后它按照接收到的消息的顺序进行操作。具有应答同步消息通信的模式用于铁路运营交互和铁路运营服务之间需要响应的请求。订阅/通知模式也用在了铁路运营交互（订阅接收铁路通知）和铁路运营服务之间，使用通知响应每次收到铁路状态更新。

　　因为在分布式配置中没有共享内存，所以关于列车和车站状态的信息不能通过一个被动的实体对象在不同子系统之间共享。相反，列车和车站状态需要通过消息通信发送到其他子系统。实现这一目标最有效的方法是通过使用订阅/通知模式的变种，即多播通知模式，包括发送异步通知消息到系统运行期间没有明确订阅的多个接收方。本质上，接收方是在初始化时确定的。该模式由列车控制子系统中的列车状态调度器使用，用于将列车状态发送给多个接收方，如 21.7.2 节所述。

21.10.3 列车控制子系统的并发任务设计

在分布式设计中，每列列车都有一个列车控制子系统的实例。这个子系统中的每个任务都被描述为一个任务的 MARTE 原型：«swSchedulableResource»。列车控制子系统的任务体系结构如图 21-33 所示。在目标系统配置期间（如 21.12 节所述），列车子系统的每个实例被部署到一个单独的列车节点上。因此，每个列车节点可以独立地在自己的节点上执行。

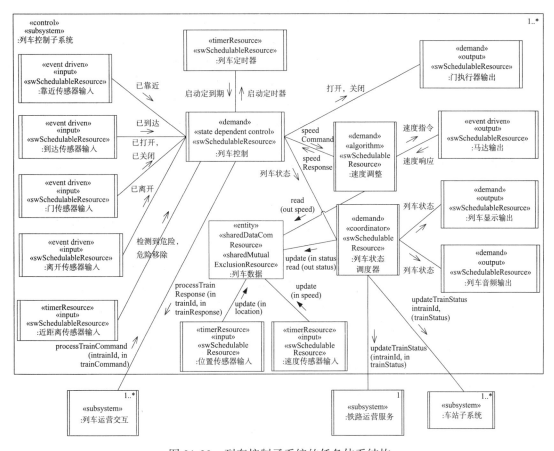

图 21-33 列车控制子系统的任务体系结构

这个子系统的每个实例都由以下各任务的一个实例组成：

1.事件驱动的输入任务。有一些事件驱动的输入任务，每一个任务都用构造型 «event driven»«input»«swSchedulableResource» 描述。

- 靠近传感器输入。列车靠近车站时由中断唤醒。
- 到达传感器输入。列车进站时由中断唤醒。
- 离开传感器输入。列车离开车站时由中断唤醒。
- 门传感器输入。当列车门打开或关闭时由中断唤醒。

2.周期性输入任务。有一些周期性的输入任务，每一个任务都用构造型 «timerResource» «input»«swSchedulableResource» 描述。

- 靠近传感器的输入。周期性地监测列车与前方危险之间的距离（如：在铁路道口处的列车或车辆）。

491

- 速度传感器输入。周期性地监控列车的当前速度。
- 位置传感器输入。周期性地监控列车的 GPS 位置。

3. **需求驱动的依赖于状态的控制任务**。列车控制任务由来自包括五个输入任务的几个生产者任务的消息和来自列车运营交互的指令激活。传入的消息是封装的列车控制状态机的输入事件。从列车控制任务发送传出消息作为状态机的动作。该任务用构造型 «demand»«state dependent control»«swSchedulableResource» 描述。

4. **需求驱动的协调任务**。列车状态调度器从列车控制中接收列车状态，它对车站子系统和铁路运营服务的所有实例以及列车显示输出和列车音频输出任务进行多播。这个协调器任务用构造型 «demand»«coordinator»«swSchedulableResource» 描述。

5. **需求驱动的算法任务**。速度调整最初是由来自列车控制需求的速度指令消息激活的，然后在列车运行时通过发送消息到马达输出，周期性地执行来调整列车的速度。该任务用构造型 «demand»«algorithm»«swSchedulableResource» 描述。该任务被归类为需求驱动的任务是因为它最初是应需求而激活的。

6. **事件驱动的输出任务**。马达输出由来自速度调整的消息激活，然后将马达指令发送到外部马达，当马达执行完成指令时会接收到中断信号。该输出任务用构造型 «event driven»«output»«swSchedulableResource» 描述。该任务被归类为事件驱动的输出任务是因为它接收来自输出设备的中断，而需求驱动的输出任务与不产生中断的被动输出设备接口连接。

7. **需求驱动的输出任务**。这些输出任务是应需求通过列车控制子系统中的其他任务的消息来激活的。每个任务都用构造型 «demand»«output»«swSchedulableResource» 描述。

- 门执行器输出。应需求由列车控制和接口连接到外部的门执行器的消息激活。
- 列车显示输出。应需求由列车状态调度器和接口连接到外部的列车显示的消息激活。
- 列车音频输出。应需求由列车状态调度器和接口连接到外部列车音频设备的消息激活。

车站子系统中的被动对象

在列车控制子系统的每个实例也维护自己的本地实例：列车数据被动实体对象，它存储当前 GPS 位置（由位置传感器输入周期性更新）、当前的速度（由速度传感器输入周期性更新）和列车状态（行驶中、到达中，在车站、离开中）（由列车状态调度器更新）。因为这个被动对象由多个任务互斥地访问，它用构造型 «entity»«sharedDataComResource» «sharedMutualExclusionResource» 描述。

消息通信接口设计

列车控制任务是列车控制子系统的核心。正因为如此，与它的所有通信都是异步的，这一点很关键。它接收来自多个输入任务的消息，例如来自到达传感器输入和近距离传感器输入任务。列车控制将速度控制消息发送到速度调整（它接下来将消息发送到马达输出），将门控制消息发送到门执行器输出，以及将状态消息发送到列车状态调度器。列车控制子系统从铁路运营交互子系统接收分配和暂停消息，以进入和退出正常运营。列车状态调度器发送列车状态消息到列车显示输出、列车音频输出、车站子系统和铁路运营服务。

21.10.4 车站子系统并发任务设计

在分布式设计中，每个站点都有一个车站子系统的实例。车站子系统的每个实例针对车站协调器、车站显示输出、车站音频输出任务都各有一个实例，针对车站状态被动对象有一个实例。车站子系统的任务体系结构如图 21-34 所示。

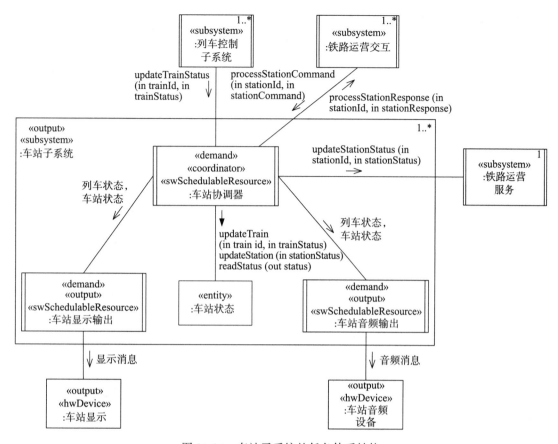

图 21-34　车站子系统的任务体系结构

车站协调器任务从列车控制子系统的多个实例中接收列车状态，并据此更新车站状态被动实体对象，并将状态消息发送到车站显示输出和车站音频输出。车站子系统中的任务是：

- 车站协调器。需求驱动的协调器任务。一个协调器任务用构造型 «demand»«coordinator» «swSchedulableResource» 描述。
- 车站显示输出。需求驱动的输出任务将关于列车到达车站、离开车站以及即将到来的列车预计到达时间（ETA）消息发送到车站显示。输出任务都是用构造型 «demand» «output»«swSchedulableResource» 描述的。
- 车站音频输出。需求驱动的输出任务将关于列车到达车站和离开车站的消息发送到车站音频设备上。

车站子系统中的被动对象：

- 车站数据。因为这个被动的实体对象不是共享的，它只被标记为构造型 «entity»。

493

21.10.5　铁路运营交互和服务子系统的并发任务设计

图 21-35 显示了铁路运营服务和铁路运营交互子系统的任务体系结构，它描述了这些子系统中的任务和任务接口。

铁路运营服务子系统只有一个实例，它由两个任务和一个被动信息隐藏对象组成。信息隐藏对象是铁路运营状态实体对象，它包含了每列列车和车站的当前状态。任务是铁路运营协调器任务（协调器任务）和铁路运营显示输出任务（输出任务）。除了铁路道口系统和路旁监测系统的每一个实例外，铁路运营协调器任务从列车控制子系统和车站子系统的每个实例接收状态消息，并更新铁路运营状态实体对象。铁路运营显示输出任务接收来自铁路运营协调器的状态数据，然后在大型铁路运营显示器上显示所有列车和车站的状态。

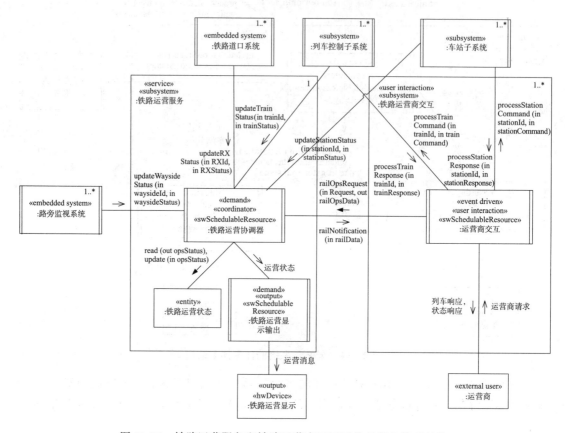

图 21-35　铁路运营服务和铁路运营交互子系统的任务体系结构

铁路运营交互子系统由一个用户交互任务组成。运营商交互任务查看列车的状态，但更重要的是它指令列车进入运营或离开运营服务。

铁路运营服务子系统中的任务：

- 铁路运营协调器。需求驱动的协调器任务。接收列车和车站的状态，并更新铁路运营状态对象。该任务用构造型 «demand»«coordinator«swSchedulableResource» 描述。
- 铁路运营显示输出。需求驱动的输出任务。输出所有列车和车站的状态到铁路运营显示。输出任务用构造型 «demand»«output»«swSchedulableResource» 描述。

铁路运营服务子系统中的被动对象：

- 铁路运营状态。因为这个被动的实体对象不是共享的，它只被标记为构造型 «entity»。

铁路运营交互子系统中的任务只有一个：

- 运营商交互。这是事件驱动的用户交互任务。发送列车指令到列车控制和车站子系统，并从铁路运营服务子系统请求状态。用户交互任务用构造型 «event driven»«user interaction»«swSchedulableResource» 描述。

21.11 基于组件的软件体系结构

因为这是一个分布式实时嵌入式系统的软件设计，所以系统被构造成基于组件的子系统，这样每个组件实例都可以部署到分布式配置中的一个单独的节点上。图 21-36 描述了分布式轻轨系统的基于组件的软件体系结构，它描述了一个 UML 组合结构图来显示组件、端口和连接器。所有组件都是并发的，并且通过端口与其他组件进行通信。组件的总体体系结构和组件间的连接性最初是由图 21-32 中所示的轻轨系统并发通信图确定的。图 21-36 描述了轻轨控制系统的四个子系统，以及外部铁路道口系统和路旁监视系统。后两个系统将状态消息发送到铁路运营服务。将 LRCS 的每个子系统（列车控制子系统、车站子系统、铁路运营交互和铁路运营服务）和每个外部嵌入式系统（铁路道口系统和路旁监视系统）设计为单独的组件。

21.11.1 构造软件组件

铁路运营服务有五个客户端组件（见图 21-36），其中四个需要连接到称为 PRailStatus 的需求端口，它连接到铁路运营服务的称为 PRailStatus 的供给端口，以允许这些组件定期发送它们的状态。铁路运营交互也是铁路运营服务的一个客户端，该服务有一个被称为 ROps 的需求端口，该端口连接到铁路运营服务的供给端口 POps。另外，铁路运营交互也有连接器来连接到列车控制子系统（RTrain 连接到 PTrain）和车站子系统（（RStation 连接到 PStation），据此分别发送列车和车站指令。列车控制子系统也有一个连接到车站子系统（RTrainStatus 连接到 PTrainStatus）的连接器，通过它发送列车状态。除了铁路运营服务外，所有组件都有多个实例。

495
~
496

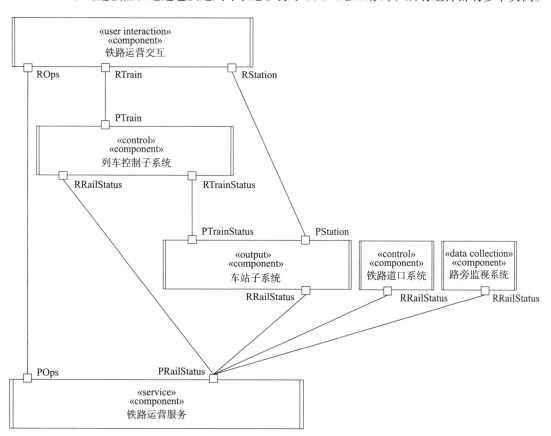

图 21-36　分布式轻轨系统基于组件的软件体系结构

21.11.2   组件接口的设计

　　每个组件端口都是根据其供给接口和／或需求接口来定义的。图 21-37 描述了六个组件的供给和需求接口。将状态消息发送到铁路运营服务的四个客户端组件（列车控制子系统、车站子系统、铁路道口和路边监视）都具有相同的需求接口 IRailStatus，它是由铁路运营服务组件提供的，如图 21-37 所示。

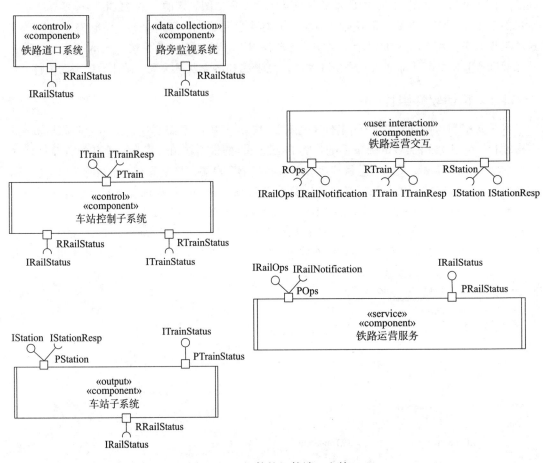

图 21-37   组件的组件端口和接口

　　列车控制子系统组件有两个需求端口，通过这两个端口将消息发送到图 21-36 中描述的两个组件（车站子系统和铁路运营服务）的供给端口。它使用 ITrainStatus 和 IRailStatus 需求接口分别向两个组件发送列车状态消息，如图 21-37 所示。列车控制也有一个复杂的端口 PTrain，它拥有一个供给接口和一个需求接口，通过它从 ITrain 供给接口上的铁路运营交互接口接收异步指令，并在 ITrainResp 需求接口上发送异步响应。

　　车站子系统组件有一个需求端口，它通过 IRailStatus 接口将消息发送到铁路运营服务供给端口。通过 ITrain 状态提供的接口，它从 PTrainStatus 端口上的列车控制子系统通过 ITrainStatus 供给端口接收状态消息。它还具有一个复杂的端口 PStation，通过它接收 IStation 供给接口上的异步指令，并在 IStationResp 需求接口上发送异步响应，如图 21-37 所示。

铁路运营交互组件有三个复杂的端口，允许它成为列车控制子系统、车站子系统和铁路运营服务组件的客户端，在它的需求接口上发送请求，从它的供给接口上接收响应。例如，它在 ITrain 需求接口上发送异步列车指令（例如暂停列车 x），并在 ITrainResp 供给接口上接收异步列车响应（如列车 x 已暂停）。为了与铁路运营服务通信，它们之间的复杂端口支持 IRailOps 接口，通过该接口，铁路运营服务提供同步通信，提供对状态和订阅请求的响应，以及支持由铁路运营交互提供的 IRailNotification 接口，通过该接口接收异步通知。

最后，组件铁路道口系统和路旁监视系统各自都有一个需求端口，在该端口上有需求接口 IRailStatus，通过它向铁路运营服务组件发送异步状态消息。

描述每个接口提供的操作的组件接口规范如图 21-38 所示。这些供给接口上的操作名称对应到达目的地任务的传入消息，如图 21-37 所示。例如，图 21-32 中所示的列车控制子系统的传入消息是由图 21-38 中所描述的接口定义的，即 updateTrainStatus（in trainId, in trainStatus）。

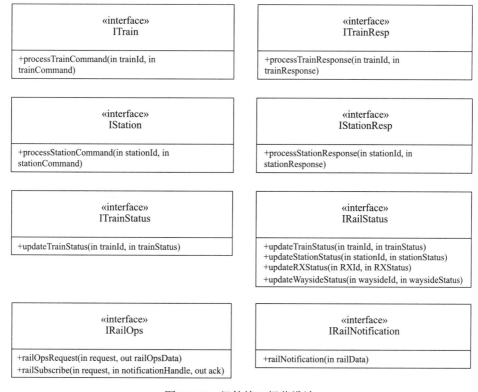

图 21-38　组件接口规范设计

21.12　系统配置和部署

在系统配置和部署期间，组件被部署在分布式配置中的不同节点上执行。在分布式轻轨系统中，物理配置由多个节点组成，这些节点由一个广域网互连。图 21-39 中的部署图显示了系统部署的一个示例，其中有六个节点类型是由一个广域网互连的。

每个列车控制实例（每列列车有一个）分配给一个节点，以实现局部自治和获取相适应的性能。因此，一个节点的故障不会影响其他节点。出于同样的原因，每一个铁路道口控制

的实例（每一个道口有一个）都有自己的节点。车站子系统（每个车站有一个）分配给一个
节点，以实现局部自治。车站节点的丢失意味着该站暂时退出服务，但不影响其他节点。路
边监测也被分配到一个单独的节点上，让每一个路边的区域都靠近它正在监测的传感器。铁
路运营交互被分配到一个单独的节点，这样它可以为本地用户提供专用的和响应式的服务。
铁路运营服务被分配到一个单独的节点，这样它就可以对服务请求做出响应。这个节点只有
一个实例。但是，可以提供热备份节点，该节点将接收发送到主铁路运营服务节点的所有状
态信息，如果主节点上出现故障，就可以立即转换到备用节点服务。

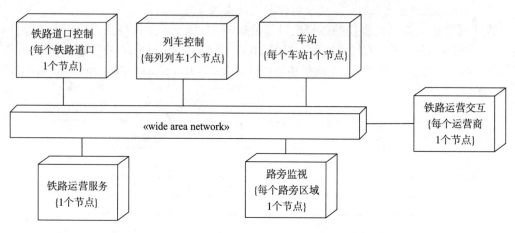

图 21-39   分布式轻轨系统的组件部署示例

第18章的性能分析证实，实时设计解决了有关探测列车靠近车站、到达车站停车以及
发现危险停车的经过时间不能超出预先确定的响应时间方面的性能需求。列车响应前方危险
的安全性需求由列车控制状态机提供，该状态机响应危险探测传感器的输入并向电动马达发
出指令停止列车。

泵控制系统案例研究

本章描述了一个实时嵌入式系统——泵控制系统——的简明案例研究。除了实时性和控制聚簇方面的任务设计，这里特别要讨论的是周期性任务设计必需的一些周期性活动。还需要设计一个状态机，它是由三个独立的正交区域组成，以分离三个不同但相互关联的控制点。这是一个较短的案例研究，其中动态交互建模的细节（在其他案例研究中给予了详细讨论）留给读者作为练习。动态交互建模的最终产品是一个综合通信图，用于转换为设计建模。

问题描述在 22.1 节中给出。22.2 节描述了结构化建模，22.3 节描述了用例模型。22.4 节描述了构造对象和类。22.5 节描述了状态机模型。22.6 描述了集成交互模型，这是动态交互建模的结果。22.7 节描述了设计建模，它由分布式软件设计和分布式软件部署组成。接下来是并发任务体系结构的设计和详细的软件设计。

22.1 问题描述

用于矿井的泵控制系统有几个水泵驻留在地下，这些水泵用来抽离矿井底部的水。每个泵都有一个马达，由系统自动控制。除了模拟甲烷传感器外，该系统还使用布尔型高水位和低水位水传感器来监测矿内的环境。检测到高水位时，系统将水从矿井中抽出，直到检测出低水位。出于安全原因，当大气中的甲烷含量超过预设的安全限制时，系统必须关闭泵。一旦泵被关闭，重新开启必须等到五分钟以后。每个泵的甲烷和水位传感器以及泵马达的状态信息都被发送到中央服务器。操作员可以查看各种泵的状态。

系统设计时假定所有的输入或输出设备都是被动的（不产生中断），并且使用一个外部定时器来生成周期性的定时器事件。

22.2 结构化建模

结构化建模从开发概念性静态模型开始，该概念性静态模型由模块定义图描述。每个结构元素都被建模为一个 SysML 模块，用构造型标识它的作用。图 22-1 中的泵控制嵌入式系统被建模为具有构造型 «embedded system» 的组合模块，它包含四模块：高水位传感器 «input device»，低水位传感器 «input device»，甲烷传感器 «input device»，泵马达 «output device»。系统生成泵状态，该状态存储在 «entity» 模块中，由操作员 «external user» 查看。外部定时器定期向系统发送信号。

从概念性静态模型开发了用于泵控制系统的软件系统上下文模块定义图，如图 22-2 所示，其中软件系统和外部实体被描述为 SysML 模块。有三个外部输入设备模块，即高、低水位传感器和甲烷传感器，一个外部输出设备模块，即泵马达，一个外部定时器模块和一个外部用户模块，即操作员。每个外部模块都有多个实例。

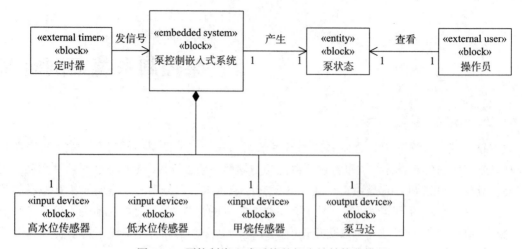

图 22-1   泵控制嵌入式系统的概念性结构化模型

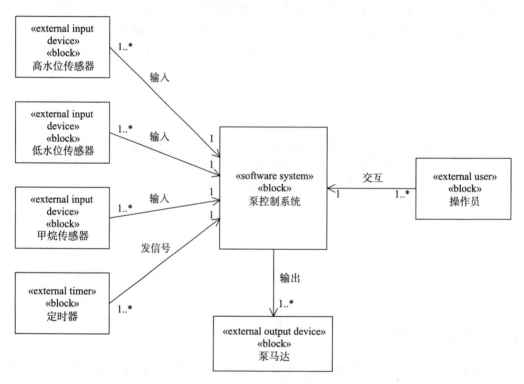

图 22-2   泵控制系统软件上下文类图

22.3   用例建模

图 22-3 中描述了泵控制系统的用例模型，其中有两个用例，控制泵和查看泵状态。用例从软件工程层面给予了描述，这就是为什么有六个角色的原因，它们对应于软件上下文类图的外部类：其中三个代表三个外部传感器（高水位传感器、低水位传感器和甲烷传感器），一个代表泵马达，一个代表定时器角色，和最后一个代表外部用户角色——操作员。外部定时器每一秒钟向系统发送定时器事件。

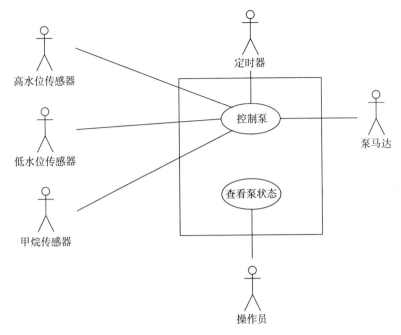

图 22-3 泵控制系统用例模型

用例描述如下。控制泵用例是由高水位传感器角色的输入开始的。

用例： 控制泵。

摘要： 根据水和甲烷传感器的输入，系统决定何时开关泵马达。

角色： 高水位传感器（主要角色）、低水位传感器、甲烷传感器、泵马达、定时器。

前置条件： 水位较低，甲烷处于安全水平，泵马达关闭。

主序列：

1. 高水位传感器表明水位高。

2. 系统启动泵马达。

3. 低水位传感器表明水位低。

4. 系统关闭泵马达。

分支序列：

步骤 2： 当检测到高水位时，如果甲烷传感器检测到甲烷浓度是不安全的，系统就不会启动泵马达。

步骤 2： 如果甲烷传感器探测到甲烷浓度在泵马达运转时变得不安全，系统就会关闭泵马达。

步骤 2： 如果在水位高时甲烷传感器探测到甲烷浓度已经变得安全了，如果泵马达已关闭了至少 5 分钟，那么系统就会启动泵马达。

步骤 4： 在关闭泵马达后，至少需要等候 5 分钟系统才能再次启动马达。

步骤 4： 经过 5 分钟的时间后，如果水位高，而且甲烷浓度是安全的，系统就会启动泵马达。

非功能需求：

安全性需求： 当甲烷浓度不安全时，系统不能启动泵马达。

502

性能需求：在关闭泵马达后，系统在 5 分钟之内不能启动泵马达。

后置条件。泵马达已经关闭。

查看泵状态用例是从操作员角色的输入开始的。

用例：查看泵状态。

摘要：操作员查看泵状态。

角色：操作员。

前置条件：操作员已登录。

主序列：

1. 操作员请求一个给定泵的状态。

2. 系统显示给定泵的状态。

分支序列：

步骤 2：如果泵关闭，系统将显示一个泵不可用的消息。

后置条件。已显示泵状态。

22.4　构造对象和类

软件系统上下文类图是识别软件边界对象和类的一个很好的起点。对于每一个外部输入设备，都有一个相应的软件输入对象：

● 高水位传感器输入、低水位传感器输入、甲烷传感器输入。

对于每个外部输出设备，都有一个对应的软件输出对象：

● 泵马达输出。

对于每个外部用户，都有一个对应的软件用户交互对象：

● 操作员交互。

对于每个外部定时器，都有一个对应的软件定时器对象：

● 泵定时器。

另外，由于这是实时控制系统，需要依赖于状态的控制对象来执行封装的状态机：

● 泵控制。

此外，由于泵控制器和用户交互对象需要位于分布式配置中的独立节点上，所以，泵状态需要由一个服务对象来维护：

● 泵状态服务。

22.5　动态状态机建模

接下来设计泵控制状态机。因为必须跟踪三个正交的但相互关联的状态，即泵状态、水位状态和甲烷状态，更有效的设计泵控制状态机的方法是让其包含三个正交状态机：泵状态（子状态是泵空闲、抽水、重置泵）、水位状态（子状态是初始水位、高水位、低水位）、甲烷状态（子状态是初始甲烷、甲烷安全、甲烷不安全），如图 22-4 所示。水位状态机上的高水位和低水位状态是泵状态机的保护条件。甲烷状态机的甲烷安全和甲烷不安全子状态也是泵状态机的保护条件。

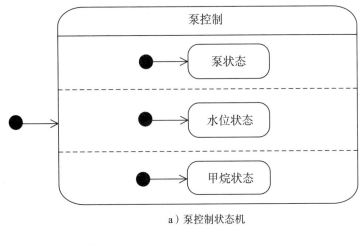

a) 泵控制状态机

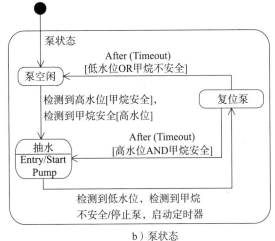

b) 泵状态

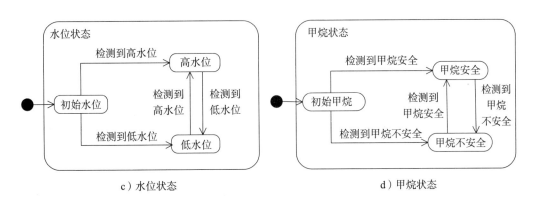

c) 水位状态   d) 甲烷状态

图 22-4 泵控制状态机

在泵状态机中, 在决定是否开启泵之前, 需要先检查水和甲烷状况。为了从泵空闲状态开始抽水, 高水位的保护条件和甲烷安全保护条件都必须为真。如果检测到高水位 (当保护条件甲烷安全为真时) 或检测到甲烷安全 (当保护条件高水位为真时), 泵状态从泵空闲状态向抽水状态转换, 并且进入动作是启动泵。如果检测到低水位或甲烷不安全, 那么泵状态就从抽水状态转换到复位泵状态。在转换过程中, 动作是系统停止泵并启动定时器。再次开启泵之前，必须至少经过一段时间。当定时器出现超时事件时，泵状态从复位泵恢复到抽水状态，假设此时高水位和甲烷安全保护条件为真。然而，如果低水位或甲烷不安全保护条件为真，状态机就会转换到泵空闲状态。

22.6　动态交互建模

为了简短描述解决方案，缩短动态交互建模过程，因此，序列图的开发留给读者去做练习。假设有三个待开发的序列图，两个用于控制泵用例，一个用于查看泵状态用例：

1. 第一个控制泵序列图是针对用例主序列的，它包含高水位传感器的输入，这导致系统启动泵，转换到抽水状态，随后是低水位传感器的输入，这导致系统关闭泵，转换到复位泵状态。随后，当发生超时时，系统会转换到泵空闲状态。

2. 第二个控制泵序列图描述的是一个分支序列，当启动泵然后转换到抽水状态时，检测到不安全的甲烷传感器读数，从而导致系统关闭泵然后向复位泵状态转换。在超过 5 分钟后，泵会切换到泵空闲状态。然后在高水位保护条件为真时，检测到安全的甲烷传感器读数，从而导致系统启动泵并切换到抽水状态。随后是由低水位传感器检测到的低水位输入，这导致系统关闭泵并转换到复位泵状态。

完成了动态交互建模之后，接下来开发了综合通信图，该图描述了所有的软件对象及其交互，如图 22-5 所示。在图 22-5 中，有三个输入对象：高水位传感器输入、低水传感器输入和甲烷传感器输入，它们接收来自对应外部输入设备的输入。有一个输出对象：泵马达输出，输出到外部泵马达输出设备。有一个依赖于状态的控制对象：泵控制，它执行图 22-4 中的状态机，以及从外部定时器接收定时器事件的泵定时器对象。

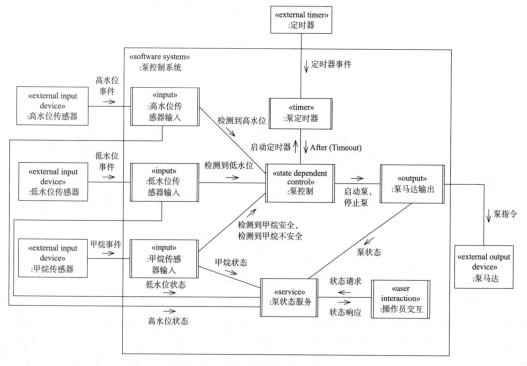

图 22-5　泵控制系统综合通信图

发送到泵控制对象的消息，如图 22-5 来自高水位传感器输入和低水位传感器输入对象的检测到高水位和检测到低水位，是导致图 22-4 状态机发生转换的事件。图 22-4 中的动作，例如启动泵和停止泵，对应于从泵控制对象到泵马达输出对象的输出消息，如图 22-5 所示。

这三个输入对象还向泵状态服务对象发送水位和甲烷传感器状态信息。操作员交互对象从泵状态服务请求状态信息。

22.7　设计建模

22.7.1　分布式软件体系结构

泵控制系统被分为三个分布式子系统，如图 22-6 所示。这三个子系统是泵子系统（控制子系统，每个泵有一个实例）、泵状态服务（服务子系统，它有一个实例）以及操作员交互（用户交互子系统，每个操作员都有一个实例）。

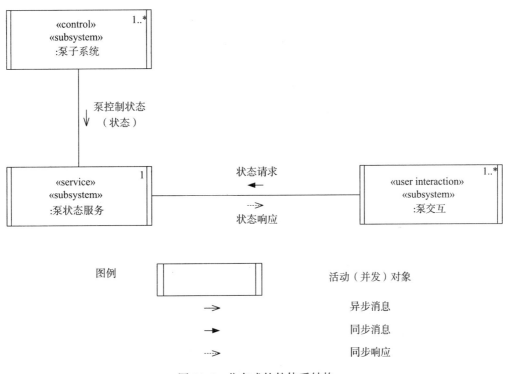

图 22-6　分布式软件体系结构

图 22-6 还描述了三个子系统之间的消息通信。泵子系统将异步泵状态消息发送到泵状态服务子系统。操作员交互子系统通过同步通信与泵状态服务通信，同步通信包括响应、请求和接收泵状态数据。

507

22.7.2　分布式系统部署

将每个子系统设计成可配置的组件，这样就可以将这三个子系统的实例部署到分布式配置中。分布式实时系统的配置是在部署图中描述的，图 22-7 中描述了一个例子，其中的子系统实例部署到分布式节点上，通过局域网进行通信。

22.7.3 并发任务体系结构

在图 22-8 中给出了泵控制系统的任务体系结构。在泵子系统中有四个任务：

- 一个周期性输入任务，即甲烷传感器输入，以监测被动的甲烷传感器的状态。该任务对应于一个周期性的输入任务，其 MARTE 构造型为 «timerResource»«input»«swSchedulableResource»。
- 一个周期性的时间聚簇任务，即水位传感器，用来监测高水位和低水位传感器的状态。这些传感器需要以相同的频率监控，因此分组到同一任务中。该任务对应于一个周期性的时间聚簇任务，其构造型为 «timerResource»«temporal clustering»«swSchedulableResource»。
- 一个需求驱动的控制聚簇任务，即泵控制器，其中泵控制任务与泵马达输出聚集，因为在状态转换过程中，需执行启动和停止泵指令。该任务对应于一个需求驱动的聚簇任务，其构造型为 «demand»«control clustering»«swSchedulableResource»。
- 一个周期性定时器任务，即泵定时器，从时钟接收定时器事件。该任务对应于一个周期性任务，其 MARTE 构造型为 «timerResource»«swSchedulableResource»。

22.7.4 详细软件设计

图 22-9 给出了一个周期性的时间聚簇任务的详细设计。图 22-8 的水位传感器任务是一个包含三个被动对象的组合任务，一个称为水传感器协调器的协调对象，两个称为高水位传感器输入和低水位传感器输入的输入对象。

在图 22-10 中给出了需求驱动控制聚簇任务的详细设计。泵控制器是一个组合任务，包含三个被动对象，一个称为泵协调器的协调对象，一个称为泵马达输出的输出对象，以及一个称为泵控制的状态机对象。

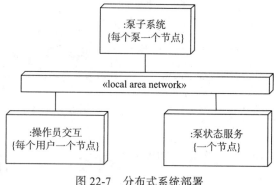

图 22-7 分布式系统部署

508 ~ 510

在图 22-11 中描述了被动信息隐藏类的设计，类的实例嵌套在两个聚簇任务中。这些类是高水位传感器输入和低水位传感器输入（其实例嵌套在水位传感器任务中），以及泵马达输出和泵控制（其实例嵌套在泵控制器任务中）。

22.7.5 应用软件体系结构模式

泵控制系统使用几种软件总体结构和通信模式。使用集式的控制模式是因为对于给定的泵子系统，有一个执行状态机的控制任务。它接收来自输入任务的传感器输入，并通过输出任务控制外部环境，如图 22-8 所示的泵控制器任务。在集式的控制模式中，控制任务执行状态机，在图 22-4 中描述了用于泵控制器的状态机。在泵控制系统中用到的第二个总体结构模式是分布式独立控制模式，因为系统有几个泵子系统的实例，每一个都是控制子系统，独立于其他控制子系统执行，并给泵状态服务子系统发送泵状态。注意，泵子系统的每个实例都独立于服务子系统，因为它向服务子系统发送单向异步消息，永远不需要等待响应。第三种总体结构模式是多客户／单服务模式，如图 22-6 所示，其中，操作员交互子系统的多个实例是泵状态服务子系统的客户，因为每个客户都向服务子系统发送状态请求和接收状态响应。第二个和第三个总体结构模式的不同之处是泵子系统独立于泵状态服务子系统，而操作员交互子系统依赖于服务子系统，因为它必须等待来自服务子系统的响应。

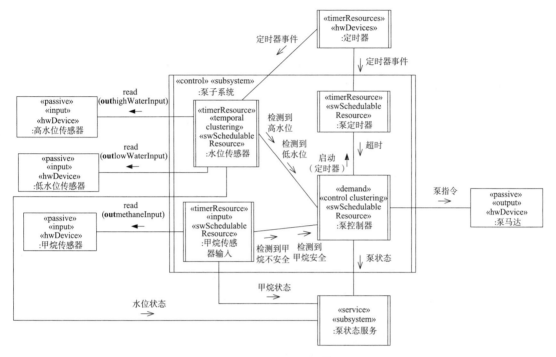

图 22-8　泵子系统的任务体系结构

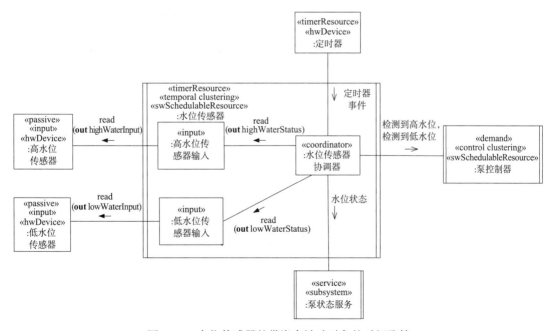

图 22-9　水位传感器的带嵌套被动对象的时间聚簇

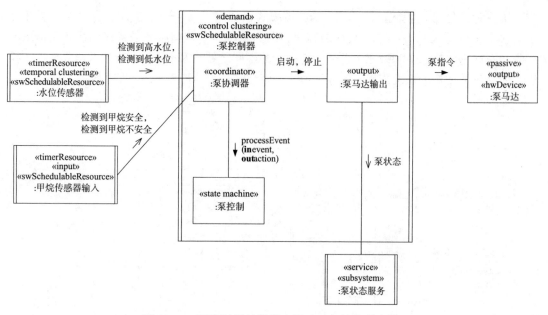

图 22-10 泵控制器的带嵌套被动对象的控制聚簇

实时系统的体系结构通信模式包括异步通信和同步通信模式，两者都可以有也可以没有应答。在泵控制系统中，使用了异步消息通信（例如：在泵子系统和泵状态服务之间）和带有应答的同步消息通信（例如：在操作员交互和泵状态服务之间），如图 22-6 和图 22-8 所示。

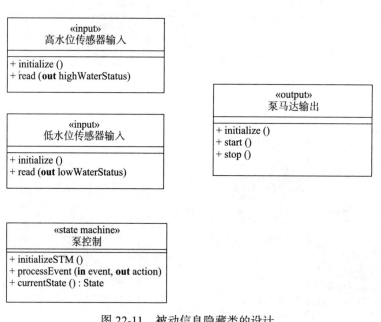

图 22-11 被动信息隐藏类的设计

高速公路收费控制系统案例研究

该章描述了高速公路收费控制系统的案例研究，其中有若干个入口和出口收费亭。每个收费亭都由一个实时的嵌入式子系统来控制，该子系统与高速公路收费服务子系统进行通信，后者依次接收来自收费亭的入口和出口事务，并收取客户的费用。每个收费亭都有多个传感器和执行器，需要基于状态的入口和出口控制。由于入口和出口收费亭的配置和行为方式类似，在这个较短的案例研究中，集中讨论入口收费亭的设计。这里对结构模型的强调较少，这在其他的案例研究中已给予了详细的介绍。

问题描述在 23.1 节中给出。23.2 节描述了用例模型，23.3 节描述了软件系统上下文建模。23.4 节描述构造对象和类。23.5 节描述了状态机模型，23.6 节描述了动态交互建模。23.7 节描述了设计建模，它由分布式软件设计和分布式软件部署组成，接着是并发任务体系结构设计和详细软件设计。

23.1 问题描述

高速公路收费路段有几个入口和出口点，每一个点都有一个收费区域，有一个或多个收费亭。为了使用该系统，客户需购买一个 RFID（射频识别）应答器，安装在车辆的挡风玻璃上，该应答器从高速公路收费服务中获得编码的客户账户号码。高速公路收费服务在数据库中维护客户账户，包括车主和车辆信息、账户余额和历史信息。购买应答器的客户必须提前通过信用卡支付费用。每次旅行结束时所产生的收费费用，都会从账户中扣除。费用取决于旅行的距离和车辆的种类。

所有的收费亭包括一个车辆到达传感器（放置在收费亭前 50 英尺（1 英尺＝0.304 8 米）），一个车辆的离开传感器，一个交通信号灯来指示车辆是否被授权通过收费亭，一个应答器探测器和一个摄像头。

每个收费亭的交通灯最初是红色的。当车辆靠近收费亭时，车辆传感器会检测到车辆的存在。如果应答器探测器探测到一个有效的应答器（即：在靠近的车辆中，应答器拥有一个有效的客户账户），系统将交通灯转换为绿色。如果没有应答器或账户上的资金不足，系统就会将交通灯转换为黄色。此外，摄像机拍摄车牌，图像被发送给高速公路收费服务。汽车离开后，系统把交通灯转为红色。

23.2 用例建模

图 23-1 描述了高速公路收费控制系统的用例模型，其中有两个用例，进入高速公路和离开高速公路。用例从系统工程层面给予了描述，这是为什么只有三个角色：车辆角色，由四个输入设备跟踪车辆运行；交通灯角色，对应同一名称的输出设备；处在系统外部的公路收费服务角色。定时器被认为是系统内部的。

用例描述如下。进入高速公路用例是由来自车辆角色的输入开始的。

513

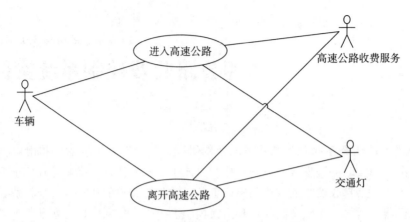

图 23-1 高速公路收费控制系统用例模型

用例：进入高速公路。

角色：车辆（主要角色）、交通灯、高速公路收费服务。

摘要：车辆通过收费亭进入高速公路。

前置条件：收费亭是打开的，收费亭的交通灯设置为红色。

主序列：

1. 车辆接近收费亭。

2. 系统检测车辆的存在。

3. 系统从靠近的车辆上读取账户 RFID。

4. 系统发送一个包含时间、日期、位置和应答器 ID 的车辆入口事务到高速公路收费服务。

5. 系统将交通灯转换为绿色。

6. 车辆通过收费亭。

7. 系统检测到车辆已经离开。

8. 系统将交通灯转换为红色。

分支序列：

步骤 3：未被识别或丢失的账户 RFID。如果系统检测到一辆未被识别或丢失的账户，系统就会把信号灯切换到黄色。系统指令摄像机拍摄车辆的牌照。系统将车牌图像发送给高速公路收费服务。

步骤 3：账户的资金不足。如果系统确定账户的资金不足，系统就会把信号灯切换到黄色。

后置条件：车辆已离开收费亭。

离开高速公路用例是从车辆角色的输入开始的。出于展示信息的目的，该用例描述了高速公路收费服务角色执行的功能。

用例：离开高速公路。

角色：车辆（主要角色）、交通灯、高速公路收费服务。

摘要：车辆通过收费亭离开高速公路。

前置条件： 收费亭是开着的，收费亭的交通灯是红色的。

主序列：

1. 车辆靠近收费亭。

2. 系统检测车辆的存在。

3. 系统从靠近的车辆上读取账户 RFID。

4. 系统发送车辆出口事务，包括离开的时间、日期、地点、车辆类型和应答器 ID，到高速公路收费服务。

5. 高速公路收费服务根据起始时间和日期、离开时间和日期、起始位置、离开位置和车辆类型计算费用。

6. 高速公路收费服务从客户的账户中扣除费用。

7. 系统将交通灯转换为绿色。

8. 车辆离开收费亭。

9. 系统检测到车辆已经离开，并将交通灯转换为红色。

分支序列：

步骤 3： 未被识别或丢失的账户 RFID。如果系统检测到一辆未被识别或丢失的账户，系统就会把交通灯切换到黄色。系统指令摄像机拍摄车辆的牌照。系统将车牌图像发送给高速公路收费服务。

步骤 3： 资金不足。如果系统确定账户中资金不足，系统就会将交通灯切换到黄色。

后置条件： 车辆已离开收费亭。

515

23.3　软件系统上下文建模

高速公路收费控制系统的软件系统上下文类图，如图 23-2 所示，将软件系统和外部实体描述为 SysML 模块。用例模型中的车辆角色被外部设备所取代，这些外部设备包括两个外部输入设备：到达传感器和离开传感器，两个外部输入 / 输出设备：摄像机和应答器探测器。有一个外部输出装置，即交通灯执行器，它对应于交通灯角色，一个外部系统，即高速公路收费服务，它与同名的角色相对应。

高速公路收费控制系统与应答器探测器之间的关联是双向的，因为软件系统要求应答器提供输入，应答器响应输入。高速公路收费控制系统和摄像机之间的关联同理也是双向的。

23.4　构造对象和类

接下来是基于进入高速公路用例的分析建模，将确定实现这个用例的软件对象和类。除了实体对象外，所有对象都假定为并发的。软件系统上下文类图是识别软件边界对象和类的一个很好的起点。对于每个外部输入设备，都有一个相应的软件输入对象：

- 到达传感器输入、离开传感器输入。

对于每个外部输入 / 输出设备，都有相应的软件输入 / 输出对象：

- 摄像机 I/O 和应答器探测器 I/O。

对于每个外部输出设备，都有一个对应的软件输出对象：

- 交通灯输出。

对于每个外部系统，都有一个对应的软件代理对象：

- 高速公路收费服务代理。

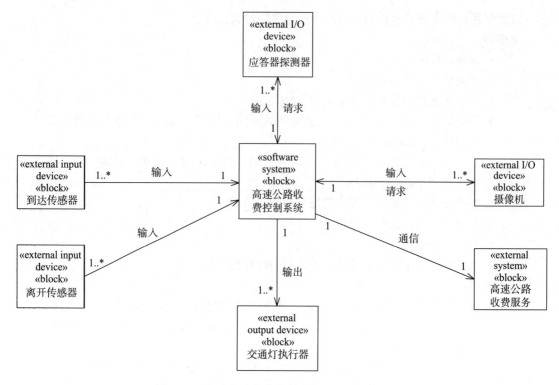

图 23-2　高速公路收费控制软件系统上下文类图

此外，由于该控制系统的行为是依赖于状态的，所以需要依赖于状态的控制对象来执行封装的状态机：

- 入口控制。

此外，在发送到高速公路收费服务之前，需要有一个被动的实体对象来存储入口事务：

- 入口事务。

23.5　动态状态机建模

接下来将设计入口控制状态机，如图 23-3 所示。状态是：

- 等待到达。在该状态下，收费亭是空闲的。
- 检测应答器。该状态是在收到车辆到达事件后进入的。系统试图探测处于该状态的应答器。
- 创建事务。在检测到应答器和读取到应答器 ID 后，将创建一个事务。
- 验证账户。入口事务被发送到高速公路收费服务进行验证。
- 等待离开。如果账户有效，则进入该状态。
- 等待拍照。如果未检测到应答器或该账户无效，则进入该状态。
- 拍照。该状态是在没有应答器或账户无效的情况下进入的。

23.6　动态交互建模

这一节描述了动态建模交互序列，这在进入高速公路用例的序列图（图 23-4）和状态机（图 23-3）中给予了描述。到达图 23-4 中的入口控制对象的消息对应于封装的入口控制状态机（图 23-3）中的事件，而状态机上的动作对应于离开入口控制对象的消息。序列图从到达传感器输入对象（从到达传感器接收到达事件后）发送车辆到达消息到入口控制对象开始。该事件导致入口控制状态机从等待到达状态转换到检测应答器状态。由此产生的动作是检测应答器，该动作将同名的消息从入口控制发送到应答器探测器 I/O。后一个对象以检测到应答器消息进行响应，该消息发往入口控制，这导致状态机转换为创建事务状态。所导致的动作是发送创建入口事务请求到入口事务对象，该对象以包含事务 ID 和应答器 ID 的入口事务数据做出响应。入口控制这时发送入口事务到高速公路收费服务代理，高速公路收费服务代理进而将入口事务发送给高速公路收费服务来验证账户。高速公路收费服务代理将服务响应（应答器账户是否有效）发送到入口控制。如果该账户有效，则入口控制发送打开绿色交通灯消息到交通灯输出。另外，如果账户无效或资金不足，或者没有检测到应答器，则入口控制发送打开黄色交通灯消息到交通灯输出。当入口控制接收到车辆离开消息时，如果该账户是无效的，或者没有检测到应答器，入口控制发送拍照消息到摄像机 I/O。当接收到已拍照响应时，入口控制向高速公路收费服务代理发送处理照片消息，然后该代理将消息发送给高速公路收费服务。对于所有的场景，当接收到车辆离开的消息时，入口控制发送打开红色交通灯消息到交通灯输出。

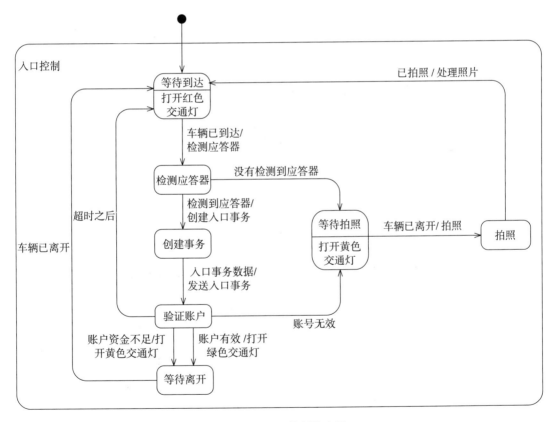

图 23-3　入口控制状态机

图 23-5 的综合通信图中也描述了入口收费亭控制器子系统中的对象，图中描述了该子系统中的所有对象以及它们之间传递的所有消息。

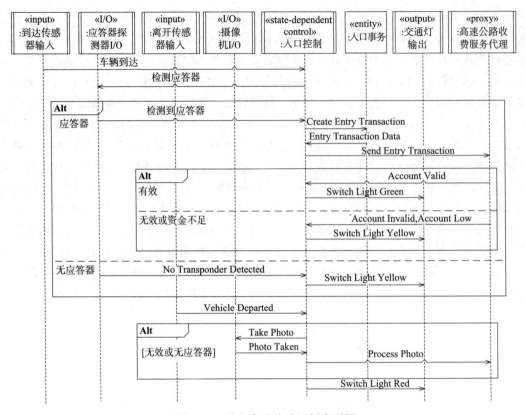

图 23-4 进入高速公路用例序列图

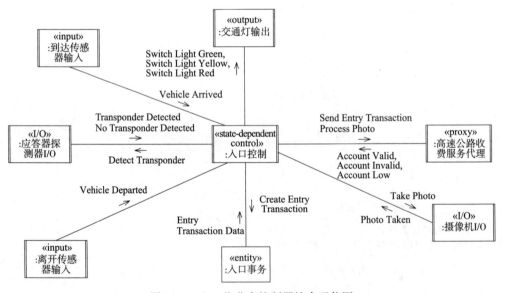

图 23-5 入口收费亭控制器综合通信图

23.7 设计建模

23.7.1 分布式软件体系结构

高速公路收费系统（包括高速公路收费控制系统和高速公路收费服务）被分成三个分布

式子系统，如图 23-6 所示。三个子系统是入口收费亭控制器子系统（该控制子系统为每个入口收费亭提供一个实例）、出口收费亭控制器子系统（该控制子系统为每个出口收费亭提供一个实例）和高速公路收费服务（该服务子系统有一个实例）。

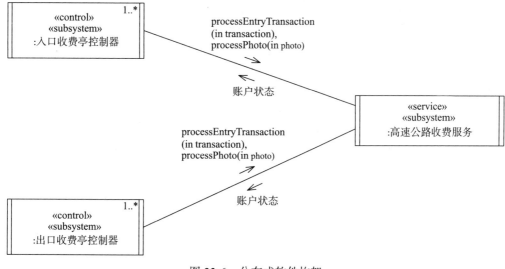

图 23-6　分布式软件构架

图 23-6 还描述了三个子系统之间的消息通信。入口收费亭控制器和出口收费亭控制器子系统分别发送异步的入口和出口事务消息，以及异步的处理照片消息到高速公路收费服务子系统。服务子系统以异步的有效或无效账户状态消息对入口和出口事务做出响应。

23.7.2　分布式系统部署

将每个子系统设计成可配置的组件，这样就可以将这三个子系统的实例部署到分布式配置中。分布式实时系统的配置在部署图中给予了描述，图 23-7 展示了一个例子，将子系统实例部署到分布式节点上，通过广域网进行通信。入口收费亭控制器和出口收费亭控制器的每个实例都被分配到自己的节点，高速公路收费服务的唯一实例被分配到一个单独的节点。

518 ∼ 520

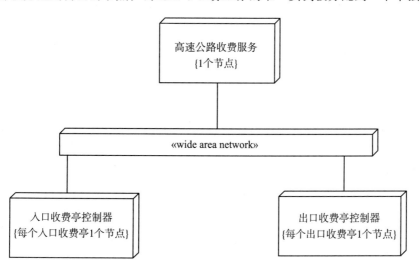

图 23-7　高速公路收费控制系统分布式系统部署

23.7.3 并发任务体系结构

在图 23-8 中给出了入口控制器子系统的任务体系结构。任务是用 MARTE 的构造型来描述的。该子系统有七个任务：

- 事件驱动的输入任务：到达传感器输入，它接收来自到达传感器的输入。该任务对应于一个事件驱动的输入任务，其构造型是 «event driven»«input»«swSchedulableResource»。
- 第二个事件驱动的输入任务：离开传感器输入，它接收来自离开传感器的输入。该任务的构造型也是 «event driven»«input»«swSchedulableResource»。
- 事件驱动的输入/输出任务：应答器探测器 I/O，它从应答器探测器接收应答器 ID。该任务的构造型是 «event driven»«I/O»«swSchedulableResource»。
- 需求驱动的控制聚簇任务：入口控制器，其中入口控制任务与入口事务实体对象聚集在一起，以创建一个控制聚簇任务。该任务对应于一个需求驱动的控制聚簇任务，其构造型是 «demand»«control clustering»«swSchedulableResource»。
- 需求驱动的输入/输出任务：摄像机 I/O，它向外部摄像机发送指令，在汽车离开之前为其拍摄照片。该任务的构造型是 «demand»«I/O»«swSchedulableResource»。
- 需求驱动的输出任务：交通灯输出，它将指令发送到外部交通灯，将灯光的颜色改变为红色、绿色或黄色。该任务的构造型是 «demand»«output»«swSchedulableResource»。
- 最后一个是需求驱动的代理任务：高速公路收费服务代理，它向外部高速公路收费服务发送请求，以处理带有有效应答器的汽车的入口和出口事件，或者处理带有无效应答器或无应答器的车辆的照片。该任务的构造型是 «demand»«proxy»«swSchedulableResource»。

|521|

23.7.4 详细软件设计

图 23-9 中给出了需求驱动控制聚簇任务的详细设计。入口控制器是一个组合任务，它包含三个被动对象，一个称为入口协调器的协调器、一个称为入口事务的实体对象和一个称为入口控制的状态机对象。入口协调器接收来自到达传感器输入、离开传感器输入以及在 FIFO 队列上的应答器探测器输入三个生产者任务的消息，并调用入口控制和入口事务被动对象的操作。

23.7.5 体系结构模式的使用

高速公路收费控制系统使用了几种软件体系结构和通信模式。在入口收费亭控制器和出口收费亭控制器子系统中使用集中控制模式，因为在每种情况下，都有一个控制任务，由该控制任务执行状态机。入口收费亭控制器子系统接收来自多个输入和 I/O 任务的传感器输入，并通过输出和 I/O 任务控制外部环境，如图 23-8 中所示。在一个集中控制模式中，由控制任务执行状态机，例如图 23-3 展示的入口收费亭控制器的情况。高速公路收费控制系统中使用的另一种体系结构模式是多客户/单服务模式，如图 23-6 所示，其中，入口收费亭控制器和出口收费亭控制器子系统的多个实例是服务子系统高速公路收费服务的客户。

|522〜523|

高速公路收费控制系统中使用的体系结构通信模式是异步消息通信和双向异步消息通信模式，如图 23-6 和图 23-8 所示。

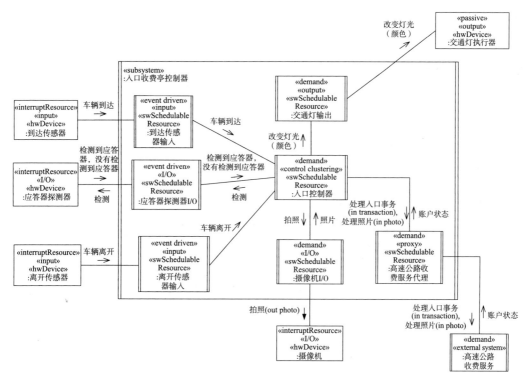

图 23-8　入口收费亭控制器子系统的任务体系结构

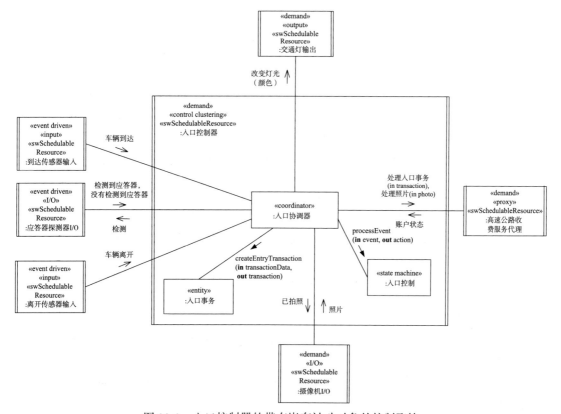

图 23-9　入口控制器的带有嵌套被动对象的控制聚簇

本书使用的约定

为了提高可读性，本书使用了某些约定。这里给出了本书中的命名约定和交互图上消息序列编号的约定。

A.1 本书使用的命名约定

为了提高可读性，描述类、对象以及图中的名称与正文中的名称采用不同的约定。例如，在图中示例使用时代新罗马（Times New Roman）字体，而正文示例则用不同的字体以区别于普通威尔士数学（Cambria Math）字体。本书中一些附加约定取决于项目所处的阶段。例如，分析模型（较正式）中与设计模型（更正式）中采用不同的大写字母约定。

A.1.1 需求建模

在图和文字中，用例的首字母大写，单词之间加空格。例如：Cook Food。

A.1.2 分析模型

分析模型中的命名按照如下约定：

类

类的首字母大写。在图中，单词之间没有空格，例如：HeatingElement。然而，在正文中，为了提高可读性，单词之间加空格，例如，Heating Element。

属性的首字母小写，例如，weight。在图中，单词之间没有空格，但正文中单词之间添加空格。多单词名称的第一个词首字母小写，后面单词的首字母大写。例如，在图中是 sensorValue，在正文中表示为 sensor Value。

属性类型的首字母大写。例如，Boolean、Integer 或 Real。

对象

有不同的对象描述方式，典型方式有：

- **单个已命名对象** 第一个单词的首字母小写，随后单词的首字母大写。在图中的形式如：aWarningAlarm 和 anotherWarningAlarm。在正文中的形式为：a Warning Alarm 和 another Warning Alarm。
- **单个未命名对象** 一些在图中显示的对象是类的实例，没有给定名字，例如：Warning Alarm。在正文中，该对象表示为 Warning Alarm。为了提高可读性，将前面的冒号去掉，在单词之间加上空格。

这意味着，第一个单词的首字母是大写还是小写取决于在图中描述对象的方式。

消息

在分析模型中，消息的首字母大写。无论在图中还是正文中，单词之间都有空格。例如：Simple Message Name。

状态机

在图和正文中，状态、事件、条件、行为和活动名称单词的首字母大写，且单词之间有空格。例如：Emergency Stopping 状态、Timer Event 事件和 Open Door 动作。

A.1.3　设计建模

设计模型的命名约定如下：

主动和被动类

主动类（并发类）和被动类的命名约定与分析模型中的类（见 A.1.2 节）相同。

主动对象和被动对象

主动对象（并发对象）和被动对象的命名约定与分析模型中的对象（见 A.1.2 节）相同。

消息

在设计模型中，消息第一个单词的首字母小写，后面的单词首字母大写。无论是在图中还是在正文中，单词之间没有空格。例如：alarmMessage。

消息参数的首字母小写，例如：speed。无论是在图还是在正文中，单词之间没有空格，且第一个单词的首字母小写，后续单词的首字母大写。例如：cumulativeDistance。

操作

无论是在图中还是在正文中，操作（即方法）的命名约定与消息相同。因此，操作和参数的第一个单词的首字母小写，后面单词的首字母大写，单词之间没有空格。例如：validatePassword（用户密码）。

A.2　交互图上消息顺序编号

对通信图或序列图上的消息进行编号，本节提供了消息序列编号的一些指导。这些指导方针遵循一般的 UML 约定，而且已经扩展以便更好地处理并发性、替代性和大型消息序列。包括第 19 章至第 23 章中的案例研究在内，本书例子中遵守这些约定。

A.2.1　交互图上的消息标签

通信或序列图上的消息标签具有以下语法（此处仅描述与分析阶段相关的那些部分）：

[序列表达式]：消息名称（参数列表）

这里序列表达式包括消息序列号和递推指示符。

- **消息序列号**

消息序列号描述如下：第一个消息序列号表示启动通信图上描述的消息序列的事件。典型的消息序列是 1，2，3，……；A1，A2，A3，……

可以用杜威（Dewey）分类系统详细描述消息序列，如 A1.1 先于 A1.1.1，后者又先于 A1.2。在杜威系统中，典型的信息编号序列是 A1，A1.1，A1.1.1，A1.2。

- **递推**

递推是可选的，用于说明条件或迭代执行，它表示根据所满足的条件发送零个或多个消息。

1. *[迭代子句]，星号（*）加入消息序列号后表示发送多个消息。可选迭代子句指定重复执行，如 [j：=1，N]。通过消息序列号后加星号表示迭代的一个例子是 3*。

2. [条件子句]，方括号中的条件表示一个分支条件。可选条件子句用于指定分支，如 [x<n]，意味着只有在条件为真时才发送消息。在消息序列号之后的条件，如 4[x<n] 和 5[正

常]，表示条件消息传递。任何情况下，如果条件为真则发送消息。

- **消息名**

参数消息名称。

- **参数列表**

参数列表是可选的，说明作为发送消息一部分的参数。

发送的消息有可选的返回值。

A.2.2　交互图上消息序列编号

在支持用例的序列或通信图中，用消息序列号描述对象参与每个用例的顺序。用例消息序列号的形式如下：

[第一个可选字母序列] [数值序列] [第二个可选字母序列]

第一个可选字母序列是可选的用例 ID，标识具体用例或抽象用例，首字母大写。如果需要更多描述性的用例 ID，后面会有一个或多个大写字母或小写字母。

最简单的消息排序形式是使用一系列整数，如 M1、M2 和 M3。然而，对于有多个来自角色的外部输入的实时系统，采用十进制数的数字序列通常很有帮助，也就是说，将外部事件编号为整数，然后用十进制数字表示随后发生的内部事件。例如，如果将角色的输入指定为 A1、A2 和 A3，完整的消息序列描绘的通信图是 A1，A1.1，A1.2，A1.3……A2，A2.1，A2.2……和 A3，A3.1，A3.2……

例如 V1，其中字母 V 标识用例，并且该数字标识支持用例通信图中的消息序列。发送第一个消息的对象 V1 是基于用例通信的发起者。此输入信息随后的消息数表示为 V1.1、V1.2 和 V1.3。如果通信继续下去，来自角色的下一个输入将标识为 V2。

A.2.3　并发和备选的消息序列

第二个可选字母序列用于描述消息序列编号中分支（并发或替代）的特殊情况。

可以在通信图上描绘并发消息序列。小写字母表示并发序列，换句话说，指定为 A3 和 A3a 的序列将是并发序列。例如，消息 A2 到达对象 X 可能导致对象 X 发送两个消息给对象 Y 和 Z，这两个对象可以并行执行。在这种情况下，将发送对象 Y 的消息指定为 A3，将发送给对象 Z 的消息指定为 A3a。A3 序列的后续消息将是 A4，A5，A6……独立 A3a 序列的后续消息为 A3a.1，A3a.2，A3a.3……等。因为序号 A3a 比较烦琐，因此使用 A3 主要消息序列，A3a 和 A3b 为支持消息序列。另一种方法是两个并发序列完全避免 A3，使用序列号 A3a 和 A3b。然而，如果 A3a 启动另一个并发序列，可能导致更烦琐的编号方案，所以首选前者方案。

用消息之后表示的条件描述备选消息序列。大写字母命名选择分支。例如，主分支可标记为 1.4[正常]，将其他不常用的分支可被命名为 1.4A[错误]。正常分支的消息序列号是 1.4[正常]、1.5、1.6 等等。对于选择分支的消息序列号是 1.4A[错误]、1.4A.1、1.4a.2 等等。

软件体系结构模式目录

用 11.8 节、B.1 节和 B.2 节中的模板，分别编写软件体系结构的结构模式和软件体系结构的通信模式文档。表 B-1 和表 B-2 对各种模式进行了概括与总结。

表 B-1　软件体系结构模式

软件体系结构模式	第 11 章中	附录 B 中
集中控制	11.3.1	B.1.1
分布式协同控制	11.3.2	B.1.2
分布式独立控制	11.3.3	B.1.3
分层控制	11.3.4	B.1.4
抽象层	11.2.1	B.1.5
内核	11.2.2	B.1.6
主 / 从	11.3.5	B.1.7
多客户 / 多服务	11.4.2	B.1.8
多客户 / 单服务	11.4.1	B.1.9

表 B-2　软件体系结构通信模式

软件体系结构通信模式	第 11 章中	附录 B 中
异步消息通信	11.5.2	B.2.1
带回调的异步消息通信	11.5.5	B.2.2
双向异步消息通信	11.5.3	B.2.3
广播	11.7.1	B.2.4
代理句柄	11.6.2	B.2.5
服务发现	11.6.3	B.2.6
服务注册	11.6.1	B.2.7
订阅 / 通知	11.7.2	B.2.8
同步对象访问	11.5.1	B.1.9
具有应答的同步消息通信	11.5.4	B.1.10
无应答的同步消息通信	11.5.6	B.1.11

B.1　软件体系结构模式

本节使用标准模板，按字母顺序描述了确定静态结构的体系结构模式。

B.1.1 集中控制模式

模式名	集中控制。
别名	集中控制器，系统控制器。
场景	需要统一控制的集中应用。
问题	一些动作和活动是状态依赖的，需要进行控制和排序。
方案	在概念上执行一个状态机控制组件，提供系统或子系统的整体控制和排序。
优点	在一个组件中封装了所有状态依赖的控制。
缺点	可能导致过于集中控制，在这种情况下，应考虑分散控制。
适用性	实时控制系统，状态依赖的应用。
相关模式	分布式协同控制，分布式独立控制，分层控制。
参考	11.3.1 节

531 　　　图 B-1 是采用集中控制模式的微波炉控制系统示例。

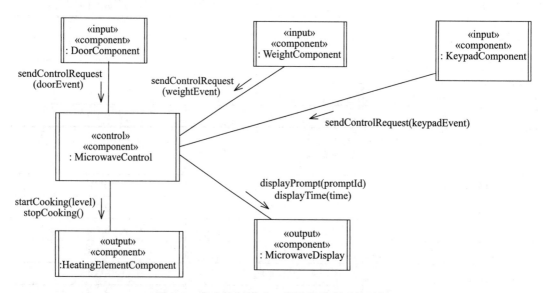

图 B-1　集中控制模式：微波炉控制系统示例

B.1.2 分布式协同控制模式

模式名	分布式协同控制。
别名	分布式控制，无中心协同控制。
场景	具有实时性要求的分布式应用。
问题	具有多个位置、需要实时本地化控制以及控制组件彼此通信的分布式应用程序。
方案	有多个控制组件，每个组件通过在概念上执行状态机来控制系统的给定部分。控制功能分布在各个控制组件之间，它们相互通信。没有单个组件能够控制整体。

优点	克服了过分中心化的问题。
缺点	没有总体协调器。必要时考虑使用分层控制模式。
适用性	分布式实时控制系统，分布式状态依赖的应用。
相关模式	分布式独立控制，集中控制，分层控制
参考	11.3.2 节

图 B-2 是采用分布式协同控制模式的分布式控制器之间协同示例。 532

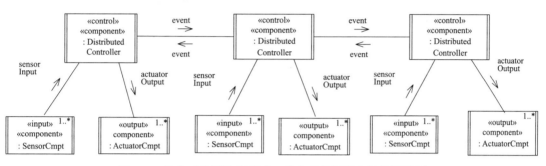

图 B-2 分布式协同控制模式：分布式控制器之间协同示例

B.1.3 分布式独立控制模式

模式名	分布式独立控制。
别名	分布式独立控制器，去中心独立控制。
场景	具有实时性要求的分布式应用。
问题	具有多个位置、需要实时本地化控制以及控制组件间彼此不通信。
方案	有多个控制组件，每个组件通过在概念上执行状态机来控制系统的给定部分。控制分布在各个控制组件之间，它们相互之间不通信，但在需要时可以与服务组件异步通信。没有单个组件能够控制整体。
优点	克服了过分中心化的问题。
缺点	没有总体协调器。必要时考虑使用分层控制模式。
适用性	分布式实时控制系统，分布式状态依赖的应用。
相关模式	分布式协同控制，集中控制，分层控制，多客户 / 单服务。
参考	11.3.3 节。

533

图 B-3 是采用分布式独立控制模式的服务之间的异步通信示例。

B.1.4 分层控制模式

模式名	分层控制模式。
别名	多级控制，分层协同。
场景	具有实时性要求的分布式应用。

问题	需要实时局部控制和整体控制的多点分布式系统。
方案	有多个控制组件，它们通过在概念上执行状态机来控制系统的给定部分。还有一个协调器组件，它通过为每个控制组件决定下一个作业并将该信息直接传递到控制组件来提供高级控制。
优点	通过提供高级控制和协调克服分布式控制模式的潜在问题。
缺点	在高负载状态下，协调器可能成为瓶颈。
适用性	分布式实时控制系统，分布式状态依赖的应用。
相关模式	分布式协同控制，集中控制，分布式独立控制。
参考	11.3.4 节

534

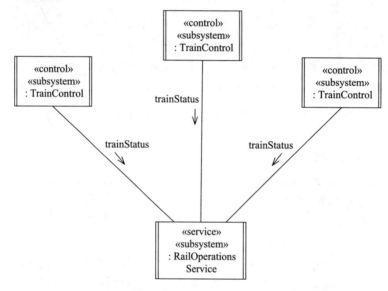

图 B-3   分布式独立控制模式：服务之间的异步通信示例

图 B-4 是采用分层控制模式的两级控制示例。

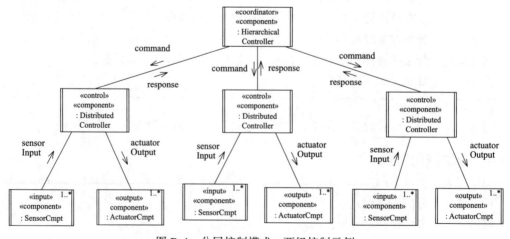

图 B-4   分层控制模式：两级控制示例

B.1.5 抽象层模式

模式名	抽象层。
别名	多层，抽象级。
场景	软件体系结构设计。
问题	便于扩展和收缩的软件体系结构设计。
方案	下层的组件为上层的组件提供服务。组件只能使用下层组件提供的服务。
优点	促进软件设计的扩展和收缩。
缺点	如果分层过多将导致效率降低。
适用性	操作系统，通信协议，实时系统，软件产品线。
相关模式	内核可以是抽象的体系结构层最低层。这种模式的变化，包括灵活的抽象层。
参考	11.2.1 节；Hoffman and Weiss 2001；Parnas 1979。

535

图 B-5 是采用抽象层模式的 TCP/IP 示例。

B.1.6 内核模式

图 B-6 是采用内核模式的操作系统示例。

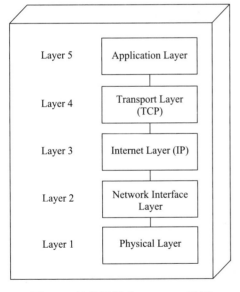

图 B-5 抽象层模式：TCP/IP 示例

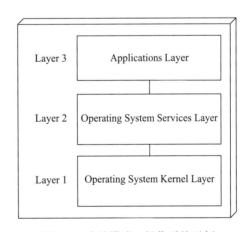

图 B-6 内核模式：操作系统示例

模式名	内核。
别名	微内核。
场景	软件体系结构设计，实时软件设计。
问题	需要具有基本功能，可以由其他组件使用的小内核。
方案	内核提供了一个定义良好的接口，由软件系统的其他部分调用的操作（程序或函数）组成。

优点	可以提高内核的效率。
缺点	如果不小心，内核可以变得过于庞大和臃肿。或者，基本功能可能被错误地遗漏。
适用性	操作系统，实时系统，软件产品线。
相关模式	内核可以是抽象的体系结构的最低层。
参考	11.2.2 节；Buschmann et al.1996。

536

B.1.7　主 / 从模式

模式名	主 / 从。
别名	无。
场景	软件体系结构设计，实时应用。
问题	一些计算需要并行执行。
方案	主设备将要进行工作的每一部分分配给从设备。每个从设备执行分配的任务，当它完成时，向主设备发送响应。主设备集中了从设备的响应。
优点	分配所要做的工作，以便其能够并行执行。
缺点	可能出现从设备工作不均匀分配的情况，这会导致主 / 从操作效率降低。一个从设备可能被阻止或失败，因此减慢整个主 / 从操作。
适用性	实时应用，计算密集应用。
相关模式	集中控制，分层控制。
参考	11.3.5 节。

537

图 B-7 是采用主 / 从模式的主设备分配任务示例。

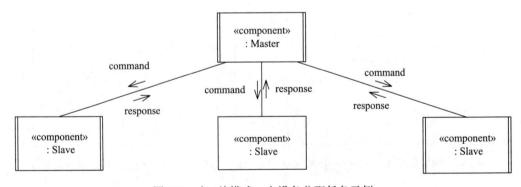

图 B-7　主 / 从模式：主设备分配任务示例

B.1.8　多客户 / 多服务模式

模式名	多客户 / 多服务。
别名	客户 / 服务，客户端 / 服务器。
场景	软件体系结构设计，分布式实时系统。

问题	分布式实时系统中多客户端从多个服务端请求服务。
方案	客户与多个服务按顺序或并行通信。每个服务响应客户端请求。每个服务可以处理多个客户端的请求。服务端可以代理客户端请求不同的服务。
优点	当客户端需要不同服务的信息时,可以与多个服务进行通信。
缺点	如果任何服务器上的负载较重,客户端可能无限期地搁置。
适用性	分布式处理,多服务的客户 / 服务和分布式实时应用。
相关模式	多客户 / 单服务。
参考	11.4.2 节。

538

图 B-8 是采用多客户 / 多服务模式的紧急检测系统示例。

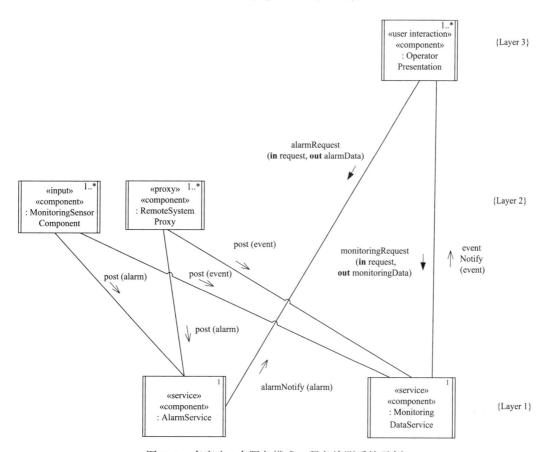

图 B-8 多客户 / 多服务模式:紧急检测系统示例

B.1.9 多客户 / 单服务模式

模式名	多客户 / 单服务。
别名	客户 / 服务,客户端 / 服务器。
场景	软件体系结构设计,分布式实时系统。
问题	分布式实时系统中多客户端从单个服务端请求服务。

方案	客户请求服务。服务响应客户端的请求,不启动请求。服务处理多个客户端请求。
优点	需要服务回复时的服务与客户之间好的通信方式,是客户 / 服务应用很常见的通讯形式。
缺点	如果任何服务器上的负载较重,客户端可能无限期地搁置。
适用性	分布式处理,多服务客户 / 服务和分布式实时应用。
相关模式	多客户 / 单服务。
参考	11.4.1 节。

539

图 B-9 是采用多客户 / 单服务模式的银行系统示例。

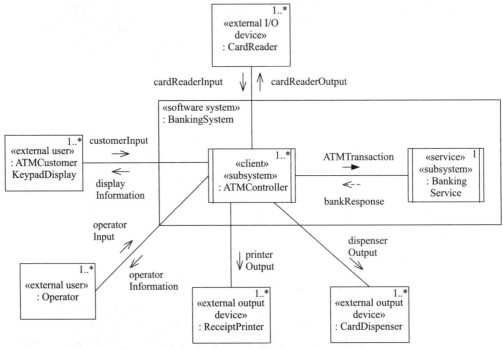

图 B-9 多客户 / 单服务模式:银行系统示例

B.2 软件体系结构通信模式

本节描述了体系结构通信模式,它使用标准模板处理按字母顺序排列的体系结构的分布式组件之间的动态通信。

B.2.1 异步消息通信模式

模式名	异步消息通信。
别名	松耦合消息通信。
场景	并发或分布式实时系统。

问题	并发或分布式应用程序具有并发的组件，它们需要相互通信。生产者不需要等待消费者，不需要回复。
方案	生产者组件和消费者组件使用消息队列通信。生产者发送消息给消费者，消费者接收消息。如果消费者繁忙，消息在 FIFO 队列中等候。如果没有可用的消息，消费者暂停。如果消费者节点关闭，则需要通知生产者超时。
优点	消费者不会使生产者停止。
缺点	如果生产者生成消息比消费者处理消息的速度更快，那么消息队列将最终溢出。
适用性	集中和分布式环境，实时系统，多服务客户 / 服务和分布式实时应用。
相关模式	双向异步消息通信。
参考	11.5.2 节。

540

图 B-10 是异步消息通信模式示例。

图 B-10　异步消息通信模式

B.2.2　带回调的异步消息通信模式

模式名	带回调的异步消息通信。
别名	带回调的松耦合消息通信。
场景	并发或分布式实时系统。
问题	并发或分布式应用程序具有并发的组件，它们需要相互通信。客户端不需要等待服务，但需要收到回复。
方案	客户端组件和服务组件之间使用松耦合的通信。客户端发出服务请求，包括客户操作（回调）处理，不等待答复。服务处理客户端请求后，它使用句柄远程调用客户端操作（回调）。
优点	客户端和服务之间好的通信方式。当客户需要回复时，但可以继续执行，稍后再接收回复。
缺点	只适用于客户端不需要在接收第一个答复之前发送多个请求的情况。
适用性	分布式环境，多服务客户 / 服务和分布式实时应用。
相关模式	考虑将双向异步消息通信作为替换模式。
参考	11.5.5 节。

541

图 B-11 是带回调的异步消息通信模式示例。

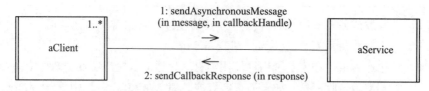

图 B-11 带回调的异步消息通信模式

B.2.3 双向异步消息通信模式

模式名	双向异步消息通信。
别名	双向松耦合异步消息通信。
场景	并发或分布式实时系统。
问题	并发组件需要相互通信的并发或分布式应用程序。生产者不需要等待消费者，尽管它后来收到回复。生产者可以在收到第一个回复之前发送几个请求。
方案	在生产者组件和消费者组件之间使用两个消息队列：一个用于从生产者到消费者的消息，一个用于从消费者到生产者的消息。生产者在 P→C 队列上向消费者发送消息并继续进行，消费者收到消息。如果消费者繁忙，则消息排队。消费者在 C→P 队列中发送应答。
优点	生产者不被消费者所控制。生产者在需要时会收到回复。
缺点	如果生产者生成消息比消费者处理消息更快，消息（P→C）队列将最终溢出。如果生产者处理应答的速度不够快，则应答（C→P）队列会溢出。
适用性	集中和分布式环境，实时系统，客户/服务和分布式实时应用。
相关模式	有回调的异步消息通信。
参考	11.5.3 节。

图 B-12 是双向异步消息通信模式示例。

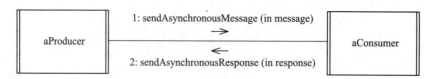

图 B-12 双向异步消息通信模式

B.2.4 广播模式

模式名	广播。
别名	广播通信。
场景	分布式实时系统。
问题	具有多个客户端和服务的分布式应用程序。有时，服务需要向多个客户端发送相同的消息。

方案	服务向所有客户端发送消息的组通信形式，不管客户端是否要求消息。客户端决定处理还是丢弃该消息。
优点	组通信的简单形式。
缺点	给可能不需要消息的客户端增加负载。
适用性	分布式环境，实时系统，具有多个服务的客户/服务和分布式实时应用。
相关模式	与订阅/通知类似，但不具有选择性。
参考	11.7.1 节。

543

图 B-13 是采用广播模式的告警广播示例。

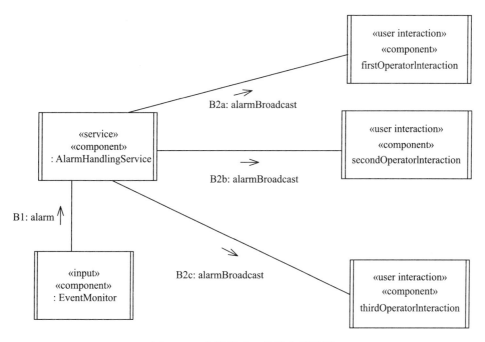

图 B-13 广播模式：告警广播示例

B.2.5 代理句柄模式

模式名	代理句柄。
别名	白页代理句柄，句柄驱动设计代理。
场景	分布式实时系统。
问题	多个客户端与多个服务进行通信的分布式应用程序。客户端不知道服务的位置。
方案	使用代理，在代理上注册服务。客户端向代理发送服务请求。代理向客户返回服务句柄。客户端使用服务句柄进行服务请求。服务处理请求并直接给客户端发送应答。客户端可以在没有代理参与的情况下进行多个请求服务。
优点	位置透明：服务可能会轻松迁移。客户不需要知道服务的位置。

缺点	代理参与初始消息通信，增加额外开销。如果代理负担沉重，可能会成为瓶颈。客户端可能会保留过时的服务句柄而不丢弃。
适用性	分布式环境，实时系统，具有多个服务的客户 / 服务和分布式实时应用。
相关模式	与代理转发类似，但具有更好的性能。
参考	11.6.2 节。

544

图 B-14 是代理句柄模式示例。

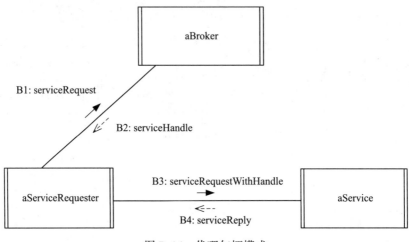

图 B-14　代理句柄模式

B.2.6　服务发现模式

模式名	服务发现。
别名	黄页代理，代理交易，发现。
场景	分布式实时系统。
问题	多个客户端与多个服务进行通信的分布式应用。客户知道所需的服务类型，但不知道具体的服务。
方案	使用代理发现服务。将服务注册到代理。客户端向代理发送发现服务请求。代理返回与发现服务请求相匹配的所有服务的名称。客户端选择服务并使用代理句柄服务与服务进行通信。
优点	位置透明度：服务可能会轻松迁移。客户不需要知道具体的服务，只需要了解服务类型。
缺点	代理参与初始消息通信，增加额外开销。如果代理负担沉重，可能会成为瓶颈。
适用性	分布式环境，具有多个服务的客户 / 服务和分布式实时应用。
相关模式	代理句柄，服务注册。
参考	11.6.3 节。

545

图 B-15 是服务发现模式示例。

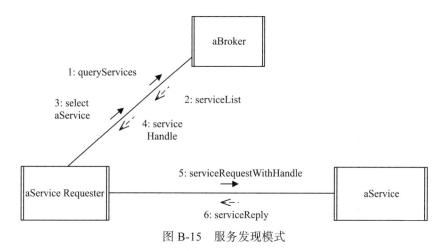

图 B-15　服务发现模式

B.2.7　服务注册模式

模式名	服务注册。
别名	代理注册。
场景	分布式实时系统。
问题	具有多个客户端和服务的分布式应用程序。客户端并不知道服务的位置。
方案	在代理注册服务信息，包括服务名称，服务描述和位置。客户端向代理发送服务请求。代理担当客户和服务之间的中介。如果服务重新定位，则需要向代理商重新注册。
优点	位置透明度：服务可能会轻松迁移。客户不需要知道服务的位置。
缺点	因为代理涉及消息通信带来额外开销。如果代理负担沉重，代理可能会成为瓶颈。
适用性	分布式环境，具有多个服务的客户 / 服务和分布式实时应用。
相关模式	代理句柄，服务注册。
参考	11.6.1. 节。

546

图 B-16 是服务注册示例。

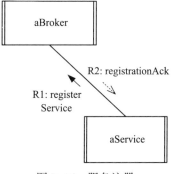

图 B-16　服务注册

B.2.8　订阅 / 通知模式

模式名	订阅 / 通知。
别名	多播。
场景	分布式实时系统。
问题	具有多个客户端和服务的分布式应用程序。客户端希望获得特定类型的消息。
方案	组通信形式，客户订阅并接收给定类型的消息。当服务接收到这种类型的消息时，它将通知已订阅的所有客户端。
优点	组通信择形式。广泛应用于互联网和万维网应用。
缺点	如果客户端订阅太多服务，可能会意外收到大量消息。
适用性	分布式环境，具有多个服务的客户 / 服务和分布式实时应用。
相关模式	与广播类似，但更有选择性。该模式的变化是组播通知，其中组件之间的连接在初始化时建立，而没有显式组件订阅。
参考	11.7.2 节。

图 B-17 是采用订阅 / 通知模式的告警通知示例。

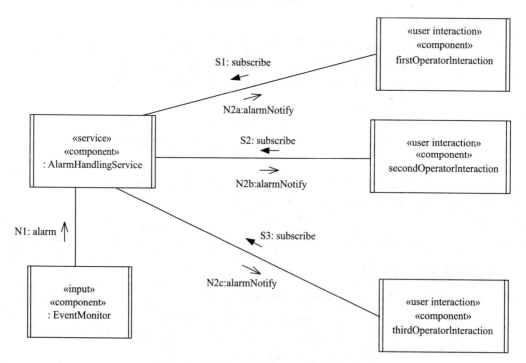

图 B-17　订阅 / 通知模式：告警通知示例

B.2.9　同步对象访问模式

模式名	同步对象访问。
别名	同步操作调用，同步方法调用，同步类访问。

场景	面向对象和实时系统。
问题	需要访问封装在被动对象中共享数据的并发组件和任务。
方案	同一节点上的两个或多个并发组件（任务）通过被动信息隐藏对象与每个组件进行通信，以访问（读取和写入）共享数据。任务调用被动对象提供的操作。对象的操作为数据提供了同步访问，例如互斥。
优点	此模式允许并发组件或任务访问同一节点上的共享数据。
缺点	如果任务需要在单独的节点上执行，则不能使用此模式。
适用性	具有访问共享数据的任务的实时系统。
相关模式	软件体系结构通信模式，其中使用消息传递而不是操作调用。
参考	11.5.1 节。

548

图 B-18 是采用同步对象访问模式的多读者和作者示例

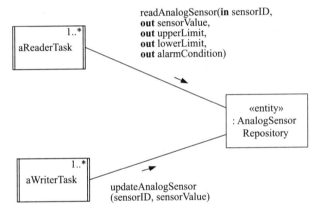

图 B-18　同步对象访问模式：多读者和作者示例

B.2.10　具有应答的同步消息通信模式

模式名	具有应答的同步消息通信。
别名	具有应答的紧耦合同步消息通信。
场景	并发或分布式实时系统。
问题	多个客户端与单个服务或生产者与消费者通信的并发或分布式应用。客户（或生产者）需要等待服务（或消费者）的回复。
方案	使用客户端（生产者）组件和服务（消费者）组件之间的同步通信。客户端（生产者）向服务（消费者）发送消息，并等待应答。当有很多客户端时，在服务端使用消息队列。服务处理消息 FIFO。服务（消费者）向客户端发送应答。当客户端（生产者）从服务（消费者）接收到应答时，它被激活。
优点	客户（生产者）在需要回复时与服务（消费者）通信的良好方式。在客户 / 服务和生产者 / 消费者应用中的通信形式非常常见。
缺点	如果服务（消费者）负担重，客户（生产者）可能无限期地保持。

适用性	并发或分布式环境，客户 / 服务和具有多种服务的分布式实时应用程序。
相关模式	有回调的异步消息通信。
参考	11.5.4 节。

图 B-19 是具有应答的同步消息通信示例。

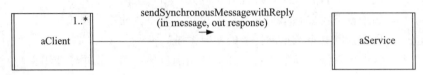

图 B-19　具有应答的同步消息通信

B.2.11　无应答的同步消息通信模式

模式名	无应答的同步消息通信。
别名	无应答的紧耦合同步消息通信
场景	并发或分布式实时系统。
问题	并发组件需要相互通信的并发或分布式应用程序。生产者需要等待消费者接收消息。生产者不想超越消费者。生产者和消费者之间没有队列。
方案	使用生产者和消费者之间的同步通信，生产者向消费者发送消息，并等待消费者接受消息。消费者收到消息。如果没有可用消息，消费者将被暂停。消费者接收消息，从而释放生产者。
优点	当生产者要求消费者确认接收到消息，并且生产者不希望超越消费者时。生产者与消费者之间良好的通信方式。
缺点	如果消费者忙于处理其他事情，生产者就可能无限期地保持。
适用性	并发和分布式环境，客户 / 服务和具有多种服务的分布式实时应用。
相关模式	考虑具有应答的同步消息通信作为替代模式。
参考	11.5.6 节。

图 B-20 是无应答的同步消息通信示例。

图 B-20　无应答的同步消息通信

并发任务伪码模板

本附录提供了本教程第 13 章描述的不同类型并发任务事件序列逻辑的伪代码模板。这些模板包括事件驱动的输入任务，周期性输入和算法任务，和需求驱动的通用目的的协调器、输出、用户交互和独立控制任务。

C.1 事件驱动的任务伪码

当系统有必须接口连接的事件驱动 (也称为中断驱动) 的输入设备时，需要**事件驱动的输入任务**（13.3.2 节）。事件驱动的 I/O 任务由来自设备的外部事件 (例如中断) 激活，然后读取输入数据，对数据进行必要的处理，包括向消费者发送消息或更新被动实体对象，完成后等待下一个外部事件。

-- 如果需要，初始化输入设备；
loop
-- 等待外部输入设备的事件；
wait (inputEvent)；
读取输入数据；
if 输入有效
then -- 处理数据；
　如果需要，将数据转换成内部格式，例如将模拟数据转换成工程单位；
　如果需要，处理数据；
　准备包含消息名和可选参数的消息；
-- 通过连接器给消费者发送消息；
aConnector.send (message)；
else -- 输入无效；
出错处理；
end if;
end loop;

C.2 周期性输入任务伪码

周期性输入任务与被动输入设备接口，定期对设备进行轮询（13.3.3 节）。周期性输入任务由定时器事件激活，读取采样的输入数据，对数据进行任何必要的处理，然后等待下一个定时器事件。任务周期是连续激活之间的时间。

如果需要，初始化输入设备；
loop

-- 等待定时器事件；

wait (timerEvent)；

读取输入数据采样；

if 　数据有效

then 　-- 处理输入数据；

　　如果需要，将数据转换成内部格式，例如将模拟数据转换成工程单位；

　　如果是布尔数，检查数据是否发生变化；

　　如果需要，处理数据；

　　准备包含消息名和可选参数的消息；

　　-- 给消费者发送消息或写入数据库；

　　dataRepository.update(newData)；

else 　-- 输入无效；

　　出错处理；

end if;

end loop;

C.3　需求驱动的输出任务伪码

需求驱动输出任务用于与无需轮询的被动输出设备进行接口，因此不需要周期性输出任务（13.3.4 节）。特别是在计算与输出重叠时使用。 通过来自生产者任务的消息，需求驱动输出任务被激活，读取消息，准备数据进行输出，输出数据，然后等待下一个消息。

如果需要，初始化输入设备；

loop

-- 等待生产者任务的通过连接器发送的消息；

aConnector.receive (message)；

从消息中提取消息名和消息参量；

-- 处理消息；

如果需要，将数据转换成输出格式；

if 输出设备错误；

　　处理错误；

end if;

end loop;

C.4　需求驱动的协调器任务伪码

需求驱动的协调器任务是不依赖于状态的控制任务。也就是说，它所采取的行动完全取决于其接收到的输入消息的内容（13.4.4 节）。协调器任务由生产者任务的消息激活，读取消息，执行适当的操作（例如向消费者任务发送消息），然后等待下一个消息。

loop

-- 等待另一个任务通过消息连接器发来的消息；

```
aConnector.receive (message);
从消息中提取名称和参数;
-- 执行协调器操作（假定不依赖于状态）
case 消息 of
    消息类型 1:
        objectA.methodX (optional parameters);
        ……
    消息类型 2:
        objectB.methodY (optional parameters);
        ……
endcase;
准备包含名称和参数的输出消息;
-- 发送输出消息;
aConnector.send (message);
end if;
end loop;
```

C.5　周期性算法任务伪码

周期性算法任务是周期性执行算法的任务，即以规则的等时间间隔执行（13.4.1 节）。该任务由定时器事件激活，执行周期性算法，然后等待下一个定时器事件。任务周期是连续激活之间的时间。

```
loop
-- 等待定时器事件;
wait (timerEvent);
执行周期性算法;
准备包含名称和参数的输出消息;
-- 发送输出消息;
aConnector.send (message);
end if;
end loop;
```

553

C.6　需求驱动任务伪码

需求驱动任务是根据生产者任务发送的消息或事件按需激活的任务（13.4.2 节）。需求驱动任务所执行的行动完全取决于其接收到的输入消息的内容。该任务读取输入消息，执行所请求的动作，然后向原始生产者任务发送响应或更新被动实体对象，例如通过向消费者任务发送消息来传送结果。然后，任务将循环并等待下一条消息。

```
loop
-- 等待生产任务者通过消息连接器发送的消息或事件的到达;
```

aConnector.receive (message);
从消息中提取名称和参数;
根据需要执行动作
-- 如果需要，从被动数据实体对象读取数据
-- 执行动作
-- 如果需要，更新被动实体对象中的数据
准备包含名称和参数的输出消息;
-- 发送输出消息;
aConnector.send (message);
end loop;

C.7   用户交互任务伪码

用户交互任务是与人类用户交互的需求驱动任务。它通常向用户输出提示（在初始化或来自另一个任务的消息到达时），然后等待用户的输入（13.4.5 节）。它读取输入，跟进进一步的提示和用户输入，确定所需的用户操作，并向消费者对象（可能是被动实体对象，服务任务或控制任务）发送消息。它通常会收到消费者的回应，然后以文本和／或图形格式响应，并将此响应输出给用户。然后，任务将循环并等待下一个用户交互。

554

loop
向用户输出菜单或提示;
wait (user response);
读取用户输入;
处理用户输入。如果需要，进一步与用户交互;
-- 向消费者任务发送包含用户请求的消息;
aConnector.send (user request);
-- 等待消费者任务通过消息连接器发送的消息;
aConnector.receive (consumer response);
提取并处理消费者响应;
准备输出给用户的文本或图形;
输出给用户的响应;
end loop;

C.8   需求驱动的状态依赖控制任务伪码

状态依赖的控制任务是执行顺序状态机的需求驱动任务（13.4.3 节）。该任务从消息队列中接收生产者发来的消息。给定下一个消息，该任务则从消息中提取事件，并使用该事件作为输入参数来调用被动 STM（14.1.3 节）对象的进程事件方法，该对象封装了状态转换表。给定新的事件和当前状态，该方法则查找表中（新事件，当前状态）的状态转换表项，并读取要执行的下一个状态和动作。然后将当前状态设置为下一个状态，并返回要执行的操作。然后，任务执行每个动作，例如通过向另一个任务发送消息。完成后循环，接收下一个消息。

loop

-- 从消息队列中接收来自所有发送者的消息；

Receive (messageQ,message);

-- 提取事件名称和消息参数；

newEvent = message.event

-- 假定状态机封装在对象 aSTM；

-- 给定输入事件，查找状态转换表；

-- 如果需要，改变状态，返回需要执行的动作；

aSTM.processEvent (**in** newEvent,**out** action);

-- 在给定状态机上执行状态依赖的工作

   case 状态依赖的动作 **of**

     动作 _1：

       执行状态依赖的动作 _1；

       exit;

     动作 _2：

       执行状态依赖的动作 _2；

       exit;

     ……

     动作 _n：

       执行状态依赖的动作 _n；

       exit;

   end case;

end loop;

555
~
556

教学考虑

D.1　概述

本书中的材料可以根据学生可用的时间和知识水平以不同的方式进行教学。本附录描述了基于本书可能的学院和工业课程。

这些课程的先决条件是涉及软件生命周期的软件工程介绍课程，以及生命周期每个阶段的主要活动。前提课程将涵盖软件工程介绍性书籍（如（Pressman 2009）或（Sommerville 2010））中介绍的材料。

在每个课程有三个组成部分：描述方法，使用该方法介绍至少一个案例研究，以及为学生将该方法应用于现实世界问题的动手设计练习。

D.2　建议的学院课程

以下学院课程可以在计算机科学、软件工程、系统工程和计算机工程课程的研究生和高级本科课程中进行教学，并且基于本教材所涵盖的材料。

1. 实时软件建模与设计的高级本科或研究生课程。

2. 设计实验室课程作为后续课程或替代实时软件建模和设计课程 (课程 1)，学生们将在团队中开发一个实质性实时软件问题解决方案。在这种情况下，学生也可以实现系统的全部或部分。

D.3　建议的工业课程

以下工业课程可以基于本书所涵盖的材料：

1. 实时软件建模与设计课程。从第一部分简要介绍开始，重点放在第二部分，然后根据课程的长度选择第三部分的性能分析以及第四部分的案例研究。设计实验室将集中精力处理实时软件问题。这个课程可以在两到五天的任何时间内进行，具体取决于所涉及的细节。

2. 实践课程，其中实时软件设计方法的每个阶段都是实践设计实验。设计实验可能是公司选择的问题，假设为内部课程。

D.4　设计练习

以下讨论适用于学术和工业课程：

作为课程的一部分，学生还应该单独或团队地处理一个或多个实时问题。是否处理一个或多个问题取决于问题的大小和课程的长短。但是，由于这是学生真正了解方法的最佳途径，所以应该为学生分配足够的时间来解决问题。可能使用的软件问题是：

1）消费品如洗碗机系统；

2）太空飞行系统；

3）工厂自动化系统；

4）房屋清洁机器人；

5）无人驾驶车；

6）空中交通管制系统。

可能的教学方法是：

1. 使用 COMET / RTE 在整个课程中处理一个问题。这有利于学生深入了解该方法。

2. 将班级划分成团队。每个团队使用 COMET/RTE 解决不同的问题。在课程结束时分配给每个小组时间来呈现他们的解决方案，并对每个解决方案的优缺点进行讨论。

3. 设计实验室课程作为实时软件建模和设计课程的后续课程，学生们在团队中开发大量的实时软件体系结构。在这种情况下，学生也可以实现系统的全部或部分。

558

词 汇 表

abstraction class（抽象类） 不能直接实例化的类（Booch，Rumbaugh and Jacobson 2005）。请对比 concrete class。

abstract data type（抽象数据类型） 由对它进行控制的操作定义的数据类型，因此隐藏了它的表示细节。

abstract interface specification（抽象接口规范） 定义了信息隐藏类的外部视图，包括了类的使用者所需要的所有信息。

abstract operation（抽象操作） 在抽象类中声明但未实现的操作。

action（动作） 由于状态转换而执行的计算。

active object（活动对象） 参见 concurrent object。

activity（活动） 状态持续期间执行的计算。

actor（角色） 与系统交互的一个外部用户或相关的用户组 (Rumbaugh，Booch and Jacobson 2005)。

actuator（执行器） 实时的计算机系统用来控制外部设备或机制的方法。

aggregate class（聚合类） 能够代表聚合关系 Booch,Rumbaugh,and Jacobson 2005 的整体的类。

aggregation（聚合） 表示整体/部分关系的较弱的形式。请对比 composition。

algorithm object（算法对象） 是封装了问题域中使用的算法的对象。

analog data（模拟数据） 连续数据，在理论上可以有无限的数值。

analysis modeling（分析建模） COMET/RTE 系统和软件生命周期的一个阶段，在此阶段中执行静态建模和动态建模。请对比 design modeling 和 requirements modeling。

aperiodic task（非周期性任务） 按需激活的任务。请查看 event driven task 或 demand driven task。

application deployment（应用部署） 一个决定需要哪些组件实例、如何将组件实例分配到分布式环境中的物理节点以及组件实例应该如何相互连接的流程。

application logic object（应用逻辑对象） 一个将应用程序逻辑的细节隐藏起来与被操纵的数据分离开的对象。

architectural pattern（体系结构模式） 参见 software architectural pattern。

association（关联） 两个或多个类之间的关系。

asynchronous message communication（异步消息通信） 是一种通信方式，其中，并发的生产者组件（或任务）向并发的消费者组件（或任务）发送消息，而不等待响应。可能在并发组件（或任务）之间建立消息队列。请对比 synchronous message communication。

availability（可用性） 在多大程度上系统可以操作使用。

behavioral model（行为模型） 描述系统对从外部环境接收到的输入的响应的模型。也被称为 dynamic model。

binary semaphore（二值信号量） 是用于强制互斥的布尔变量。也被称为 semaphore。

black box specification（黑盒规范） 描述了从外部可见的系统特征。

block（模块） 具有构造型《block》的类。

block definition diagram（**模块定义图**）是一个 SysML 图，是一个类图，其中每个类具有构造型《block》。

boundary object（**边界对象**） 与外部环境交互并与之通信的软件对象。

broadcast communication（**广播通信**）一种组群通信方式，其中，主动发起的信息被发送给所有的接收者。

broker（**代理**） 在客户端和服务端之间交互的代理中介。也称为 object borker 或 object request broker。

brokered communication（**代理通信**）在分布式对象环境中的消息通信，其中，客户端和服务端通过代理进行交互。

callback（**回调**） 客户端在异步请求中发送给服务端的操作句柄，服务端使用该句柄对客户端请求进行响应。

CASE 参见 Computer-Aided Software Engineering。

category（**类别**） 在分类系统中被明确定义的划分。

class（**类**） 是一种对象类型，因此，是一种对象的模板。是抽象数据类型的一种实现。

class diagram（**类图**） 是一种 UML 图，它用类和类之间的关系描述系统的静态视图。请对比 interaction diagram。

class interface specification（**类接口规范**） 定义了类的外部可见视图，包括类提供的操作规范。

class structuring criteria（**类构造标准**）参见 object structuring criteria。

client（**客户端**） 客户端/服务器系统中的服务请求者。请对比 server。

client/server system（**客户端/服务器系统**） 由请求服务的客户端和提供服务的一个或多个服务器组成。

Collaborative Object Modeling and Architectural Design Method（COMET）（**协作对象建模和体系结构设计方法**） 是一个选代用例驱动和面向对象的方法，它处理软件开发生命周期中的需求、分析和设计建模各阶段的问题。

COMET 参见 Callaborative Object Modeling and Architectural Design Method。

COMET/RTE 参见 Concurrent Object Modeling and architectural design mEThod-for Real-Time Embedded Systems。

Concurrent Object Modeling and architectural design method for Real-Time Embedded

Systems（**实时嵌入式系统的并发对象建模和架构设计方法**） 是实时嵌入式系统的软件设计方法。参见 COMET/RTE。

Commonality（**共性**） 对于软件产品线的所有成员来说都是拥有的功能。请对比 variability。

commonality/variability analysis（**共性/差异性分析**） 一种检查软件产品线功能的方法，以确定哪一种功能对所有产品线成员都是通用的。

communication diagram（**通信图**） UML2 交互图，它描述了系统的动态视图，其中对象通过消息进行交互。

complex port（**复杂端口**） 支持供给接口和需求接口的端口。

Completion Time Theorem（**完成时间定理**） 一种实时的调度定理。对于一组独立的周期任务，当所有的任务同时开始时，如果每个任务都满足它的第一个截止期限，那么对于任意开始时间的组合，都能满足截止期限。

component（**组件**） 具有定义良好的接口的并发自包含对象，可以将最初设计用于不同的应用。也称为分布式组件。

component-based software architecture（**基于组件的软件体系结构**） 所提供的基础架构是专门用来适应已存在的组件的软件架构。

component-based system（**基于组件的系统**） 所提供的基础架构是专门用于适应

已存在的组件的系统。

component structuring criteria（组件构造标准） 一组启发式方法，用于帮助设计人员将系统构造成组件。

composite component（复合组件） 包含嵌套组件的组件。请对比 simple component。

composite state（组合状态） 状态图上的一个状态被分解为两个或多个子状态。也被称为 superstate。

composite structure diagram（组合结构图） 是一种 UML2 图，描述了组合类的结构和互连，特别用于描述组件、端口和连接器。

composite subsystem（组合子系统） 设计为复合组件的子系统。

composite task（组合任务） 包含嵌套对象的任务。

composition（组合） 一种比聚合更强的整体 / 部分关系的表示形式，部件对象与组合（整体）对象一起创建、生存和死亡。

Computer-Aided Software Engineering (CASE) tool（计算机辅助软件工程工具） 一个支持软件工程方法或表示法的软件工具。

concrete class（具体类） 可以直接实例化 Booch,Rumbaugh,and Jacobson 2005 的类。请对比 abstract class。

concurrent（并发） 在一个问题、过程、系统或应用中，许多活动并行发生，而传入事件的顺序通常是不可预测的，并且经常是重叠的。并发系统或应用有许多控制线程。请对比 sequential。

concurrent communication diagram（并发通信图） 以异步和同步消息通信的形式描述并发对象及其交互的通信图。

concurrent object（并发对象） 是具有自己的控制线程的自治对象。也称为活动对象、进程、任务、线程、并发进程或并发任务。

concurrent process（并发进程） 参见 concurrent object。

concurrent sequence diagram（并发序列图） 以异步和同步消息通信的形式描述并发对象及其交互的序列图。

concurrent service（并发服务） 并行服务多个客户端请求的服务。请对比 sequential service。

concurrent task（并发任务） 参见 concurrent object。

condition（条件） 一个布尔变量的值，可以在一个有限的时间间隔内为真或假。

connector（连接器） 封装了两个或多个组件之间互连协议的对象。

constraint（约束） 必须为真的条件。

continuous data（连续数据） 数据流没有中断的数据。

control clustering（控制聚簇） 一个任务构造标准，将一个控制对象与它所控制的对象合并到一个任务中。

control object（控制对象） 为其他对象提供整体协调的对象。

coordinator object（协调器对象） 是一个整体决策对象，它决定了对象集合的总体排序，它不依赖于状态。

critical section（临界段） 具有互斥特性的并发任务内部逻辑段。

data abstraction（数据抽象） 通过一组数据操作定义数据结构或数据类型的方法，从而分离和隐藏表示细节。

data abstraction class（数据抽象类） 封装数据结构或数据类型的类，因此隐藏了表示细节，由类提供的操作处理隐藏的数据。

data replication（数据复制） 在分布式应用中多个位置上的数据复制，以加快对数据的访问。

database wrapper class（数据库包装类） 是一种隐藏了如何访问数据库中存储的数据的类。

deadlock（死锁） 表示两个或多个并发任务被无限期地挂起，因为每个任务都在等待由另一个任务获取的资源的场景。

delegation connector（代理连接器） 是将一个复合组件的外部端口连接到一个部件组件的内部端口的连接器，这样，到达外部端口的消息被转发到内部端口。

demand driven task（需求驱动的任务） 由消息或来自另一个任务的内部事件激活的任务。

deployment diagram（部署图） 是一个 UML 图，它以物理节点和节点之间的物理连接的形式显示系统的物理配置，例如网络连接。

design concept（设计概念） 是一个可以应用于设计系统的基本概念。

design method（设计方法） 是一种系统性的用于设计方法。设计方法有助于确定设计决策、设计顺序以及设计标准。

design modeling（设计建模） COMET/RTE 系统和软件生命周期的一个阶段，其中设计了系统的软件体系结构。请对比 analysis modeling 和 requirements modeling。

design notation（设计表示法） 是描述设计的图形化、符号化或文本化的方法。

design pattern（设计模式） 是对需要解决的反复出现的设计问题、解决问题的方法以及解决方案上下文的描述。

design strategy（设计策略） 是总体规划和开发设计指导。

device interface object（设备接口对象） 是隐藏了一个输入 / 输出设备特征的信息隐藏对象，并向其用户展示一个虚拟设备接口。

device I/O boundary object（设备输入 / 输出边界对象） 是接收来自 / 或输出到硬件输入 / 输出设备的软件对象。

discrete data（离散数据） 在特定时间间隔到达的数据。

distributed（分布式的） 本质上并发的系统或应用在由多个节点组成的环境中执行，这些节点位于地理上不同的位置。

distributed application（分布式应用） 在分布式环境中执行的应用。

distributed component（分布式组件） 参见 component。

distributed processing environment（分布式处理环境） 将几个地理上分散的节点通过局域网或广域网互联起来的系统配置。

distributed service（分布式服务） 功能分布在多个服务器节点上的服务。

domain-specific pattern（特定领域模式） 专用于给定应用领域的软件模式。

duration（持续时间） 在两个事件之间的持续时间间隔。

dynamic interaction model（动态交互模型） 是一个问题或系统的视图，其中控制和排序通过对象间的交互序列来考虑。

dynamic interaction modeling（动态交互建模） 开发动态交互模型的过程。

dynamic model（动态模型） 是一个问题或系统的视图，在一个对象中通过一个有限状态机，或者通过考虑对象之间的交互序列来考虑控制和排序的问题。也被称为 behavioral model。

dynamic state machine model（动态状态机模型） 是一个问题或系统的视图，其中控制和排序通过有限状态机来考虑。

encapsulation（封装） 参见 information hiding。

entity class（实体类） 在许多情况下具有持久性，其实例是封装信息的对象。

entity object（实体对象） 是封装了信息的软件对象，在许多情况下具有持久性。

entry action（进入动作） 在进入状态时执行的动作。请对比 exit action。

environment simulator（环境模拟器） 是一个工具，它可以模拟来自与系统接口的外部实体的输入，并将其提供给正在测试的系统。

event（事件）（1）在并发处理中，用于同步目的的外部或内部激励。它可以是外部中断、计时器到期、内部信号或内部消息。（2）在一个交互图上，一个在某个时间点到达一个对象的激励。（3）在状态机上，可以在状态机上引起状态转换的激励。

event driven I/O device（事件驱动的输入／输出设备） 当输入／输出设备产生了一些输入或者完成了输出操作时，它就会产生一个中断。

event driven task（事件驱动的任务） 一个由外部事件（例如一个中断）激活的任务。

event sequence（事件序列） 对事件和／或在对象之间发送的消息的时间顺序描述。

event sequence analysis（事件序列分析） 对需要执行以服务一个给定的外部事件的任务序列的性能分析。

event sequencing logic(事件排序逻辑) 描述一个任务是如何对它的每个消息或事件输入做出响应的，尤其是对于每个输入产生什么输出。

event synchronization（事件同步） 通过信号对并发任务激活的控制。有三种可能的事件同步：外部中断、计时器到期和来自其他并发任务的内部信号。

event trace（事件跟踪） 对每个外部输入及其发生的时间在时间上的有序描述。

exit action（退出动作） 在退出状态时执行的动作。请对比 entry action。

external block（外部模块） 是系统外部的模块，是外部环境的一部分。

external event（外部事件） 来自外部对象的事件，通常是来自外部的输入／输出设备的中断。请对比 internal event。

family of systems（系统系列） 参见 software product line。

feature（特征） 功能需求。可重复使用的产品线需求或特性。由软件产品线的一个或多个成员提供的需求或特性。

feature/class dependency（特征／类依赖） 一个或多个类支持一个软件产品线的特性（即实现由特性定义的功能）的关系。

feature group（功能组） 在软件产品线成员中对使用有特别限制的一组特征。

feature modeling（功能建模） 分析和指定软件产品线的特征和特征组的过程。

finite state machine（有限状态机） 是由输入事件引起的有限数目的状态和状态转换的概念机。用于表示有限状态机的表示法是状态转换图、状态图或状态转换表。也被称为状态机。

formal method（规范的方法） 一种使用规范语言的软件工程方法，它是一种具有数学定义的语法和语义的语言。

generalization/specialization（一般化／特殊化） 共同的属性和操作抽象成一个超类（通用类），然后被子类（特殊类）继承。

idiom（风格） 描述特定编程语言的实现解决方案的一种低级模式。

incremental software development（增量软件开发） 参见 iterative software development。

information hiding（信息隐藏） 对象中封装软件设计决策的概念，而对象的接口只显示了用户需要知道的内容。也称为封装。

information hiding class（信息隐藏类） 根据信息隐藏概念构造的类。该类隐藏了设计决策，通过操作来访问。

information hiding class specification（信息隐藏类规范） 一个信息隐藏类外部视图的规范，包括它的操作。

information hiding object（信息隐藏对象） 一个信息隐藏类的实例。

inheritance（继承） 一种在类之间共享和重用代码的机制。

input object（输入对象） 一个从外部输入设备接收输入的软件设备输入／输出边界对象。

input/output (I/O) object（输入／输出对象） 是一个软件设备的输入／输出边界对象，它从外部 I/O 设备接收输入并发送输出到外部 I/O 设备。

integrated communication diagram(综合通信图) 综合了几个通信图，描述了在单

个图上显示的所有对象和交互。

interaction diagram（交互图） 是一个 UML 图，它基于对象以及它们之间传递的消息序列，描述了一个系统的动态视图。通信图和序列图是交互图的两种主要类型。请对比 class diagram。

interface（接口） 指定类、服务或组件的外部可见操作，而不暴露操作的内部结构（实现）。

internal event（内部事件） 是两个并发对象之间同步的一种方式。请对比 external event。

I/O task structuring criteria（I/O 任务构造标准） 是一种任务构造标准，它处理设备的输入/输出对象是如何被映射到输入/输出任务的，以及一个输入/输出任务何时被激活。

iterative software development（迭代软件开发） 一种阶段性的开发软件的增量方法。也称为增量软件开发。

maintainability（可维护性） 在部署之后软件能够被改变的程度。

MARTE（Modeling and Analysis of Real-Time Embedded Systems） 为实时嵌入式系统开发的 UML 扩展集。

mathematical model（数学模型） 是一个系统的数学表示。

message buffer and response connector（消息缓冲和响应连接器） 一个连接器对象，它封装了带有应答的同步消息通信的通信机制。参见 connector。

message buffer connector（消息缓冲区连接器） 一个连接器对象，它封装了不带应答的同步消息通信的通信机制。参见 connector。

message dictionary（消息字典） 是由几个单独的消息组成的交互图中描述的所有聚合消息的定义集合。

message queue connector（消息队列连接器） 它封装了异步消息通信的通信机制。参见 connector。

message sequence description（消息序列描述） 从源对象发送到目标对象的消息序列的叙述性描述，如在通信图或序列图中所看到的，描述了当每个消息到达目标对象时发生了什么。

middleware（中间件） 一层位于异构操作系统之上的软件层，提供一个统一的平台，上面可以运行分布式应用程序（Bacon 2003）。

modifiability（可修改性） 软件在初始开发阶段和之后的可修改程度。

monitor（监视） 封装了数据的数据对象，具有互斥执行的操作。

multicast communication（多播通信） 参见 subscription/notification。

multiple instance task inversion（多实例任务反演） 一个任务集群技术，其中相同类型的所有相同任务都被一个完成相同功能的任务所取代。

multiple readers and writers（多读者和作者） 允许多个读者并发地访问共享数据存储库的一种算法。然而，作者对数据存储库进行更新必须互斥访问。请对比 mutual exclusion。

mutual exclusion（互斥） 在一个时刻仅允许一个并发任务访问共享数据的一种算法，这可以通过二值信号量或使用监视器来实现。请对比 multiple readers and writers。

node（节点） 分布式环境中的一个部署单元，通常由一个或多个具有共享内存的处理器组成。

non-time-critical computationally intensive task（非时间关键计算密集型任务） 一个低优先级的计算绑定任务，它消耗空闲 CPU 周期。

object（对象） 是一个类的实例，它包含了隐藏的数据和对该数据的操作。

object broker（对象代理） 参见 broker。

object-oriented analysis（面向对象分析） 强调在问题域中识别现实世界中的对

象，并将它们映射到软件对象的一种分析方法。

object-oriented design（面向对象设计） 一种基于对象、类和继承的概念的软件设计方法。

object request broker（对象请求代理） 参见 broker。

object structuring criteria（对象构造标准） 用于帮助设计人员将系统构造成对象的一组启发式规则。也被称为类构造标准。

operation（操作） 一个类所完成的功能的规范。一个类提供的访问过程或函数。

output object（输出对象） 是一个将输出发送到外部输出设备的软件设备 I/O 边界对象。

package（包） 一个 UML 模型元素的分组。

part component（部分组件） 在复合组件中的组件。

passive I/O device（被动输入 / 输出设备） 在完成输入或输出操作时不会产生中断的设备。来自被动输入设备的输入需要以轮询的方式或应要求读取。

passive object（被动对象） 是没有控制线程的对象，是具有被并发对象直接或间接调用的操作的对象。

performance analysis（性能分析） 在给定的硬件配置上和在外部工作负载下，执行实时软件设计的定量分析。

performance model（性能模型） 是对真实计算机系统行为的抽象，它是为了对系统的性能有更深入的了解而开发的，不管系统是否真的存在。

period（周期） 重复发生的具有相同持续时间间隔的测量。

periodic task（周期性任务） 由定时器事件周期性地（即有规律的等量时间间隔）激活的并发任务。

petri net（Petri 网） 一个带有由位置和转换组成的图形表示法的动态数学模型，用于对并发系统进行建模。

port（端口） 一个组件与其他组件通信的连接点。

primary actor（主要角色） 启动用例的角色。请对比 secondary acton。

priority ceiling protocol（优先级天花板协议） 一个提供有界优先级反转的算法，也就是说，在很多情况下，一个低优先级的任务可能阻塞一个高优先级的任务。参见 priority inversion。

priority inversion（优先级反转） 一个任务因为被一个低优先级的任务阻塞而不能执行的情况。

priority message queue（优先级消息队列） 每个消息都有相关的优先级的队列。消费者总是在低优先级消息之前接收高优先级的消息。

process（进程） 参见 concurrent object。

Product Line UML-Based Software Engineering (PLUS) （产品线基于 UML 的软件工程）一种软件产品线的设计方法，它描述了如何为 UML 中的软件产品线进行需求建模、分析建模和设计建模。

profile（扩展集） UML 中一套适用于给定领域或目的的相关联的扩展集合 (Rumbaugh et al. 2005)。

provided interface（供给接口） 指定了组件 (或类) 必须实现的操作。请对比 required interface。

provided port（供给端口） 支持供给接口的端口。请对比 required port。

proxy object（代理对象） 一个与外部系统或子系统交互并与之通信的软件对象。

pseudocode（伪代码） 是一种结构化英语的形式，用于描述对象的算法细节。

queuing model（队列模型） 是计算机系统的数学表示，它分析了有限资源的争用。

rate monotonic algorithm（速率单调算法） 是一种实时调度算法，它将更高优先级分配给具有较短周期的任务。

rate monotonic analysis（速率单调分

析）使用速率单调算法进行性能分析。

real-time（实时） 指的是在自然环境中并发的问题、系统或应用，它具有时间约束条件，因此在给定的时间内必须处理完到达的事件。

real-time scheduling theory（实时调度理论） 一种基于优先级的具有硬截止期限的并发任务的调度理论。对于一组 CPU 利用率是已知的任务，它讨论了如何确定是否这组任务满足截止期限。

remote method invocation (RMI)（远程方法调用） 一种中间件技术，该技术允许分布式 Java 对象彼此通信。

required interface（需求接口） 另一个组件（或类）为给定组件（或类）提供的操作，以便在特定的环境中正常运行。请对比 provided interface。

required port（需求端口） 支持需求接口的端口。请对比 provided port。

requirements modeling（需求建模） 通过开发用例模型来确定系统的功能需求的 COMET/RTE 系统和软件生命周期的一个阶段。请对比 analysis modeling 和 design modeling。

reuse category（重用类别） 基于重用属性，例如内核或可选性，软件产品线中的一个建模元素（用例、特性、类等等）的分类。请对比 role category。

reuse stereotype（重用构造型） 使用 UML 表示法来描述建模元素的重用类别。

RMI 参见 remote method invocation。

role category（角色类别） 基于应用中所扮演的角色，例如控制或实体，一个建模元素（类、对象、组件）的分类。请对比 reuse category。

role stereotype（角色构造型） 是一种 UML 表示法，用于描述建模元素的角色类别。

scalability（可扩展性） 在初始部署之后系统能够增长的程度。

scenario（场景） 通过用例或对象交互图的特定路径。

secondary actor（次要角色） 参与（但不发起）用例的角色。请对比 primary actor。

semaphore（信号量） 参见 binary semaphore。

sequence diagram（序列图） 是一个 UML 交互图，它描绘了一个系统的动态视图，在这个系统中，参与交互的对象被水平地描绘，时间由纵向维度表示，并且从上到下描述了消息交互的序列。

sequential（顺序） 指一个问题、过程、系统或应用，其中的活动以严格的顺序发生。一个顺序的系统或应用只有一个控制线程。请对比 concurrent。

sequential clustering（顺序聚簇） 一个任务的构造标准，其中规定按顺序执行的对象被映射到一个任务。

sequential service（顺序服务） 在开始服务下一个客户端请求之前完成当前客户端请求。请对比 concurrent service。

sensor（传感器） 检测物理属性或实体中的事件或变化，并将测量或事件转换为电信号的设备。

server（服务器） 一个执行一个或多个服务的系统节点。

service（服务） 它是分布式的、自治的、异构的、松散耦合的、可发现的和可重用的软件功能。

service object（服务对象） 为其他对象提供服务的软件对象。

service-oriented architecture (SOA)（面向服务的体系结构） 是一种由分布式的、自治的、异构的、松散耦合的、可发现的和可重用的服务组成的软件体系结构。

simple component（简单组件） 一个没有内部组件的组件。请对比 composite component。

simulation model（仿真模型） 是一种系统的算法表示，反映了系统的结构和行为，它明确地识别时间过程，从而提供了一种基于时间分析系统行为的方法。

software application engineering（软件应用工程） 软件产品线工程中的一个过程，其中软件产品线架构经调整和配置，以产生一个给定的软件应用，它是软件产品线的一个成员。也被称为应用工程。

software architectural communication pattern（软件体系结构通信模式） 是一种软件架构模式，用于解决软件架构中分布式组件之间的动态通信。

software architectural structure pattern（软件体系结构模式） 是一种软件架构模式，它讨论的是软件架构的静态结构。

software architectural pattern（软件体系结构模式） 是在各种软件应用中经常使用的体系结构。也被简单地称为体系结构模式。

software architecture（软件体系结构） 是一种高级的设计，它描述了一个系统的整体结构，它是由组件和它们的相互连接来描述的，不涉及单个组件的内部细节。

software product family（软件产品系列） 参见 software product line。

software product family engineering（软件产品系列工程） 参见 software product line engineering。

software product line（软件产品线） 拥有一些通用功能和一些可变功能的软件系统系列。也被称为系统系列、软件产品系列、产品系列或产品线。

software product line architecture（软件产品线体系结构） 是一个产品系列的体系结构，它描述了软件产品线中的核心、可选和可变组件，以及它们的相互连接。

software product line engineering（软件产品线工程） 分析软件产品线中的共性和差异性，开发产品线用例模型、产品线分析模型、软件产品线体系结构和可重用组件。也被称为软件产品系列工程，产品系列工程，或产品线工程。

software system context diagram（软件系统上下文图） 描述了软件系统与软件系统外部类之间的关系的类图。请对比 system context diagram。

software system context model（软件系统上下文模型） 是软件系统上下文类图上描述的软件系统边界的模型。请对比 system context model。

spiral model（螺旋模型） 是一种风险驱动的软件过程模型。

state（状态） 在一段时间内存在的可识别的情形。

statechart（状态图） 一个 UML 分层状态转换图，其中的节点表示状态，而箭头线表示状态转换。

state dependent control object（依赖于状态的控制对象） 隐藏了有限状态机的详细信息的对象。也就是说，对象封装了状态图、状态转换图或状态转换表的内容。

state machine（状态机） 参见 finite state machine。

state machine diagram（状态机图） 参见 statechart。

state transition（状态转换） 是由输入事件引起的状态的变化。

state transition diagram（状态转换图） 有限状态机的图形表示，其中节点表示状态，而弧表示状态之间的转换。

state transition table（状态转换表） 有限状态机的表格表示。

static modeling（静态建模） 开发一个问题或系统的静态、结构化视图的过程。

stereotype（构造型） 一种分类，定义了新的构建块，它来自于现有的 UML 建模元素，但是针对建模者的问题进行了裁剪定制（(Booch, Rumbaugh and Jacobson 2005)。

structural modeling（结构化建模） 参见 static modeling。

subscription/notification（订阅 / 通知） 组通信的一种方法，其中订阅者收到事件通知。也称为多播通信。

substate（子状态）　是一个状态，是组合状态的一部分。

subsystem（子系统）　是整个系统的重要组成部分，子系统提供了整个系统功能的子集。

subsystem communication diagram（子系统通信图）　是一个描述子系统及其交互的高级通信图。

superstate（超级状态）　一个组合状态。

synchronous message communication（同步消息通信）　是一种通信形式，其中一个生产者组件（或并发任务）将消息发送到一个消费者组件（或并发任务），然后立即等待确认。请对比 asynchronous message communication。

synchronous message communication with reply（具有应答的同步消息通信）一种通信形式，其中客户端组件（或生产者任务）将消息发送到服务组件（或消费者任务），然后等待应答。

synchronous message communication without reply（无应答的同步消息通信）　一种通信形式，其中生产者组件（或任务）向消费者组件（或任务）发送消息，然后等待消费者接受消息。

SysML (Systems Modeling Language 系统建模语言）　一种基于 UML2 的可视化建模语言，用于建模系统需求和设计。

system context diagram（系统上下文图）　描述系统与系统外部的外部类之间的关系的类图。请对比 software system context diagram。

system context model（系统上下文模型）　是系统上下文类图中描述的系统（硬件和软件）边界的模型。请对比 software system context model。

task（任务）　任务表示一个顺序程序或并发程序的顺序组件的执行。每个任务都处理一个顺序的执行线程，任务中没有并发性。参见 concurrent object。

task architecture（任务体系结构）　对系统或子系统中的并发任务，根据它们的接口和相互关联而给予的描述。

task behavior specification (TBS)（任务行为规范）　一个描述并发任务事件排序逻辑的规范。

task clustering criteria（任务聚簇标准）是一种任务构造标准，它解决是否应该和如何将对象分组到并发任务中。

task event sequencing logic（任务事件排序逻辑）　描述任务对每个消息或事件输入的响应，特别地，每个输入的结果都生成了什么输出。

task interface specification (TIS)（任务接口规范）　规范描述了并发任务接口、结构、时间特征、相对优先级和检测到的错误。

task inversion（任务反演）　任务集群概念源自于 Jackson 的结构化编程和 Jackson 的系统开发，从而使系统中的任务能够以系统化的方式进行合并。

task priority criteria（任务优先级标准）是一种任务构造标准的分类，它解决一个任务相对于其他任务的重要性。

task structuring（任务构造）　在软件设计中一个阶段，目标是将一个并发的应用程序组织到并发的任务中，并定义任务接口。

task structuring criteria（任务构造标准）用于帮助设计人员将系统构造成并发任务的一组启发式标准。

temporal clustering（时间聚簇）　是一种任务构造标准，其中，不是按顺序相互依赖的，而是由同一事件激活的活动被分组到一个任务中。

testability（可测试性）　软件能够在初始开发阶段和之后进行测试的程度。

thread（线程）　参见 concurrent object, task。

time-critical task（时间关键的任务）　需要满足截止期限的任务。

timed Petri net（定时的 Petri 网）　一

个允许有与触发转换相关联的有限时间的 Petri 网。

timer event（定时器事件） 一个用于周期性激活并发任务的激励。

timer object（定时器对象） 一个由外部定时器激活的控制对象。

timing diagram（时序图） 显示了一组并发任务时间排序的执行序列。

traceability（可跟踪性） 每个阶段的产品可以追溯到前一个阶段的产品的程度。

UML 参见 Unified Modeling Language。

Unified Modeling Language (UML)（统一建模语言） 用于可视化、指定、构造和记录一个软件密集型系统的构件 (Booch, Rumbaugh and Jacobson 2005) 的语言。

Unified Software Development Process (USDP)（统一软件开发过程） 一个使用 UML 表示法的迭代式用例驱动的软件过程。

use case（用例） 描述一个或多个角色和系统之间的交互序列。

use case diagram（用例图） 一个 UML 图，它显示了一组用例和角色及其他他们的关系 (Booch, Rumbaugh and Jacobson 2005)。

use case model（用例模型） 根据角色和用例对系统的功能需求的描述。

use case modeling（用例建模） 开发系统或软件产品线的用例的过程。

use case package（用例包） 一组相关的用例。

user interaction object（用户交互对象） 一个与人类用户交互的软件对象。

user interaction task（用户交互任务） 一个与人类用户交互的任务。

utilization bound theorem（利用率上限定理） 一种实时调度定理，说明了一组由速率单调算法调度的 n 个独立的周期任务始终满足它们的截止期限应具有的条件。

variability（差异性） 由软件产品线的一些但不是全部的成员提供的功能。请对比 commonality。

variation point（差异点） 指的是软件产品线工件 (例如，在用例或类中) 中发生变化的位置。

visibility（可见性） 一个特征，它定义了类的一个元素是否可以从类外部可见。

white page brokering（白页代理） 客户端和代理之间的通信模式，客户端知道所需的服务，但不知道位置。请对比 yellow page brokering。

whole/part relationship（整体/部分关系） 一个组和或聚合关系，其中一个完整的类是由部分类组成的。

yellow page brokering（黄页代理） 一种客户端和代理之间的通信模式，客户端知道所需的服务类型，但不知道具体是什么服务。请对比 white page brokering。

参 考 文 献

Albassam E., H. Gomaa, and R. Pettit. 2014. Experimental Analysis of Real-Time Multitasking on Multicore Systems, Proc. 17th IEEE Symposium on Object/Component/Service-oriented Real-time Distributed Computing (ISORC), June 2014.

Ammann, P. and J. Offutt. 2008. *Introduction to Software Testing*. New York: Cambridge University Press.

Ambler, S. 2005. *The Elements of UML 2.0 Style*. New York: Cambridge University Press.

Atkinson, C., J. Bayer, O. Laitenberger, et al. 2002. *Component-Based Product Line Engineering with UML*. Boston: Addison-Wesley.

Awad, M., J. Kuusela, and J. Ziegler. 1996. *Object-Oriented Technology for RealTime Systems: A Practical Approach Using OMT and Fusion*. Upper Saddle River, NJ: Prentice Hall.

Bacon, J. 2003. *Concurrent Systems: An Integrated Approach to Operating Systems, Database, and Distributed Systems*, 3rd ed. Reading, MA: Addison-Wesley.

Baruah, S. K. and Goossens, J. 2003. Rate-monotonic Scheduling on Uniform Multiprocessors. IEEE Transactions Computing. 52, 7, 966–970.

Bass, L., P. Clements, and R. Kazman. 2013. *Software Architecture in Practice*, 3rd ed. Boston: Addison-Wesley.

Beck, K. and C. Andres. 2005. *Extreme Programming Explained: Embrace Change*, 2nd ed. Boston: Addison-Wesley.

Bishop, M. 2005. *Introduction to Computer Security*. Boston: Addison-Wesley.

Bjorkander, M. and C. Kobryn. 2003. "Architecting Systems with UML 2.0." *IEEE Software* 20(4): 57–61.

Blaha, J. and J. Rumbaugh. 2005. *Object-Oriented Modeling and Design*, 2nd ed. Upper Saddle River, NJ: Pearson Prentice Hall.

Boehm, B. 1988. "A Spiral Model of Software Development and Enhancement." *IEEE Computer* 21(5): 61–72.

Boehm, B. 2006. "A View of 20th and 21st Century Software Engineering." In *Proceedings of the International Conference on Software Engineering, May 20–26, 2006, Shanghai, China*, pp. 12–29. Los Alamitos, CA: IEEE Computer Society Press.

Booch G. 1994. "Object-Oriented Design with Applications", Second Edition, Addison Wesley, Reading MA.

Booch, G., R. A. Maksimchuk, and M. W. Engel. 2007. *Object-Oriented Analysis and Design with Applications*, 3rd ed. Boston: Addison-Wesley.

Booch, G., J. Rumbaugh, and I. Jacobson. 2005. *The Unified Modeling Language User Guide*, 2nd ed. Boston: Addison-Wesley.

Bosch, J. 2000. *Design & Use of Software Architectures: Adopting and Evolving a Product-Line Approach*. Boston: Addison-Wesley.

Brooks, F. 1995. *The Mythical Man-Month: Essays on Software Engineering*, anniversary ed. Boston: Addison-Wesley.

Brown, A. 2000. *Large-Scale, Component-Based Development*. Upper Saddle River, NJ: Prentice Hall.

Bruno, E. and G. Bollella. 2009. *Real-Time Java Programming: With Java RTS*. Upper Saddle River, NJ: Prentice Hall

Budgen, D. 2003. *Software Design*, 2nd ed. Boston: Addison-Wesley.

Buede, D. M. 2009. *The Engineering Design of Systems: Methods and Models*. 2nd ed. New York: Wiley.

Buhr, R. J. A. and R. S. Casselman, 1996. *Use Case Maps for Object-Oriented Systems*. Upper Saddle River, NJ: Prentice Hall.

Burns, A. and A. Wellings, 2009. *Real-Time Systems and Programming Languages*, 4th ed. Boston: Addison Wesley.

Buschmann, F., R. Meunier, H. Rohnert, et al. 1996. *Pattern-Oriented Software Architecture: A System of Patterns*. New York: Wiley.

Buschmann, F., M. Henney, and D. Schmidt, 2007. *Pattern Oriented Software Architecture*, Volume 3: A Pattern Language for Distributed Computing. New York: John Wiley & Sons.

Buttazzo, G. 2011. *Hard Real-Time Computing Systems: Predictable Scheduling Algorithms and Applications*, 2nd ed. New York: Springer.

Carver, R., and K. Tai. 2006. *Modern Multithreading : Implementing, Testing, and Debugging Multithreaded Java and C++/Pthreads/Win32 Programs* New York: Wiley-Interscience

Clements, P. and L. Northrop. 2002. *Software Product Lines: Practices and Patterns*. Boston: Addison-Wesley.

Cockburn, A. 2006. *Agile Software Development: The Cooperative Game*, 2nd ed. Boston: Addison-Wesley

Cohn, M. 2006. *Agile Estimating and Planning*. Upper Saddle River, NJ: Pearson Prentice Hall

Comer, D. E. 2008. *Computer Networks and Internets*, 5th ed. Upper Saddle River, NJ: Pearson Prentice Hall.

Cooling, J. 2003. *Software Engineering for Real-Time Systems*. Harlow: Addison Wesley,

Davis, R. I. and Burns, A. 2011. A Survey of Hard Real-Time Scheduling for Multiprocessor Systems. ACM Computer Surveys. 43, 4, Article 35 (October 2011), 44 pages.

Dollimore J., T. Kindberg, and G. Coulouris. 2005. *Distributed Systems: Concepts and Design*, 4th ed. Boston: Addison-Wesley.

Dahl, O. and C. A. R. Hoare. 1972. "Hierarchical Program Structures." In *Structured Programming*, O. Dahl, E. W. Dijkstra, and C. A. R. Hoare (eds.), pp. 175–220. London: Academic Press.

Davis, A. 1993. *Software Requirements: Objects, Functions, and States*, 2nd ed. Upper Saddle River, NJ: Prentice Hall.

Dijkstra, E. W. 1968. "The Structure of T.H.E. Multiprogramming System." *Communications of the ACM* 11: 341–346.

Douglass, B. P. 1999. *Doing Hard Time: Developing Real-Time Systems with UML, Objects, Frameworks, and Patterns*. Reading, MA: Addison-Wesley.

Douglass, B. P. 2002. *Real-Time Design Patterns: Robust Scalable Architecture for Real-Time Systems*. Boston: Addison-Wesley.

Douglass, B. P. 2004. *Real Time UML: Advances in the UML for Real-Time Systems*, 3rd ed. Boston: Addison-Wesley.

Eeles, P., K. Houston, and W. Kozaczynski. 2002. *Building J2EE Applications with the Rational Unified Process*. Boston: Addison-Wesley.

Eriksson, H. E., M. Penker, B. Lyons, et al. 2004. *UML 2 Toolkit*. Indianapolis, IN: Wiley.

Erl, T. 2006. *Service-Oriented Architecture (SOA): Concepts, Technology, and Design*. Upper Saddle River, NJ: Prentice Hall.

Espinoza H., D. Cancila, B. Selic, and S. Gérard, 2009. "Challenges in Combining SysML and MARTE for Model-Based Design of Embedded Systems." *Lecture Notes in Computer Science* 5562, pp. 98–113. Berlin: Springer.

FAA. 2000. *System Safety Handbook*. https://www.faa.gov/regulations_policies/handbooks_manuals/aviation/risk_management/ss_handbook/

Fowler, M. 2002. *Patterns of Enterprise Application Architecture*. Boston: Addison-Wesley.

Fowler, M. 2004. *UML Distilled: Applying the Standard Object Modeling Language*, 3rd ed. Boston: Addison-Wesley.

Friedenthal S, A. Moore, and R. Steiner, 2015. *A Practical Guide to SysML: The Systems Modeling Language*, 3rd ed. San Francisco: Morgan Kaufmann.

Gamma, E., R. Helm, R. Johnson, and J. Vlissides. 1995. *Design Patterns: Elements of Reusable Object-Oriented Software*. Reading, MA: Addison-Wesley.

Goetz, B. et al. 2006. *Java Concurrency in Practice*. Boston: Addison-Wesley.

Gomaa, H. 1984. "A Software Design Method for Real Time Systems." *Communications of the ACM* 27(9): 938–949.

Gomaa, H. 1986. "Software Development of Real Time Systems." *Communications of the ACM* 29(7): 657–668.

Gomaa, H. 1989a. "A Software Design Method for Distributed Real-Time Applications." *Journal of Systems and Software* 9: 81–94.

Gomaa, H. 1989b. "Structuring Criteria for Real Time System Design." In *Proceedings of the 11th International Conference on Software Engineering, May 15–18, 1989, Pittsburgh, PA, USA*, pp. 290–301. Los Alamitos, CA: IEEE Computer Society Press.

Gomaa, H. 1990. "The Impact of Prototyping on Software System Engineering." In *Systems and Software Requirements Engineering*, pp. 431–440. Los Alamitos, CA: IEEE Computer Society Press.

Gomaa, H. 1993. *Software Design Methods for Concurrent and Real-Time Systems*. Reading, MA: Addison-Wesley.

Gomaa, H. 2001. "Use Cases for Distributed Real-Time Software Architectures." In *Engineering of Distributed Control Systems*, L. R. Welch and D. K. Hammer (eds.), pp. 1–18. Commack, NY: Nova Science.

Gomaa, H. 2000. *Designing Concurrent, Distributed, and Real-Time Applications with UML*. Boston: Addison-Wesley.

Gomaa, H. 2002. "Concurrent Systems Design." In *Encyclopedia of Software Engineering*, 2nd ed., J. Marciniak (ed.), pp. 172–179. New York: Wiley.

Gomaa, H. 2005a. *Designing Software Product Lines with UML*. Boston: Addison-Wesley.

Gomaa, H. 2005b. "Modern Software Design Methods for Concurrent and Real-Time Systems." In Software Engineering, vol. 1: *The Development Process*. 3rd ed. M. Dorfman and R. Thayer (eds.), pp 221–234. Hoboken, NJ: Wiley Interscience.

Gomaa, H. 2006. "A Software Modeling Odyssey: Designing Evolutionary Architecture-centric Real-Time Systems and Product Lines." Keynote paper, *Proceedings of the ACMIEEE 9th International Conference on Model-Driven Engineering, Languages and Systems, Genoa, Italy, October 2006*, pp. 1–15. Springer Verlag LNCS 4199.

Gomaa, H. 2008. "Model-based Software Design of Real-Time Embedded Systems." *International Journal of Software Engineering* 1(1): 19–41.

Gomaa, H. 2009. "Concurrent Programming." In *Encyclopedia of Computer Science and Engineering*, Benjamin Wah (ed.), pp. 648–655. Hoboken, NJ: Wiley.

Gomaa H. 2011. *Software Modeling and Design: UML, Use Cases, Patterns, and Software Architectures*. New York: Cambridge University Press.

Gomaa, H. and D. Menasce. 2001. "Performance Engineering of Component-Based Distributed Software Systems." In *Performance Engineering: State of the Art and Current Trends*, R. Dumke, C. Rautenstrauch, A. Schmietendorf, et al. (eds.), pp. 40–55. Berlin: Springer.

Gomaa, H. and D. B. H. Scott. 1981. "Prototyping as a Tool in the Specification of User Requirements." In *Proceedings of the 5th International Conference on Software Engineering, San Diego, March 1981*, pp. 333–342. New York: ACM Press.

Harel, D. and E. Gery. 1996. "Executable Object Modeling with Statecharts." In *Proceedings of the 18th International Conference on Software Engineering, Berlin, March 1996*, pp. 246–257. Los Alamitos, CA: IEEE Computer Society Press.

Harel, D. and M. Politi. 1998. *Modeling Reactive Systems with Statecharts: The Statemate Approach*. New York: McGraw-Hill.

Hatley D. and I. Pirbhai, 1988. "Strategies for Real Time System Specification," New York: Dorset House.

Hoare, C. A. R. 1974. "Monitors: An Operating System Structuring Concept." *Communications of the ACM* 17(10): 549–557.

Hoffman, D. and D. Weiss (eds.). 2001. *Software Fundamentals: Collected Papers by David L. Parnas*. Boston: Addison-Wesley.

Hofmeister, C., R. Nord, and D. Soni. 2000. *Applied Software Architecture*. Boston: Addison-Wesley.

IEEE Standard Glossary of Software Engineering Terminology, 1990, IEEE/Std 610.12-

1990, Institute of Electrical and Electronic Engineers.

Jackson, M. 1983. *System Development*. Upper Saddle River, NJ: Prentice Hall.

Jacobson, I. 1992. *Object-Oriented Software Engineering: A Use Case Driven Approach*. Reading, MA: Addison-Wesley.

Jacobson, I., G. Booch, and J. Rumbaugh. 1999. *The Unified Software Development Process*. Reading, MA: Addison-Wesley.

Jacobson, I., M. Griss, and P. Jonsson. 1997. *Software Reuse: Architecture, Process and Organization for Business Success*. Reading, MA: Addison-Wesley.

Jacobson, I., and P.W. Ng. 2005. *Aspect-Oriented Software Development with Use Cases*. Boston: Addison-Wesley.

Jain, R. 2015. *The Art of Computer Systems Performance Analysis: Techniques For Experimental Design Measurements Simulation and Modeling*. 2nd ed. New York: Wiley.

Jazayeri, M., A. Ran, and P. Van Der Linden. 2000. *Software Architecture for Product Families: Principles and Practice*. Boston: Addison-Wesley.

Kang, K., S. Cohen, J. Hess, et al. 1990. *Feature-Oriented Domain Analysis (FODA) Feasibility Study* (Technical Report No. CMUSEI-90-TR-021). Pittsburgh, PA: Software Engineering Institute. Available online at www.sei.cmu.edupublicationsdocuments90 .reports90.tr.021.html.

M. Kim, S. Kim, S. Park, et al. "Service Robot for the Elderly: Software Development with the COMETUML Method." *IEEE Robotics and Automation Magazine*, March 2009.

Kobryn, C. 1999. "UML 2001: A Standardization Odyssey." *Communications of the ACM* 42(10): 29–37.

H. Kopetz, 2011. *Real-Time Systems: Design Principles for Distributed Embedded Applications*, 2nd ed. New York: Springer.

Kroll, P. and P. Kruchten. 2003. *The Rational Unified Process Made Easy: A Practitioner's Guide to the RUP*. Boston: Addison-Wesley.

Kruchten, P. 1995. "The 4+1 View Model of Architecture." *IEEE Software* 12(6): 42–50.

Kruchten, P. 2003. *The Rational Unified Process: An Introduction*, 3rd ed. Boston: Addison-Wesley.

Laplante P. 2011. *Real-Time Systems Design and Analysis: Tools for the Practitioner*, 4th ed. New York: Wiley-IEEE Press.

Larman, C. 2004. *Applying UML and Patterns*, 3rd ed. Boston: Prentice Hall.

Lauzac, S., Melhem, R., and Mosse, D. 1998. Comparison of Global and Partitioning Schemes for Scheduling Rate Monotonic Tasks on a Multiprocessor. In Proceedings of the EuroMicro Workshop on Real-TimeSystems. 188–195.

Lea, D. 2000. *Concurrent Programming in Java: Design Principles and Patterns*, 2nd ed. Boston: Addison-Wesley.

Lee, E. A., and S. Seshia. 2015. *Introduction to Embedded Systems: A Cyber-Physical Systems Approach – Second Edition* . lulu.com.

Lehoczy J. P., L. Sha, and Y. Ding. 1987. "The Rate Monotonic Scheduling Algorithm: Exact Characterization and Average Case Behavior", Proc IEEE Real-Time Systems Symposium, San Jose, CA, December 1987.

Leung, J., and Whitehead, J. 1982. On the Complexity of Fixed Priority Scheduling of Periodic, Real-Time Tasks. Performance Evaluation 2. 237–250.

Li Q. and C Yao. 2003. *Real-Time Concepts for Embedded Systems*. New York: CMP Books.

Liu C. L. and J. W. Layland. 1973. "Scheduling Algorithms for Multiprogramming in Hard Real-Time Environments", Journal ACM, 20,1.

Liskov, B. and J. Guttag. 2000. *Program Development in Java: Abstraction, Specification, and Object-Oriented Design*. Boston: Addison-Wesley.

Magee, J. and J. Kramer. 2006. *Concurrency: State Models & Java Programs*, 2nd ed. Chichester, England: Wiley.

Magee, J., N. Dulay, and J. Kramer. 1994. "Regis: A Constructive Development Environment for Parallel and Distributed Programs." *Journal of Distributed Systems Engineering* 1(5): 304–312.

Menascé, D. A., V. Almeida, and L. Dowdy, 2004. *Performance by Design: Computer Capacity Planning By Example*, Upper Saddle River, NJ: Prentice Hall.

Menascé, D. A. and H. Gomaa. 2000. "A Method for Design and Performance Modeling of ClientServer Systems." *IEEE Transactions on Software Engineering* 26: 1066–1085.

Meyer, B. 1989. "Reusability: The Case for Object-Oriented Design." In *Software Reusability*, vol. 2: *Applications and Experience*, T. J. Biggerstaff and A. J. Perlis (eds.), pp. 1–33. New York: ACM Press.

Meyer, B. 2000. *Object-Oriented Software Construction*, 2nd ed. Upper Saddle River, NJ: Prentice Hall.

Meyer, B. 2014. *Agile! The Good, the Hype, and the Ugly*. Switzerland: Springer.

Mills, K. and H. Gomaa. 1996. "A Knowledge-Based Approach for Automating a Design Method for Concurrent and Real-Time Systems." In *Proceedings of the 8th International Conference on Software Engineering and Knowledge Engineering*, pp. 529–536. Skokie, IL: Knowledge Systems Institute.

Mills, K. and H. Gomaa. 2002. "Knowledge-Based Automation of a Design Method for Concurrent and Real-Time Systems." *IEEE Transactions on Software Engineering* 28(3): 228–255.

Object Management Group (OMG). 2015. "MDA – The Architecture Of Choice For A Changing World." http://www.omg.org/mda/

Page-Jones, M. 2000. *Fundamentals of Object-Oriented Design in UML*. Boston: Addison-Wesley.

Parnas, D. 1972. "On the Criteria to Be Used in Decomposing a System into Modules." *Communications of the ACM* 15: 1053–1058.

Parnas, D. 1979. "Designing Software for Ease of Extension and Contraction." *IEEE Transactions on Software Engineering* 5(2): 128–138.

Parnas, D., P. Clements, and D. Weiss. 1984. "The Modular Structure of Complex Systems." In *Proceedings of the 7th International Conference on Software Engineering, March 26–29, 1984, Orlando, Florida*, pp. 408–419. Los Alamitos, CA: IEEE Computer Society Press.

Pettit, R. and H. Gomaa. 2006. "Modeling Behavioral Design Patterns of Concurrent Objects." In *Proceedings of the IEEE International Conference on Software Engineering, May 2006, Shanghai, China*. Los Alamitos, CA: IEEE Computer Society Press.

Pettit, R. and H. Gomaa. 2007. "Analyzing Behavior of Concurrent Software Designs for Embedded Systems." In *Proceedings of the 10th IEEE International Symposium on Object and Component-Oriented Real-Time Distributed Computing, Santorini Island, Greece, May 2007*.

Pfleeger, C., S. Pfleeger, and J. Margulies. 2015. *Security in Computing*. 5th ed. Upper Saddle River, NJ: Prentice Hall.

Pree, W. and E. Gamma. 1995. *Design Patterns for Object-Oriented Software Development*. Reading, MA: Addison-Wesley.

Pressman, R. 2009. *Software Engineering: A Practitioner's Approach*, 7th ed. New York: McGraw-Hill.

Quatrani, T. 2003. *Visual Modeling with Rational Rose 2002 and UML*. Boston: Addison-Wesley.

Rumbaugh, J., M. Blaha, W. Premerlani, et al. 1991. *Object-Oriented Modeling and Design*. Upper Saddle River, NJ: Prentice Hall.

Rumbaugh, J., G. Booch, and I. Jacobson. 2005. *The Unified Modeling Language Reference Manual*, 2nd ed. Boston: Addison-Wesley.

Sage, A. P. and Armstrong, J. E., Jr., 2000. *An Introduction to Systems Engineering*, John Wiley & Sons.

Schmidt, D., M. Stal, H. Rohnert, et al. 2000. *Pattern-Oriented Software Architecture, Volume 2: Patterns for Concurrent and Networked Objects*. Chichester, England: Wiley.

Schneider, G. and J. P. Winters. 2001. *Applying Use Cases: A Practical Guide*, 2nd ed. Boston: Addison-Wesley.

Selic, B. 1999. "Turning Clockwise: Using UML in the Real-Time Domain," *Communications of the ACM* 42(10): 46–54.

Selic, B., and S. Gerard. 2014. *Modeling and Analysis of Real-Time and Embedded Systems: Developing Cyber-Physical Systems with UML and MARTE*. Burlington, MA: Morgan Kaufmann.

Selic, B., G. Gullekson, and P. Ward. 1994. *Real-Time Object-Oriented Modeling*. New York: Wiley.

Sha L. and J. B. Goodenough. 1990. "Real-Time Scheduling Theory and Ada." *IEEE Computer* 23(4), 53–62.

Shan, Y. P. and R. H. Earle. 1998. *Enterprise Computing with Objects*. Reading, MA: Addison-Wesley.

Shaw, M. and D. Garlan. 1996. *Software Architecture: Perspectives on an Emerging Discipline*. Upper Saddle River, NJ: Prentice Hall.

Silberschatz, A., P. Galvin, and G. Gagne. 2013. *Operating System Concepts*, 9th ed. New York: Wiley.

Simpson H. and K. Jackson, 1979. "Process Synchronization in MASCOT," *The Computer Journal* 17(4).

Simpson H., 1986. "The MASCOT Method," *IEE/BCS Software Engineering Journal*, 1(3), 103–120.

Smith, C. U. 1990. *Performance Engineering of Software Systems*. Reading, MA: Addison-Wesley.

Software Engineering Institute, Carnegie Mellon University. 1993. *A Practitioner's Handbook for Real-Time Analysis: Guide to Rate Monotonic Analysis for Real-Time Systems*. Boston: Kluwer Academic Publishers.

Sommerville, I. 2010. *Software Engineering*, 9th ed. Boston: Addison-Wesley.

Sprunt B, JP Lehoczy and L Sha. 1989. "Aperiodic Task Scheduling for Hard Real-Time Systems", *The Journal of Real-Time Systems* 1 (1989): 27–60.

Sutherland, J. 2014. *Scrum: The Art of Doing Twice the Work in Half the Time*. New York: Crown Business.

Szyperski, C. 2003. *Component Software: Beyond Object-Oriented Programming*, 2nd ed. Boston: Addison-Wesley.

Tanenbaum, A. S. 2011. *Computer Networks*, 5th ed. Upper Saddle River, NJ: Prentice Hall.

Tanenbaum, A. S. 2014. *Modern Operating Systems*, 4th ed. Upper Saddle River, NJ: Prentice Hall.

Tanenbaum, A. S. and M. Van Steen. 2006. *Distributed Systems: Principles and Paradigms*, 2nd ed. Upper Saddle River, NJ: Prentice Hall.

Taylor, R. N., N. Medvidovic, and E. M. Dashofy. 2009. *Software Architecture: Foundations, Theory, and Practice*. New York: Wiley.

Ward P. and S. Mellor, 1985. *Structured Development for Real-Time Systems*, vols. 1, 2, and 3, Upper Saddle River, NJ: Yourdon Press, Prentice Hall.

Warmer, J. and A. Kleppe. 1999. *The Object Constraint Language: Precise Modeling with UML*. Reading, MA: Addison-Wesley.

Webber, D. and H. Gomaa. 2004. "Modeling Variability in Software Product Lines with the Variation Point Model." *Journal of Science of Computer Programming* 53(3): 305–331, Amsterdam: Elsevier.

Weiss, D. and C. T. R. Lai. 1999. *Software Product-Line Engineering: A Family-Based Software Development Process*. Reading, MA: Addison-Wesley.

Wellings, A. 2004. *Concurrent and Real-Time Programming in Java*. New York: Wiley.

索　引

推荐阅读

电路基础（英文版·第5版）

作者：（美）Charles K. Alexander 等 于歆杰 注释 ISBN：978-7-111-41184-0 定价：129.00元

本书是电类各专业"电路"课程的一本经典教材，被美国众多名校采用，是美国最有影响力的"电路"课程教材之一。本书每章开始增加了中文"导读"，适合用做高校"电路"课程双语授课或英文授课的教材。本书前4版获得了极大的成功，第5版以更清晰、更容易理解的方式阐述了电路的基础知识和电路分析方法，并反映了电路领域的最新技术进展。全书总共包括2447道例题和各类习题，并在书后给出了部分习题答案。

交直流电路基础：系统方法

作者：（美）Thomas L. Floyd 译者：殷瑞祥 等 ISBN：978-7-111-45360-4 定价：99.00元

本书是知名作者Folyd的最新力作，在国外被广泛使用。本书系统介绍了直流和交流电路理论，强调直流/交流电路基本概念在实际系统中的应用。全书丰富的实例，有助于学生的理解系统模块、接口和输入/输出信号之间的关系。书中实例使用Multisim进行仿真，并提出在模拟电路与系统和排除故障中存在的问题及解决方法。本书可作为电子信息、电气工程、自动化等电类专业的电路课程教材。

应用电路分析（英文版）

作者：（美）Matthew N. O. Sadiku 等 ISBN：978-7-111-41781-1 定价：89.00元

本书可作为高等院校电类专业"电路分析"双语课的教材，以更清晰、生动、易于理解的方式来阐述电路分析的方法。全书分为两部分，第一部分包括第1~10章，主要介绍直流电路；第二部分包括第11~19章，主要介绍交流电路。本书可以作为大学两学期或三学期的教材，授课教师也可选择适当的章节，将其用作一学期课程的教材。

推 荐 阅 读

嵌入式系统：硬件、软件及软硬件协同（原书第2版）

作者：Tammy Noergaard　译者：马志欣 等　ISBN：978-7-111-58887-0　定价：119.00元

ARM嵌入式系统编程与优化

作者：Jason D. Bakos　译者：梁元宇　ISBN：978-7-111-57803-1　定价：59.00元

嵌入式C编程：PIC单片机和C编程技术与应用

作者：Mark Siegesmund　译者：王文峰 等　ISBN：978-7-111-56444-7　定价：79.00元

高性能嵌入式计算（原书第2版）

作者：Marilyn Wolf　译者：刘彦 等　ISBN：978-7-111-54051-9　定价：89.00元

模拟电路设计：分立与集成

作者：(美) Sergio Franco　译者：雷铭 余国义 邹志革 邹雪城
ISBN：978-7-111-57781-2 定价：119.00元

本书是针对电子工程专业中致力于将模拟电子学作为自身事业的学生和集成电路设计工程师而准备的。前三章介绍二极管、双极型晶体管和MOS场效应管，注重较为传统的分立电路设计方法，有助于学生通过物理洞察力来掌握电路基础知识；后续章节介绍模拟集成电路子模块、典型模拟集成电路、频率和时间响应、反馈、稳定性和噪声等集成电路内部工作原理（以优化其应用）。本书涵盖的分立与集成电路设计内容，有助于培养读者的芯片设计能力和电路板设计能力。

CMOS数字集成电路设计

作者：(美) Charles　Hawkins （西班牙）Jaume Segura（美）Payman Zarkesh-Ha
译者：王昱阳 尹说 ISBN：978-7-111-52933-0 定价：69.00元

本书涵盖了数字CMOS集成电路的设计技术,教材编写采用的新颖的讲述方法，并不要求学生已经学习过模拟电子学的知识，有利于大学灵活地安排教学计划。本书完全放弃了涉及双极型器件内容，只关注数字集成电路的主流工艺——CMOS数字电路设计。书中引入了大量的实例，每章最后也给出了丰富的练习题，使得学生能将学到的知识与实际结合。可作为为数字CMOS集成电路的本科教材。

复杂电子系统建模与设计

作者：(英) Peter Wilson （美）H.Alan Mantooth 译者：黎飞 王志功
ISBN：978-7-111-57132-2 定价：89.00元

本书分三个部分：第一部分是基于模型的工程技术的基础介绍，包括第1-4章。主要内容有概述，设计和验证流程，设计分析方法和工具，系统建模的基本概念、专用建模技术及建模工具等；第二部分介绍建模方法，包括第5-11章，分别介绍了图形建模法、框图建模法及系统分析、多域建模法、基于事件建模法快速模拟建模法、基于模型的优化技术、统计学的和概率学的建模；第三部分介绍设计方法，包括第12-13章，介绍设计流程和复杂电子系统设计实例。